U0622482

材料科学与工程

教育部高等学校材料类专业教学指导委员会规划教材

先进能源材料
及应用技术

王晓敏　主编

ADVANCED ENERGY MATERIALS
AND APPLICATION TECHNOLOGIES

化学工业出版社

·北京·

内容简介

《先进能源材料及应用技术》是教育部高等学校材料类专业教学指导委员会规划教材。全书系统构建新能源材料与技术知识体系：首章总述能源发展史、我国能源现状和新能源，并详述能源物理化学基础理论；主体章节聚焦锂/钠离子电池、多价态二次电池、氢能储运、燃料电池、太阳能电池、超级电容器等前沿领域，系统解析各类新能源材料的组成结构、制备工艺与性能调控，同时延伸探讨风能、核能、生物质能、页岩气能、海洋能、地热能及其他新兴能源技术。

本教材每章后设置"思政研学"特色模块，通过典型案例将国家战略导向、行业发展趋势与青年使命担当有机融入专业教学，实现价值引领与知识传授的融合。

本书是高等学校材料类、化工类、能源类等相关专业的本科和研究生教材，也可供相关技术人员参考。

图书在版编目（CIP）数据

先进能源材料及应用技术 / 王晓敏主编. -- 北京：化学工业出版社，2025. 6. --（教育部高等学校材料类专业教学指导委员会规划教材）. -- ISBN 978-7-122-47953-2

Ⅰ. TK01

中国国家版本馆 CIP 数据核字第 20255FG782 号

责任编辑：陶艳玲　　　　　　文字编辑：李　欣　师明远
责任校对：李雨函　　　　　　装帧设计：史利平

出版发行：化学工业出版社
　　　　　（北京市东城区青年湖南街 13 号　邮政编码 100011）
印　　装：大厂回族自治县聚鑫印刷有限责任公司
787mm×1092mm　1/16　印张 20¼　字数 496 千字
2025 年 8 月北京第 1 版第 1 次印刷

购书咨询：010-64518888　　　售后服务：010-64518899
网　　址：http://www.cip.com.cn
凡购买本书，如有缺损质量问题，本社销售中心负责调换。

定　　价：59.00 元　　　　　　版权所有　违者必究

前 言

　　能源与材料是国民经济和社会发展的命脉，广泛融入人民的日常生活，深度影响社会发展。随着传统能源的消耗及全球"碳中和"目标的提出，新能源的发展势不可挡。为适应国家战略性新兴产业发展需求，教育部于 2010 年正式新增了新能源材料与器件专业，旨在培养系统掌握新能源材料、新能源器件设计与制造工艺、新能源测试技术与质量评价、新能源系统与工程等专业基础理论和技术的复合型人才。

　　出版知识体系全面的新能源材料相关书籍，可以更加清晰地引导学生认识目前传统能源的使用带来的资源、环境、经济等问题，从而帮助学生顺利过渡到新能源相关知识体系的学习。为了达到培养知识面广、专业面宽和工程能力强的高素质人才目标，我们编写了本书。

　　化石燃料消耗间接带来的全球气候变暖、海平面上升、沙漠化日益扩大等现象，迫使人们亟需发展清洁型能源，这使得新能源技术快速发展。随着能源技术的发展，对储能材料及器件的要求也越来越高，需考虑的制备工艺复杂度、成本控制、轻量化设计、可穿戴性、环保性等因素也越来越多。本书参考之前出版书籍的知识点，对现有新能源技术知识点进行了更新，侧重于多样化功能材料在新能源领域的应用和发展。书中主要包括能源概述、能源物理化学、锂/钠二次电池材料及技术、多价态二次离子电池材料及技术、氢能与储氢材料、燃料电池材料及技术、太阳能电池材料及技术、超级电容器材料及技术、风能技术、核能技术、其他新能源技术。从传统能源的起源分布消耗延伸到新能源发展的必要性，详细讲述各种新能源材料的组成、结构与工艺过程的关系及变化规律，同时阐述发展中遇到的瓶颈问题等。本书每章后面设定思政研学模块，潜移默化地帮助学生树立正确的价值观，激发学生的爱国情怀和报效祖国的热情。希望本书能起到抛砖引玉的作用，借以推动先进能源材料及应用技术的发展。

　　本书由王晓敏教授负责整体结构设计和内容规划，并负责最后的定稿。编写具体分工为：第 2 章、第 4 章由王晓敏编写；第 3 章、第 7 章由李慧君编写；第 1 章、第 8 章由田真编写；第 5 章和第 6 章由赵振新编写；第 9 章、第 10 章、第 11 章由邱小明编写。新能源材料与器件课题组部分博士和硕士研究生参加了书稿的文字初校和插图处理，在此对他们的辛勤劳动一并表示感谢。

本教材适用于新能源、新材料、新能源汽车、节能环保、高端装备制造等国家战略性新兴产业领域以及电力、航空航天等领域的本科生、研究生的教学，也可供科研院所及相关企业的专业领域人员参考。本书在撰写过程中引用了大量国内外相关文献，在此对文献的作者致以诚挚的谢意！受编者专业水平所限，书中不妥或错漏之处在所难免，敬请读者不吝指正。

编者

2025 年 3 月

目 录

第1章　能源概述

1.1　能量　/ 001
1.2　能源发展史　/ 001
1.3　常规能源　/ 002
　　1.3.1　煤炭　/ 002
　　1.3.2　石油　/ 002
　　1.3.3　天然气　/ 003
　　1.3.4　水能　/ 004
　　1.3.5　核能　/ 004
1.4　中国能源现状　/ 005
1.5　新能源　/ 006
思政研学　/ 007
思考题　/ 007
参考文献　/ 007

第2章　能源物理化学

2.1　能量定律　/ 009
　　2.1.1　能量守恒定律　/ 009
　　2.1.2　能量转换定律　/ 010
　　2.1.3　能量贬值原理　/ 012
2.2　能量储存技术　/ 012
　　2.2.1　机械能的储存　/ 013
　　2.2.2　热能的储存　/ 014
　　2.2.3　电能的储存　/ 015
　　2.2.4　化学能的储存　/ 017
2.3　能量的转换过程　/ 018
　　2.3.1　概述　/ 018

2.3.2 化学能转换为热能　　/ 018

2.3.3 热能转换为机械能　　/ 019

2.3.4 机械能转换为电能　　/ 019

2.3.5 光能转换为电能　　/ 019

2.3.6 化学能转换为电能　　/ 020

2.3.7 电能转换为化学能　　/ 020

2.4 原电池与电解池　　/ 021

2.4.1 原电池　　/ 021

2.4.2 电解池　　/ 022

2.4.3 界面双电层　　/ 023

2.5 电极过程动力学导论　　/ 025

2.5.1 电极过程动力学的发展　　/ 025

2.5.2 电池反应与电极过程　　/ 025

2.5.3 电荷传递过程　　/ 027

思政研学　　/ 028

思考题　　/ 028

参考文献　　/ 028

第3章 锂/钠二次电池材料及技术

3.1 概述　　/ 029

3.2 锂离子电池　　/ 029

3.2.1 概述　　/ 029

3.2.2 锂离子电池结构　　/ 029

3.2.3 锂离子电池工作原理　　/ 031

3.2.4 锂离子电池正极材料　　/ 032

3.2.5 锂离子电池负极材料　　/ 040

3.2.6 锂离子电池电解质　　/ 050

3.2.7 锂离子电池的发展现状和趋势　　/ 054

3.3 锂硫二次电池　　/ 055

3.3.1 概述　　/ 055

3.3.2 锂硫二次电池的基本原理和特点　　/ 055

3.3.3 锂硫二次电池的硫正极　　/ 056

3.3.4 锂硫二次电池的金属锂负极　　/ 060

3.3.5 锂硫二次电池电解质　　/ 063

3.3.6 锂硫二次电池隔膜　　/ 065

3.3.7 锂硫二次电池面临的问题　　/ 066

3.3.8 锂硫二次电池的发展现状和趋势　　/ 067

3.4 钠离子电池　　/ 067

3.4.1 概述　　/ 067

3.4.2　钠离子电池的工作原理　/　068

3.4.3　钠离子电池负极材料　/　068

3.4.4　钠离子电池正极材料　/　072

3.4.5　钠离子电池电解质　/　077

3.4.6　钠离子电池隔膜材料　/　078

3.4.7　钠离子电池的发展现状和趋势　/　078

思政研学　/　078

思考题　/　079

参考文献　/　079

第 4 章　多价态二次离子电池材料及技术

4.1　镁离子电池　/　081

4.1.1　概述　/　081

4.1.2　镁离子电池的结构及工作原理　/　081

4.1.3　镁离子电池负极材料　/　082

4.1.4　镁离子电池正极材料　/　083

4.1.5　镁离子电池电解液　/　086

4.1.6　镁离子电池的发展现状和趋势　/　088

4.2　铝离子电池　/　088

4.2.1　概述　/　088

4.2.2　铝离子电池工作原理　/　090

4.2.3　铝离子电池正极材料　/　090

4.2.4　铝离子电池负极材料　/　092

4.2.5　铝离子电池电解质　/　093

4.2.6　铝离子电池的发展现状和趋势　/　093

4.3　锌-空气电池　/　094

4.3.1　锌-空气电池的基本结构　/　094

4.3.2　锌-空气电池工作原理　/　095

4.3.3　锌-空气电池正极材料　/　095

4.3.4　锌-空气电池负极材料　/　096

4.3.5　锌-空气电池电解液　/　097

4.3.6　锌-空气电池存在问题　/　097

4.3.7　锌-空气电池的发展现状和趋势　/　098

4.4　液流电池　/　098

4.4.1　概述　/　099

4.4.2　液流电池工作原理　/　099

4.4.3　液流电池的重要组成构件　/　100

4.4.4　液流电池的特点　/　101

4.4.5　液流电池的发展现状和趋势　/　101

思政研学　　／　102

思考题　　／　102

参考文献　　／　103

第 5 章　　氢能与储氢材料

5.1　　概述　　／　104

5.2　　氢的基本性质　　／　104

　　　5.2.1　　氢元素　　／　104

　　　5.2.2　　氢分子　　／　105

　　　5.2.3　　氢能　　／　106

5.3　　氢能的意义　　／　108

5.4　　氢能开发进展　　／　110

　　　5.4.1　　氢能发展史　　／　110

　　　5.4.2　　中国氢能发展现状　　／　110

5.5　　制氢工艺与技术　　／　111

　　　5.5.1　　传统能源制氢　　／　111

　　　5.5.2　　可再生能源制氢　　／　115

　　　5.5.3　　生物质制氢　　／　120

　　　5.5.4　　水电解制氢　　／　123

　　　5.5.5　　我国制氢现状　　／　124

5.6　　氢的纯化　　／　125

5.7　　氢的存储　　／　126

　　　5.7.1　　高压储氢　　／　126

　　　5.7.2　　液态储氢　　／　127

　　　5.7.3　　固态储氢　　／　128

5.8　　储氢材料与制备方法　　／　128

　　　5.8.1　　储氢材料　　／　128

　　　5.8.2　　储氢材料的制备方法　　／　138

5.9　　储氢容器　　／　138

5.10　　加氢站　　／　140

　　　5.10.1　　以天然气为原料的加氢站结构　　／　140

　　　5.10.2　　以水为原料的加氢站结构　　／　143

　　　5.10.3　　加氢站安全　　／　143

5.11　　未来氢能发展趋势　　／　144

思政研学　　／　145

思考题　　／　145

参考文献　　／　146

第 **6** 章 //// 燃料电池材料及技术

6.1 概述 / 147

6.2 燃料电池分类 / 152

6.3 质子交换膜燃料电池 / 154

    6.3.1 质子交换膜燃料电池工作原理 / 154

    6.3.2 质子交换膜燃料电池关键材料与零部件 / 155

    6.3.3 质子交换膜燃料电池电堆 / 161

    6.3.4 质子交换膜燃料电池性能的影响因素 / 161

6.4 碱性燃料电池 / 162

    6.4.1 碱性燃料电池工作原理 / 162

    6.4.2 碱性燃料电池的特点 / 164

    6.4.3 碱性燃料电池基本结构 / 164

    6.4.4 碱性燃料电池催化剂 / 165

6.5 磷酸燃料电池 / 168

    6.5.1 磷酸燃料电池工作原理 / 169

    6.5.2 磷酸燃料电池的特点 / 170

    6.5.3 磷酸燃料电池基本结构 / 171

    6.5.4 磷酸燃料电池催化剂 / 172

6.6 熔融碳酸盐燃料电池 / 173

    6.6.1 熔融碳酸盐燃料电池工作原理 / 174

    6.6.2 熔融碳酸盐燃料电池的特点 / 175

    6.6.3 熔融碳酸盐燃料电池性能的影响因素 / 176

6.7 固体氧化物燃料电池 / 176

    6.7.1 固体氧化物燃料电池工作原理 / 176

    6.7.2 固体氧化物燃料电池的特点 / 178

    6.7.3 固体氧化物燃料电池性能的影响因素 / 178

6.8 直接甲醇燃料电池 / 179

    6.8.1 直接甲醇燃料电池工作原理 / 180

    6.8.2 直接甲醇燃料电池的特点 / 181

6.9 燃料电池应用 / 182

    6.9.1 燃料电池汽车 / 182

    6.9.2 家庭用燃料电池 / 184

    6.9.3 社区用热电联供燃料电池电站 / 185

    6.9.4 微型燃料电池电源 / 185

6.10 未来燃料电池发展趋势 / 186

思政研学 / 187

思考题 / 187

参考文献 / 188

第7章 // 太阳能电池材料及技术

7.1 太阳能 / 189

  7.1.1 利用太阳能的技术原理 / 189

  7.1.2 太阳能的主要分类 / 189

  7.1.3 太阳能的基本特点 / 190

7.2 太阳能电池概述 / 190

  7.2.1 太阳能电池的发展概况 / 190

  7.2.2 半导体材料和太阳能光电材料 / 191

  7.2.3 太阳能电池的分类 / 193

7.3 硅太阳能电池 / 195

  7.3.1 硅太阳能电池的工作原理 / 196

  7.3.2 提高硅太阳能电池效率的途径 / 198

  7.3.3 高效晶体硅太阳能电池材料 / 198

7.4 化合物半导体太阳能电池 / 200

  7.4.1 砷化镓太阳能电池 / 200

  7.4.2 碲化镉太阳能电池 / 201

  7.4.3 铜铟镓硒太阳能电池 / 203

7.5 染料敏化太阳能电池 / 206

  7.5.1 染料敏化太阳能电池的工作原理 / 207

  7.5.2 染料敏化太阳能电池的结构 / 207

  7.5.3 染料敏化太阳能电池的特点 / 208

7.6 钙钛矿太阳能电池 / 208

  7.6.1 钙钛矿太阳能电池的工作原理 / 208

  7.6.2 钙钛矿太阳能电池的结构 / 208

  7.6.3 钙钛矿太阳能电池的特点 / 209

  7.6.4 钙钛矿光伏产业化进展和面临的问题 / 209

7.7 太阳能电池的发展现状和趋势 / 210

思政研学 / 211

思考题 / 212

参考文献 / 212

第8章 // 超级电容器材料及技术

8.1 概述 / 213

  8.1.1 超级电容器的发展历程 / 213

  8.1.2 超级电容器简介 / 213

  8.1.3 超级电容器结构 / 214

8.2 超级电容器分类及工作原理 / 215

  8.2.1 超级电容器的分类 / 215

     8.2.2 双电层电容器的工作原理 / 215

     8.2.3 赝电容器的工作原理 / 216

     8.2.4 超级电容器的主要参数 / 217

8.3 超级电容器电极材料 / 217

     8.3.1 碳材料 / 217

     8.3.2 金属氧化物 / 223

     8.3.3 导电聚合物 / 226

     8.3.4 复合电极材料 / 227

8.4 超级电容器电解液 / 228

     8.4.1 水系电解液 / 228

     8.4.2 有机电解液 / 229

     8.4.3 离子液体电解液 / 229

     8.4.4 聚合物电解质 / 230

8.5 超级电容器发展及应用 / 230

思政研学 / 232

思考题 / 232

参考文献 / 233

第9章 风能技术

9.1 概述 / 235

9.2 风能资源 / 236

     9.2.1 风能资源的评估 / 236

     9.2.2 风能利用关键参数 / 238

     9.2.3 风能资源的等级 / 239

     9.2.4 风能资源的开发 / 240

9.3 风力发电机组的基本结构 / 241

     9.3.1 风力发电机组分类 / 242

     9.3.2 叶片 / 243

     9.3.3 轮毂 / 244

     9.3.4 传动系统 / 245

     9.3.5 塔筒 / 245

     9.3.6 基础结构 / 246

9.4 风力发电机组基础理论 / 249

     9.4.1 风模型 / 249

     9.4.2 塔影效应 / 250

     9.4.3 贝兹理论 / 251

     9.4.4 动量理论 / 252

     9.4.5 叶素理论 / 254

     9.4.6 动量-叶素理论 / 255

9.5　风电并网　　/　255
9.6　风力发电的发展现状和趋势　　/　257
思政研学　　/　259
思考题　　/　259
参考文献　　/　260

第10章　核能技术

10.1　概述　　/　261
10.2　核能利用方式　　/　262
　　10.2.1　核能发电　　/　262
　　10.2.2　核能供暖　　/　263
　　10.2.3　核能制氢　　/　263
　　10.2.4　核能海水淡化　　/　263
　　10.2.5　核能综合利用　　/　264
10.3　核电站结构　　/　264
　　10.3.1　核反应堆　　/　264
　　10.3.2　压水堆　　/　265
　　10.3.3　沸水堆　　/　265
　　10.3.4　重水堆　　/　265
　　10.3.5　气冷堆　　/　266
　　10.3.6　快中子增殖堆　　/　266
10.4　核反应及基本原理　　/　267
10.5　核燃料　　/　269
10.6　核废料　　/　270
10.7　核安全　　/　273
10.8　核电的发展现状和趋势　　/　274
思政研学　　/　275
思考题　　/　276
参考文献　　/　276

第11章　其他新能源材料及技术

11.1　生物质能　　/　278
　　11.1.1　概述　　/　278
　　11.1.2　生物质能分类　　/　278
　　11.1.3　生物质能的特点　　/　279
　　11.1.4　生物质能转换技术　　/　280
　　11.1.5　生物质能发电　　/　283

11.1.6　我国的生物质能源及产业现状　　/ 283

11.2　页岩气技术　/ 285

11.2.1　概述　/ 285

11.2.2　页岩气及开采特点　/ 286

11.2.3　页岩气勘探开发流程　/ 288

11.2.4　页岩气勘探开发技术　/ 288

11.2.5　我国页岩气的发展现状和趋势　/ 291

11.3　海洋能技术　/ 291

11.3.1　潮汐能　/ 292

11.3.2　波浪能　/ 293

11.3.3　温差能　/ 294

11.3.4　盐差能　/ 296

11.3.5　海流能　/ 298

11.3.6　我国海洋能的发展现状和趋势　/ 300

11.4　地热能　/ 301

11.4.1　概述　/ 301

11.4.2　世界地热资源分布　/ 301

11.4.3　地热发电　/ 302

11.4.4　地热难题及解决方案　/ 304

11.4.5　地热开采对环境的影响　/ 305

11.4.6　地热能利用现状及前景　/ 306

思政研学　/ 307

思考题　/ 307

参考文献　/ 308

附录　思政素材（数字化内容）

第 1 章

能源概述

1.1 能量

能量，简称能，是物质运动转化的量度。从物理学的观点看，能量可以简单地定义为物理系统做功的能力。广义而言，任何物体在特定条件下都可以转化为能量，但是转化的数量和转化的难易程度是不同的。比较集中且易于转化的自然资源称为能源。由于科学技术的进步，人类对物质性质的认识及掌握能量转化的方法都在不断地深化，同时，对于能源的认识也在不断地丰富。在不同的工业发展阶段，人类对能源有着不同的定义。时至今日，能源的定义可描述为：可以直接或经转换提供人类所需的光、热、动力等任何形式能量的载能体资源。按人类现如今的认知，可将能量划分为机械能、热能、电能、辐射能、化学能和核能六大能量形式。

1.2 能源发展史

能源是指能直接提供能量或通过转换提供能量的自然资源及转换形式，它可以直接或间接地提供人们所需要的电能、热能、机械能、光能、声能等。能源资源是指已探明或估计的自然储存的富集能源，能源储量是指已探明或估计可经济开采的能源资源。各种可利用的能源资源包括煤炭、石油、天然气、水能、风能、核能、太阳能、地热能、海洋能、生物质能等。

在能源的利用史上，划时代的革命性转折点有三个，同时这三个转折点也意味着三个能源时期的结束。第一个时期称为"薪柴时期"，这一时期以薪柴等生物质燃料为主要能源，生产和生活水平极其低下，社会发展缓慢。在 18 世纪，煤炭取代薪柴成了人类社会中的主要能源，人类能源史上出现了第一个转折，薪柴时期结束，人类开始进入第二个时期——"煤炭时期"。这一时期蒸汽机成为生产的主要动力，工业迅速发展，劳动生产力快速增长。进入 19 世纪，电力作为二次能源，主要通过煤炭燃烧等一次能源转化而来，成为工矿企业的主要动力，同时成为生产和生活照明的主要能源。但是，这时的电力工业主要依靠煤炭作为燃料。进入 20 世纪中期，石油取代煤炭占据了人类能源的主导地位，人类能源发展的第二个转折出现，从此人类开始进入第三个时期——"石油时期"。之后的近 30 年来，世界上许多国家依靠石油和天然气创造了人类历史上空前的物质文明。进入 21 世纪，随着科学技术的发展，核能成为世界能源研究的主角之一，人类开始进行多能源结构的过渡，第三个能源转折开始发生，清洁能源的时代也即将到来。

1.3 常规能源

在相当长的历史时期和一定的科学技术水平下，已经被人类长期广泛利用的能源称为常规能源，如煤炭、石油、天然气、水能、核能等。

1.3.1 煤炭

煤炭是埋在地壳中亿万年以上的树木等植物，由于地壳变动等原因，经过物理和化学作用而形成的含碳量很高的可燃物质，又称作原煤。按煤炭挥发物含量的不同，将其分为褐煤、烟煤和无烟煤三种类型。煤炭是目前全球储量最为丰富、分布最为广泛且使用最为经济的能源资源之一，全球近 80 个国家拥有煤炭资源，全球的聚煤盆地超过了 2900 个。截至 2020 年底，全球已探明的煤炭储量为 1.07 万亿吨。

一个国家对燃料的选择在很大程度上取决于其资源状况和相对价格。中国煤炭资源丰富，与更环保的替代品相比，煤炭的丰富供应和相对较低的价格，使中国成为世界上少数几个严重依赖煤炭的国家之一。中国的主要能源来源是煤炭，也是世界上最大的煤炭生产国和消费国，中国的煤炭产量和消费量大约是世界第二大国美国的两倍。此外，煤炭既是重要的燃料又是珍贵的化工原料。因此，煤炭资源在我国国民经济的发展中起着重要作用。自 20 世纪以来，煤炭主要用于电力生产和在钢铁工业中炼焦，某些国家蒸汽机车用煤的比例也很大。电力工业多用劣质煤（灰分大于 30%）。蒸汽机车对用煤质量的要求较高，即灰分应低于 25%，挥发分含量要求大于 25%，易燃并具有较长的火焰。在煤矿附近建设的坑口发电站，使用了大量的劣质煤作为燃料，直接转化为电能向各地输送。另外，由煤转化的液体和气体合成燃料对补充石油和天然气的使用也具有重要意义。

我国煤炭资源储量丰富、分布面积广、煤种齐全，但仍存在资源分布不均匀的情况。北方煤炭资源主要集中在山西、内蒙古、陕西、河南、甘肃和宁夏等省（自治区），基础储量占全国基础储量的 68% 左右，其中内蒙古、陕西、山西煤炭资源最为丰富。煤炭一直以来都是山西省的支柱性产业，拥有大同、宁武、西山、河东和霍西等煤田，原煤产量占全国总产量的四分之一，是中国重要的能源和重化工基地，在促进经济和社会可持续发展、保障能源安全方面发挥着重要作用。2022 年，山西省出台了全国第一部针对煤炭清洁高效利用的省级地方法规，为实现煤炭全产业链的整体清洁、高效和可持续发展指明了方向。

1.3.2 石油

石油是一种用途极为广泛的宝贵矿藏，是一种天然的能源物资。在陆地、海上和空中交通方面，以及在各种工厂的生产过程中，都是使用石油或石油产品作为动力燃料。在现代国防方面，新型武器、超声速飞机、导弹和火箭所用的燃料都是从石油中提炼出来的。此外，石油是一种重要的化工原料，可以制成发展石油化工所需的绝大部分基础原料，如乙烯、丙烯、苯、甲苯、二甲苯等。石油化工可生产出成百上千种化工产品，如合成树脂、合成纤维、合成橡胶、合成洗涤剂、染料、医药、农药、炸药和化肥等与国民经济息息相关的产品。因此，可以说石油是国民经济的"血脉"，对于国民经济具有牵一发而动全身的影响。

石油是一种黏稠的液体，颜色深，直接开采出来的未经加工的石油称为原油。由于所含的胶质和沥青的比例不同,石油的颜色也不同。石油中含有石蜡,石蜡含量的高低决定了石油黏稠度的大小。另外,含硫量也是评价原油的指标,含硫量对石油加工和产品性质的影响很大。

原油的分布从总体上来看极端不平衡:从东西半球来看,约 3/4 的石油资源集中于东半球,西半球占 1/4;从南北半球看,石油资源主要集中于北半球;亚太地区原油探明储量约为 45.7 亿吨,也是目前世界石油产量增长较快的地区之一。中国、印度、印度尼西亚和马来西亚是该地区原油探明储量最丰富的国家,分别为 21.9 亿吨、7.7 亿吨、5.8 亿吨和 4.1 亿吨。中国和印度虽原油储量丰富,但是每年仍需大量进口。由于地理位置优越和经济的飞速发展,东南亚国家已经成为世界新兴的石油生产国。印尼、马来西亚和越南是该地区最重要的产油国,越南于 2006 年取代文莱成为东南亚第三大石油生产国和出口国。印尼的苏门答腊岛、加里曼丹岛,马来西亚近海的马来盆地、沙捞越盆地和沙巴盆地是主要的原油分布区。

我国石油资源集中分布在渤海湾、松辽、塔里木、鄂尔多斯、准噶尔、珠江口、柴达木和东海陆架八大盆地,资源量丰富。20 世纪 80 年代前,中国一直能自给自足地生产石油,但自 1993 年以来,已经成为净石油进口国。中国经济迅速发展,导致对进口石油的需求日益增长。2003 年,中国成为仅次于美国的第二大石油进口国。2009 年,中国的石油进口量达到了 430 万桶/d,占总需求的 51.3%。这是中国首次进口超过一半的石油。预计到 2035 年,中国预计将进口近 1280 万桶/d,中国的石油依存率将达到 84.3%。因此,中国将比现在更容易受到国际供应中断风险的影响。

1.3.3 天然气

天然气是地下岩层中以碳氢化合物为主要成分的气体化合物的总称。它主要由甲烷、乙烷、丙烷和丁烷等烃类混合组成,其中甲烷占 80%~90%。天然气有两种不同的类型,一种是伴生气,由原油中的挥发性组分组成,约有 40% 的天然气与石油一起伴生,称为油田气。它溶解在石油中或是形成石油构造中的气帽,并为石油储藏提供气压。另一种是非伴生气,即气田气,它埋藏更深。很多来源于煤系地层的天然气称为煤层气,它可能附于煤层中或另外聚集,在 7~17MPa 和 40~70℃ 时每吨煤可吸附 13~30m^3 的甲烷。即使是在伴生油气田中,液体和气体的来源也不一定相同。它们所经历的不同的迁徙途径和迁移过程完全有可能使它们最终来到同一个岩层构造中。这些油气构造不是一个大岩洞,而是一些多孔岩层,其中含有气、油和水。这些气、油和水通常都是分开的,各自聚集在不同的高度水平上。油、气分离程度与二者的相对比例、石油黏度及岩石的空隙度有关。

天然气是一种重要能源,燃烧时有很高的发热值,对环境的污染也较小。同时它也是一种重要的化工原料,以天然气为原料的化学工业简称为天然气化工,主要有天然气制炭黑、天然气提取氦气、天然气制氢、天然气制氨、天然气制甲醇、天然气制乙炔、天然气制氯甲烷、天然气制四氯化碳、天然气制硝基甲烷、天然气制二硫化碳、天然气制乙烯和天然气制硫黄等。天然气的勘探、开采与石油类似,但采收率较高,可达 60%~95%。大型稳定的气源常用管道输送至消费地区,每隔 80~160km 必须设一个增压站,加上天然气压力高,故长距离管道输送投资很大。后来液化天然气技术有了很大发展,液化后的天然气体积仅约为原来体积的 1/600,因此可以用冷藏油轮进行运输,运到使用地后再进行气化。另外,天然气液化后,可为汽车提供污染小的天然气燃料。

全球天然气储量分布相对集中。截至 2022 年底，全球天然气探明剩余可采储量约为 193 万亿立方米，我国天然气探明剩余可采储量 8.4 万亿立方米，占全球探明剩余可采储量的 4.35%，全球排名第七。我国天然气资源主要分布在西南（四川和重庆）、西北（陕西和新疆）及北方（内蒙古）。天然气资源分为两类：不依赖于油田的天然气资源和与石油资源相关的天然气资源。由于缺乏生产设施、运输管道和城市燃气供应系统，天然气开发进展较为缓慢。随着工业化、城镇化的持续推进和环保要求的不断提升，预计未来一段时间，我国天然气需求仍将持续快速增长。中国的天然气资源储量巨大，未来会有更多的天然气资源得到确认和开发。

1.3.4 水能

很早以前，人类就开始利用水下落时所产生的能量。最初，人们以机械的形式利用这种能量。在 19 世纪末期，人们学会将水能转换为电能。早期的水电站规模非常小，只能够为电站附近的居民服务。随着输电网的发展及输电能力的不断提高，水力发电逐渐向大型化方向发展。水能资源最显著的特点是可再生、无污染。开发水能对江、河的综合治理和综合利用具有积极作用，对促进国民经济发展，改善能源消费结构，缓解由于消耗煤炭、石油等化石能源所带来的污染问题具有重要意义。因此，世界各国都把开发水能放在能源发展战略的优先地位。

中国拥有丰富的水能资源，约占全球的 1/6，河流众多，落差较大，位居世界第一。调查结果显示，我国理论水能蕴藏量总约为 6.94 亿千瓦，内陆河流众多，其中，潜力大于 10^4 kW 的河流 3886 条，如果充分开发，预计年发电量为 6.08 万亿千瓦时。然而，我国水资源分布极不均衡，主要分布在西南部，而东部市场需求较高，资源与区域经济发展不匹配。此外，我国降水分布极为不均，导致不同时期河流径流量变化很大。因此，合理规划水电站建设对水电开发具有积极影响。中国计划在 2050 年之前对 13 个大型水电基地进行高效的水电梯级开发，如图 1-1 所示，从而生产中国一半以上的水电资源。近几十年的经验表明，中国的水电建设技术水平已经相当高，中国有能力独立设计和建设各种复杂条件下的水电站。

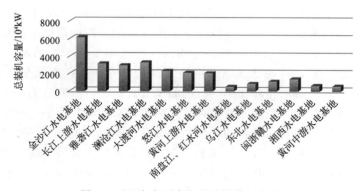

图 1-1　13 个大型水电基地总装机容量

1.3.5 核能

由原子核变化而释放的巨大能量叫作核能，也叫作原子能。经过科学家们的大量实验研究和理论分析，发现释放核能可以有重核的裂变和轻核的聚变两条途径。核能发电是一种清洁、高效的能源获取方式。对于核裂变，核燃料是铀、钍等元素。核聚变的燃料则是氘、氚等物质。有一些物质如钍，其本身并非核燃料，但经过核反应可以转化为核燃料。

面对强大的核能，人们总是又爱又怕。第二次世界大战中使用的原子弹已经给人类的记忆留下了很深的伤痕。核武器的发展是科学家们所忌惮的事情，实现核能的和平利用，就能够代替化石燃料。人们已经成功地生产出各种规格的核反应堆，它是核潜艇、核动力破冰船、核电站等设施的核心部件。根据国际原子能机构发布的 2023 年更新的动力堆信息系统显示（表 1-1），当前全球共有在运核反应堆 420 座，总装机容量 374827MWe（电力行业使用），在建核反应堆 56 座，容量 58595MWe。

表 1-1　各国核反应堆装机情况（截至 2023 年 3 月）

国家	中国	俄罗斯	美国	法国	日本
运行的反应堆数量/座	55	37	92	56	33
现有装机容量/MWe	53181	27727	94718	61370	31679
在建反应堆数量/座	22	3	2	1	2
在建装机容量/座	24781	2810	2500	1650	2756
计划中的反应堆数量/座	46	25	3	0	1
计划中容量/MWe	51360	23525	2550	0	1385

对于铀矿原料来说，在中国秦岭山脉、天山山脉、祁连山、青海、云南西部等地区已发现 200 多座铀矿，总探明储量达 440 万吨，仅占全球总储量的 2%。因此，大多数铀燃料仍需进口以促进国内核电的发展。2008 年，中国生产了 769t 铀，但仍无法满足核电需求，60% 的铀需要从哈萨克斯坦、俄罗斯、纳米比亚和澳大利亚进口。自 2000 年以来，中国一直按照"积极发展核电"的政策目标发展，截至 2023 年 12 月 31 日，我国投入商业运行的核电机组 56 台，总装机容量 54362MWe，仅次于美国的 94 台 96952MWe 和法国的 56 台 61370MWe，我国核电机组数量和总装机容量继续位居全球第三位。

1.4　中国能源现状

自实行改革开放政策以来，我国经济迅速增长。1980 年，我国生产和消耗的能源仅为美国的四分之一左右，而到 2009 年，中国超过美国成为世界上最大的能源消费国，也是一个能源进口大国，对进口石油的依赖越来越大，1990～2035 年中国能源需求如表 1-2 所示。与此同时，中国也是世界上最大的能源生产国。2023 年，我国一次能源生产总量为 48.3 亿吨标准煤，国内能源消费总量为 57.2 亿吨标准煤，国内能源自给率达到了 80% 以上。我国能源资源的基本特点是富煤、贫油、少气，煤炭可以自给自足，但石油、天然气极度依赖进口。在消费结构上和欧美等国也有比较明显的差别，欧美等国以石油为主，煤炭、天然气为辅，而我国非常依赖煤炭，可以说，我国很容易被能源"卡住脖子"，能源安全已上升到重要的高度。

表 1-2　1990～2035 年中国能源需求表

能源种类	能源需求/百万吨石油当量				
	1990	2008	2020	2030	2035
煤炭	534	1413	2104	2422	2574
石油	114	369	567	698	755
天然气	13	71	179	270	326
核能	—	18	124	174	189
水能	11	50	92	106	112
生物质能	200	203	184	184	196
其他可再生能源	0	7	54	54	63
合计	872	2131	3304	3908	4215

与此同时，随着经济的飞速发展，化石燃料和其他不可再生自然资源正日益枯竭，化石燃料消耗量的增加导致了大量的温室气体排放，引起大气中温室气体浓度不断增加，温室效应不断增强。为此，中国提出了在 2030 年实现碳排放达峰目标，2060 年实现碳排放中和目标，被称为"双碳"目标。实现"双碳"目标的有效途径之一是发挥新能源（如风能、太阳能、水电、生物燃料和海洋能源）的巨大潜力。

1.5　新能源

一些虽属古老的能源，但只有采用先进方法才能加以利用，或采用新近开发的科学技术才能开发利用或者近年来才被人们所重视或开发利用，而且在目前使用的能源中所占的比例很小，但很有发展前途的能源，称为新能源，或称为替代能源，属于可再生能源，如太阳能、地热能、潮汐能、生物质能、风能等。有关常规能源与新能源的具体分类如表 1-3 所示。

表 1-3　能源的分类

项目	可再生能源	不可再生能源
常规能源	水力（大型） 核能（增殖堆） 地热能 生物质能（薪材、秸秆、粪便等） 太阳能（自然干燥等） 水力（风车、风帆等） 畜力	化石燃料（煤炭、石油、天然气等） 核能
新能源	生物质能（燃料作物制沼气、酒精等） 太阳能（收集器、光伏电池等） 水力（小水电） 风力（风力机等） 海洋能 地热能	—

新能源的各种形式都是直接或者间接地来自太阳或地球内部深处所产生的热能。其包括太阳能、风能、生物质能、地热能、核聚变能、水能和海洋能以及由可再生能源衍生出来的生物燃料和氢能所产生的能量。也可以说，新能源包括各种可再生能源和核能。相对于传统能源，新能源普遍具有污染小、储量大的特点，对于解决当今世界严重的环境污染问题和资源（特别是化石能源）枯竭问题具有重要意义。

新能源材料是材料学科一个重要的研究方向，有的学者将新能源材料划分为新能源技术材料、能量转换与储能材料和节能材料等。综合国内外的一些观点，新能源材料是指实现新能源的转化和利用以及发展新能源技术中所要用到的关键材料，它是发展新能源技术的核心和其应用的基础。从材料学的本质和能源发展的观点看，能源储存和有效利用现有传统能源的新型材料也可以归属为新能源材料。新能源材料覆盖了太阳能电池材料、锂离子电池材料、储氢材料、燃料电池材料、节能材料、反应堆核能材料、风能材料、发展生物质能所需的重点材料等。本书主要介绍锂离子电池材料、超级电容器材料、储氢材料和燃料电池材料等。

思政研学

突破"卡脖子"瓶颈，东岳集团万吨 PVDF 全产业链项目投产

PVDF（聚偏氟乙烯），具有优异的耐气候性、耐辐照性、耐腐蚀性、压电性和绝缘性，这些决定了它具有广泛适用性。锂电级 PVDF 是动力锂离子电池的核心材料，一直依赖进口，推进国产化对新能源产业的高速发展和大规模推广意义重大，对于国家新能源战略的供应链安全更是有着重要的战略影响。

2022 年 11 月，山东东岳集团万吨动力锂离子电池用 PVDF 项目正式投产，产品将完全替代国外进口，一举打破国外垄断的同时，补齐了我国新能源新材料短板，实现国产化配套，形成 PVDF 全产业链，也为我国新能源汽车所需关键材料打破国外垄断提供了强大支撑。

思考题

1. 简述中国目前能源现状。
2. 简述中国能源安全存在的问题。
3. 简述中国未来能源科技发展方向。
4. 简述能源与材料的关系。

参考文献

[1] 郭文. 建筑节能与建筑设计新能源利用[J]. 科技视界，2021(23)：107-108.
[2] 葛文彪. 基于水-能源-粮食关联性的区域可持续发展研究[D]. 保定：华北电力大学，2021.

[3] 朱姝豫. 全清洁能源供电背景下需求响应运行策略研究[D]. 南京：东南大学，2021.

[4] 赵碧瑶. 构建"一带一路"能源投资争端解决机制[D]. 北京：华北电力大学，2020.

[5] 刘伟. 新能源发展的电网规划关键技术研究[J]. 现代国企研究，2018(18)：102.

[6] 唐志晶，秦梦真，王执政，等. 基于主成分分析的能源结构研究[J]. 无线互联科技，2018，15(14)：106-108.

[7] 李一方. 科技创新与生物能源发展研究[J]. 知识文库，2018(2)：205-208.

[8] 张红宇. 新能源发展的电网规划关键技术研究[J]. 科技风，2017(26)：167-167.

[9] 孟华. 以科技创新为支撑，促进燃气分布式能源的安全、环保发展[J]. 明日风尚，2017(21)：277.

第 2 章

能源物理化学

物理化学是化学的一个分支，涉及物质的物理性质。现代物理化学包括化学热力学、动力学、平衡、光谱和量子化学等。物理化学研究物质的不同物理状态（如气态、液态和固态），以及温度和光（电磁辐射）对其物理性能及化学反应的影响。学习能源物理化学就是明确在能源转化过程中的物理化学变化，即能源转化与存储过程中涉及的物理化学模型及相互关联问题（表 2-1），知道如何利用物理原理解决化学问题。能源物理化学主要研究物质的物理和化学状态性能，涉及能量守恒、贬值、储存及转换过程的物理化学原理。

表 2-1　能源转化与存储过程中涉及的物理化学变化

关键问题	可采用的物理化学模型
能源转化界面问题	吉布斯（Gibbs）相界面模型
表界面电化学	古伊-查普曼-斯特恩（Gouy-Chapman-Stern）双电层模型
光催化反应	科恩-沈（Kohn-Sham）方程
煤化工催化过程	费-托合成（Fischer-Tropsch）

2.1　能量定律

19 世纪初期，不少人曾一度梦想着制造一种不靠外部提供能量，本身也不减少能量的机器（永动机），即只需提供初始能量使其运动起来就可以永远地运动下去，可以源源不断地对外做功的一种机器。19 世纪中期，热力学第一定律被发现后，永动机这个梦想便不攻自破。热力学第一定律的发现是人类认识自然的一个伟大进步，第一次在空前广阔的领域里把自然界各种运动形式联系了起来，既为自然科学领域增加了崭新的内容，又大大推动了哲学理论的前进。现在，随着自然科学的不断发展，能量守恒和转化定律经受了一次又一次的考验并且在新的科学事实面前不断得到新的充实与发展。

2.1.1　能量守恒定律

19 世纪中叶发现的能量守恒定律是自然科学中十分重要的定律。它的发现是人类对自然科学规律认识逐步积累到一定程度的必然事件。尽管如此，它的发现仍然是艰辛和激动人心的。18 世纪 50 年代，英国科学家布莱克发现了潜热理论。

在前面这些科学研究的基础上，机械能的度量和守恒的提出、热能的度量、机械能和热能的相互转化、永动机被大量的实践宣布为不可能，能量守恒定律的发现条件逐渐成熟。迈尔在 1841 年最早提及了热功当量。他说："对于我能用数学的可靠性来阐述的理论来说，极为重要的仍然是解决以下问题，某一重物，例如 100lb（1lb = 0.45359237kg），必须举到距地面多高的地方，才能使得与这一高度相应的运动量和将该重物放下来所获的运动量正好等于将 1 lb 0℃的冰转化为 0℃的水所必需的热量。"之后，亥姆霍兹在这方面也发表了同样的论点。1840 年焦耳经过多次测量通电的导体，发现电能可以转化为热能，并且得出一条定律：电导体所产生的热量与电流强度的平方、导体的电阻和通过的时间成正比。后来焦耳继续探讨各种运动形式之间的能量守恒与转化关系，并提出了"自然界的能是不能毁灭的，哪里消耗了机械能，总能得到相当的热，热只是能的一种形式"。

能量守恒定律指出，自然界的一切物质都具有能量，能量既不能创造也不能消灭，而只能从一种形式转换成另一种形式，从一个物体传递到另一个物体，在能量转换和传递过程中能量的总量恒定不变。其含义为：①从一种形式转换成另一种形式是泛指所有形式能量；②能量转换和传递过程中能量的总量恒定不变，并没有限制是哪几种形式能量。根据各种形式的能量相互转化的规律可知，要保证系统能量守恒，其根本原因：一是系统内各种形式的能量可以相互转换，且转换的量值一定相等（以下称为等量转换原则）；二是系统内变化形式能量的减少量与变化形式能量的增加量相等，即 $\sum dE_{减少} = \sum dE_{增加}$。

另外，系统内的作用是有时间与过程的，不同形式能量之间的转换是多种多样的，故要确保能量守恒定律成立的条件之一就是所有形式能量之间可以相互转换，且转换量一定相等。

由此，可得出：

① $\sum E =$ 常量，只是保证总能量守恒或总能量增量守恒，并不保证体系内的所有形式能量之间能量转换必须遵守等量转换原则。在 $\sum E =$ 常量中，不仅含有不同形式能量之间转换遵守等量转换原则的总能量守恒或总能量增量守恒，而且还含有不同形式能量之间转换不遵守等量转换原则的总能量守恒或总能量增量守恒。而根据能量守恒定律，能量的变化只能是不同形式的能量互相转化，在转化中每一种形式的能量转化为另一种形式的能量时，都要严格遵守等量转换原则，从而才能保证总能量守恒。明显 $\sum E =$ 常量等同于能量守恒定律。

② 能量守恒定律成立的条件有两个：一是功和能的关系，即各种不同形式的能可以通过做功来转化，能转化的多少通过功来度量，即功是能转化的量度；二是能量增量与各种形式能量之间的关系，即各种形式能量的转换遵守等量转换原则，能量增量是所有形式能量的增量，$\sum E =$ 常量，$\sum dE_{减少} = \sum dE_{增加}$。

③ 能量守恒定律与总能量守恒（总改变量守恒）以及几种能量形式等量转换之间的关系是不可逆的，由能量守恒定律可得总能量守恒（总改变量守恒）以及能量形式等量转换，但由总能量守恒（总改变量守恒）以及几种能量形式之间等量转换是不能得到能量守恒定律的。能量守恒定律与总能量守恒（总改变量守恒）以及几种能量形式等量转换是不能等同对待的。

④ 能量守恒有二，一是等量转换，二是总量守恒，二者不可或缺。

⑤ 功能原理与能量守恒定律的本质是一致的。

2.1.2 能量转换定律

我们生活在一个复杂多变的世界中，物质、能量和信息是构成世界的基本要素。能量无处不在，能量转换无时不有。能量既不会凭空消失，也不会凭空产生，它只会从一种形式转化为其他形式，或者从一个物体转移到另一个物体，而在转化或转移的过程中，能量的总量保持不变。这就是能量转化遵循的规律。

宏观物体的机械运动对应的能量形式是动能；分子运动对应的能量形式是内能（热能）；

原子运动对应的能量形式是化学能；带电粒子的定向运动对应的能量形式是电能；光子（电磁场）运动对应的能量形式是光能（电磁波能）等。除了这些，还有风能、潮汐能等。当运动形式相同时，物体的运动特性可以采用某些物理量或化学量来描述。物体的机械运动可以用速度、加速度、动量等物理量来描述；电流可以用电流强度、电压、功率等物理量来描述。但是，如果运动形式不相同，物质的运动特性唯一可以相互描述和比较的物理量就是能量，能量是一切运动着的物质的共同特性。

不同形式的能量之间可以通过物理效应或化学反应而相互转化，如图 2-1 所示。对应于物质的各种运动形式，能量有各种不同的形式。在机械运动中表现为物体或体系整体的机械能，如动能、势能等。在热现象中表现为系统的内能，它是系统内各分子无规运动的动能、分子间相互作用的势能、原子和原子核内的能量的总和，但不包括系统整体运动的机械能。对于热运动的内能，人们是通过它与机械能的相互转换而认识的。

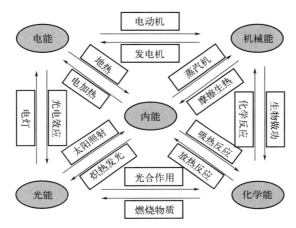

图 2-1　不同形式能量之间的转换

机械能、化学能、内能（热能）、电（磁）能、辐射能、核能等不同类型的能量之间相互转化的方式多种多样。例如，最常见的电能（交流电和电池）可以由多种其他形式的能量转变而来，如机械能-电能的转变（水力发电）、核能-内能（热能）-机械能-电能的转变（核能发电）、化学能-电能的转变（电池）等，表 2-2 列出了常见的示例。

虽然自然界中能量是守恒的，但是由于能量的转化和转移是有方向性的，因此还存在能源危机，这就需要提高能源的利用效率。

表 2-2　常见的能量形式

能量形式	含义	实例
机械能	机械能是与物体的运动或位置的高度、形变相关的能量，表现为动能和势能	流动的河水、被拉开的弓、声音等
内能	内能是组成物体的分子无规则运动所具有的动能和势能的总和	一切由分子构成的物质
电能	电能是与电有关的能量	电气设备消耗的能量
电磁能	电磁能是以各种电磁波形式传递的能量	可见光、紫外线、红外线
核能	核能是一种储存在原子核内部的能量	核电站、核武器等
化学能	化学能是储存在化合物化学键里的能量	巧克力、燃料都具有化学能

2.1.3 能量贬值原理

能量不仅有量的多少，还有质的高低。热力学第一定律只说明了能量在量上要守恒，并没有说明能量在"质"方面的高低。事实上能量是有品质上的差别的。自然界进行的能量转换过程是有方向性的。不需要外界帮助就能自动进行的过程称为自发过程，反之为非自发过程。自发过程都有一定的方向。温差传热就是典型的例子，其热量只能自发地从高温物体传向低温物体，却不能自发地由低温物体传向高温物体。由此可见，自发过程都是朝着一定方向进行的，若要使自发过程反向进行并回到初态则需付出代价，所以自发过程都是不可逆过程。过程的方向性反映在能量上，就是能量有品质的高低。

热力学第二定律指出，在自然状态下，热量只能从高温物体传给低温物体，高品位能只能自动转化为低品位能量，所以在使用能量的过程中，能量的品位总是不断地降低，因此热力学第二定律也称为能量贬值原理。

能量从"量"的观点看，只有是否已利用、利用了多少的问题；而从"质"的观点看，还有是否按质用能的问题。所谓提高能量的有效利用率，实质就在于防止和减少能量贬值发生。人们常把能够从单一热源取热，使之完全变为功而不引起其他变化的机器叫作第二类永动机。人们设想的这种机器并不违反热力学第一定律。它在工作过程中能量是守恒的，只是这种机器的热效率是100%，而且可以利用大气、海洋和地壳作热源，其中无穷无尽的热能完全转换为机械能，机械能又可变为热，循环使用，取之不尽，用之不竭，其实这违背了热力学第二定律。

从热力学过程方向性的现实例子来看，所有的自发过程，无论是有势差存在的自发过程，还是有耗散效应的不可逆过程，虽然过程没有使能量的数量减少但却使能量的品质降低了。例如，热量从高温物体传向低温物体，使所传递的高温物体温度降低了，从而使能量的品质降低了；在制动刹车过程中，飞轮的机械能由于摩擦变成了热能，能量的品质也下降了。正是孤立系统内能量品质的降低才造成了孤立系统的熵增。如果没有能量的品质高低就没有过程的方向性和孤立系统的熵增，也就没有热力学第二定律。这样，孤立系统的熵增与能量品质的降低、能量的"贬值"就联系在一起。在孤立系统中使熵减小的过程不可能发生，也就意味着孤立系统中能量的品质不能升高，即能量不能"升值"。事实上，所有自发过程的逆过程若能自动发生，都是使能量自动"升值"的过程。因而热力学第二定律还可以表述为：在孤立系统的能量传递与转换过程中，能量的数量保持不变但能量的品质却只能下降，不能升高，极限条件下保持不变。这个表述称为"能量贬值原理"。它是热力学第二定律更一般、更概括性的说法。

2.2 能量储存技术

能量储存技术是指将能量以某种形式储存起来，在需要的时候再加以利用的一种技术。能量在时间和空间上的供需常常是不匹配的，例如，太阳能只能在白天有阳光的时候产生，而人们在夜间也需要使用电能。那么就可以通过能量储存技术，将白天产生的太阳能储存起来，供夜间使用。

能量储存技术主要包括机械储能技术、电化学储能技术和电磁储能技术。不同的储能方式造成其能量密度差异较大。例如，锂离子电池能量密度较高，适合用于对能量密度要求高的移动设备（如电动汽车等），而抽水蓄能的能量密度较低，主要用于大规模储能场景。此外，各种储能技术的应用场景也各有侧重，比如电化学储能主要用于小型、分布式储能系统，如家庭储能、电动汽车等；机械储能中的抽水蓄能主要用于电网的大规模储能调节，以平衡电网的峰谷负荷。

2.2.1 机械能的储存

在许多机械和动力装置中，常采用旋转飞轮来储存机械能。飞轮储能系统的核心是电能与机械能之间的转换，所以能量转换环节是必不可少的，它决定着系统的转换效率，支配着飞轮系统的运行情况。电力电子转换器对输入或输出的能量进行调整，使其额定功率和相位协调起来。总结起来，在能量转换装置配合下，飞轮储能系统完成了从电能转化为机械能，机械能转化为电能的能量转换环节。例如，在带连杆曲轴的内燃机、空气压缩机及其他工程机械中都利用旋转飞轮储存的机械能使气缸中的活塞顺利通过上死点，并使机器运转更加平稳；曲柄式压力机更是依靠飞轮储存的动能工作。再如，核反应堆中的主冷却剂泵也必须带一个巨大的重约 6 t 的飞轮，这个飞轮储存的机械能即使在电源突然中断的情况下仍能延长泵的转动时间达数十分钟之久，而这段时间是确保紧急停堆安全所必需的。

机械能以势能方式储存是最古老的能量储存形式之一，装置包括弹簧、扭力杆和重力装置等。这类储存装置大多数储存的能量都较小，常被用来驱动钟表、玩具等。需要更大的势能储存时，可采用压缩空气储能和抽水储能。

压缩空气储能（compressed air energy storage，CAES）是除了抽水蓄能水力发电之外唯一能够商业化的大规模能量存储技术（单元的存储能力超过 100MW）。压缩空气储能是基于常规燃气轮机发电技术的一种储能方式。它将常规燃气轮机的压缩和膨胀循环过程分离成两个独立的过程，并将能量以压缩空气的弹性势能的形式储存起来。在用电波谷时，通过将空气压缩到密闭空间（通常为 $4.0\sim8.0$MPa）来储存能量。要释放储存的能量，就需要从储存容器中抽取压缩空气，加热后再通过高压涡轮膨胀，将空气与燃料混合并与从低压涡轮排出的废气一起燃烧，高低压涡轮都连接到发电机上产生电能，废气的热量可以通过换热器回收后再释放。压缩空气储能系统设计为每天循环运行，并可在部分负荷条件下高效运行。这种设计方法使压缩空气储能单元能够迅速从发电模式切换到压缩模式。与传统的中间发电单元相比，压缩空气储能系统具有相对较长的存储周期、较低的资本成本和较高的效率。典型的压缩空气储能系统的额定功率在 $50\sim300$MW 之间，这比其他存储技术的额定功率要高得多。目前世界上有两座压缩空气储能装置，第一座压缩空气储能电站位于德国霍恩托夫，自 1978 年开始运行。该装置有一个约 $31\times10^4\,\mathrm{m}^3$ 的洞穴，是地下 600m 处的盐矿开采时形成的，并配有 60MW 的压缩机，最大压力为 100MPa。它每天运行一个循环，充电 8h，可连续发电 2h，功率为 290MW。该电站表现出了出色的性能，可用性为 90%，启动可靠性为 99%。美国阿拉巴马州麦金托什的第二座压缩空气储能电站自 1991 年开始运行。该装置在地下 450m 处的盐矿溶洞中将空气压缩至 7.5MPa 以上，储气容量超过 $500\times10^4\,\mathrm{m}^3$，发电容量为 110MW，工作时间长达 26h。麦金托什系统使用了一个热回收器，可以回收燃气涡轮产生的热量，与霍恩托夫压缩空气储能电站相比，可将燃料消耗降低约 25%。

抽水蓄能水力发电（pumped hydroelectric storage，PHS）是最广泛实施的大型能量存

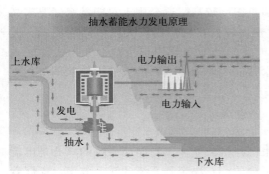

图 2-2　抽水蓄能电站

储系统。如图 2-2 所示，这种系统通常由以下部分组成：①位于不同海拔高度的两个水库；②将水泵送到高海拔的单元（在非高峰时段将电能以水的势能的形式储存起来）；③在水返回低海拔时产生电能的涡轮（在高峰时段将势能转换为电能）。显然，储存的能量与两个水库之间的高度差和储存的水量成正比。抽水蓄能水力发电是一种成熟的技术，具有大的容量、长的储存周期、高的效率和相对较低的单位能量资本成本。由于蒸发和渗透量较小，抽水蓄能水力发电的储存周期可以从几小时到几天甚至几年不等。抽水蓄能水力发电的典型额定功率约为 1000MW（100～3000MW），全球每年装机容量可达 5GW。抽水蓄能水力发电的额定功率是所有大规模储能系统中最高的，因此，这种大规模的机械能储存方式已成为世界各国解决用电峰谷差的主要手段。抽水蓄能水力发电自 19 世纪 90 年代在意大利和瑞士首次使用以来，1929 年首次在美国大规模商业应用（哈特福德的 Rocky River 抽水蓄能水力发电厂），全球已有 200 多个抽水蓄能水力发电系统（约 100GW 在运行，欧洲 32GW、日本 21GW、美国 19.5GW 以及亚洲和拉丁美洲的其他一些国家），约占全球发电能力的 3%。目前我国已建成抽水蓄能电站 20 余座，占全国总装机容量的 1.73%。典型的抽水储能示范工程有惠州抽水储能电站、十三陵抽水储能电站等。惠州抽水储能电站是目前我国最大的抽水储能示范工程；十三陵抽水储能电站是华北电网最大的抽水蓄能发电厂，建在风景秀丽的十三陵水库旁，为华北电网提供可靠的调频、调峰紧急事故备用电力，为保证首都的供电发挥很重要的作用。

2.2.2　热能的储存

热能是最普遍的能量形式，热能储存（thermal energy storage，TES）就是把一个时期内暂时不需要的多余热量通过某种方式收集并储存起来，等到需要时再提取使用。热能储存是通过多种不同的技术来实现的。根据特定的技术，它允许存储和使用多余的热能，使用范围可能包括单个建筑物、多用户建筑物、城镇或地区。热能储存已经在应用领域中广泛存在。它使用可以在绝热容器中保持高温或低温的材料，然后通过热机循环可以将回收的热量或冷量用于发电。理论上，能量输入可以通过电热加热或制冷/低温过程实现，因此热能储存的整体循环效率较低（30%～60%），但相对环保，可能特别适用于可再生能源和商业建筑。根据能量存储材料的操作温度，热能储存系统可以分为低温热能储存和高温热能储存。更精确地说，热能储存可以分为工业冷却（＜-18℃）、建筑冷却（0～12℃）、建筑供暖（25～50℃）和工业热能储存（＞175℃）。从储存的时间来看，有以下 3 种情况。

① 随时储存。以小时或更短的时间为周期，其目的是随时调整热能供需之间的不平衡。例如热电站中的蒸汽蓄热器，依靠蒸汽凝结或水的蒸发来随时储热和放热，使热能供需之间随时维持平衡。

② 短期储存。以天或周为储热的周期，其目的是维持 1 天（或 1 周）的热能供需平衡。例如对太阳能采暖，太阳能集热器只能在白天吸收太阳的辐射热，因此集热器在白天收集到的热量除了满足白天采暖的需要外，还应将部分热能储存起来，供夜晚或阴雨天采暖使用。

③ 长期储存。以季节或年为储存周期，其目的是调节季节（或年）的热量供需关系。例如把夏季的太阳能或工业余热长期储存下来供冬季使用，或者冬季将天然冰储存起来供来年夏季使用。

热能储存的方法一般可以分为显热储能、潜热储能和热化学储能 3 大类。

① 显热储能（SHS）是最简单的方法，是利用某些介质的温度升高或降低的过程。显热储能运行方式简单、成本低廉，且其他储能仍在研究和开发阶段，因此这种存储是这三种储能中最常用的，不过受储热量等限制，前景一般。显热储能利用水或者熔融盐等物质作为介质储能，应用领域包含工业窑炉和电采暖、居民采暖、光热发电等领域。目前显热技术规模化应用主要集中在光热电站中。

② 潜热储能也叫相变储能，是利用材料在相变时吸热或释热来储能或释能的，这一过程中介质温度是恒温的，因此被称作潜热。根据相变温度高低，潜热蓄热又分为低温和高温两部分。低温潜热蓄能主要用于废热回收、太阳能储存以及供暖和空调系统。高温潜热蓄能可用于热机、太阳能电站、磁流体发电以及人造卫星等方面。低温相变材料主要有冰、石蜡等。高温相变材料主要采用高温熔化盐类、混合盐类和金属等。

③ 热化学储能（TCS）涉及某种热化学材料（TCM）的可逆放热/吸热化学反应。目前尚处于研究阶段，在实际应用中还存在着许多技术问题，因此项目案例较少。

2.2.3 电能的储存

储能技术目前在电力系统中的应用主要包括电力调峰、提高系统运行稳定性和提高供电质量等。能量存储技术可以提供一种简单的解决电能供需不平衡问题的办法，可充电/二次电池是最古老的电化学电力存储形式之一，它以化学能的形式储存电能。电池由一个或多个电化学单元组成，每个单元由电解质（液体或固体）和正极、负极组成。在放电过程中，电化学反应在两个电极上发生，通过外部电路形成电子流动。这些反应是可逆的，因此可以通过在电极上施加外部电压来为电池充电。电池在某些方面非常适合用于电力储能应用。它们不仅提供了燃料的灵活性和环境效益，还可以快速响应负载变化，从而增强系统稳定性。电池通常具有非常低的待机损耗，并具有较高的能量效率（60%～95%）。日常生活和生产中最常见的电能储存形式是蓄电池。它先将电能转换成化学能，在使用时再将化学能转换成电能。此外，电能还可储存于静电场和感应电场中。

除了常用的蓄电池，科学家们正在研究开发超导储能。世界上铅酸蓄电池的发明已有100多年的历史，它利用化学能和电能的可逆转换，实现充电和放电。铅酸蓄电池价格较低，但使用寿命短、质量大，需要经常维护。近年来开发成功了少维护、免维护铅酸蓄电池，性能有一定提高。目前，与光伏发电系统配套的储能装置大部分为铅酸蓄电池。1908年发明的镍铜、镍铁碱性蓄电池，使用维护方便、寿命长、质量轻，但价格较贵，储能密度较低，难以满足大容量、长时间储存电能的要求。近年来开发的蓄电池有银锌电池、锂电池、钠硫电池等。某些金属或合金在极低温度下成为超导体，理论上电能可以在一个超导无电阻的线圈内储存无限长的时间。这种超导储能不经过任何其他能量转换直接储存电能，效率高，启动迅速，可以安装在任何地点，尤其是消费中心附近，不产生任何污染。但目前超导储能在技术上尚不成熟，需要继续研究开发。

超导磁储能（superconducting magnetic energy storage，SMES，下文表述为超导储能）是唯一已知的可以直接将电能存储为电流的技术。它将电能存储为通过由超导材料制成的线圈中的直流电流，使得电流可以无限循环，几乎不会损失。超导储能具有非常高的能量存储效率（通常大于 97%），并且与其他能量存储系统相比具有快速的响应速度（仅需几毫秒），但仅限于短时间内。超导储能系统主要依靠超导线圈将电磁能直接储存起来，因此，它的能量输出并不依赖于放电速率。超导储能还具有很长的循环寿命，因此适合用于需要持续全循环和连续运行的应用。为了使线圈保持超导状态，它被浸入装在真空绝热低温容器中的液态氦中。通常，导体由铌钛制成，冷却剂可以是 4.2K 的液态氦，也可以是 1.8K 的超流氦。这些特点使得超导储能适合用于解决大型工业客户的电压稳定性和电力质量问题。超导储能的最初设想是由 Ferrier 于 1969 年在法国提出的。1971 年，美国威斯康星大学开始进行相关研究，并建造了第一台超导储能设备。此后，超导储能发展迅速。许多公司开发了自己的超导储能系统（例如日立公司、ISTEC 公司、威斯康星公共服务公司、ACCEL 仪器有限公司等），目前全球已有 100 多兆瓦的超导储能装置投入运行。

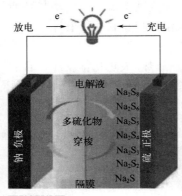

图 2-3　钠硫电池

钠硫电池在 300℃ 的高温环境下工作，其正极活性物质是液态硫（S），负极活性物质是液态金属钠（Na），中间是多孔性陶瓷隔板，如图 2-3 所示。电解质只允许 Na^+ 通过，并与硫结合形成钠多硫化物：

$$2Na + 4S \Longrightarrow Na_2S_4 \qquad (2\text{-}1)$$

放电时，Na^+ 通过电解质，外部电路中流动电子产生 2.0V 电压。该过程可逆，充电时，钠多硫化物会释放 Na^+ 通过电解质重新结合为金属钠。电池保持在 300～350℃。钠硫电池在国外已是发展相对成熟的储能电池，寿命可以达到 10～15 年。钠硫电池典型的循环寿命为 2500 次。其典型的能量和功率密度分别为 150～240W·h/kg 和 150～230W/kg。钠硫电池效率为 75%～90%，30s 内的脉冲功率能力超过其连续额定功率的六倍。这一特性使钠硫电池能够在电力质量和削峰应用中具有良好的应用前景。钠硫电池技术已在日本 297 个站点得到验证，总装机容量超过 200MW，可提供 8h 的每日峰值削峰需求，例如东京电力公司的 6MW/8h 装置和日立工厂的 8MW/7.25h 装置。美国市场也在评估钠硫电池的应用。美国电力公司在俄亥俄州启动了首个钠硫系统示范项目，容量高达 120MW。

锂离子电池由于兼具高比能量和高比功率的显著优势，被认为是最具发展潜力的动力电池体系。目前制约大容量锂离子电池应用的最主要障碍是电池的安全性，即电池在过充、短路、冲压穿刺、振动、高温热冲击等条件下，极易发生爆炸或燃烧等不安全行为。其中，过充电是引发锂离子电池不安全行为的最危险因素之一。近年来锂离子电池作为一种新型的高能蓄电池，它的研究和开发已取得重大进展。

超级电容器根据双电层理论研发而成，可提供强大的脉冲功率，充电时电极表面处于理想极化状态，电荷将吸引周围电解质溶液中的异性离子，使其吸附于电极表面，形成双电荷层，构成双电层电容，如图 2-4 所示。超级电容器历经多年的发展，已形成系列产品，储能系统最大储能量达 30MJ。但超级电容器价格较为昂贵，目前在电力系统中多用于短时间、大功率的负载平滑和电能质量峰值功率场合，如大功率直流电机的启动支撑、动态电压恢复器等，在电压跌落和瞬态干扰期间提高供电水平。

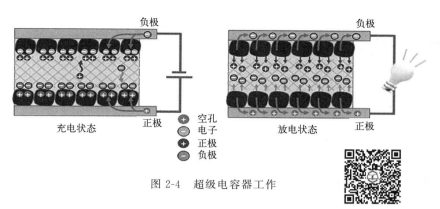

| 空孔 |
| 电子 |
| 正极 |
| 负极 |

图 2-4 超级电容器工作

2.2.4 化学能的储存

化学能是各种能源中最易储存和运输的能源形式。稳定化合物（比如化石燃料）可以储存化学能。生物系统能够将能量储存在富含能量的分子［比如葡萄糖和三磷酸腺苷（ATP）等］的化学键中。其他形式的化学能储存包括氢气、烃类燃料和各种电池。化学物质（即储能材料）所含的化学能通过化学反应释放出来，反之也可通过反应将能量储存到物质中，实现化学能与热能、机械能、电能、光能等能量之间的相互转换。从广义上讲，储存原油和各种石油产品、液化石油气（LPG）、液化天然气（LNG）、煤等化石燃料本身就是对化学能的储存。

化学能储存电能中，化学电源是一种典型的装置。化学电源是将物质化学反应所产生的能量直接转换为电能的一种装置。按其工作性质和储存方式不同，可分为原电池（一次电池）、蓄电池（二次电池）、储备电池和燃料电池。用完即丢弃的电池称为一次电池，作为小型便携式的电源产品而被广泛使用。可以充放电的电池叫作二次电池，广泛用作汽车的辅助电源。在当今社会中，化学电源已被广泛应用，如锌锰干电池和汽车上使用的铅酸蓄电池，铅酸蓄电池如图 2-5 所示。

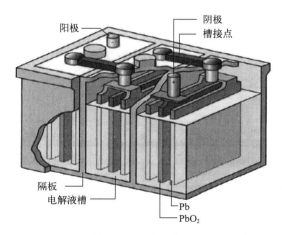

图 2-5 铅酸蓄电池

2.3 能量的转换过程

2.3.1 概述

能量转换是能量最重要的属性，也是能量利用中最重要的环节。人们通常所说的能量转换是指能量形态上的转换，如燃烧的化学能通过燃烧转换成热能，热能通过热机再转换成机械能等。然而广义地说，能量转换还应当包括以下两项内容：

① 能量在空间上的转移及能量的传输；

② 能量在时间上的转移及能量的储存。

任何能量转换过程都必须遵守自然界的普遍规律——能量守恒定律，即：

输入能量－输出能量＝储存能量的变化

不同的能量形态可以互相转换，然而，任何能量转换过程都需要一定的转换条件，并在一定的设备或系统中实现。表 2-3 给出了能量转换过程及实现能量转换所需的设备或系统。

表 2-3　能量转换过程及实现能量转换所需的设备或系统

能源	能量形态转换过程	转换设备或系统
石油、煤炭、天然气等化石能源	化学能→热能 化学能→热能→机械能 化学能→热能→机械能→电能	炉子、燃烧器
氢和酒精等二次能源	化学能→电能 化学能→热能→电能	各种热力发电机 热机、发电机、磁流体发电机
水能、风能、海流能、波浪能、潮汐能	机械能→机械能 机械能→机械能→电能	热力发电、热电子发电 燃料电池
太阳能	辐射能→热能 辐射能→热能→机械能 辐射能→热能→机械能→电能 辐射能→热能→电能 辐射能→电能 辐射能→化学能 辐射能→生物能 辐射能→电能	热水器、太阳灶、光化学反应 太阳能发动机 太阳能发电 热力发电、热电子发电 太阳能电池、光化学电池 光化学反应（水分解） 光合成
海洋温差能	热能→机械能→电能	海洋温差发电（热力发动机）

2.3.2 化学能转换为热能

燃料燃烧是化学能转换为热能的最主要方式。能在空气中燃烧的物质称为可燃物，但不能把所有的可燃物都称为燃料（如米和砂糖之类的食品）。所谓燃料，就是在空气中容易燃烧并释放出大量热能的气体、液体或固体物质，是在经济上值得利用其发热量的物质的总称。燃料通常按形态分为固体燃料、液体燃料和气体燃料。天然的固体燃料有煤炭和木材；人工的固体燃料有焦炭、型煤、木炭等。其中煤炭应用最为普遍，是我国最基本的能源。天然的液体燃料有石油（原油）；人工的液体燃料有汽油、煤油、柴油、重油等。天然的气体燃料有天然气，人工的气体燃料则有焦炉煤气、高炉煤气、水煤气和液化石油气等。通过燃料燃烧将化学能转换为热能的装置称为燃烧设备。燃烧设备主要有锅炉、工业窑炉等。

2.3.3 热能转换为机械能

将热能转换为机械能是目前获得机械能的最主要的方式。热能转换成机械能的装置称为热机。因为热机能为各种机械提供动力，故通常又将其称为动力机械。应用最广泛的热机有内燃机、蒸汽轮机、燃气轮机三大类。蒸汽轮机，简称汽轮机，是将蒸汽的热能转换为机械功的热机。汽轮机单机功率大、效率高、运行平稳，在现代火力发电厂和核电站中都用它驱动发电机。汽轮发电机组所发的电量占总发电量的 80% 以上。此外，汽轮机还用来驱动大型鼓风机、水泵和气体压缩机，也用作舰船的动力。燃气轮机和蒸汽轮机最大的不同是，它不是以水蒸气作为工作介质而是以气体作为工作介质。燃料燃烧时所产生的高温气体直接推动燃气轮机的叶轮对外做功，因此以燃气轮机作为热机的火力发电厂不需要锅炉。它包括三个主要部件：压气机、燃烧室和燃气轮机。

燃气轮机具有以下优点：
① 质量轻、体积小、投资省；
② 启动快、操作方便；
③ 水、电、润滑油消耗少，只需少量的冷却水或不用水，因此可以在缺水地区运行；辅助设备用电少，润滑油消耗少，通常只占燃料费的 1% 左右，而轮机要占 6% 左右。

内燃机包括汽油机和柴油机，是应用最广泛的热机。大多数内燃机是往复式的，有气缸和活塞。内燃机有很多分类方法，但常用的是根据点火顺序分类或根据气缸排列方式分类。按点火或着火顺序可将内燃机分成四冲程发动机和二冲程发动机。

2.3.4 机械能转换为电能

将机械能转换为电能的主要设备为发电机。当下主要的发电设备主要有火力发电机组、风力发电机组以及水轮发电机组。本节着重介绍风力发电，它是将机械能直接转换为电能。把风的动能转换成机械动能，再把机械动能转换为电力动能，这就是风力发电。风力发电的原理，是利用风力带动风车叶片旋转，再通过增速机将旋转的速度提升，来促使发电机发电。依据目前的风车技术，大约 3m/s 的轻风速度（轻风的程度）便可以开始发电。风力发电正在世界上形成一股热潮，因为风力发电不需要使用燃料，也不会产生辐射或空气污染。风能够产生三种力以驱动发电机工作，分别为轴向力（即空气牵引力，气流接触到物体并在流动方向上产生的力）、径向力（即空气提升力，使物体具有移动趋势的、垂直于气流方向的压力和剪切力的分量，狭长的叶片具有较大的提升力）和切向力，用于发电的主要是前两种力，水平轴风机使用轴向力，竖直轴风机使用径向力。

2.3.5 光能转换为电能

将光能转化为电能的主要方式是太阳能光利用。太阳是一个巨大、久远、无尽的能源。尽管太阳辐射到地球大气层的能量仅为其总辐射能量（约为 3.75×10^{26} W）的二十二亿分之一，但已高达 173×10^{17} W，换句话说，太阳每秒钟辐射到地球上的能量就相当于 500 万吨煤燃烧的能量。地球上的风能、水能、海洋温差能、波浪能和生物质能以及部分潮汐能都来源于太阳，地球上的化石燃料从根本上说也是远古以来储存下来的太阳能。太阳能既是一次能源，又是可再生能源。它资源丰富，既可免费使用，又无需运输，对环境无任何污染。但太阳能也有两个主要缺点：一是能流密度低；二是其强度受各种因素的影响，不能维持常量。这两大缺点大大限制了太阳能的有效利用。太阳能光的利用主要是太阳能光伏发电和太阳能制氢，最成功的是用光-电转换原理制成的太阳能电池（又称光伏电池）。太阳能电池1954年诞生于美国贝尔实验室，1958年被用作"先锋1号"人造卫星的电源上了天。太阳能电池是利用半导体内部的光电效应，当太阳光照射到一种称为"p-n结"的半导体上时，波长极短的光很容易被半导体内部吸收，并去碰撞硅原子中的价电子，使价电子获得能量变成自由电子而挣脱共价键束缚，从而产生流动电子。

常用的太阳能电池按其材料可以分为晶体硅电池、硫化镉电池、硫化锑电池、砷化镓电池、非晶硅电池、硒铟铜电池、叠层串联电池等。太阳能电池质量轻、无活动部件、使用安全、单位质量输出功率大，可单独作为小型电源，又可组合成大型电站。目前其应用已从航天领域走向各行各业，走向千家万户，太阳能汽车、太阳能游艇、太阳能自行车、太阳能飞机等产品都相继问世，然而对人类最有吸引力的还是太空太阳站。太空太阳电站的建立将改善世界的能源状况，人类都期待这一天的到来。

2.3.6 化学能转换为电能

将化学能转化为电能的主要装置是化学电源，即电池。自1800年意大利科学家伏打发明了伏打电池算起，化学电源已有200余年的历史。化学电源能量转化率高，方便并安全可靠，在不同领域应用广泛。按工作性质分类，化学电源主要有四种：

① 一次电池（原电池） 电池反应本身不可逆，电池放电后不能充电再使用的电池。一次电池主要有锌-锰电池、锌-汞电池、锌-银电池、锌-空气电池等。

② 二次电池（蓄电池） 可重复充放电循环使用的电池，充放电次数可达数十次到上千次。二次电池主要有铅酸蓄电池、镉-镍蓄电池和锂离子电池等。二次电池能量高，可用于大功率放电的人造卫星、电动汽车和应急电器等。

③ 燃料电池（连续电池） 活性物质可从电池外部连续不断地输入电池，连续放电。主要有氢-氧燃料电池、肼-空气电池等。燃料电池适合于长时间连续工作的环境，已成功用于飞船和汽车。

④ 储备电池（激活电池） 电池的正负极和电解质在储存期不直接接触，使用前采取激活手段，电池便进入放电状态。如锌-银电池、镁-银电池、铅-二氧化铅电池等。储备电池可用于导弹电源、心脏起搏器电源等。

2.3.7 电能转换为化学能

将电能转换为化学能主要发生在二次电池的充电中。这个过程正好与电池使用相反，通过将电能源源不断地导入电池并转化为化学能，从而储存起来。

以锂离子电池为例（图2-6），目前已产业化的锂离子电池的负极材料为碳材料，正极为$LiCoO_2$材料，电解质是$LiPF_6$（或$LiClO_4$）和有机试剂。锂离子电池的电化学表达式为：

$$(-)C\,|\,LiPF_6\text{-}(EC+DEC)\,|\,LiCoO_2(+)$$

正极反应：
$$LiCoO_2 \Longleftrightarrow Li_{1-x}CoO_2 + xLi^+ + xe^-$$

负极反应：$\qquad nC + xLi^+ + xe^- \rightleftharpoons Li_xC_n$

电池反应：$\qquad LiCoO_2 + nC \rightleftharpoons Li_{1-x}CoO_2 + Li_xC_n$

其中 EC 为碳酸乙烯酯；DEC 为碳酸二乙酯。

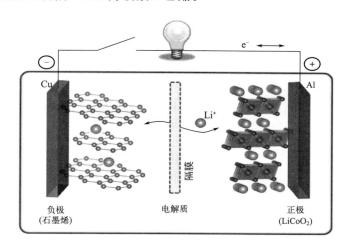

图 2-6　锂离子电池工作原理

2.4　原电池与电解池

2.4.1　原电池

原电池的发明历史可追溯到 18 世纪末期，当时意大利生物学家伽伐尼正在进行著名的青蛙实验，当用金属手术刀接触蛙腿时，发现蛙腿会抽搐。伏打认为这是金属与蛙腿组织液（电解质溶液）之间产生的电流刺激造成的。1800 年，伏打据此设计出了被称为伏打电堆的装置，锌为负极，银为正极，用盐水作电解质溶液。1836 年，丹尼尔发明了世界上第一个实用电池，并用于早期铁路信号灯。

原电池反应属于放热反应，一般是氧化还原反应，但区别于一般的氧化还原反应，电子转移不是通过氧化剂和还原剂之间的有效碰撞完成的，而是还原剂在负极上失电子发生氧化反应，电子通过外电路输送到正极上，氧化剂在正极上得电子发生还原反应，从而完成还原剂和氧化剂之间电子的转移。两极之间溶液中离子的定向移动和外部导线中电子的定向移动构成了闭合回路，使两个电极反应不断进行，发生有序的电子转移过程，产生电流，实现化学能向电能的转化。以最简单的丹尼尔电池为例（如图 2-7 所示），在电池中发生的反应为：

阳极（－）：$\qquad Zn - 2e^- \longrightarrow Zn^{2+}$

阴极（＋）：$\qquad Cu^{2+} + 2e^- \longrightarrow Cu$

电池反应：$\qquad Zn + Cu^{2+} \longrightarrow Zn^{2+} + Cu$

在普通化学中，曾看到过与上述相似的化学反应。例如，将一块纯锌片投入硫酸铜溶液中，于是发生了置换反应，即：

$$Zn + CuSO_4 \longrightarrow ZnSO_4 + Cu$$

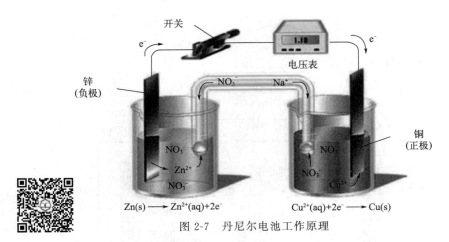

图 2-7　丹尼尔电池工作原理

其本质也是一个氧化还原反应。即：

阳极（一）：$\qquad$ $Zn - 2e^- \longrightarrow Zn^{2+}$

阴极（＋）：$\qquad$ $Cu^{2+} + 2e^- \longrightarrow Cu$

电池反应：$\qquad$ $Zn + Cu^{2+} \longrightarrow Zn^{2+} + Cu$

　　从化学式上看，丹尼尔电池反应和铜锌置换反应没有什么差别。这表明，两种情况下的化学反应本质上是一样的，它们都是氧化还原反应。但是，反应的结果却不一样。在普通的化学反应中，除了铜析出和锌溶解外，仅仅伴随着溶液温度的变化，在原电池中，则伴有电流的产生。

　　为什么同一性质的化学反应在不同的装置中进行时会有不同的结果呢？这是因为在不同的装置中，反应的条件不同，因而能量的转换形式也就不同。在置换反应中锌片直接与铜离子接触，锌原子与铜离子在同一地点、同一时刻直接交换电荷，完成氧化还原反应。反应前后，物质的组成发生了变化，故体系的总能量发生了变化，这一能量以热能的形式释放。

　　而在原电池中，锌的溶解（氧化反应）和铜的析出（还原反应）是分别在不同的电极，即阳极区和阴极区进行的电荷转移，要通过外电路中的自由电子流动和溶液中的离子迁移得以实现。由此可见，原电池区别于普通氧化还原反应的基本特征就是能通过电池反应将化学能转变为电能。所以原电池实际上是一种可以进行能量转换的电化学装置。有些电化学家把原电池称为"能量发生器"。根据这一特性，可以把原电池定义为：凡是能将化学能直接转变为电能的电化学装置叫作原电池或自发电池，也可叫作伽伐尼电池。

2.4.2　电解池

　　由两个电子导体插入电解质溶液所组成的电化学体系和一个直流电源接通时，外电源将源源不断地向该电池体系输送电流，而体系中的两个电极上分别持续地发生氧化反应和还原反应，生成新的物质。这种将电能转化为化学能的电化学体系就叫作电解电池或电解池。

　　如果选择适当的电极材料和电解质溶液，就可以通过电解池生产人们所预期的物质。如图 2-8 所示，将铁片和锌片分别浸入 $ZnSO_4$ 溶液中组成一个电解池，与外电源接通后，由电源负极输送过来的电子流入铁电极，溶液中的 Zn^{2+} 在铁电极上得到电子，还原成锌原子并沉积在铁上，即：

$$Zn^{2+} + 2e^- \longrightarrow Zn(Fe)$$

而与电源正极相连的金属锌却不断溶解生成锌离子，锌失去的电子从电极中流向外线路，即：

$$Zn(Zn) \longrightarrow Zn^{2+} + 2e^-$$

由此可见，电解池是依靠外电源迫使一定的电化学反应发生并生成新的物质的装置，也可以称作"电化学物质发生器"。没有这样一种装置，电镀、电解、电合成、电冶金等工业过程便无法实现。所以，它是电化学工业的核心——电化学工业的"反应器"。

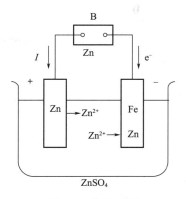

图 2-8 镀锌过程

将图 2-7 和图 2-8 进行比较，可以看出电解池和原电池的主要同异之处。电解池和原电池是具有类似结构的电化学体系。当电池反应进行时，都是在正极上发生得电子的还原反应，在负极上发生失电子的氧化反应。但是它们进行反应的方向是不同的。在原电池中，反应是向自发方向进行的，体系自由能变化 $\Delta G < 0$，化学反应的结果是产生可以对外做功的电能。电解池中，电池反应是被动进行的，需要从外界输入能量促使化学反应发生，故体系自由能变化 $\Delta G > 0$。所以，从能量转化的方向看，电解池与原电池中进行的恰恰是互逆的过程。在回路中，原电池可作电源，而电解池是消耗能量的负载。

由于能量转化方向不相同，在电解池中，阴极是负极，阳极是正极。在原电池中，阴极是正极，阳极是负极，与电解池恰好相反。这一点，需特别注意区分，切勿混淆。

电解可使在通常情况下不发生变化的物质发生氧化还原反应，得到所需的化工产品、进行电镀以及冶炼活泼的金属，在金属的保护方面也有一定的用处。如①氯碱工业：电解饱和食盐水制取氯气、氢气、烧碱，饱和食盐水溶液中存在 Na^+ 和 Cl^- 以及水电离产生的 H^+ 和 OH^-；②电镀：应用电解原理在某些金属表面镀上一薄层其他金属或者合金的过程；③冶炼金属：钠、钙、镁、铝等活泼金属，很难用还原剂从它们的化合物中还原得到单质，因此必须通过电解熔融化合物的方法得到，如电解熔融的氯化钠可以得到金属钠。

2.4.3 界面双电层

电极反应是伴随着电荷在电子导体相和离子导体相两相之间转移而发生的物质变化过程。电荷的运动受电场作用力的支配。电场作用于单个正电荷的力是电场强度（简称场强）：

$$\varepsilon = -\frac{\partial \Phi}{\partial x} \qquad (2-2)$$

式中，ε 是电场中 x 处的电场强度；Φ 是 x 处的电位。最简单的情况是均匀的电场，即场强处处相同的电场。在这样的电场中，若 A 点的电位为中 Φ_A，B 点的电位为 Φ_B，则推动一个单位正电荷从 A 点移向 B 点的力是这个电场的场强，可简单地由下式求得：

$$\varepsilon = -\frac{\Phi_B - \Phi_A}{\partial x} = \frac{\Phi_A - \Phi_B}{\partial x} \qquad (2-3)$$

式中，x 是 A 点与 B 点之间的距离。

当一个金属电极浸入溶液中时，由于金属相与溶液相的内电位不同，在这两个相之间存在一个电位差，但是这两个相之间的界面并不是厚度等于零的几何学上的二维面，而是一层具有一定厚度的过渡区。或更确切地说，在这两个相之间是一层"相界区"。在相界区的一侧是作为电极材料的金属相，另一侧是溶液相。

现在以 Φ_M 表示金属相的内电位，以 Φ_{sol} 表示溶液相的内电位，以 $\Phi = \Phi_M - \Phi_{sol}$ 表示由这一个金属电极和这一溶液组成的电极系统的绝对电位，作最粗略的近似。可以用图 2-9 来表示相界区的电位分布情况。

在这里要特别说明一下，图中表示的相界区中的电位分布情况与实际情况并非完全一致。因为对它作了两点简单化的假设：一点是假设相界区中的电场是均匀电场，另一点是假设溶液相中不存在空间电荷层。这两点假设都与实际情况不符，故实际上相界区中的电位分布曲线要比图 2-9 中所表示的斜线复杂，但就本书要讨论的深度来说，对这两点进行了粗略的简单化。

金属材料与溶液之间的相界区通常称为双电层，其结构的最简略模型大致如下。假定一个金属电极浸入溶液中时，在金属相与溶液相之间不发生电荷转移，即不发生电极反应，在一个相的表面上，分子和原子所受到的力不能像在相的内部那样各个方面都是平衡的，这就使一个相的表面显现表面力。这种表面力对与之接触的另一个相的组分的作用使得另一个相靠近界面处的一些组分的浓度不同于那个相的本体浓度。例如，在金属/溶液的相界区，由于金属表面力的作用，在金属表面上就会吸附溶液中的一些组分，首先是吸附溶液中大量存在的水分子，此外还吸附溶液中的一些其他组分，特别是没有水化层包围的阴离子。除了表面力的作用外，还有静电作用力。当溶液中的荷电粒子如离子接近金属表面时，静电感应效应将使金属表面带有电量与之相等而符号与之相反的电荷。这两种异号电荷之间就有静电作用力，这种力叫作静电力。另外，水分子是极性分子，每一个水分子就是一个偶极子。当金属表面带有某种符号的过剩电荷时，水分子就以其带有符号与之相反的电荷的一端吸附在金属表面上，而以另一端指向溶液。总的情况如图 2-10 所示。这样，就在金属相与溶液相之间形成了一个既不同于金属本体情况，也不同于溶液本体情况的相界区。这个相界区的一个端面是带有某种符号电荷的金属表面，另一端是电荷与之异号的离子。在这两个端面之间主要是定向排列的水分子，所以这个相界区就叫作双电层。图 2-9 所表示的仅是简化了的理想情况。在实际情况下，特别是在稀溶液中，在溶液的一侧还有一层空间电荷层过渡到溶液本体。所以严格说来，双电层本身还由两部分组成，靠近金属表面的叫作紧密层，在紧密层外面还有一层空间电荷层，也叫分散层。

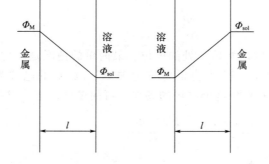

图 2-9　在相界区中是均匀电场情况下电位分布

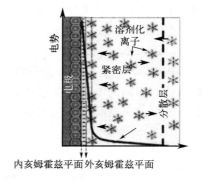

图 2-10　双电层结构

2.5 电极过程动力学导论

2.5.1 电极过程动力学的发展

20世纪40年代以来，电化学科学的主要发展方向是电极过程动力学。电极过程是指在电子导体与离子导体之间的界面上进行的过程，包括在电化学反应器（如各种化学电池、工业电解槽、实验电化学装置等）中进行的过程，也包含并非在电化学反应器中进行的一些过程（如金属在电解质溶液中的腐蚀过程等）。因此，电极过程动力学一方面是一门基础学科，人们一直在不断以新的概念和新的实验方法来加深对这一界面的认识；另一方面，它在化学工业、能源研究、材料科学和环境保护等许多重要领域中有着广泛的应用。在登月飞行中首先得到实际应用的燃料电池，近年来正在迅速发展成为新一代汽车的动力源。最初用于心脏起搏器的高度可靠的锂电池已发展成为便携式电器中首选的高比能二次电池。这些都是电化学科学和工艺的几个比较突出的例子。正是这些应用背景，使电化学科学的发展具有强大的生命力。近几十年来，这一学科一直在快速纵深发展，并形成了一系列新的学科方向，如半导体电化学和光电化学、生物电化学、波谱电化学等。

2.5.2 电池反应与电极过程

电池反应（cell reaction），指电池通电时，两个电极发生失、得电子的氧化、还原反应，两个电极反应的总结果。根据电池反应的吉布斯自由能变化值的正负，可确定是电解电池还是自发电池。前者为电能转化成化学能，也就是充电过程；后者是化学能转化为电能，也就是放电过程。无论是自发电池还是电解电池，往往有多种副反应发生。

电池反应一般指电池中发生的主导反应，如果实现电化学反应所需要的能量是由外部电源供给的，就称为电解池中的电化学反应。如果体系自发地将本身的化学自由能变成电能，就称为化学电池中的电化学反应。但二次化学电池（蓄电池）中进行的充电过程属于电解池反应，不论是电解池或化学电池中的电化学反应，都至少包括两种电极过程——阳极过程和阴极过程，以及电解质相（在大多数情况下为溶液相）中的传质过程包括电荷迁移过程、扩散过程等。由于电极过程涉及电极与电解质间的电量传送，而电解质中不存在自由电子，因此通过电流时在"电极/电解质"界面上就会发生某一或某些组分的氧化或还原即发生化学反应。电解质相中的传质过程只会引起其中各组分的局部浓度变化，很少引起化学变化。

就稳态进行的过程而言，上述几种过程是串联进行的，即每一过程中涉及的净电量转移完全相同。但是，除此以外，这几种过程又往往是彼此独立的，即至少在原则上可以选择任一对电极和任一种电解质相来组成电池反应。基于这一原因，电池反应可以分解为界面上的电极过程及电解质相中的传质过程来分别加以研究，以便弄清每一种过程在整个电池反应中的地位和作用。例如，电解池的槽压——阴、阳极之间的电压差，是一个比较复杂的参数，影响槽压的因素包括阳极电势、阴极电势和电极及电解质相中的电压降（欧姆压降IR drop）等。如果用参比电极分别测出每一电极电势的数值，就能弄清影响槽压的各种因素。静止液相中的电荷迁移过程属于经典电化学的研究范畴，有关这方面的知识可以在许多专著中找到，本书中不再介绍。然而，在大多数实际电化学装置中引起液相传质过程的主要因素是搅拌和自然对流现象，不是静止液相中的电荷迁移过程。因此，在讨论电池反应的动力学时，人们较少注意两个电极之间溶液中的传质过程，而将注意力集中在电极表面上发生的过程。不过，由于溶液的黏滞性，不论搅拌或对流作用如何强烈，附着于电极表面上的薄层液体总是或多或少地处于静止状态。这一薄层液体中的电荷迁移过程和扩散过程对电极反应的进行速度有着很大的影响，有时在这一薄层中还进行着与电极反应直接有关的化学变换。因此，习惯上往往将电极表面附近薄层电解质层中进行的过程与电极表面上发生的过程合并起来处理，统称为电极过程。换言之，电极过程动力学的研究范围不但包括在电极表面上进行的电化学过程，还包括电极表面附近薄层电解质中的传质过程及化学过程等。

在本书以后各节中，一般是讨论单个电极上发生的过程。为了适应这种将电池反应分解为电极过程来研究的方法，在实验工作中往往采用三电极法（图2-11），其中工作电极上发生的电极过程是研究的对象，参比电极用来测量工作电极的电势，辅助电极用来通过电流，使工作电极上发生电化学反应并出现电极电势的变化曲线。由此测得工作电极上电流密度随电极电势的变化，即单个电极的极化曲线。在早期的研究工作中曾采用分解电压曲线，即通过电池的电流随槽压的变化曲线。对于研究电极过程的动力学性质，虽然单个电极的极化曲线比分解电压曲线有用得多，但是，若完全将电池反应分解为单个电极反应来研究也有缺点，即忽视了两个电极之间的相互作用，而这类相互作用在不少电化学装置中是不容忽视的。经常可以遇到这样一类情况：某一电极上的活性物质或反应产物能在电解质相中溶解，然后通过电解质迁移到另一电极上去，并显著影响后一电极上发生的过程。例如，在甲醇-空气燃料电池中，甲醇往往扩散到空气电极一侧并使后者的性能显著变差，而这种情况在单独研究空气电极时是观察不到的。因此，人们一方面常将整个电池反应分为若干个电极反应来分别加以研究，以弄清每一电极反应在整个电池反应中的作用和地位；另一方面又必须将各个电极反应综合起来加以考虑，只有这样，才能对电化学装置中发生的过程有比较全面的认识。由于本书中用较多的篇幅来讨论单个电极过程，更有必要在这里强调指出，处理任何实际电化学问题时都不可以脱离电化学装置整体。

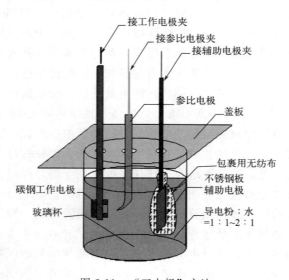

图 2-11 "三电极"方法

2.5.3　电荷传递过程

电荷传递过程是电化学反应的本质。了解电荷传递过程有助于揭示电化学反应的内在规律，实现电化学工业过程控制和电化学反应设计。回顾电极过程动力学理论的发展历程及数学表达式的演化过程，阐述电化学反应中电荷传递过程的科学背景，理解其中的科学思想，对于促进现代电化学研究的发展具有启示意义。

（1）对电化学电荷传递过程量子力学认识

电极过程动力学的量子力学理论最早由格尼于 1931 年提出，该理论涉及电子从金属中的束缚态穿过电极/电解液界面到达溶液中离子的隧道效应，但是在其后的 30 年里并没有得到多少电化学家的关注。

格尼关于电极上隧道效应的开拓性工作曾受到鲍登和里迪尔工作的启发，因为两位科学家在 1928 年曾发表了证明电流对过电势的指数关系的一系列数据。格尼把奥利芬特和穆恩关于电极上气态离子的中和作用作为他的起始观点，研究了电子从电极到离子的隧道效应。考虑到电极过程中没有辐射，格尼假定处于电极/溶液界面上，在势垒左边和右边的电子的能量是相同的，即施主态的电子（如在电极：金属中的电子）的能量同受主（如氢原子）中的电子的能量是相等的。

随着量子力学理论的发展和电极过程动力学研究的深入，巴特勒、克里斯托弗、博克里斯、马修斯等人对格尼理论进行了改进和发展，提出了电催化理论、质子转移的连续介质理论、质子转移的克里斯托弗振子模型等新理论和新认识，以能够更加深入地认识电荷传递过程。

（2）塔菲尔公式在金属腐蚀与防护中的应用

当一个金属电极处于腐蚀介质中并达到稳定状态时，其电极电位为腐蚀电位 E_{corr}，金属以自腐蚀电流密度 I_{corr} 的速度进行均匀腐蚀（活化控制）。当外加电流流过该金属电极时，其电极电位将偏离原有的自腐蚀电位 E_{corr}，这种现象称为腐蚀体系的极化。

实际腐蚀体系（或腐蚀金属电极）至少包含金属的单电极反应和去极化剂的单电极反应。在选取塔菲尔直线区时，可利用外延法求解自腐蚀电流密度和平衡电位。通过比较自腐蚀电流密度和平衡电位可以判断金属材料的腐蚀倾向性以及各种腐蚀防护技术的效果。

（3）巴特勒-福尔默方程在催化剂活性评价中的应用

动电位极化法是评价电极反应活性（电极材料、催化剂等）的重要手段。在电化学反应过程中，在表观上，反应通过界面的电流密度与极化过电位可以用巴特勒-福尔默公式描述。利用巴特勒-福尔默公式对所测极化曲线的拟合可以求解对应电极反应的交换电流密度和电荷传递系数，作为评价电极反应活性的重要参数。例如对于中温燃料电池用锶掺杂钴酸锶（SSC）在 $La_{0.8}Sr_{0.2}Ga_{0.8}Mg_{0.15}Co_{0.05}O_3$（LSGMC5）电解质中氧气环境和不同温度下的极化曲线，利用巴特勒-福尔默公式对其进行拟合。在 SSC-LSGMC5 体系中氧化还原反应的阴、阳极电荷转移系数与 1 接近，交换电流密度随温度的降低而减小，电化学反应活性降低。通过不同条件下的拟合结果，可以评价电极材料或催化剂的优劣和选择最佳工作条件。

思政研学

用好守恒定律，掌握核心技术

目前，我国已成为世界上最大的能源消耗国，但在能源利用率方面与西方发达国家相比，仍存在较大差距，特别是在温度200℃以下超低温工业余热的利用和开发方面，我国仍然处于落后阶段。通过本章的学习，我们了解到在生产过程中，从高级能量"贬值"到低级能量的现象是客观存在的，如常见的热传导过程（高温蒸汽贬值为低温蒸汽），因此如何在尊重客观规律的同时，有效回收高温热水、低温烟气等工业过程中排放的废弃热能，提高能源的整体利用效率，是实际生产中非常重要的问题。

中国船舶集团有限公司第七一二研究所的工程师们经过不懈努力，成功研制出具有完全自主知识产权的国内最大功率超低温余热回收发电装置，其热能利用率可达18%以上。这标志着我国已具备200～1000kW大功率等级的超低温余热回收发电全套装置的设计和制造能力，成为国际上少数几个掌握相关核心技术的国家之一，走在了国际前沿。

思考题

1.从能源守恒的角度来看，思考为何世界总能量不变，人类存在能源危机。

2.为何电能是最佳的二次能源？

3.你认为目前哪种能源存储与转换技术最为高效。

4.在某城市，居民使用$1kW \cdot h$的电需要支付0.65元，而购买能提供相同能量的5号干电池（容量$1500mA \cdot h$，零售价格1元）需要445节，花费445元，对此你有何看法？

参考文献

[1] 郭振华,李东,郭应焕. 能量转换与守恒定律的发现[J]. 宝鸡文理学院学报（自然科学版）,2012(4):40-46.

[2] 姚斌. 重新认识能量守恒定律[J]. 中国科技信息,2009(5):42-45.

[3] 戴又善. 不依赖守恒定律推导相对论质速关系[J]. 大学物理,2019,38(11):17-20.

[4] 卢中晃,尹家贤. 电磁波反射折射能量守恒定律推导及应用[J]. 电气电子教学学报,2016,38(2):56-59.

[5] 张文亮,丘明,来小康. 储能技术在电力系统中的应用[J]. 电网技术,2008(07):1-9.

[6] 董绍俊,车广礼,谢远武. 化学修饰电极[M]. 北京:科学出版社,1995.

[7] 马景陶,葛奔,艾德生,等. 流延法制备固体氧化物电解池氢电极支撑电解质的共烧结技术研究[J]. 稀有金属材料与工程,2011,0(S1):287-290.

[8] 贾志军,马洪运,吴旭冉,等. 电化学基础（Ⅴ）——电极过程动力学及电荷传递过程[J]. 储能科学与技术,2013,2(4):402-409.

[9] 毕孝国,修稚萌,牛微,等. 不定型TiO_2薄膜修饰电极的制备及其电极过程动力学特性[J]. 材料与冶金学报,2009,8(2):114-118.

[10] 陶莎莎. 原电池与电解池的几点对比[J]. 学苑教育,2014(18):77.

第 3 章

锂／钠二次电池材料及技术

3.1 概述

电源（power source）是将其他形式的能转换成电能并向电路（电子设备）提供电能的装置。电源是人类发展史上最伟大的发明之一，1799 年意大利物理学家伏打发明了电池，标志着化学电源的诞生。经过 200 多年的发展，化学电源的种类和数量不断增加，外形和设计不断更新，应用范围不断拓展，电池的世界精彩纷呈，化学电源已经成为现代生活中不可或缺的动力源。本章重点讲述锂/钠二次电池材料及技术。

3.2 锂离子电池

3.2.1 概述

锂是元素周期表中最轻的金属元素（原子量 $M=6.94$，密度 $\rho=0.53\text{g/cm}^3$），在电化学反应过程中具有最低的电势（-3.045V，相对于标准氢电位）、较高的质量比容量（3860mA·h/g）和体积比容量（2.06A·h/cm^3），因此一直备受电化学工作者的关注。

锂电池的研究最早可以追溯到 1912 年，Gilbert N. Lewis 提出并开始研究锂金属电池。1958 年，美国加州大学的研究生 Harris 提出采用有机电解质作为锂金属电池的电解质，锂电池的研究从此进入快速发展的时代。20 世纪 70 年代初实现了锂电池（锂原电池也称为一次锂电池，负极为锂，且被设计为不可充电的电池）的商品化。与一般的原电池相比，它具有明显的优点：电压高，传统的干电池一般为 1.5V，而锂原电池则可高达 3.9V；比能量高，为传统锌负极电池的 2～5 倍；工作温度范围宽，锂电池一般能在 $-40\sim70℃$ 下工作；比功率大，可以大电流放电；放电平稳；储存时间长，预期可达 10 年。因此，在锂原电池的推动下，人们几乎在研究锂原电池的同时就开始了对可充放电锂二次电池的研究。

3.2.2 锂离子电池结构

常见的锂离子电池外形有圆柱形、方形。按电芯外形材料，锂离子电池分为钢壳电池、铝壳电池和铝塑膜软包电池。相比之下，软包电池更安全，工艺更复杂。根据用途的不同可将其制作成不同形状，以满足便携式移动设备、航天飞行器、电动汽车、智能电网等不同领域的需求。锂离子电池主要由正极、负极、隔膜、电解质（液）、外包装五部分组成，几种常见锂离子电池的外形和构成示意图如图 3-1 所示。

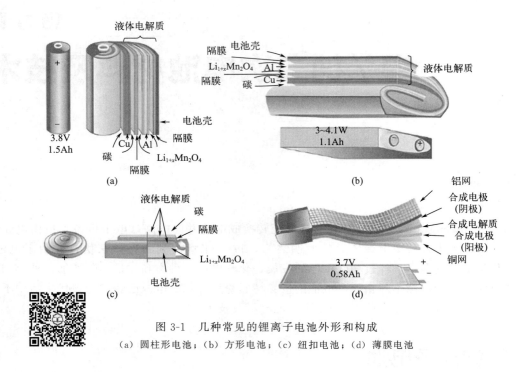

图 3-1　几种常见的锂离子电池外形和构成

（a）圆柱形电池；（b）方形电池；（c）纽扣电池；（d）薄膜电池

（1）电池正极

电池正极是锂离子电池的重要组成部分，承担着参与化学反应和提供锂离子的重要作用。锂离子电池正极由活性物质、导电剂、黏合剂和集流体组成，正极集流体通常采用铝箔。其中正极活性物质是控制电池容量的关键性因素。理想正极活性物质应具备如下性能：

① 金属离子应具有较高的氧化还原电位，从而提高锂离子电池的输出电压；

② 锂的含量尽可能大，确保有足够量的锂发生嵌入和脱嵌，提高容量；

③ 锂在嵌入/脱嵌过程中高度可逆，并且材料的结构要具有一定的稳定性；

④ 具有较高的电子电导率、离子电导率和锂离子扩散系数；

⑤ 具有良好的化学稳定性。

（2）电池负极

电池负极也是电池中参与电化学反应的重要组成部分，负极由活性物质、导电剂、黏合剂和集流体组成，负极集流体通常采用铜箔。理想的负极应具备以下性能：

① 锂在负极的活度要接近纯金属锂的活度，以使电池具有较高的开路电压；

② 在充、放电过程中，电极材料主体结构稳定，确保良好的循环性；

③ 电化学当量低，可嵌入和脱嵌锂容量大，以获取尽可能大的比容量；

④ 锂在负极中的扩散系数足够大，可承受大电流充、放电；

⑤ 材料导电性好，锂离子在负极中的嵌入和脱嵌过程中，极化程度低；

⑥ 在热力学稳定的同时，与电解液的匹配性好；

⑦ 与电解质生成良好的固体电解质界面（solid electrolyte interface，SEI）膜，在 SEI

膜形成后不与电解质等发生反应；

⑧成本低、易制备、无污染。

（3）隔膜

隔膜的主要作用是分隔正、负极，防止电子在电池内部传导引起短路，同时能让锂离子通过。这要求隔膜满足以下基本要求：

① 对于电子绝缘；

② 可以高效传输离子；

③ 力学性能稳定，同时易于加工；

④ 化学性能稳定，不与电解液、电化学反应副产物发生化学反应；

⑤ 能有效阻止两极之间颗粒、胶体或可溶物质的迁移；

⑥ 与电解液具有亲和性；

⑦ 安全环保。

（4）电解质

电解质（液）的作用是在电化学反应过程中在正、负极之间传输离子。由于锂离子电池负极电位与锂接近，比较活泼，在水溶液体系中不稳定，因此锂离子电池电解质（液）使用非水、非质子有机溶剂作为锂离子的载体，或采用固体电解质材料。

对于最广泛使用的电解液而言，在理想状态下其应满足如下要求：

① 在较宽的温度范围内为液体，一般希望范围为 $-40 \sim 70^\circ C$；

② 锂离子电导率高，在较宽的温度范围内电导率在 $3 \times 10^{-3} \sim 2 \times 10^{-2} S/cm$；

③ 具有良好的热稳定性，在较宽的温度范围内不发生分解反应；

④ 具有良好的化学稳定性，与电池内的正极材料、负极材料、集流体、隔膜、黏合剂等不发生化学反应；

⑤ 电化学窗口较宽，可以在较宽的电压范围内保持稳定（稳定到 4.5V 或更高）；

⑥ 具有良好的成膜（SEI）特性，能在负极材料表面形成稳定钝化膜；

⑦ 对离子具有较好的溶剂化性能，能尽量促进电极可逆反应进行；

⑧无毒、蒸气压低、使用安全、容易制备、成本低、无环境污染。

3.2.3　锂离子电池工作原理

锂离子电池实质是一种浓差电池，其充放电过程示意图如图 3-2 所示。充电时，Li^+ 从正极中脱出，经过电解质和隔膜嵌入负极层状材料中，正极处于贫锂状态，而负极处于富锂状态。同时电子通过外电路由正极流向负极使电荷得到补偿。放电时则相反，Li^+ 从负极脱出，经电解质和隔膜嵌入正极，负极处于贫锂状态而正极处于富锂状态。电子经外电路由负极流向正极并对负载供电。在锂离子电池充放电过程中，Li^+ 处于正极→负极→正极的运动状态。充、放电时 Li^+ 嵌入和脱出的过程就像摇椅一样摇来摇去，故锂离子电池也被称作"摇椅电池"。

以常见的锂离子电池负极材料石墨和正极材料 $LiMO_2$ 为例，充电时，锂离子从 $LiMO_2$ 中脱嵌，释放多个电子，$LiMO_2$ 氧化成为 $Li_{1-x}MO_2$，正极处于贫锂状态，Li^+ 进入电解液穿过隔膜嵌入负极石墨层间，负极得到电子生成 Li_xC_n，负极处于富锂状态，同时电子的补

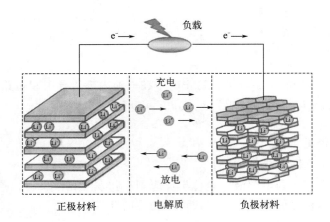

图 3-2　锂离子电池工作过程

偿电荷从外电路供给到石墨负极，嵌入 Li^+ 越多，充电容量越高；放电时，过程相反，锂离子从负极材料的层间脱出，负极处于贫锂状态，Li^+ 进入电解液，并释放多个电子，锂离子在电势作用下重新嵌入正极中，使 $Li_{1-x}MO_2$ 得到电子还原为 $LiMO_2$，正极处于富锂状态，同时电子的补偿电荷从外电路供给到 $LiMO_2$ 正极，回到正极的 Li^+ 越多，放电容量越高，人们通常说的电池容量指的就是放电容量。充、放电循环过程中，Li^+ 分别在正、负极上发生"嵌入-脱出"反应，Li^+ 便在正负极之间来回移动，其化学反应方程式如下：

正极反应：放电时 Li^+ 嵌入，充电时 Li^+ 脱出。

充电时：
$$LiMO_2 \longrightarrow xLi^+ + Li_{1-x}MO_2 + xe^- \tag{3-1}$$

放电时：
$$xLi^+ + Li_{1-x}MO_2 + xe^- \longrightarrow LiMO_2 \tag{3-2}$$

负极反应：放电时 Li^+ 脱嵌，充电时 Li^+ 嵌入。

充电时：
$$xLi^+ + xe^- + nC \longrightarrow Li_xC_n \quad (Li^+ 与 C 形成的复合材料) \tag{3-3}$$

放电时：
$$Li_xC_n \longrightarrow xLi^+ + xe^- + nC \tag{3-4}$$

总反应：
$$LiMO_2 + nC \rightleftharpoons Li_{1-x}MO_2 + Li_xC_n \tag{3-5}$$

3.2.4　锂离子电池正极材料

锂离子电池目前负极比容量已经达到较高的水准，相比之下正极的比容量限制了电池的性能提升。例如，以能量密度为 $200W \cdot h/kg$ 作为基准电池，电池由比容量为 $180mA \cdot h/g$ 的三元正极和比容量为 $350mA \cdot h/g$ 石墨负极组成，以此计算出电池的比能量归一化为 1.00。当正极比容量限定为 $180mA \cdot h/g$ 时，即使采用比容量高达 $3000mA \cdot h/g$ 的硅基负极材料，电池比能量提升也不会非常大，不超过 42%（表 3-1）。但将负极比容量限定为 $350mA \cdot h/g$ 时，只要稍微改变一下正极材料，就能提高 20%，如比容量为 $250mA \cdot h/g$ 的富锂材料。

目前商用含锂氧化物型和聚阴离子型正极材料的比容量极限约在 $220mA \cdot h/g$，比能量难以超过 $1000W \cdot h/kg$。因此，需要开发具有更高比容量的正极材料，提供更多活性物质用于电极反应。

表 3-1 负极比容量对电池比能量提升幅度的影响

正极比容量/(mA·h/g)	负极比容量/(mA·h/g)	比能量相对值	电池比能量提升幅度/%
180	350	1.00	0
	500	1.10	10
	800	1.24	24
	1000	1.28	28
	1200	1.32	32
	2000	1.39	39
	3000	1.42	42

常见的锂离子正极材料主要有层状嵌脱锂氧化物、尖晶石氧化物和橄榄石结构的聚阴离子材料，如图 3-3 所示。从图中可知，层状富锂锰基正极材料作为一种层状嵌脱锂氧化物的衍生物，是唯一实际比能量能达到 900W·h/kg 的正极材料，极具潜力，而其他尖晶石或聚阴离子类衍生物如 $LiNi_{0.5}Mn_{1.5}O_4$、Li_2FeSiO_4 亦具备较高的理论比能量，有进一步的挖掘潜力。

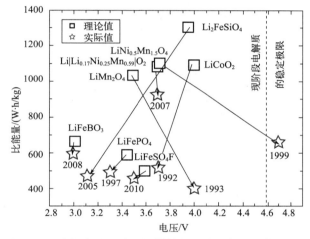

图 3-3 几类锂离子电池正极材料的理论和实际比能量对比

3.2.4.1 传统层状正极材料

传统层状正极材料主要包括 $LiCoO_2$、$LiNiO_2$、$LiMnO_2$ 以及复合层状氧化物 $LiMn_xNi_yCo_{1-x-y}O_2$（$0<x$，$y<0.5$）等。层状结构是指与六方晶系的 α-$NaFeO_2$ 型层状岩盐结构相似的结构，空间群为 $R3m$，阴离子数与阳离子数相等，锂离子处于层状结构所形成的二维平面中，并可在自由扩散通道中进行扩散和迁移。

（1）层状钴酸锂

Goodenough 研究开发的 $LiCoO_2$ 正极材料是十分成功的锂离子电池正极材料，日本索尼公司以 $LiCoO_2$/C 体系率先实现商业化，最早作为商品化正极材料被用于锂离子电池。由于该材料具备较高的工作电压、较大的能量密度、优良的循环性能和较高的倍率性能，并且无记忆效应，制备方法简单易行，所以是现阶段应用最为成熟的锂离子电池正极材料，已被广泛地使用在小型电子产品如手机、照相机和笔记本电脑的锂离子电池中。

LiCoO$_2$ 晶体结构为 α-NaFeO$_2$ 型结构，属于六方晶系，空间群为 $R3m$，晶胞参数为 $a=0.2816$nm，$c=1.408$nm（图 3-4）。在理想的 LiCoO$_2$ 晶体结构中，Li$^+$ 和 Co^{3+} 分别位于立方紧密堆积氧层中交替的八面体空隙的 $3a$ 和 $3b$ 位置。在充、放电过程中，Li$^+$ 可以在所在的二维平面发生可逆的脱嵌反应，具有较高的锂离子扩散系数 $10^{-9}\sim10^{-7}$ cm^2/s。如果锂离子能够完全脱嵌，其理论质量比容量为 274mA·h/g，体积比容量为 1363mA·h/cm^3。但在实际的充、放电过程中，为了保持结构的稳定性，LiCoO$_2$ 只能发生部分的锂离子脱嵌，因此其实际比容量仅有 160~200mA·h/g，并且能反复利用的锂离子数目少于总量的 60%。

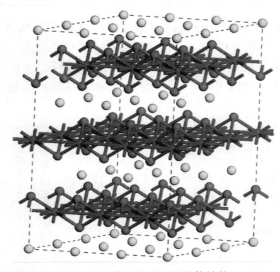

图 3-4　层状 LiCoO$_2$ 的晶体结构

LiCoO$_2$ 的局限还在于成本高、热稳定性差、大电流放电或深度循环时比容量衰减快，以及与锰、铁、镍相比钴资源短缺且价格昂贵等方面。当电池内部超过一定温度时，会发生严重的放热反应，严重时会导致起火发生危险。另外，LiCoO$_2$ 过充时会发生如图 3-5 所示的结构转变，导致性能衰减。这些缺陷限制了 LiCoO$_2$ 在大型动力电池方面的应用。随着锂离子电池正极材料的快速发展，LiCoO$_2$ 材料在市场中所占的份额正在逐渐降低。

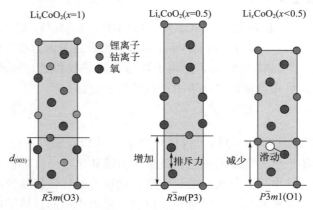

图 3-5　Li$_x$CoO$_2$ 随着充电深度增加逐渐从 O3 结构向 P3 和 O1 转变

（2）层状镍酸锂

由于 Ni 元素成本低廉且毒性小于 Co 元素，因此 $LiNiO_2$ 曾被认为可能替代 $LiCoO_2$。$LiNiO_2$ 的理论比容量为 275mA·h/g，具有与 $LiCoO_2$ 相同的层状结构，且在充、放电过程中经历着相同的结构转变。$LiNiO_2$ 与 $LiCoO_2$ 均为 α-$NaFeO_2$ 型结构，属于六方晶系，空间群为 $R3m$，晶胞参数为 $a=0.2878nm$，$c=1.419nm$，比 $LiCoO_2$ 略大。$LiNiO_2$ 的工作电压范围为 2.5～4.2V，自放电率低，对环境无污染，充、放电过程中可以有大约 0.7 个锂离子进行可逆脱嵌，实际比容量可达到 190～200mA·h/g，远高于 $LiCoO_2$（实际比容量为 140～150mA·h/g），曾被认为是最有前途的正极材料之一。

但是，$LiNiO_2$ 还存在一些致命的缺点，限制了其进一步的发展与应用：

① $LiNiO_2$ 的热稳定性差，热分解温度最低（200℃左右），且放热量最多，这给电池带来很大的安全隐患；

② 合成条件较为苛刻，制备工艺复杂，材料中 Ni^{3+} 很容易被还原为 Ni^{2+}，需要严格控制煅烧的气氛和温度；

③ 容易发生阳离子混排现象，合成过程中生成的 Ni^{2+} 的离子半径 $[r(Ni^{2+})=0.068nm]$ 与 $Li^+[r(Li^+)=0.076nm]$ 的离子半径相近，Ni^{2+} 占据 Li^+ 的位置，妨碍了锂离子的扩散，从而影响材料的电化学活性。

研究发现，采用其他元素 M（M＝Al、Ti、Co、Mg、Mn 等）替代 $LiNiO_2$ 中的一部分镍，可以减少阳离子混排现象，提高材料的结构稳定性，改善材料的电化学性能，因而衍生出后来的三元正极材料。

（3）层状锰酸锂

层状锰酸锂作为同质多晶化合物，具有两种晶形，正交 $LiMnO_2$ 与单斜 $LiMnO_2$（图 3-6）。正交型（o-$LiMnO_2$）空间群为 $Pmnm$，具有层状岩盐结构，此结构中与 MnO 和 LiO 两种八面体进行波纹状交互排列。单斜型（m-$LiMnO_2$）空间群为 $C2/m$，具有 α-$NaMnO_2$ 型结构，锂离子在 MnO_6 层间的八面体位。两种结构的锰酸锂正极材料理论比容量相等，与 o-$LiMnO_2$ 相比，m-$LiMnO_2$ 更稳定，可用固相法合成。

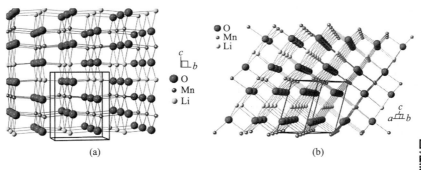

图 3-6 两种锰酸锂的晶体结构
（a）o-$LiMnO_2$；（b）m-$LiMnO_2$

1992 年 Ohzuku 利用固相法合成 o-$LiMnO_2$，1996 年英国科学家 Armstrong 使用离子交换法制备 m-$LiMnO_2$ 并用于锂离子电池正极材料，电池首周比容量达到了 270mA·h/g，被认为是可以取代钴酸锂的层状正极材料。但随后研究发现，m-LiMnO$_2$ 中由于 Mn^{3+} 的 Jahn-Teller 效应，其空间结构发生了扭曲，晶体对称性低并处于亚稳态，尽管首圈比容量较高，但在反应过程中层状锰酸锂会逐渐转变成尖晶石型锰酸锂，晶体结构转变导致的体积变化会破坏电极原有的结构，因此电池比容量会发生较大幅度的衰减。同时，对于层状锰酸锂正极材料的制备，除了固相法和离子交换法外，还有水热合成法、溶胶-凝胶法等，不同制备方法得到的 LiMnO$_2$ 在结构和性能上有很大差异。

相比于其他层状材料，层状锰酸锂具有成本低、无毒和理论比容量（285mA·h/g）高等特点，然而由于制备困难、晶体结构不稳定、循环性能不稳定等缺点，目前还没有实现商业化应用。

3.2.4.2 高镍三元正极材料

（1）高镍三元正极材料结构特征

高镍材料 LiNi$_{1-x-y}$Co$_x$Mn$_y$O$_2$（NCM）是一种特殊的三元材料，它是指 Ni 元素的摩尔分数大于 0.6 的锂离子三元正极材料。高镍三元材料具有高比容量、低成本、安全性优良的特点，尤其是镍含量在 80% 以上的高镍材料，如 NCM811（LiNi$_{0.8}$Co$_{0.1}$Mn$_{0.1}$O$_2$）和 NCA（LiNi$_{0.8}$Co$_{0.15}$Al$_{0.05}$O$_2$）三元材料的可逆比容量超过 200mA·h/g，所以近年来 NCM811 材料的发展备受关注。

高镍三元正极材料的晶体结构如图 3-7 所示，它与一般三元层状材料一样，属于六方晶系，α-NaFeO$_2$ 层状岩盐结构，空间群为 $R3m$。但是高镍材料中随着镍含量的增加，一方面镍的平均价态逐渐升高，从而导致三元材料的层间距逐渐减小；另一方面，随着镍含量的升高，Ni、Co、Mn 元素在过渡金属层偏离均匀分布，出现一种团簇现象，具体表现为 Co、Mn 元素在原子尺度上形成聚集区域，而团簇区域中 Mn^{4+} 被还原为 Mn^{3+}。

在高镍三元材料中，Li$^+$ 和过渡金属离子 Ni 离子、Co 离子、Mn 离子分别占据 3b 空位（001/2）和 3a 空位（000），O^{2-} 位于八面体的 6c 位（00z），形成立方密堆阵列，每一个过渡金属原子包围着六个氧原子形成 MO$_6$ 八面体，Li$^+$ 和过渡金属离子形成的二维交替层位于八面体间隙，在（111）晶面呈层状排列，因此 Li$^+$ 可以在层间可逆地嵌入和脱出。整个晶体可以看作由 ［MO$_6$］八面体层和 ［LiO$_6$］八面体层交替堆垛而成，非常适合锂离子的嵌入与脱出。Ni^{2+}（0.069nm）与 Li$^+$（0.076nm）的半径接近，Ni^{2+} 很容易进入晶片间占据 Li$^+$ 的 3a 位置，Li$^+$ 则进入主晶片占据 3b 位置，发生阳离子混排现象，导致晶胞参数 a 增大，（003）衍射峰的强度弱化。在 Li 层的 Ni^{2+} 半径小于 Li$^+$，这将降低晶片间厚度，并在充电时氧化成 Ni^{3+} 或 Ni^{4+}，造成晶片间的局部塌陷，增加放电过程中 Li$^+$ 的离子嵌入难度，降低材料可逆容量。而 Li$^+$ 进入过渡金属层则会扩大主晶片厚度，并难以脱嵌，使材料电化学性能恶化。因此，晶片间厚度越小，Li$^+$ 越难以重新嵌入。离子混排程度可用 c/a 值和 $I(003)/I(104)$ 表征，当 $c/a > 4.9$ 以及 $I(003)/I(104) > 1.2$ 时，混排程度低。另外，（006）/（102）晶面和（108）/（110）晶面两对衍射峰的劈裂程度，反映了材料层状结构的完整性，对材料的电化学性能有较大的影响：两对衍射峰的劈裂程度越大，α-NaFeO$_2$ 型层状结构越完整，电化学性能也越优良。因此，在制备过程中，保持合适的 Li$^+$/Ni^{2+} 比例，即低的混排度以及完整的层状结构，是提高高镍 NCM 材料电化学性能的关键。

Ni 含量上升能够提高材料容量但会降低循环性能和稳定性，Co 含量上升可以抑制相变并提高倍率性能，Mn 含量上升有利于提高结构稳定性，但会降低容量。三种过渡金属的含量决定了材料的各项性能，首次放电容量、容量保持率、比容量和热稳定性等性能无法同时达到最优，需要取舍，企业在生产过程中可以适当降低 Ni 含量，提高 Co、Mn 的占比，以增强循环性能，延长产品寿命。

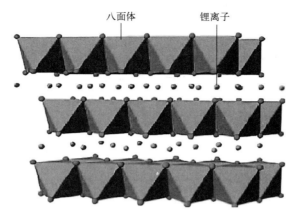

图 3-7　高镍三元正极材料的晶体结构

（2）高镍三元正极材料的电化学性能

电化学性能一般指电池的充放电性能、循环性能、倍率性能等。图 3-8 展示了一些常见的正极材料的平均放电电位及比容量。图中 LCO 表示钴酸锂，LMO 表示锂锰氧化物，NCM 表示镍钴锰氧化物，NCA 表示镍钴铝氧化物，LCP 表示磷酸钴锂，LFP 表示磷酸铁锂，LFSF 表示锂铁氟代硫酸盐，LTS 表示锂钛硫化物。

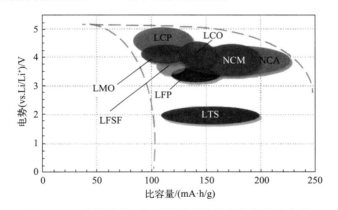

图 3-8　一些常见的正极材料的平均放电电位及比容量

图 3-9 为 $LiNi_xCo_yMn_{1-x-y}O_2$ 三元材料的充、放电曲线图。因为三元材料的电化学反应为均一固相反应，所以其在反应过程中没有新相生成，晶体结构也不发生变化，电压随着锂离子的脱出/嵌入不断升高/降低，表现在充、放电曲线上不会出现固定的电压平台。当充电电压小于 4.5V 时，发生的主要电化学反应是 Ni^{2+}/Ni^{4+} 或 Ni^{3+}/Ni^{4+} 电对的氧化还原反应；当充电电压大于 4.5V 时，Co 元素发生反应，Co^{3+} 被氧化为 Co^{4+}，在此过程中，Mn 元素不参与氧化还原反应，对材料的比容量没有贡献，Mn^{4+} 仅作为骨架元素来稳定材料的

结构，在更高电压下，NCM 三元材料中的 Li^+ 在充、放电过程中的脱出超过一定限度时就会发生晶格氧逃逸，如果此时继续充电，则会有新相 MO_2（M＝Ni/Co/Mn）出现，从而使其电化学性能迅速下降。因此一般将三元正极材料的截止电压设置为小于 4.4V，但是此时材料的比容量无法达到 Li^+ 完全脱出时的容量 278mA·h/g。

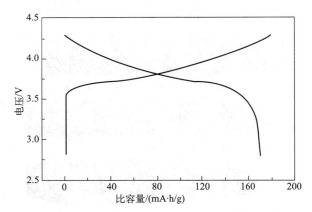

图 3-9　$LiNi_xCo_yMn_{1-x-y}O_2$ 三元材料的充放电曲线

（3）高镍三元正极材料存在的问题及改性

尽管高镍三元材料有着比容量高的优点，且在能量密度等方面有较大优势，但是也有一些不可忽略的缺点存在，阻碍了其在动力电池领域的大规模应用，如循环性能、安全性能、储存性能较差等。随着高镍三元材料中镍含量的增加，有几个问题也随之变得严重：

① 阳离子混排。由于 Ni^{2+} 与 Li^+ 半径接近，在合成过程中部分 Ni^{2+} 会占据 Li^+ 位从而发生阳离子混排，干扰了锂离子的迁移率。阳离子混排现象在充电过程中也会出现，这就造成了高镍材料首圈库仑效率不高。此外，在充、放电循环期间，Ni^{2+} 可以从镍平面（3a）迁移到锂平面（3b），导致其结构由层状结构向缺陷尖晶石/无序的岩盐转变，同时阻断了 Li^+ 的迁移通道。

② 微裂缝（图 3-10）以及表面残碱问题。虽然高镍 NCM 材料相比 $LiNiO_2$ 等材料结构更稳定，锂离子嵌入和脱出的可逆性更好，体积变化相对较小（＜10％），但是在二次颗粒合成过程中存在不同程度的应力和畸变，会产生应变与微裂纹；并且在循环过程中高镍NCM 材料也会在内部形成微应变和裂纹，这些应变会产生机械断裂，使材料暴露新的表面与电解质溶液相互接触，导致更多副反应的发生和活性锂离子的损失，并随之形成电阻表面膜，该膜会导致高阻抗，引起高镍 NCM 在循环后容量衰减。另外高镍三元材料表面残留含锂杂质，这些表面杂质会与水和氧气发生反应生成 Li_2CO_3 和 LiOH 等，在电极材料表面形成一种绝缘层，阻碍锂离子的扩散和电子的传输，如图 3-11 所示。研究表明，充、放电深度越深，材料裂纹扩展越快，循环容量衰减越快。因此，在实际实验过程中可以通过控制充、放电电压来控制材料充、放电深度，达到延长使用寿命的目的。此外，表面包覆也能缓解材料在充、放电过程中的体积变化，抑制颗粒在循环过程中产生微裂纹，改善其循环性能。

③ 表面反应不均匀/表面结构不稳定。由于 Li^+ 扩散受动力学因素影响，锂的脱出量增多导致过渡金属离子还原，材料为了维持其电中性，易在其表面形成新相及孔隙，从而导致

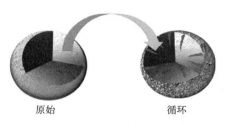

图 3-10 长时间循环后裂缝的产生

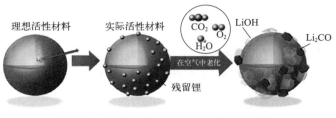

图 3-11 高镍材料在空气中暴露后的变化

高镍材料结构的不稳定。电极材料从表层开始脱锂,在充电过程中加速了结构的不稳定性,表层结构过度脱锂的同时,高镍三元材料会从层状结构向尖晶石结构以及惰性（NiO 型）岩盐结构转变,在这个过程中伴随着氧气的产生,使得电池存在一定的安全隐患,如图 3-12 所示。

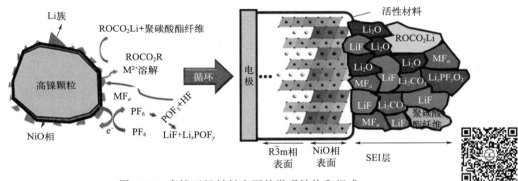

图 3-12 高镍正极材料表面的微观结构和组成

④ 热稳定性差。材料的热稳定性很重要,它与电池的安全性能息息相关,电池中正极材料的热分解温度往往是影响电池热失控的关键因素。三元材料中镍的含量越高,热分解温度越低,其热稳定性越差。

高镍三元正极材料的改性方法主要是离子掺杂、表面包覆和微观结构设计等。掺杂改性是将其他金属离子或一些非金属离子掺杂进材料中,通过改变材料的晶格常数或元素价态来提高材料的稳定性,但是不影响材料主体晶格结构变化。掺杂改性可以提高正极结构的稳定性,同时可以防止三元材料从层状结构到岩盐型结构的相变,有效提高电子电导率和离子电导率,降低阳离子混排程度。阳离子掺杂常用的元素有 Al、Mg、Ti、Zr 等,阴离子掺杂主要是掺入与氧元素离子半径相近的 F 原子。

离子掺杂中,Al 和 Mg 由于低成本而最受关注。Al 是最常用的阳离子掺杂元素,它对层状正极材料有很好的稳定作用。通常情况下，材料放电比容量会随着掺杂剂含量的增加而降低，但结构稳定性随之增加。因此，对高镍材料的 Al 离子掺杂方法研究集中在优化掺杂比，使用最少量的掺杂剂使稳定效果最大化。

3.2.5 锂离子电池负极材料

锂离子电池负极材料经历了由金属锂到锂合金、碳素材料、氧化物，再到纳米合金的演变过程。早期锂离子电池的负极材料是金属锂，质量比容量可达 $3860mA\cdot h/g$。然而，当采用液态电解质时，负极表面在充放电过程中，会形成树突状的锂枝晶，当积累到一定程度，会刺穿隔膜而造成电池的局部短路，使电池局部温度升高，隔膜融化，进一步造成电池的内短路，使得电池失效甚至起火爆炸。因此，锂金属电池一直未商品化。

目前，高性能、高容量的负极材料的开发与研究已经取得一定进展，包括碳材料和非碳材料：碳纳米管（$1100mA\cdot h/g$）、碳纳米纤维（$450mA\cdot h/g$）、石墨烯（$960mA\cdot h/g$）、多孔碳（$800\sim1100mA\cdot h/g$）、SiO（$1600mA\cdot h/g$）、Si（$4200mA\cdot h/g$）、Ge（$1600mA\cdot h/g$）、Sn（$994mA\cdot h/g$）和过渡金属氧化物（$500\sim1000mA\cdot h/g$）。此外，金属碳化物、金属硫化物、金属氮化物的容量通常也大于 $500mA\cdot h/g$，也可以作为电池的负极材料，常见负极材料见表 3-2。

表 3-2　常见负极材料

	负极材料	理论容量($mA\cdot h/g$)	优势	常见的问题
插层类材料	碳材料 硬碳 碳纳米管	— $300\sim600$ 1000	①工作电压低 ②成本低 ③安全性好	①库仑效率低 ②电压滞后大 ③不可逆容量大
	石墨烯	$800\sim1000$	—	—
	氧化钛 $LiTi_4O_6$ TiO_2	— 175 330	①安全性非常好 ②循环寿命长 ③成本低 ④倍率性能好	①容量小 ②能量密度低
金属合金类材料	Si SiO_2 Ge Sn SnO/SnO_2	4200 1000 1600 1000 $800\sim900$	①容量高 ②能量密度高 ③安全性能好	①不可逆容量大 ②容量衰减快 ③循环寿命短
转换型材料	金属氧化物 （Fe_2O_3、Fe_3O_4、CoO、Co_3O_4、Mn_xO、ZnO、Cu_2O/CuO、MoO/MoO_3等）	$500\sim1200$	①容量高 ②能量密度高 ③成本低 ④环境友好	①库仑效率低 ②SEI 不稳定 ③电压滞后大 ④循环寿命短
	金属磷化物、硫化物、氮化物 （MX_y；M＝Mn、Fe、Co、Ni、Cu 等，X＝P、S、N）	$500\sim1800$	①容量高 ②比氧化物工作电压更低，极化更小	①容量衰减快 ②循环寿命短 ③制备成本高

3.2.5.1　插层类化合物

碳材料由于其一系列的优点，包括易于制备，成本低，化学、电化学、热稳定性好，锂离子的嵌入与脱嵌可逆性好，被认为是制造锂离子电池理想的负极材料。这些优点对负极来说非常重要，因为嵌入或脱出锂离子的带电电极材料在提高温度时容易与有机电解液发生剧烈反应。有时在室温下也会有一些副反应发生。特别是 $LiPF_6$，容易与微量的水分反应生成腐蚀性的 HF，导致电极表面的金属溶解，容量衰减，并在电极表面形成很厚的钝化膜。在活性物质表面包覆一层碳材料可以有效弥补上述缺陷。碳材料在非常低的电压下也不会和电解液反应，不会造成电池的截止电压升高，而且碳材料化学稳定性非常好，可以很好地防止 HF 的腐蚀。此外，碳包覆层可以有效地防止活性材料在空气中的氧化，特别是在纳米尺寸下。纳米尺寸的电极材料因为比表面积大而容易被氧化。基于以上原因，碳包覆层可以有效地减少电极材料在循环过程中的容量衰减。

（1）石墨

石墨是由碳原子高度有序排列而成的碳材料，导电性好，有良好的层状结构，可以容纳锂离子形成锂-石墨化合物（Li-GIC），其理论容量可以达到 $372mA \cdot h/g$。锂离子在锂化石墨中的脱嵌电位在 $0 \sim 0.25V$（vs. Li/Li^+），与金属锂非常接近，其中 vs. Li/Li^+ 为相对于 Li/Li^+ 参比电极。石墨与常用的正极材料例如 $LiCoO_2$、$LiMnO_4$ 和 $LiFePO_4$ 构建的全电池放电电压高，能量密度大，因此是常用的锂离子电池的负极材料。石墨大致可以分为天然石墨和人工石墨两类。

① 天然石墨　天然石墨可以根据晶型分为无定型石墨和鳞片石墨两种。无定型石墨纯度低，主要是 2H 晶面排序结构，石墨层间距为 0.336nm。尤其是无定型石墨的石墨化程度低，其不可逆容量高，大于 $100mA \cdot h/g$，可逆容量在 $260mA \cdot h/g$ 左右。鳞片石墨纯度高，结构更加有序，主要是 2H＋3R 晶面排序结构，石墨层间距为 0.335nm。其不可逆容量小于 $50mA \cdot h/g$，可逆容量高达 $350mA \cdot h/g$。

天然石墨负极在充放电循环过程中受到电解质溶剂的影响较大，特别是使用碳酸丙烯酯（PC）时，很容易与锂离子对石墨负极进行共掺入，导致石墨负极的剥离，不可逆容量增加，电解质需要使用合适的溶剂或添加剂来解决这个问题。

② 人工石墨　人工石墨是将一些容易形成石墨化结构的碳材料（例如沥青）在惰性气体中进行高温（1900～2800℃）处理得到高度有序的石墨结构。最具有代表性的人工石墨材料有中间相炭微球（MCMB）和石墨纤维。MCMB 是高度有序的层层堆叠结构，可以由石油中的重油为原料进行高温处理得到。其中在 700℃ 以下进行热解时，石墨化程度不是很高，当温度升高至 1000℃ 以上时，得到的 MCMB 的石墨化程度明显提升。低温热解得到的石墨，其锂离子首次嵌入容量高达 $600mA \cdot h/g$，但是不可逆容量大；高温热解得到的人工石墨不可逆容量小，其可逆容量可以达到 $300mA \cdot h/g$。石墨纤维是通过气相沉积得到的中空结构的人工石墨，起始容量高达 $320mA \cdot h/g$，且不可逆容量小，首次库仑效率高达 93%，倍率性能优异，循环稳定性高。但是由于合成工艺复杂，生产成本高，石墨纤维不适合工业化生产。

③ 改性石墨　由于石墨层间距为 0.335nm，小于锂-石墨化合物的层间距 0.37nm，因此在锂离子反复地嵌入与脱嵌过程中，容易造成石墨被剥离，结构被破坏。此外电解质溶剂

PC 还会与锂离子对石墨负极形成共插入，加速石墨的剥离，缩短电极的循环寿命。所以有人提出了改性石墨的概念：在石墨表面包覆一层聚合物再热解，石墨表面形成一层保护层，提高结构稳定性的同时提升电极的导电性和石墨的电化学性能。例如将石墨和焦炭以 4:1 的比例混合热解，得到的复合电极可逆容量和循环稳定性相比于石墨都有一定的提升。

（2）软碳

软碳就是高温（2500℃）时容易石墨化的无定型碳。软碳的石墨化程度低，结构中缺陷位点多，可容纳较多的锂离子，且层间间距较大，有利于电解液的浸润。因此，软碳的首次放电容量较高，但是由于结构不稳定，不可逆容量也较高。此外，软碳由于结构不规则，锂离子的活性位点能量不同，导致充放电过程中没有明确的平台。经过 XRD（X 射线衍射）研究分析发现，软碳中主要分有 3 种：无定型结构的碳、湍层无序结构的碳和石墨化碳。其中无定型碳可以容纳大量锂离子，湍层没有锂离子活性位点，石墨可以与锂离子形成 LiC。因此研究者认为在 1000℃ 以下热处理的碳含有大量无定型结构，拥有较多的锂离子活性位点，容量大；1000～2500℃ 热处理得到的碳含有大量的湍层结构，锂离子活性位点很少，容量低；2500℃ 以上热处理的碳主要是石墨化碳，可以与锂离子形成 LiC，可逆容量高。常见的软碳包括石油焦、中间相炭微球和碳纤维等。

① 石油焦　石油焦的放电电位从 1.2V 开始持续到 0V 左右。其理论容量为 186mA·h/g 仅为石墨的一半。但是石油焦也有明显的优势，例如可以耐过充，锂离子在结构中的扩散速度快，更重要的一点是可以与溶剂 PC 兼容，这直接使其成为第一代锂离子电池的负极材料，后来被石墨取代。

② 中间相炭微球（MCMB）　中间相炭微球的直径在几十微米，拥有良好的导电性。通常是以煤焦油、沥青为原料在 400～500℃ 之间形成的炭微球，然后这些炭微球经过二次高温（700～1000℃）热处理，产品可以直接做锂离子电池的负极。此外，如果二次热处理的温度进一步提高，可以得到石墨化的 MCMB。

值得注意的是，MCMB 的放电容量与热处理温度有关，热处理温度的降低和升高对应的放电容量都会提高。在 1500℃ 下热处理制备的 MCMB 放电容量最低，这是由于在 1500℃ 热处理得到 MCMB 含有最多的湍层结构，锂离子活性位点最少。此外，MCMB 的放电曲线可以分为两个阶段：第一阶段在 0.8～1.2V，对应锂离子进入到 MCMB 的孔径中；第二阶段在 0～0.2V，电位进一步降低，锂离子嵌入到碳材料中，形成锂-碳化合物。而且 MCMB 通常有较大的不可逆容量，可能的原因是碳表面形成 SEI 层消耗了一定量的电解质，其次锂离子与碳表面的官能团例如羧基和羟基反应也会消耗锂。

（3）硬碳

硬碳是指高温（2500℃）热解也难石墨化的碳，通常是一些高分子聚合物的热解碳。常见的硬碳主要包括一些树脂碳（例如酚醛树脂、聚糠醇树脂 PFA-C、环氧树脂等）、聚合物热解碳（例如聚乙烯醇 PVA、聚偏氟乙烯 PVDF、聚丙烯腈 PAN）和炭黑（例如乙炔黑）。其中聚糠醇树脂碳已经被索尼公司证明是优异的锂离子电池负极材料，其晶面间距为 0.37～0.38nm，与 LiC 晶面间距非常接近，可以支持锂离子可逆地嵌入与脱嵌，可逆容量达到 400mA·h/g，循环稳定性优异。此外，酚醛树脂在 800℃ 以下的热解碳，容量高达 800mA·h/g，其晶面间距在 0.37～0.38nm 与聚糠醇树脂碳类似，拥有良好的循环稳定性。

尽管软碳代表着目前锂离子电池负极的最新工艺，但是软碳的低容量和脱锂过程时的高电压滞后也许会限制它们作为下一代锂离子电池的负极材料。硬碳在 $0\sim1.5V$（vs. Li/Li$^+$）区间里的可逆容量超过 $500mA\cdot h/g$，是软碳材料的潜在替代物。硬碳的容量通常均超过理论值 $372mA\cdot h/g$，嵌锂机理与普通的形成 LiC 不同。其中可能的原因有锂离子可以嵌入到纳米孔径中；硬碳是石墨层随机分布形成的，没有紧密堆积，锂离子可以嵌入到石墨层的两面；锂离子可以占据邻近的晶格；无序石墨的外层可以容纳多层锂离子；锂离子可以嵌入在碳层的 Zigzag 和 Armchair 两种位点处。

硬碳是 1991 年日本 Kureha 公司开发出来并首次作为锂离子二次电池的负极材料，但是它们后来不再用于电子工业。硬碳有随机对齐的石墨烯层，为容纳锂离子提供了许多空隙，但是锂离子在硬碳内部的扩散方式导致锂离子扩散非常慢，即倍率性能不好。尽管如此，硬碳材料的高可逆容量促使许多汽车制造商和电池公司着重研究硬碳在电动汽车方面的应用，报道的负极容量在 $200\sim600mA\cdot h/g$ 之间。但是，硬碳也有两个明显缺点：对应电池的库仑效率低和材料的振实密度小。为了解决这些问题，科学家们采取了一系列的策略，例如表面氧化、氟化，使用金属镀层或软碳镀层。尤其是后者，可以有效提高电池的库仑效率和容量，提升电池性能。研究人员合成了多孔结构的硬碳并发现电极的容量得到提升，已超过 $400mA\cdot h/g$。类似的研究有通过热解糖得到纳米多孔硬碳，其容量接近 $500mA\cdot h/g$，同时拥有良好的循环寿命和倍率性能。良好的倍率性能是因为锂离子在多级纳米多孔硬碳中有较大的扩散系数。

（4）碳纳米管

碳纳米管（CNT）拥有高度有序的碳纳米结构，通过自组装非定向生长得到。碳纳米管的分类方法众多，例如可以根据构型分为扶椅式、锯齿形以及手形碳纳米管；也可以根据石墨化程度分为无定型碳纳米管和石墨化碳纳米管；还可以根据厚度和共轴的层数分为单壁碳纳米管（SWCNT）和多壁碳纳米管（MWCNT）。

① 单壁碳纳米管 单壁碳纳米管由一层碳原子构成，可以认为是由一层石墨烯卷曲形成的圆柱体。单壁碳纳米管的直径在 $1\sim2nm$，长度通常在几微米，制备的单壁碳纳米管样品通常是由这些单壁碳纳米管团聚形成的聚集体，它们之间靠范德瓦耳斯力相互作用。单壁碳纳米管比多壁碳纳米管的比表面积更大，可以达到 $2630m^2/g$。单壁碳纳米管的制备方法主要有催化裂解法、电弧放电法和激光燃烧法。

自从 1991 年发现了单壁和多壁碳纳米管，它们就被广泛地应用于负极材料和复合材料中。尤其是和活性物质复合的碳纳米管比没有复合碳纳米管的负极材料性能更佳，因为碳纳米管的添加提升了电极材料的电子导电性、力学性能、热稳定性和离子传输性能。单壁碳纳米管的最大理论容量为 $1116mA\cdot h/g$。研究发现通过激光气化方法提纯的 SWCNT 得到了最高的容量（超过 $1050mA\cdot h/g$），但是由于碳纳米管存在大量的结构缺陷和较高的电压滞后，电池很难达到高的库仑效率。而且由于其较大的比表面积，作为负极时表面 SEI 膜的形成通常会消耗较多的电解质，导致较大的不可逆容量。恒电流充放电后的循环伏安曲线表明锂离子在碳纳米管中的嵌入与脱嵌对应的氧化还原电位不是很明显，说明锂离子可能只是停留在碳纳米管的活性位点，例如缺陷位点，而没有形成化学键。此外锂离子还可能嵌入到碳纳米管的节点处，破坏碳纳米管的结构，导致碳纳米管晶格损坏，造成不可逆容量。而且锂在嵌入单壁碳纳米管中后，锂离子上的部分电荷会转移到碳管上形成双电层，导致可逆容量低。此外研究表明如果使用浓酸打开单壁碳纳米管的末端，则锂的嵌入容量可以达到理论值。

② 多壁碳纳米管　多壁碳纳米管类似石墨烯卷曲得到的共轴的多层结构，一般是几层到几十层，层间距为 0.35nm，与石墨（0.335nm）类似，层之间主要靠范德瓦耳斯力作用。通常来讲，多壁碳纳米管的直径在纳米范围，但是其长度可以达到微米级，甚至达到几百微米，这与合成条件有关。最常用的多壁碳纳米管的制备方法为催化裂解和电弧放电，常用的碳源包括乙炔、乙烯等。制备的碳纳米管的形貌和结晶度直接影响了其电化学性能。例如使用电弧放电制备的多壁碳纳米管在 1mol/L 的 $LiPF_6$（EC：PC：DMC＝1：1：3）电解液中放电时，多壁碳纳米管存在剥蚀现象，与石墨负极类似。而通过催化裂解制备的多壁碳纳米管的杂质较多，如果不通过纯化，不可逆容量较大。在通过纯化去除杂质和退火处理发生愈合之后，多壁碳纳米管的不可逆容量明显下降，而且观察到不可逆容量直接与退火温度有关，温度越高，碳纳米管愈合越好，不可逆容量越低。

和石墨化碳材料一样，多壁碳纳米管的结构直接影响其可逆容量和循环寿命。石墨化程度低的碳纳米管可逆容量更高，可以达到 640mA·h/g，因为锂离子可以进入到无定型结构中的末端、空位等缺陷位点。与此相反，石墨化程度高的碳纳米管可逆容量较低，仅为 282mA·h/g。但是在循环过程中存在滞后性，原因可能是锂离子在嵌入与脱嵌过程中扩散的距离较长。此外发现多壁碳纳米管的石墨化程度也直接影响循环性能，石墨化程度低的对应的循环性能较差，石墨化程度高的对应的循环性能较好。这是因为石墨化程度直接对应结构的有序性和稳定性，所以影响最终的循环稳定性。

末端开口的多壁碳纳米管的放电容量较高，可以认为是锂离子进入碳纳米管中发生嵌入反应，但是由于毛细现象导致锂离子脱嵌动力学很缓慢，通常需要提高充电截止电压。末端开孔的碳纳米管中锂离子可以在表面和孔内快速扩散，扩散系数可以达到 $3.15 \times 10^{-24} \sim 9.5 \times 10^{-23} cm^2/s$。

多壁碳纳米管作为负极材料存在较高的不可逆容量，主要有以下 4 个原因：

- 碳纳米管在制备过程中混入杂质和缺陷，导致锂离子嵌入形成化学作用力能量更低；
- 锂离子的嵌入与脱嵌过程中的扩散距离大，存在较大极化，很难达到平衡，对于末端开口的碳纳米管来讲，毛细现象导致锂离子在脱嵌过程中扩散动力学缓慢；
- 循环过程中碳纳米管结构被破坏，不可以再容纳锂离子；
- 循环过程中存在溶剂的共插入导致碳纳米管的剥离。

为了解决这些问题，科学家们着重研究了碳纳米管的形貌特点，包括管的厚度、管的直径、孔隙率和形状（界面是竹状或四边形）。此外，碳纳米管还可以通过掺杂处理来提升电化学性能。

③ 碳纳米管与金属氧化物的复合　为了提高电池的容量和循环寿命，碳纳米管通常会与一系列的纳米结构活性物质（Si、Ge、Sn 和 Sb）、金属或氧化物（M_xO_y，M＝Fe、Ni、Co、Cu、Mo、Cr）复合。复合材料中碳纳米管的添加提高了电极的导电性，减少了充放电过程中的体积变化。福州大学程志明等人将通过水热法合成出的三氧化钼（MoO_3）纳米棒为前驱体，与葡萄糖在有机溶剂甲苯中混合均匀，退火碳化后合成出 MoO_3-C 复合材料，最后经过水热硫化得到了 MoS_2-C 复合材料。在其合成过程中，发现在碳纳米管内层生长的 MoS_2 有着更好的结构稳定性，其在充放电过程中的比容量衰减较小。为了进一步提高 MoS_2-C 复合材料的电化学性能，通过调控葡萄糖的含量，合成出能够在碳纳米管内部生长

的 MoS_2 材料，它有更好的机械强度，而且在充放电循环过程中比容量衰减更小。复合材料在 0.2A/g 的电流密度下循环 100 次后保持着 680.7mA·h/g 的比容量，即使在 1A/g 的电流密度下，循环 1000 圈后仍可保持 580.9mA·h/g 的可逆比容量。吉林大学王丽丽副教授和韩炜教授课题组联合通过化学交联方法制备得到了黑磷/碳纳米管复合锂离子电池负极材料。黑磷和碳纳米管通过牢固的化学键紧密结合，解决了黑磷因储能过程中出现的剧烈体积膨胀而带来的循环稳定性差的问题，而且电子可以快速传输。该复合电池负极材料具有独特的三维结构，在长时间大电流循环后，容量能够保持在 757.3mA·h/g（650 圈循环）。这种引入官能团化学交联的方法为解决电池电极材料循环稳定性差等问题提供了一种有效的策略。尽管基于碳纳米管的复合材料表现出许多令人满意的结果，但是从电池工业的角度来看碳纳米管的技术还不够成熟，需要进一步完善，包括碳纳米管的量产和成本目前都会限制它们在电池中的应用。

（5）石墨烯

2004 年，Geim 等人首次通过机械剥离法制得单层石墨烯，并发现了其特殊的电学、力学性质，其在锂离子电池电极材料的应用也引起了人们的重视。石墨烯是一种由碳原子组成的六角形呈蜂巢晶格的平面二维结构纳米材料，其 C—C 键长为 0.141nm，理论密度约为 $0.77mg/m^2$，厚度仅为一个碳原子的直径大小。碳原子以 sp^2 的方式参与杂化，电子可以在层层之间顺利传导，故石墨烯导电性极好，是目前已知电阻率最小的材料，这也是石墨烯在电池方面发展前景广阔的原因之一。

石墨烯材料具有出色的导热性，其单层材料理论室温热导率可达 3000～5000W/(m·K)，这一性质可用于研究电池工作时的热量耗散问题。其力学性质优异，是一种韧性和强度极好的材料，可用于开发研究柔性电极材料。优异的物理化学性质、良好的导电性、良好的机械强度、快速的电荷迁移和高比表面积使得石墨烯成为一种合适的锂电池负极材料。但是石墨烯理论的储锂量存在争议。尽管单层的石墨烯可容纳的锂离子少于石墨，但是当许多石墨烯层叠在一起时，其容纳的锂离子会超过石墨，达到 780mA·h/g 或 1116mA·h/g。这两个值对应不同的锂和石墨烯的作用机理。前者假设锂离子吸附在石墨烯的两面对应 Li_2C_6 化学计量比，后者认为锂通过共价键陷入苯环中心对应 LiC_2 化学计量比。试验结果发现石墨烯负极的活性相当丰富。

石墨烯具有良好的导电性能，但其二维微观结构易相互堆叠导致对石墨烯独立电极材料的研究并不理想，主要表现为电池的倍率性能差、循环效率低等方面。日本 Honma 课题组制得的石墨烯可逆比容量在首次循环（50mA/g 电流密度）中可以达到 540mA·h/g，但在多次循环后可逆比容量下降较快；而利用热膨胀法获得的石墨烯在 100mA/g 电流密度首次循环时可以达到较高可逆比容量（1264mA·h/g），且在 40 次循环后仍可保持较高的可逆比容量。虽然石墨烯不是理想的锂电池电极材料，但它可以通过形成石墨烯基限制层来有效抑制材料膨胀和粉化。此外，rGO（还原氧化石墨烯）的表面富含特定的含氧官能团，为表面改性提供了丰富的反应和键合位点，使得能够形成二维/三维石墨烯基复合材料。然而，通过化学剥离和还原制备的石墨烯可能会产生大量缺陷，导致电子电导率降低。因此，应该考虑平衡离子扩散和缺陷数量以优化其电化学性能。通过石墨烯基材料的合理结构设计，例如通过设计单层或者多层石墨烯基材料来包覆表面硅负极，可以提高导电性并保持其完整性。

与传统块体材料相比，石墨材料具有优越的导电性能、导热性能、韧性以及极为轻薄的二维结构，使其在锂离子电池新型电极材料的开发研究领域具有广阔的前景。

3.2.5.2 合金类材料

新型负极材料需要满足的基本参数是容量。根据其反应机理，满足高容量的电极材料包括 Si、Ge、SiO_2、Sn、SnO_2，典型的容量范围为 783mA·h/g（SnO_2）～4211mA·h/g（Si）。尽管这些合金材料的容量比石墨（372mA·h/g）和 LTO（钛酸锂，175mA·h/g）高得多，但是由于嵌锂、脱锂过程伴随的体积膨胀与收缩以及起始的较大的不可逆容量导致这些材料循环寿命差。

（1）金属锂

金属锂的高理论容量（3860mA·h/g）、低密度（0.59g/cm³）以及最低的电势[－3.040V（vs. SHE，SHE 为标准氢电极）]，让金属锂成为理想的锂电池负极材料。但金属锂作为可充电的锂离子电池负极还存在一定的问题：第一，在充放电循环过程中锂枝晶的产生；第二，循环过程中电池的库仑效率低。这两个问题导致了金属锂负极的两个致命缺点：一是可能出现锂枝晶刺穿隔膜出现内部短路，引发安全问题；二是锂电池循环寿命短。尽管低的库仑效率可以通过加入过量的 Li^+ 来补偿，但是锂枝晶的生长导致电池的损坏有时会伴随着一定的安全问题，所以可充电锂电池金属锂负极在 20 世纪 90 年代初就销声匿迹了。

随着下一代可充电电池的开发，以金属锂为负极的 Li-S 和 $Li-O_2$ 电池受到很多关注。在过去的 40 年里，锂枝晶的形成已经被深入地分析和模拟。最常用的防止枝晶生长的方法是通过调节电解质的组分以及添加剂来提高金属锂表面的 SEI 层的稳定性和均匀性。但是，金属锂在有机溶剂中是热力学不稳定的，所以液体电解质中在金属锂表面形成充分的钝化层是非常困难的。除了形成稳定的 SEI 层，还可以通过添加有高机械强度的聚合物层或固态阻隔层来防止枝晶穿透隔膜。这些策略是通过提高 SEI 层或隔膜的机械强度来抑制锂枝晶对隔膜的穿透，但是没有从根本上解决锂枝晶的生长问题。

（2）硅及硅基材料

硅在所有负极材料中拥有最高的质量容量（4200mA·h/g，对应 $Li_{22}Si_5$）和最高的体积容量（9786mA·h/cm³）。此外，硅的放电平台在 0.4V（vs. Li/Li^+）和石墨非常接近。硅是地球上分布第二多的元素，成本低，环境友好，因此硅及其衍生物被认为是最有希望成为下一代锂电池的负极材料。硅负极的嵌锂过程已经被多个课题组深入地研究过，他们发现硅的高容量是因为形成了 Li-Si 二元金属化合物例如 $Li_{12}Si_7$、Li_7Si_7、$Li_{13}Si_4$ 和 $Li_{22}Si_5$，但是硅作为锂电池负极材料还需要解决许多问题。

首先，在充放电过程中，硅的脱嵌锂反应伴随着巨大的体积膨胀，高达约 400%；其次，SEI 层界面限制了锂在硅化合物中的嵌入与脱出；最后，研究发现随着充放电次数的增加，电极材料的粒子间以及电极材料与集流体的结合力会变弱，导致电极容量的迅速衰减。为了提高硅负极材料的循环性能，可采用三种方法：①添加导电材料（如石墨或炭黑等），抑制硅的团聚和体积膨胀，提高锂离子脱嵌时负极材料颗粒间的导电能力；②缩小循环电压范围，抑制锂离子的深度嵌入，降低不可逆容量；③制备纳米级硅材料，例如纳米线、纳米管和纳米球等，因为这些结构有必需的自由体积可以容纳嵌入锂时的体积膨胀，尤其是硅纳米线和纳米管，其可逆容量可以达到 $2000mA \cdot h/g$，同时拥有良好的循环稳定性。

制备硅碳复合材料也是一个重要的研究方向，其制备方法主要包括以下几种：

① 气相沉积。气相沉积包括化学气相沉积与物理气相沉积，其中化学气相沉（CVD）较多地被用于制备硅碳负极材料。CVD法制备的具有核壳结构的硅材料具有较好的循环性能，但CVD法的工艺过程难以控制，很难实现大规模工业化生产。

② 高温固相合成。高温固相反应是制备 Si/C 复合材料的常用方法，一般反应温度均控制在 $1200℃$ 以下，以防止惰性相 SiC 的生成。

③ 机械合金化。与高温固相反应相比，机械合金化反应所制备的材料粒度小，比表面积大，结构均匀。

④ 静电电纺。静电电纺技术是指聚合物溶液（或熔体）在高压静电电场的作用下形成纤维的过程，可以制得直径为几十到几百纳米、大比表面积的纤维。采用静电电纺技术将硅纳米颗粒嵌入到碳纳米纤维中，制备出硅/碳纳米纤维（S-CNF）系列材料。

针对硅材料存在的问题，引入 O 元素的 SiO_x 兼具体积膨胀较低（150％～200％）和理论容量较高（1965～$4200mA \cdot h/g$）的优点，被认为是极具应用前景的锂离子电池负极材料。但 SiO_x 负极材料也面临着一些挑战，存在的体积膨胀仍然会导致循环性能降低，O 元素形成的不可逆容量会导致库仑效率较低，加之自身的导电性较低，使得倍率性能较差，严重阻碍了其商业化发展。

SiO_x 的储锂过程比较复杂。以 SiO 为例，SiO 首先与 Li 反应生成 Si、Li_2O 以及锂硅酸盐（Li_2SiO_3、Li_4SiO_4、$Li_2Si_2O_5$、$Li_6Si_2O_7$ 等），生成的 Si 继续与 Li 反应形成 Li-Si 化合物，并且该反应是可逆的，对应可逆储锂容量；而 Li_2O 和锂硅酸盐通常呈惰性，不再与 Li 继续反应，并且这些反应通常是不可逆的，对应不可逆储锂容量。SiO 的具体储锂反应如下：

$$SiO + 2Li^+ + 2e^- \longrightarrow Si + Li_2O \tag{3-6}$$

$$3SiO + 2Li^+ + 2e^- \longrightarrow 2Si + Li_2SiO_3 \tag{3-7}$$

$$4SiO + 4Li^+ + 4e^- \longrightarrow 3Si + Li_4SiO_4 \tag{3-8}$$

$$5SiO + 2Li^+ + 2e^- \longrightarrow 3Si + Li_2Si_2O_5 \tag{3-9}$$

$$7SiO + 6Li^+ + 6e^- \longrightarrow 5Si + Li_6Si_2O_7 \tag{3-10}$$

$$5Si + xLi^+ + xe^- \longrightarrow Li_xSi \tag{3-11}$$

SiO_x 的储锂性能与氧含量 x 密切相关，选取适当的 x 值可以保证 SiO_x 兼具较高的储锂容量和良好的循环性能。当 $0<x<1$ 时，SiO_x 中 Si 含量较高，可以提供较高的储锂容量，但是体积膨胀较为显著，结构稳定性和循环性能变差；当 $1<x<2$ 时，SiO_x 中 O 含量较高，容易导致 Li_2O 和锂硅酸盐等增多，锂化产物一方面可以作为缓冲物质，缓冲材料的体积膨胀，提高材料的结构稳定性和循环性能；另一方面这种不可逆的锂化产物会导致首次不可逆容量增大，库仑效率降低。目前研究者主要从电极材料结构设计、界面改性方面进行了大量研究，循环性能、库仑效率和倍率性能等电化学性能得到大幅度改善。为了提高 SiO_x 的结构稳定性和循环性能，采用的主要改性策略为制备包覆的表面（界面）结构和预留膨胀空间的多孔结构，以及制备一些莲蓬状、类珊瑚状或豌豆状等特殊结构。

（3）锡及锡基材料

锡基负极材料主要包括单质锡材料、锡基氧化物（主要是 SnO_2 和 SnO）材料、锡基合金材料、锡基复合物、锡盐材料（如 SnS、$SnPO_4Cl$、Zn_2SnO_4）五大类。锡基负极材料的合金化机理（以 SnO_2 为例）可以通过以下两步反应来描述：

$$SnO_2 + 4Li \longrightarrow Sn + 2Li_2O \tag{3-12}$$
$$ySn + xLi \longrightarrow Li_xSn_y (0 \leqslant x \leqslant 4.4) \tag{3-13}$$

第一步反应为置换反应，金属 Li 在首次放电过程中，与锡基氧化物（SnO_2）反应，置换出金属 Sn，并且形成非活性介质 Li_2O。该步反应是不可逆的，导致了锡基氧化物较大的首次不可逆容量。惰性介质 Li_2O 的存在，可以起到均匀分散金属 Sn 颗粒，阻止单质 Sn 在充放电过程中聚集的作用，因此锡基氧化物具有较好的循环性能。第二步反应为 Li-Sn 合金化过程，此步反应是可逆的，在此合金化反应过程中，Li 与 Sn 可以形成不同类型的 Li_xSn_y 合金，如 Li_2Sn_5、$LiSn$、Li_7Sn_3、Li_5Sn_2、$Li_{13}Sn_5$、Li_7Sn_2 及 $Li_{22}Sn_5$，最终形成 $Li_{22}Sn_5$，通过计算可以得出不同锡基材料的理论比容量（SnO 为 875mA·h/g、SnO_2 为 781mA·h/g、Sn 为 994mA·h/g）。

与锡基氧化物相比，单质锡作为电池负极材料具有较高的首次库仑效率，嵌锂平台大约为 0.4V。如果 Li_xSn_y 合金只进行低计量比 LiSn 充放电循环，单质 Sn 较少集聚在一起电极也不会发生巨大的体积膨胀。但是超过一定计量比的 LiSn 合金经过充放电循环后体积变化增大，特别是形成 $Li_{22}Sn_5$ 合金时，体积膨胀达到 359%；这导致纯锡电极在几十次循环后，体积急剧膨胀，从而造成极片粉化和活性物质脱落，电化学循环性能急剧下降。锡基负极材料首次不可逆容量主要源于两个方面：一是 SEI 膜的生成；二是锡基化物首次不可逆反应。

在提高首次库仑效率方面，主要采取以下方案：①添加富锂化合物，如 $Li_{2.6}Co_{0.4}N$，或者在材料中掺杂金属锂，通过外加锂源，补偿首次不可逆容量；②催化首次不可逆反应，通过分解生成的 Li_2O 提高其可逆容量，常见方法是添加过渡金属元素和金属氧化物，如金属镍、金属铜、WO_3、MoO_3，利用过渡金属或者金属氧化物的活性催化 Li_2O 分解，使首次反应变成可逆，可有效提高 SnO_2 的首次效率；③使用新型胶黏剂，如羧甲基纤维素钠、海藻酸钠、锂-聚丙烯酸酯（Li-PAA），可以有效提高 SEI 膜的稳定性，同时对改善材料循环性能也有很好的效果。

（4）新型合金

锂二次电池最先所用的负极材料为金属锂，后来用锂的合金如 Li-Al、Li-Mg、Li-Al-Mg 等克服枝晶的产生，但是它们并未产生预期的效果，随后陷入低谷。在锂离子电池诞生后，人们发现单质锡（Sn）可以与锂（Li）形成 $Li_{22}Sn$，高富锂合金理论比容量高达 994mA·h/g，锡基负极材料可以进行锂的可逆插入和脱出，从此又掀起了合金负极的一个小高潮。金属铝的理论比容量高达 2234mA·h/g。合金的主要优点是：加工性能好、导电性好、对环境的敏感性没有碳材料明显、具有快速充放电能力、防止溶剂的共插入等。金属间化合物负极有 Sn-Ni、Ni_3Sn_4、Sn-Sb、Sn-Cu-B、Sn-Ca 等，从目前研究来看，合金材料多种多样，按基体材料来分，主要分为以下几类：锡基合金、硅基合金、锗基合金、镁基合金和其他合金。

在合金类材料中，伴随充放电而产生的膨胀和收缩会造成体积变化，从而导致电极结构崩塌，因此长寿命化是一大课题。有人提出了使循环特性出色的稀土类金属硅化物与硅复合化的方法。该复合材料在热力学方面非常稳定，即使反复进行充放电也能抑制电极结构崩塌。在稀土类金属中，把采用钆（Gd）的复合材料 Gd-Si/Si 用作负极的电池，比容量和充放电循环特性尤其突出。初始充放电比容量创下了 1870mA·h/g 的极高值。充放电 1000次后仍维持了 690mA·h/g 的比容量。

3.2.5.3 转换型材料

转换反应类材料，包括过渡金属氧化物（Mn_xO_y、NiO、Fe_xO_y、CuO、MoO_2 等）、各种金属硫化物、金属磷化物和金属氮化物（M_xX_y，其中 M 为金属元素，X 为 N、S、P 等元素）。该类材料的电化学反应机理包含过渡金属的还原（或氧化）伴随着锂化合物的生成（或分解），典型的方程式如下：

$$M_xN_y + xLi^+ + xe^- \longrightarrow Li_xN_y + xM \tag{3-14}$$

式中，M=Fe、Co、Ni、Cu、Mn；N=O、P、S、N。因为这类材料的氧化还原涉及多个电子，所以基于这类材料的负极的可逆容量可以达到 1000mA·h/g。

（1）氧化物

1993 年，Idota 发现基于钒氧化物的材料在较低电位下能够嵌入 7 个 Li^+，容量能达到 800～900mA·h/g。Tarascon 小组研究了无定形 RVO_4（R=In、Cr、Fe、Al、Y）的电化学性能，并提出 Li 可能与 O 形成 Li—O 键。在此基础上，Tarascon 小组又系统地研究了过渡金属氧化物 CoO、Co_3O_4、NiO、FeO、CuO 以及 Cu_2O 的电化学性能，发现这类材料的可逆容量可以达到 400～1000mA·h/g，并且循环性较好。一般而言，Li_2O 既不是电子导体，也不是离子导体，不能在室温下参与电化学反应。研究发现，锂嵌入到过渡金属氧化物后，形成了纳米尺度的复合物，过渡金属 M 和 Li_2O 的尺寸在 5nm 以下。这样微小的尺度从动力学考虑是非常有利的，是 Li_2O 室温电化学活性增强的主要原因。后来发现，这一理论也适用于过渡金属氟化物、硫化物、氮化物等，是个普遍现象，在这些体系中形成了类似的纳米复合物微结构。对于电子电导率高的材料，如 RuO_2，第一周充放电效率可以达到 98%，可逆容量为 1100mA·h/g。

作为负极材料，希望嵌锂脱锂电位接近 0V，但上述材料平均工作电压都超过了 1.8V。热力学计算可以得到二元金属化合物的热力学反应电位，从中筛选出电位较低的材料 Cr_2O_3，通过形成核壳结构，可显著提高该材料的循环性。

（2）硫化物

含硫无机电极材料包括简单二元金属硫化物、硫氧化物、尖晶石型硫化物、聚阴离子型磷硫化物等。与传统氧化物电极材料相比，此类材料在比容量、能量密度和功率密度等方面具有独特的优势，因此成为近年来电极材料研究的热点之一。二元金属硫化物电极材料种类繁多，它们一般具有较大的理论比容量和能量密度，并且导电性好，价廉易得，化学性质稳定，安全无污染。除钛、钼外，铜、铁、锡等金属硫化物也是锂二次电池发展初期研究较多的电极材料。由于仅含两种元素，二元金属硫化物的合成较为简单，所用方法除机械研磨法、高温固相法外，也常用电化学沉积和液相合成等方法。作为锂电池电极材料，这类材料在放电时，或者生成嵌锂化合物（如 TiS_2），或者与氧化物生成类似的金属单质和 Li_2S（CuS、NiS、CoS），有的还可以进一步生成 Li 合金。

（3）氮化物

锂过渡金属氮化物具有很好的离子导电性、电子导电性和化学稳定性，用于锂离子电池负极材料，其放电电压通常在 1.0V 以上。电极的放电比容量、循环性能和充放电曲线的平稳性因材料种类的不同而存在很大差异。如 Li_3FeN_2 用作负极时，放电比容量为 150mA·h/g、放电电位在 1.3V（vs. Li/Li^+）附近，充放电非常平坦，无放电滞后，但容量有明显衰减。$Li_{3-x}Co_xN$ 具有 900mA·h/g 的高放电比容量，放电电位在 1.0V 左右，但充放电曲线不太平稳，有明显的电位滞后和容量衰减。目前来看，这类材料要达到实际应用，还需要进一步深入研究。

氮化物体系属反萤石（CaF_2）或 Li_3N 结构的化合物，如 Li_7MnN_4 和 Li_3FeN_2，可用陶瓷法合成，即将过渡金属氧化物和锂氮化物（$M_xO_y+Li_3N$）在 1％H_2＋99％N_2 气中直接反应，也可以通过 Li_3N 与金属粉末反应。Li_7MnN_4 和 Li_3FeN_2 都有良好的可逆性和高的比容量（分别为 210mA·h/g 和 150mA·h/g）。Li_7MnN_4 在充放电过程中通过过渡金属价态发生变化来保持电中性，比容量比较低，约 200mA·h/g，但循环性能良好，充放电电压平坦，没有不可逆比容量，特别是这种材料作为锂离子电池负极时，可以采用不能提供锂源的正极材料与其匹配用于电池。$Li_{3-x}Co_xN$ 属于 Li_3N 结构锂过渡金属氮化物（其通式为 $Li_{3-x}M_xN$，M 为 Co、Ni、Cu），该材料比容量高，可达到 900mA·h/g，没有不可逆比容量，充放电电压平均为 0.6V，同时也能够与不能提供锂源的正极材料匹配组成电池。目前这种材料嵌锂、脱锂的机理及其充放电性能还有待进一步研究。

（4）钛酸盐

在汽车和固定用途的锂离子电池中，目前较受关注的负极材料为钛酸锂（$Li_4Ti_5O_{12}$）。$Li_4Ti_5O_{12}$ 的锂电位高达 1.55V 左右，锂不会析出，因此稳定性高、寿命长，具有的理论比容量为 175mA·h/g。在充放电循环过程中，由于没有体积变化，因而用作锂离子电池负极材料展现出优异的可逆性。但是其缺点也比较突出，如导电性较差和较低的锂离子扩散系数会直接导致 $Li_4Ti_5O_{12}$ 负极材料表现不尽如人意的倍率性能。特别需要注意的是，在充放电以及存储过程中，$Li_4Ti_5O_{12}$ 负极材料会与电解质中的有机溶剂发生界面反应产生 H_2、CO以及 CO_2，产生的气体会导致电池内部膨胀，影响电池使用的安全性能。针对 $LiTi_5O_{12}$ 负极材料的上述缺点，近年来采用了许多改性方法来提高 $Li_4Ti_5O_{12}$ 负极材料的电化学性能，这些改性方法包括碳包覆、金属和非金属的掺杂、碳与金属粉末的杂化、活性粒子纳米化以及形成核壳结构等。目前，这些改性方法都不能完全解决 $Li_4Ti_5O_{12}$ 负极材料析气的问题。因此 $Li_4Ti_5O_{12}$ 负极材料析气问题成为阻碍其作为锂离子动力电池负极材料的主要障碍。

总之，负极材料的发展趋势是以提高比容量和循环稳定性为目标，通过各种方法将碳材料与各种高比容量非碳负极材料复合以研究开发新型可适用的高比容量、复合负极材料。

3.2.6 锂离子电池电解质

电解质在正负极之间起到输送离子、传导电流的作用。凡是能够成为离子导体的材料，如水溶液、有机溶液、聚合物、熔盐或固体材料等，均可作为电解质。锂离子电池电压为 3～4V，而水的分解电压为 1.23V，因此传统的水溶液体系不能满足锂离子电池的需求，必须采用非水电解质体系。

锂电池使用的商业化电解质（即液体电解质）主要是由一种或多种锂盐溶解在两种及以上的有机溶剂中，单一溶剂组成的电解质非常少。使用多种溶剂的原因是实际电池中的不同要求甚至是相互矛盾的要求，只使用单一溶剂很难达到。例如要求电解液拥有高的流动性，同时还有高的介电常数，因此常常会搭配使用拥有不同物理化学特性的溶剂，同时表现出不同的特性。锂盐一般不会同时使用，因为锂盐的选择范围有限，而且优势也不容易体现出来。

3.2.6.1 液体电解质

锂离子电池采用的液体电解质是在有机溶剂中溶解电解质锂盐的离子型导体。因此在液体电介质中，锂盐和溶剂的性质及配比直接影响电池性能。液体电解质的离子电导率较高，一般可以达到 $1 \times 10^{-3} \sim 2 \times 10^{-3} \mathrm{S/cm}$，因此，电解质与正负极材料的相容性直接影响了锂离子电池性能。

（1）锂盐

常用的锂盐主要是 $LiPF_6$、$LiClO_4$、$LiBF_4$、$LiAsF_6$、$LiCFSO_3$ 等无机锂盐和有机锂盐。$LiPF_6$ 具有良好的离子电导率和电化学稳定性，是最常用的锂盐，但其抗热性和抗水解性差，易水解生成 HF，甚至造成电池产气，因此要求电解质尽量不含水。

（2）有机溶剂

为了符合电解质的基本要求，理想的电解液应该满足以下 5 个要求：①可以溶解足够多的锂盐，满足电池中锂离子浓度的要求，即拥有高的介电常数；②流动性要高，即黏度小，离子容易移动；③拥有足够的化学稳定性，与电池中各个组分，特别是正负极不反应；④可以在较宽的温度范围内保持液体状态，即有较低的熔点和较高的沸点；⑤要足够安全（即高闪点），低毒、低成本。

对于锂电池来说，其负极（例如金属锂或石墨）有很强的还原性，而正极（通常为过渡金属氧化物）有很强的氧化性，所以拥有活泼质子的溶剂就被排除在外，即使它们可以很好地溶解锂盐。因为还原这些质子或氧化其对应的阴离子的区间通常在 $2.0 \sim 4.0\mathrm{V}$（vs. Li/Li$^+$），而锂电池中的负极和正极的工作电压分别在 $0 \sim 0.2\mathrm{V}$ 和 $3.0 \sim 4.5\mathrm{V}$（vs. Li/Li$^+$）。同时，非水系的有机溶剂还需要能够溶解足够多的锂盐，所以只有含有极性基团，例如氰基和醚键（—O—）的化合物才在考虑范围之内。自从非水系电解质被提出，研究者们尝试了大量的极性溶剂，最终发现了具备可行性的有机溶剂，主要是有机酯类和醚类。锂离子电池中电解质一般采用有机混合溶剂，其由一种挥发性小、介电常数高的有机溶剂如乙烯碳酸酯（EC）、丙烯碳酸酯（PC），和一种低黏度和易挥发的有机溶剂如二甲基碳酸酯（DMC）、二乙基碳酸酯（DEC）组成，混合电解质溶液有较低的黏度、介电常数和较低的挥发性。常见的酯类溶剂见表 3-3，常见的醚类溶剂见表 3-4。

表 3-3　常见的酯类溶剂

溶剂	熔点/℃	沸点/℃	25℃时的黏度/cP	介电常数(25℃)	闪点/℃
EC	76.4	248	190(40℃)	89.78	160
PC	−48.8	242	2.53	64.97	132
γBL	−43.5	204	1.73	39	97

溶剂	熔点/℃	沸点/℃	25℃时的黏度/cP	介电常数（25℃）	闪点/℃
γVL	−31	208	2.0	34	81
NMO	15	270	2.5	78	110
DMC	4.6	91	0.59	3.107	18
DEC	−43	126	0.75	2.805	31
EMC	−53	110	0.65	2.958	—
EA	−84	77	0.45	6.02	3
MB	−84	102	0.6	—	11
EB	−93	120	0.71	—	19

注：$1cP=10^{-5}Pa \cdot s$。

γBL 为 γ-丁内酯；γVL 为 γ-戊内酯；NMO 为 N-甲基吗啉氧化物；EMC 为碳酸甲乙酯；EA 为乙酸乙酯；MB 为丁酸甲酯；EB 为乙酸丁酯。

表 3-4 常见的醚类溶剂

溶剂	熔点/℃	沸点℃	25℃时的黏度/cP	介电常数（25℃）	闪点/℃
DME	−58	84	0.46	7.2	0
DEE	−74	121	—	—	20
THF	−109	66	0.46	7.4	−17
2-Me-THF	−137	80	0.47	6.2	−11
1,3-DL	−95	78	0.59	7.1	1

注：$1cP=10^{-5}Pa \cdot s$。

DME 为乙二醇二甲醚；DEE 为二乙二醇二乙醚；THF 为四氢呋喃溶剂；2-Me-THF 为 2-甲基四氢呋喃；1,3-DL 为 1,3-二氧杂环戊烷。

对于所有环状或者非环状的醚类溶剂，它们的介电常数和黏度没有明显差别。但是对于酯类溶剂差别就很大，环状的酯类溶剂是强极性的（介电常数在 40～90），黏度较高（在 1.7～2.0cP）。非环状的酯类溶剂是非极性的（介电常数在 3～6），流动性较好（黏度在 0.4～0.7cP）。溶剂分子中的环状结构对介电常数的影响是因为环状结构中的分子内张力倾向于形成分子偶极相互对齐的构相，而线性碳酸酯结构更灵活和开放，其分子偶极会相互抵消掉。

3.2.6.2 固态电解质

固态电解质分为无机物型和聚合物型两种，其中，无机物型主要有 LISICON 型、硫化物型（晶体、玻璃态、玻璃陶瓷）、钙钛矿型、石榴石型等；聚合物型主要有聚乙二醇及其衍生物体系（PEG 型，又可以称为 PEO 型）、聚丙烯型等。在全固态锂电池的研究中，固态电解质与电极之间的界面问题是一个十分重要的研究领域，界面带来的阻抗电化学稳定性等问题影响所有的固态电解质研究以及全固态锂电池的应用。因此，如何有效地解决固态电解质/电极界面问题是目前备受关注的研究方向。

（1）固态电解质的类型

① 硫化物型固态电解质。因为 S^{2-} 的离子半径比 O^{2-} 的离子半径大，所以当 S^{2-} 对氧化物固态电解质中的 O^{2-} 进行取代时，可以有效扩大 Li^+ 的传输通道；同时 S^{2-} 更容易极

化、相应的阴离子骨架与 Li$^+$ 的作用力较弱、有利于 Li$^+$ 的迁移。在这些因素的影响下，硫化物固态电解质通常都有较高的离子电导率。Li$_2$S-P$_2$S$_5$ 型固态电解质有玻璃型、玻璃陶瓷型和晶体型三种。玻璃型硫化物固态电解质由 Li$_2$S 和 P$_2$S$_5$ 按一定摩尔比混合进行机械球磨后得到，典型的例子为 Li$_2$S：P$_2$S$_5$＝80：20 或者 70：30 两种。玻璃型硫化物固态电解质室温离子电导率不是很高（10^{-4} S/cm），一定温度的热处理使得硫化物结晶，得到室温离子电导率更高的玻璃-陶瓷型硫化物，如室温离子电导率为 3.2×10^{-3} S/cm 的 Li$_3$P$_3$S$_{11}$ 玻璃-陶瓷型固态电解质。晶体型 Li$_2$S-P$_2$S$_5$ 型硫化物的典型例子为 Li$_3$PS$_4$，传统固相法合成的 Li$_3$PS$_4$ 为 γ 相，室温离子电导率低（10^{-7}～10^{-6} S/cm），高温相 β 相的离子电导率高。利用极性溶剂的液相法，能够合成出在室温下稳定的 β-Li$_3$PS$_4$，从而提高 Li$_3$PS$_4$ 的室温离子电导率（1.6×10^{-4} S/cm）。晶体型 Li$_2$S-XS$_2$-P$_2$S$_5$（X 为 Ge、Si、Sn 等）硫化物固态电解质中最为重要的是 Li$_{10}$GeP$_2$S$_{12}$（LGPS），室温离子电导率高达 1.2×10^{-2} S/cm。以这种结构为基础、制备出 Li$_{10}$SiP$_2$S$_{12}$、Li$_{10}$SnP$_2$S$_{12}$、Li$_{9.54}$Si$_{1.74}$P$_{1.44}$S$_{11.7}$Cl$_{0.3}$ 等硫化物固态电解质。

② 聚合物型固态电解质。聚合物型固态电解质通过自身链段对锂盐进行解离，然后在链段的运动下，锂离子与聚合物链段的配位键不断地断裂、形成，达到传导锂离子的目的。对聚乙二醇、聚硅氧烷、聚丙烯腈等聚合物进行共聚得到嵌段共聚物或者三维网络结构聚合物，来降低聚合物的结晶度，保证其链段具有良好的运动能力，从而确保聚合物固态电解质的锂离子传导能力（10^{-4}～10^{-3} S/cm）。

（2）固态电解质与电极的界面问题

目前制约固态电解质实际应用的因素除了制备条件较为苛刻、离子电导率总体还未达到传统液态电解质的水平等外，还有一个十分重要的问题就是固态电解质与电极的界面问题。固态电解质/电极的界面问题极大地影响锂离子在固态电解质和电极之间的传导、固态电解质的电化学稳定性等，最后影响整个电池的容量、倍率和循环性能。聚合物固态电解质对锂金属负极有良好的电化学稳定性，并且聚合物能够对抑制锂枝晶的生长起到有效的作用。

硫化物型固态电解质的界面性能较差，与 LiCoO$_2$、LiFePO$_4$ 等常用的含氧化合物正极材料产生空间电荷效应，使得界面阻抗增大；与金属锂的电化学稳定性较差，电化学稳定窗口窄（理论窗口范围大多不足 1V），工作时会迅速分解。在解决与正极的空间电荷效应上，主要有两种方法：在界面镀上一层几纳米厚的同时具有离子导电性和电子导电性的氧化物薄膜（Li$_4$Ti$_5$O$_{12}$、LiNbO$_3$ 等），或者是在硫化物中掺杂少量氧化物颗粒如 Li$_3$PO$_4$。而对于金属锂负极，主要的解决办法就是掺杂少量的氧化物，利用氧化物对金属锂更稳定的性质，来提高硫化物的电化学稳定性。

一些新型的方法可以用来解决固态电解质与电极的界面问题。其中应用最多的就是制备硫化物/活性材料复合电极，电极中的硫化物与硫化物固态电解质具有良好的相容性；而以过渡金属硫化物作为活性材料时，能够进一步减小硫化物电解质与电极之间的电势差，从而有效避免空间电荷效应的产生；利用极性溶剂液相法和协同效应能够制备出纳米尺寸的硫化物颗粒，能有效增大电极/电解质的接触面，即降低界面阻抗。

结合聚合物型固态电解质对金属锂有很好的电化学稳定性，尤其能够很好地抑制锂枝晶的生长，因此研究人员也开始制备无机/聚合物复合柔性固态电解质薄膜材料，同时结合无机物相对较高的离子电导率以及聚合物良好的稳定性、柔性的优点，使得固态电解质与电极接触良好，改善了界面性能。在这种无机物/聚合物复合柔性固态电解质薄膜的研究中，无机物和聚合物的比例对离子电导率有较大的影响。

3.2.6.3　电解质体系优化

目前锂电池电解质的工艺水平还不是很完美，至少在以下 4 个方面还有进步的空间。所以，研究和开发的努力一直在继续，期望得到新的电解质体系优化。

（1）不可逆容量

由于正极和负极表面 SEI 层的形成，会永久地消耗一定量的电解质，将锂离子以不溶盐的形式例如 Li_2O 或烷基碳酸锂固定在 SEI 层中，直接导致不可逆容量的产生，而不可逆容量的范围由负极材料和电解质组分决定，更改电解质配方或许可以减小电极材料的不可逆容量。

（2）温度限度

目前锂离子电解质中两个不可或缺的组分是 $LiPF_6$ 和 EC。然而，这两个组分对于温度非常敏感，EC 限制了最低使用温度，$LiPF_6$ 限制了最高使用温度，因此限制了锂电池的运行温度。在放电过程中，低温会增加电池的阻抗导致较低的容量利用率，不过温度升高时可以恢复正常。但是，如果电池在低温时充电则会导致永久性的伤害，因为低温时界面电阻升高会导致锂离子发生沉积，造成锂离子的不可逆损失，此外锂离子持续沉积在碳表面可能引发安全隐患。当温度高于 60℃，电解质组分、电极材料以及 SEI 层都会发生不同的分解，其中 $LiPF_6$ 是这些过程的主要引发剂或催化剂，气体产物的累积也很容易引发安全隐患，高温运行导致的损害也是永久性的。所以，大部分的商业化锂离子电池的常规工作温度区间在 -20~50℃，尽管能满足大部分消费者的要求，但是严重影响锂离子电池技术在军事、太空等方面的应用。

（3）安全和危险

线性的碳酸酯是高易燃的，其闪点通常低于 30℃。当锂离子电池在不同程度下滥用时，容易发生热逃逸进而引发安全危险。尽管电极材料及其放电程度对后续危险起更重要的作用，但是电解质溶剂的易燃性是大部分锂离子电池着火的原因。危险的严重性与电池的体积成正比，所以防火或不易燃的锂离子电解质在动力电池中有很大吸引力。

（4）更好的离子传导

在大部分的非水系电解质中，离子的电导率比水溶液的更低，而且锂离子承载的电流比例通常小于 0.5。在电池的实际运行过程中，负极与电解质的界面阻抗和正极与电解质的界面阻抗远大于主体电解质的阻抗。电解质的离子电导率越高，形成的 SEI 层或表面层的离子导电性越好，可以提升锂离子迁移数，尽管其在液体电解质中的作用没有在固体电解质中大。

3.2.7　锂离子电池的发展现状和趋势

锂离子电池产业是我国重点发展的新能源、新能源汽车和新材料三大产业中的交叉产业，近年国家出台了一系列支持锂离子电池产业的政策，直接带动了中国锂离子电池市场的高速增长。与此同时，随着 3C 数码产品、智能穿戴产品对锂离子电池需求量的稳定增加，以及新能源汽车市场规模的逐步扩大和储能电池需求的扩大，我国锂离子电池产量规模也逐年扩大。从全球范围来看，目前全球知名的锂电相关企业主要集中在日本、中国和韩国，三者的锂电产业的整体技术水平和质量控制能力要优于其他国家，占据了高端应用领域的大部分市场。

我国的锂电企业通过自主创新和吸收引进相结合的方式，在部分细分领域实现了突破和发展，技术水平不断提升，未来高端消费类和储能锂离子电池是锂离子电池领域的主要增长点之一，产品质量方面往高能量密度、轻薄化、高安全性方向发展，高能量密度的材料开发将是主流企业布局的重心。目前我国锂离子电池市场中的主要企业有宁德时代新能源科技股份有限公司、惠州亿纬锂能股份有限公司、欣旺达电子股份有限公司、深圳市三和朝阳科技股份有限公司、广州丰江电池新技术股份有限公司、四川长虹新能源科技股份有限公司、广东力王新能源股份有限公司等。

3.3 锂硫二次电池

3.3.1 概述

作为一种新型储能系统，锂硫二次电池（简称锂硫电池）是由硫作为正极、金属锂作为负极的二次电池，其理论比容量和理论能量密度较高，分别为 $1675mA \cdot h/g$ 和 $2600W \cdot h/kg$，被认为是目前最具研究价值和应用前景的高能量锂二次电池体系之一。同时，其正极材料硫作为石油精炼的副产品和硫矿中的直接提取物，具有资源丰富、价格低和环境友好的特点，有利于可持续发展。锂硫电池的研究始于 20 世纪 60 年代，经过几十年的发展，虽然锂电池仍存在循环过程中容量快速衰减等问题，但其高能量密度和高比容量的优势依然激励着科研工作者们不断探索。

3.3.2 锂硫二次电池的基本原理和特点

锂硫电池的内部结构与锂离子电池类似，主要由金属锂负极、隔膜、电解液、硫正极、集流体、外壳构成，如图 3-13 所示。由于硫单质的电子导电性较低，通常将硫单质与高导电性的材料复合，以提高正极中硫组分的利用率，电解液通常使用有机醚类电解液。不同于传统可充电锂离子电池的脱/嵌原理，锂硫电池的充放电过程是一种氧化还原反应过程，其工作原理是基于硫的可逆氧化还原反应，简单来说，锂硫电池是依靠 S—S 键的断裂和生成转化电能与化学能，一般反应如下：

$$16Li + 8S \Longleftrightarrow 8Li_2S \tag{3-15}$$

基于上述完整的反应，锂硫电池正负极的理论比容量分别为 $1675mA \cdot h/g$ 和 $3680mA \cdot h/g$，从而使锂硫电池在工作电压为 2.15V 时的理论能量密度达到 $2600W \cdot h/kg$ 或 $2200W \cdot h/L$。这些数值远远高于以 $LiCoO_2$ 为正极、石墨为负极的锂离子电池的理论能量密度。表 3-5 给出了商业化锂离子电池正极材料与硫正极材料的部分指标值。

图 3-13　锂硫电池的基本结构原理

表 3-5　锂离子电池与硫正极材料的主要指标对照

技术指标	钴酸锂	锰酸锂	磷酸铁锂	三元材料	硫正极
晶体结构	层状	尖晶石	橄榄石	层状	分子晶体（单斜或斜方）
理论容量 /(mA·h/g)	274	148	170	278	1675
实际容量 /(mA·h/g)	140～140	90～120	110～160	145～200	800～1400
工作电压/V	3.7	3.8	3.5	3.6	2.1
原料供应	贫乏	丰富	非常丰富	相对贫乏	非常丰富

　　对比可知，传统的锂离子电池正极材料可利用容量不超过 200mA·h/g，而硫基正极材料则可达到 800～1400mA·h/g，开发潜力巨大。同时，锂硫电池由于正极材料硫和负极材料锂金属的相对分子质量小，电池质量轻、体积小、质量比能量高，成为电动汽车、航天器等高尖端领域的理想储能装置。

3.3.3　锂硫二次电池的硫正极

3.3.3.1　硫正极的工作原理

　　锂硫电池本质上是一种以硫为正极活性材料的锂离子电池。其工作方式实质上是锂离子在正负极间发生的摇椅式传递。虽然硫是正极材料，但其本身不含有锂离子，在锂电池充放电过程中需要首先进行放电反应以在硫正极中嵌入锂离子。具体来说，锂硫二次电池放电时是原电池装置，硫正极电势高，电池内部锂离子从负极脱出，穿过隔膜，在正极与硫发生反应，同时伴随电子从负极经外电路传递至正极，从而形成完整回路。放电过程可分为两个阶段：第一阶段表现为约 2.4V 处的放电平台，此时环状 S_8 分子断键与锂离子形成具有可溶性（溶于锂硫电池电解液）的长链多硫化物（Li_2S_m，$4 \leqslant m \leqslant 8$），随着离子和电子的传递，此阶段 1mol 活性硫对应的理论比容量为 419mA·h/g；随着放电反应的进一步进行，在放电平台约 2.1V 处更多的锂离子与第一阶段形成的长链硫化物结合形成具有不溶性的短链硫化物（Li_2S_m，$m=1$ 或 2）固体，从而使得此阶段容量为第一阶段的 32.6 倍，理论比容量贡献为 1256mA·h/g。因此，整个放电过程是伴随着固态环状 S_8 分子-可溶性长链多硫化物-固态短链硫化物的"固-液-固"转变过程。充电时，在外加电压下，锂硫电池是电解池装置，外电路为阴极（电池正极）提供电子，充电电压平台约为 2.4V，此过程为短链硫化物脱掉锂离子转变为 S_8 分子的过程，锂离子由正极脱出，回到金属锂负极（图 3-14）。由此构成充放电过程中锂离子摇椅式的往复嵌入-脱出转化。

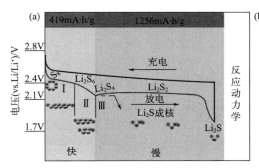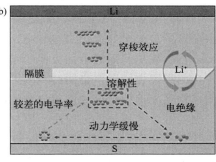

图 3-14　锂硫电池不同充放电平台处活性物质转化过程（a）与"穿梭效应"（b）

3.3.3.2　硫正极的容量损失及衰减机理

锂硫电池虽然在比容量方面远胜于当前大部分电池体系，但在实际应用上，锂硫二次电池仍然无法同已经实现大规模产业化的磷酸铁锂、三元材料等正极相媲美。究其原因，容量的快速衰减是导致其无法大规模应用的主要因素。硫正极容量的衰减，最直接的因素是硫自身较低的导电性和脱嵌锂过程中较大的体积膨胀。一方面，活性物质、电子和离子是氧化还原反应的必要条件，缺一不可。活性材料硫的导电性较差，会导致体系中电子传递不充分，活性材料无法充分利用，从而表现为电极的实际容量较低。另一方面，由于反应产物（Li_2S 和 LiS_2）和初始反应物（硫或硫的复合物）之间密度差较大，反应过程中物质间的转换存在较大的体积变化，从而在多次循环后，电极在不断收缩/膨胀过程中产生的内应力可导致电极结构的破坏。如导电剂一般在胶黏剂作用下黏附在活性物质表面，电子可以通过集流体传递到导电剂，再向活性物质传递，从而缩短传递距离，有利于活性材料性能的发挥。而当发生体积变化时，导电剂会从活性物质表面脱落，因而不利于活性物质表面的电子传递，严重时可导致活性物质无法被利用，形成"死区"。通过胶黏剂黏附的电极材料从集流体表面脱落，会直接导致活性材料失去与电子的接触，从而表现为容量的衰减。首周放电过程中，电极表面与电解液接触可形成一层固态电解质薄膜（SEI 膜），循环过程较大的体积变化会导致活性材料表面的 SEI 膜稳定性不佳，发生破裂，由此导致新的活性物质界面的暴露，会进一步消耗电解液等。

更为重要的是，锂硫电池由于硫电极在放电过程中特殊的"固-液-固"转化反应导致硫产生"穿梭效应"，即在放电过程中产生的多硫化物由于易溶于电解液，很容易导致硫以多硫化物的形式在浓度差的推动下从正极扩散流失。同时扩散至负极的多硫化物不仅在负极表面会发生副反应，导致多硫化物不可逆损失，还由于浓度差，溢出的多硫化物很难回到硫化物浓度较高的正极，因此"穿梭效应"对锂硫电池的容量损失影响极为严重。

3.3.3.3 硫正极的改性

针对硫正极材料在充放电过程中体积变化大、导电性差及多硫化物的"穿梭效应"等问题，硫正极的改性研究主要分为三个方面：硫载体材料的研究、硫化锂正极的研究以及富硫材料的研究。

（1）硫基复合物中载体的研究与改性

①碳基载体材料的研究与改性。2009 年，加拿大滑铁卢大学的 Linda. F. Nazar 教授首次将具有微孔结构的 CMK-3 多孔碳作为载体，通过熔融渗入的方法成功将硫载入碳的孔隙之中并取得了显著的改性效果。其优势在于：一方面，首次提出了熔融法制备硫的复合材料；另一方面，首次提出利用导电性极佳的碳作为载体，通过构筑多孔结构载硫，不仅一定程度上解决了硫的导电性问题，也同时利用了孔的"限域作用"有效缓解了体积膨胀问题，此外这一孔洞结构还能抑制可溶性多硫化物的溢出。基于这一研究成果，研究人员大多集中于对多孔碳的制备方法（板法、刻蚀法、原位分解法等）、孔洞结构对锂硫电池的影响（微孔、介孔、大孔）、元素掺杂对多硫化物抑制作用等方面进行研究。在多孔碳的制备方面，人们逐渐发展出了一系列微纳材料的制备方法，如以 SiO_2 等为硬模板通过后处理制备的空腔结构、以聚苯乙烯球（PS 球）等为软模板制备的大孔-微孔丰富的多孔碳等。其后通过对孔洞结构的研究，研究人员发现小孔能抑制多硫化物的溢出，但同时也由于"毛细作用"，电解液无法很好渗透并接触电极材料，从而不利于材料的充分利用。因此，通过对研究结果总结，一般认为多孔结构的设计应该合理分配微孔和大孔的比例，这样既保证了电解液充分渗透，也能对多硫化物的溶解溢出有抑制作用。此外，元素掺杂由于能一定程度改变材料的电子结构、造成晶格的缺陷等，进而改变材料的电化学环境，已经被证实对材料有着很好的改性效果。通过对基底材料进行元素（如 S、N、P、Co 等）掺杂改性，可进一步提高锂硫电池性能，抑制容量的快速衰减。

②非碳载体的研究与改性。长期的研究发现，虽然碳材料本身具备了成本低、电性好、原料丰富等优势，但由于非极性碳与极性硫之间表面能的差异，硫在溶解（沉积）过程中不能很好地与碳基底接触，从而随着循环的进行降低了硫与碳的有效比表面，不利于锂硫二次电池性能的发挥。因此，研究人员通过理论计算和实验验证的方法提出了增强非碳载体与多硫化物间的强吸附作用以抑制"穿梭效应"的思路，这一思路对锂硫电池稳定性的提升有极大的促进作用。

③复合载体的研究与改性。非碳型基底材料主要包括金属、过渡金属氧化物、硫化物、磷化物以及碳氮化物等。然而，此类材料导电性相较碳材料还有较大的差距。为保证电化学反应过程中电子的快速传输，同时兼顾基底材料对多硫化物的吸附作用，研究人员主要致力于开发具有三维结构的碳基复合材料。常见的有石墨烯基、碳纳米管基和碳纳米线纤维基等复合材料，一方面这些碳基材料具有良好的导电性和柔韧性，构建了良好的导电网络，既能够保证电子的快速传递，也能够缓解体积膨胀；另一方面复合后的材料相较于纯碳载体也有效改善了多硫化物与载体间的表面能，有利于硫化物的溶解（再沉积）。需要注意的是，虽

然理论上不同材料与多硫化物间的吸附能力有强弱之分，但在实际的设计合成与应用中，匹配良好适应性的复合物需要兼顾结构、形貌和尺寸等影响因素，从而达到最佳的固硫效果。

由于长链多硫化物是硫化物反应的中间反应产物，随着近些年单原子催化研究热潮的兴起，研究人员将单原子催化的理论成功引入锂硫电池体系。金属单原子能够催化多硫化物向短链硫化物的转化过程，因而减少了长链多硫化物的停留时间，间接地抑制了多硫化物的溢出量。除了单原子的催化，也相继有工作指出其他金属硫化物、硒化物等对多硫化物有催化作用。相关的研究工作推动了锂硫电池的进一步发展。

（2）阻隔层的研究与改性

除了对基底材料进行设计，2012 年，美国得克萨斯大学奥斯汀分校的 Arumugam Manthiram 教授首次提出了阻隔层的概念用于改良锂硫电池的电化学性能。简单来说，通过在正极表面覆盖一层具有吸附性的导电薄膜，可将正极溢出的多硫化物重新利用起来，达到抑制容量衰减的效果。对于阻隔层来说，导电性是首要条件，配合具有强吸附作用的基质，表现出附加"辅助电极"的效果。

（3）非 S_8 正极材料的研究与改进

①硫化锂的研究与改性。相比于单一的通过熔融法负载单质硫，硫化锂因为具有较高的熔点（938℃），更易加工和优化改性。如可以通过原位的方法，高温处理后在硫化锂颗粒外表面均匀包覆一层碳包覆层，在体积变化过程中硫化锂体积最大，因而这一原位生成的包覆壳层能够很好地适应硫在反应过程的体积变化，相比于熔融法得到的碳和硫化物的复合材料，这一原位制备的核壳结构更加致密，负载的硫化物被包覆得更加完全，有利于抑制多硫化物的溢出。虽然以硫化锂作为硫正极的优势较为显著，但由于硫化锂对空气较为敏感，且反应第一阶段充电过程有能级势垒需要克服，利用硫化锂作为锂硫电池正极的初始反应物的研究还需要进一步加强与完善。

② 小分子 S_2 及富硫有机物的研究与改性。长期以来，越来越多的研究者从源头上避免长链多硫化物的出现，从而改善锂硫电池的容量衰减问题，如预先破坏 S_8 分子的 S—S 键得到 S_2 分子、与有机物共融制备硫的共聚物（S-DIB）、化学法合成富硫化合物（P_4S_{10+n}）、通过 P—S 键固定硫化物等。通过避开长链多硫化物的产生从而杜绝"穿梭效应"的研究思路不失为一个好的解决办法。

3.3.3.4 硫正极的黏结剂

作为电极的重要组成部分，虽然黏结剂作为添加剂在整个电极中所占比例很小，但作用非常重要。作为电极浆料不可缺少的成分之一，黏结剂在电极片的制备过程中主要起到粘连导电剂和活性物质的作用，以及将电极材料紧紧附着到集流体上，从而保证循环过程中电子快速传递，避免材料的脱落失活等作用。

黏结剂的种类繁多，根据自身的结构、性质和适合的体系等，在不同电极体系中有不同的黏结剂。目前，锂硫电池体系中比较常用的黏结剂为聚偏氟乙烯（PVDF），一般采用 N，N-二甲基甲酰胺（DMP）作为溶剂制备浆料。PVDF 分子链简单，柔韧性好，较易制成均匀浆料。然而，由于其结合力主要为范德瓦耳斯力，在活性物质体积膨胀过程中容易发生电极结构的破坏，因此循环性能变差。考虑到锂硫电池循环过程中较大的体积变化，研究人员开发了多种黏结剂，包括羧甲基纤维素（CMC）、羰基化 β-环糊精（C-β-CD）以及聚丙烯酸（PAA）等有机物质黏结剂。相比于 PVDF 的黏结作用，CMC 能够形成交联的结构，强化了导电剂和活性物质间的结合强度，维持了更好的结构稳定性；同样，羰基化的 β-环糊精能够确保更宽电压窗口下的稳定性和黏结强度，而聚丙烯酸通过共价键与活性物质结合，比传统的氢键或范德瓦耳斯力的结合能力更强。进一步的研究工作可以深入多硫化物的溢出机制，针对性地开发功能化黏结剂，优化电极成分和分散形式，提高电极的物理（化学）稳定性和结合强度，从而进一步提高硫正极的性能。

3.3.4 锂硫二次电池的金属锂负极

20 世纪 80 年代中期，研究人员已经制备出几种锂金属电池的原型，但是金属锂电极仍未能规模化应用于实际电池体系中。这是由于金属锂电极所存在的下列主要问题尚未解决：①在循环过程中，金属锂负极与电解液的反应使界面阻抗不断增加，并消耗电解液，导致在充放电循环过程中电极库仑效率不断降低；②锂电极表面大量锂枝晶以及"死锂"的产生也会降低锂电极的循环效率，若锂枝晶持续生长穿破隔膜，接触到正极，则可能导致短路甚至爆炸等一系列安全问题。如今，为了提高锂电池的能量密度，具有高能量密度的锂金属负极再次受到人们的高度关注。

3.3.4.1 锂负极与电解质界面

（1）金属锂负极与电解液界面

固体电解质中间相界面膜（SEI 膜）决定金属锂电极的电化学性能，因此 SEI 膜的形成机制、化学成分组成和结构以及在充放电过程中的变化显著影响着金属锂电极的性能。图 3-15 描述了烷基碳酸酯类电解液中金属锂电极上 SEI 膜的形成过程。由该图可知，SEI 膜是经过多步反应形成的多层膜。首先，金属锂表面覆盖一层主要由 Li_2O、$LiOH$ 和 Li_2CO_3 组成的初始钝化膜，在有机电解液中这一层表面膜具有一定的稳定性。当金属锂溶出时，该膜发生分解，进而导致金属锂和电解液的剧烈反应。当金属锂接触电解液时，以极快的反应速度形成最贴近金属锂表面的第一层界面膜，主要成分为 Li_xC、Li_2O 和 LiF 等。然后，电解液发生进一步的还原反应，形成界面膜多孔外层，其主要成分为 $LiOH$、$ROCO_2Li$、Li_2CO_3 和 $ROLi$ 等。更进一步界面膜的变化是电解液中的痕量水扩散到金属锂表面发生还原反应，这个过程是无法避免的，即使是最纯的无水溶剂也会含有少量水，而锂表面所生成的物质又是高度吸湿的，因此痕量水会从电解液中穿过界面膜与锂电极表面高度吸湿的物质

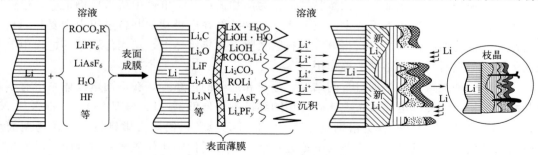

图 3-15　烷基碳酸酯类电解液中金属锂电极上界面膜的形成过程

水合，然后向金属锂扩散。

SEI 膜在首次充放电过程中形成，在接下来的循环过程中并不是不变的。SEI 膜的不均匀性会引起充放电过程中电极表面电流分布不均，导致 SEI 膜在充放电过程中不断变化，即 SEI 膜经历不断破坏和修复的过程。

（2）金属锂负极与聚合物电解质界面

金属锂电极/聚合物电解质界面和金属锂电极/液体电解质的界面不同，因为金属锂和聚合物电解质涉及的是固-固界面。除了钝化现象外，接触问题在聚合物电解质中较为突出，如果电解质和金属锂电极接触不好，界面阻抗会增加，造成电池极化严重。若在充放电过程中，电解质发生形变从电极上脱落，则会造成电池断路。几乎所有聚合物电解质体系与金属锂接触时都会产生界面钝化现象，形成一层钝化膜覆盖在金属锂电极表面。该钝化膜是锂离子导体而对电子绝缘，对锂电极性能至关重要：首先，钝化膜厚度会随时间不断增厚，这会造成锂电极/电解质之间界面阻抗不断增大，导致电池容量衰减，循环性能恶化；其次，由于锂电极和聚合物电解质不能完全充分接触，该钝化膜在组成、结构、形貌、均匀性、致密性和稳定性上与电解液体系中的 SEI 膜均有所差异，该钝化的不均匀性也会导致金属锂在沉积-溶出过程中电流分布不均，产生锂枝晶，带来安全隐患。

但是对于聚合物电解质和锂电极之间钝化膜的研究相当困难，主要原因是：锂电极/聚合物电解质界面稳定性较差，同一体系的界面重现性也较差；现场谱学的表征手段对锂电极/聚合物界面钝化膜的研究存在较大困难。

3.3.4.2 锂负极面临的问题

从化学和电化学角度来看，金属锂负极面临的问题主要包括以下两个方面。

（1）电化学溶解-沉积的不均匀性

金属锂负极的电极反应基于溶解-沉积机制，其中电池充电过程中，电解液中的锂离子在金属锂表面得到电子发生沉积，放电过程中金属锂被氧化成锂离子溶出到电解液中。对于金属电沉积来说，其电极反应至少包含两个连续的串联过程：一是溶液中的金属离子通过液相传质，从本体电解液传输到电极表面液层，称为液相传质步骤；二是传输到电极表面的金属离子在电极表面得到电子发生沉积，称为电子交换步骤。其中，速度慢的步骤是电极过程的控制步骤（速控步骤），整个电极反应的进行速度由速控步骤所决定。对于金属锂来说，由于其电子交换步骤很快，液相传质为其速度控制步骤。然而，在实际电化学体系中，电极表面的液相传质方式事实上是一种对流扩散，也就是说，对流在一定程度上参与了电极表面的液相传质过程。而对流在静止电极表面的不同地方，其传质速度和流量并不相同，这就导致单位时间内传输到达电极表面不同部位的锂离子量不相同，锂电极表面不同区域的电流密度和反应速度也不相同。电流密度大的地方，锂的沉积速度快，出现突出生长；而一旦出现这种情况，到达突出点的离子传质流量就会进一步被加大（传输距离缩短，传质从二维转变为三维），出现更为严重的不均匀沉积，这是造成锂负极表面枝晶生长的本质原因。此外，在实际电池体系中，因正负极之间间距的不一致性，离极耳不同距离的地方极化电势不同，也会导致负极表面电流密度分布的不均匀，这些也是引起锂的不均匀沉积和枝晶生长的重要因素。当锂枝晶生长到一定程度的时候就可能穿透隔膜引发电池短路和安全问题。此外，锂枝晶在溶出过程中断裂还会形成"死锂"，造成负极容量的下降。

（2）金属锂与电解液之间的高反应活性

锂作为电势最低的金属，还原性极强，与常规电解液之间均存在热力学不稳定性。因此，锂负极表面总是覆盖有一层其与电解液反应生成的界面膜（SEI膜）。正是这层界面膜的存在，分隔了锂与电解液的接触，保证了锂负极的化学稳定性。然而，金属锂负极在充放电过程中巨大的厚度和体积变化，会造成SEI膜破裂和重复生长。这种情况一方面会导致锂负极的不可逆消耗，其行为表现为低库仑效率；另一方面，破裂失效的非电子导电性SEI膜包埋到金属锂体相中后，因其物理隔离作用还会造成锂的粉化，并加速"死锂"的形成。

3.3.4.3 锂负极的改性

针对锂负极面临的问题与挑战，通过对界面化学、Li^+扩散行为以及相互关系深入研究后，目前主要的解决方法是设计人造SEI膜、电解液修饰、合成新型形貌锂电极这三大方面。

（1）设计人造SEI膜

锂金属与电解质在接触中会形成一层钝化层即SEI膜，其主要成分为LiF、Li_2CO_3、LiOH、Li_2O等。SEI膜呈现疏松多孔状，此种结构能提高锂离子电导率，阻止金属锂与电解液进一步反应，但是其溶解修复机制也会产生"死锂"和锂枝晶。因此选择在金属锂和有机液态电解质之间设计一层人造SEI膜，这种人造界面可以成功地避免由本征SEI膜引起的电解质和锂金属的消耗，抑制锂枝晶的形成。人造SEI膜需要具备以下两个条件：①较好的化学稳定性和力学性能，能适应锂电极在充放电循环中的体积变化和阻止锂电极进一步腐蚀；②较高的离子电导率，以便Li^+快速嵌入与脱出。

（2）电解液修饰

目前，商用电解液成分是$1mol/L$ $LiPF_6/EC+$碳酸酯。电解液的成分、浓度以及添加剂对SEI膜的性质和锂离子沉积行为以及循环寿命有很大的影响。在相同电化学条件下，金属锂易与大多数气体、极性非质子电解质溶剂、盐阴离子等自发反应。电解液修饰因其成本低、易调节、适合商业化，成为抑制枝晶生长，提高循环性能最有效、最简便的途径之一。目前主要通过以下方法来修饰电解液：①加入特殊的金属离子（Cs^+、Rb^+、Na^+），这些离子积聚在尖端附近形成静电屏蔽，排斥Li^+沉积在负极附近区域；②添加有机物、酸性气体（CO_2、SO_2、HF）或相应的酸、芳香烃杂环衍生物、冠醚、2-甲基呋喃、有机芳香族化合物以及各种表面活性剂、无机盐类（AlI_3、MgI_2、SnI_2）等，这些添加剂可以在锂金属表面分解、聚合或者吸附，修饰SEI膜的物理化学性能，调节锂沉积过程中的电流分布；③提高电解液的浓度，采用聚合物或固态电解质、离子液体、纳米化电解液以提高界面相容性；固态电解质可以有效阻止锂枝晶的生长和其与电解液的副反应，这是一种最直接地通过物理屏障阻止枝晶蔓延的方法。全固态电池在高能量密度和安全性方面具有显著的优势，近年来成为国内外的研究热点。固态电解质需要具备高离子电导率、宽电化学窗口、对锂稳定、力学性能优异以及可抑制锂枝晶生长等特性。

（3）合成新型形貌锂电极

锂枝晶产生的原因之一是锂表面不平整，电流密度分布不均匀。目前商业的锂离子电池中，均使用片状金属锂箔作为电极。研究人员合成出多种新型结构的锂电极，如锂粉末、泡沫锂和表面改性锂箔，其多孔结构提高了表面积，使电流分布均匀，提供了更多的 Li^+ 沉积位置，降低了锂枝晶产生率。在相同电流密度充放电情况下，比表面积增大，单位面积的电流密度相应会降低，枝晶形成速率就会降低。

3.3.5 锂硫二次电池电解质

按形态分，锂硫电池的电解质主要分为有机液体电解质和固态电解质。其中，固态电解质主要包括聚合物电解质和无机固态电解质。聚合物电解质按是否添加增塑剂，又可分为全固态聚合物电解质（SPE）和凝胶聚合物电解质（GPE），后者添加了增塑剂。锂硫电池的电解质对其电化学性能有着重大的影响。

3.3.5.1 有机液体电解质

有机液体电解质主要由有机溶剂、锂盐和添加剂三部分组成。

（1）有机溶剂

目前，碳酸酯和醚是锂硫电池有机液体电解质最常用的两大类有机溶剂。除此之外，也有其他溶剂被应用于锂硫电池。酯类溶剂主要是碳酸酯，按其分子结构分，酯类溶剂可分为链状酯和环状酯（EC 即一种环状酯）；醚类溶剂也可分为链状醚和环状醚，其中常见的乙二醇二甲醚（DME）为链状醚，1,3-二氧戊环（DOL）是环状醚。除此之外，一些砜类溶剂和含氟溶剂等其他溶剂也应用于锂硫电池作为有机液体电解质的溶剂。溶剂的种类和配比会影响电解质的黏度，进而影响锂离子的迁移。另外，溶剂的种类和配比会影响 SEI 膜的形成。现阶段使用最为广泛的溶剂为醚类溶剂，使用醚类溶剂的电解质，电池正极的硫利用率高，不过循环性能不是特别理想。目前，单一的有机液体作为溶剂的电解质在电化学性能上不能很好地满足锂硫电池电解质的需求，锂硫电池中使用的有机液体电解质基本上采用含有多种有机液体的混合溶剂。现阶段最常用的锂硫电池有机液体电解质体系大多采用 DME 与 DOL 的混合溶剂。

（2）锂盐

除溶剂外，锂硫电池有机溶剂电解质对锂盐还有离子导电性、浓度和锂盐溶解度等方面的要求。目前使用的锂硫电池有机溶剂电解液中，电解质锂盐的物质的量浓度一般为 1mol/L 左右，锂硫电池有机液体电解质中应用的锂盐与传统锂离子二次电池中采用的锂盐基本一致。

（3）添加剂

为了改善锂硫电池的电化学性能，通常会在有机液体电解质中加入一定量的添加剂。目前，$LiNO_3$ 是锂硫电池有机液体电解质中应用得最多的添加剂。

离子液体（ion liquid，IL）是指全部由离子组成的液体。离子液体热稳定性高、温度窗口大、电化学窗口大、不易挥发。离子液体与低黏度的醚类有机溶剂混合，有利于提高电导率和 Li^+ 传输能力，并能利用离子液体抑制 Li_2S_x 溶解。添加离子液体的电解液在锂负极表面形成了稳定的 SEI 膜，减弱了"穿梭效应"；离子液体中的有机阳离子在混合溶剂中可以稳定 Li_2S_x。除此之外，添加合适的离子液体有利于提高电池的库仑效率，并降低电池的自放电。

在电解液中加入添加剂，主要是用来抑制锂硫电池中的副反应以及在金属锂负极表面形成钝化层，从而改善锂硫电池的循环性能。目前，在锂硫电池有机液体电解质中通常会加入一定量的 $LiNO_3$ 添加剂，该添加剂能够在锂片表面形成一层致密且稳定的 SEI 膜，从而有效阻挡溶解于电解液中的多硫离子进一步与锂片反应，其中 $LiNO_3$ 作为电解液添加剂对提高锂硫电池库仑效率效果尤为明显。以 $LiNO_3$ 添加剂为例，在充放电过程中多硫离子被氧化成 Li_xSO_y 等产物，$LiNO_3$ 被还原成 LiN_xO_y，这些反应产物在金属锂负极表面形成 SEI 膜，均能起到钝化金属锂负极的作用。其他锂盐或无机盐等也被用作有机液体电解质的添加剂。添加剂不同，在金属锂负极表面形成 SEI 膜成分也不尽相同，对电池性能改善效果也不同。有机液体电解质中除了添加这些无机盐，还可能会加入含磷化合物（如 P_2S_5），以及氧化还原介质来促进电化学反应的进行，从而提高硫的利用率。

除了在有机液体电解质加入添加剂，固态电解质中也会加入添加剂。SPE 中通常会加入无机填料，如 SiO_2、TiO_2、ZrO_2 及 $LiAlO_2$ 等。这些无机填料的添加主要是基于以下考虑：①降低结晶度，增大非晶相区，提高电解质的离子导电率；②填料颗粒附近可以形成快速 Li^+ 通道；③增加聚合物基质的力学性能，使其易于成膜；④无机填料可化学吸附多硫化锂，抑制"穿梭效应"。GPE 中也有使用添加剂的，如在 GPE 中加入路易斯酸提高锂离子迁移数，从而抑制多硫离子的迁移，抑制"穿梭效应"，以达到改善电池循环性能的目的。

3.3.5.2　固态电解质

采用固态电解质可以很好地解决金属锂的安全性以及多硫化锂的溶解性问题，可以有效地避免多硫化物的溶解导致电池性能恶化。固态电解质是多功能的，一方面作为电解质连接着正负极的电化学反应，另一方面承担着电池隔膜的作用。

（1）聚合物电解质

聚合物电解质是由聚合物膜和盐组成的、能传输离子的离子导体。与传统液态有机剂电解质相比，聚合物电解质的优点如下：①良好的化学和电化学稳定性；②没有电解液泄漏的问题；③易产生形变，与电极的接触良好；④聚合物的物理隔绝可抑制 Li_2S_x 的扩散。

聚合物电解质可以分为以下两类：

① 全固态聚合物电解质（SPE）。SPE 通常是将锂盐溶解在高分子聚合物基体材料中获得的。这是由锂盐与高分子聚合物经配位作用形成的一类复合物。在 SPE 中，随着聚合物基体非晶区中有机聚合物链段的运动，Li^+ 与聚合物基体单元上的给电子基团（配位原子）不断地发生"配位-解配位"，从而实现 Li^+ 的迁移。SPE 的离子电导率与聚合物基体链段的局部运动能力及其能起配位作用的给电子基团的数目密切相关。单一的聚合物基体在室温条件下具有高结晶性，而晶体区域会严格限制链段的运动，造成 Li^+ 迁移困难，从而导致体系的离子电导率很低。SPE 的室温离子电导率偏低，一般为 $10^{-8} \sim 10^{-7} S/cm$。

制备 SPE 常用的高分子聚合物有聚环氧乙烷、聚甲基丙烯酸甲酯（PMMA）、聚丙烯腈（PAN）、聚偏氟乙烯-六氟丙烯共聚物（PVdF-HFP）及聚氧化丙烯（PPO）等。$LiClO_4$、$LiPF_6$、LCF_3SO_3 和 $LiN(CF_3SO_2)_2$ 等有机液体电解质中常用的锂盐均可被用来制作 SPE。SPE 的离子导电是通过离子在聚合物基体中的迁移实现的。但其低的室温离子电导率严重限制了其在锂硫电池中的应用。受限于 SPE 的室温电导率，这些电池普遍需要在较高的温度下才能正常工作。相比于阴阳离子共同迁移的电解质体系，聚合物锂单离子导体是一种新型全固态聚合物电解质，其只发生阳离子迁移，意味着电解质中锂离子的迁移贡献了全部电荷传导，有利于抑制多硫离子向负极的迁移。

② 凝胶聚合物电解质（GPE）。GPE 主要是由聚合物基体、增塑剂与锂盐通过互溶的方式形成的具有合适微结构的聚合物网络。常用凝胶聚合物电解质的聚合物基体与 SPE 基本上是相同的。增塑剂对离子的溶剂化作用在 GPE 中离子的迁移行为中占主导地位，离子主要利用固定在微结构中的增塑剂实现离子的传导，这与液体中离子的传导机理是类似的，因此 GPE 室温离子电导率比 SPE 要高得多，一般为 $10^{-4} \sim 10^{-3} S/cm$。

（2）无机固态电解质

无机固态电解质又称快离子导体，按结晶状态可分为晶态电解质（又称陶瓷电解质）和非晶态电解质（又称玻璃电解质）。

陶瓷电解质由于室温电导率较低、对金属锂的稳定性差且价格高，在锂硫电池中的应用很少。常见的陶瓷电解质按晶体结构可分为层状 Li_3N、钠超离子导体（NASICON）、锂超离子导体（LISICON）、钙钛矿型及石榴石型等。

非晶态电解质具有室温离子电导率良好（通常可以达到 $10^{-3} S/cm$ 以上）、电导活化能低、制备工艺相对简单等优点，目前在锂硫电池电解质体系中的应用相对比较多，具有很好的应用前景。玻璃电解质按组成物质类型大体可分为三大体系，即硫化物型（Li_2S-SiS_2、Li_2S-B_2S_3 和 Li_2S-P_2S_5）、氧化物型（Li_2O-B_2O_3-P_2O_5、Li_2O-SeO_2-B_2O_3 和 Li_2O-B_2O_3-SiO_2）及硫化物与氧化物混合型（Li_3PO_4-Li_2S-SiS_2）。

无机固态电解质具有制备工艺复杂、力学性能不佳及界面接触差（导致阻抗大）等缺点，这些问题限制着它的实用性。单一种类电解质很多时候不能很好地满足使用要求，因此有时会在电池中同时使用两种或两种以上不同类型的电解质形成杂化电解质，形成优势互补，如玻璃-陶瓷固态电解质、有机液体电解质-陶瓷电解质杂化电解质等。

3.3.6 锂硫二次电池隔膜

锂硫二次电池用传统的隔膜材料主要分为微孔膜和纳米纤维多孔膜两大类。针对锂硫电池的特殊情况，特别是"穿梭效应"，赋予隔膜拦阻多硫化物的功能，将活性物质有效地拦截在正极一侧以促进其被利用，减少不溶短链硫化物在锂负极的沉积，从而改善锂硫电池的性能。

基于锂硫电池相对于传统锂离子电池的特殊性，一些功能性隔膜被开发出来，如碳基涂层改性隔膜、无机化合物涂层改性隔膜、新型材料隔膜、固态电解质等。

（1）碳基涂层改性隔膜

在传统的隔膜表面设置碳基涂层，碳基涂层使用的碳材料可以是碳纳米管、炭黑、石墨烯及异质原子掺杂的碳材料或这些材料的复合物等。这些碳材料表面的基团或者异质原子可有效拦截溶解在电解质中的多硫化锂，并使之在碳层上发生氧化还原反应，一方面抑制了"穿梭效应"，另一方面提高了正极硫的利用率。此外，碳基涂层往往可以改善隔膜的亲液性能。

（2）无机化合物涂层改性隔膜

金属硫化物、氧化物等无机化合物涂层也被用于改性隔膜，这些涂层可以化学吸附电解质溶液中溶解的多硫化锂，并能催化多硫化锂的分解。另外，部分无机化合物能改善隔膜的力学性能及热化学稳定性。

（3）新型材料隔膜

玻璃纤维等新型材料也可被用于制作锂硫电池的隔膜，可有效提高隔膜的热稳定性、亲液性及循环稳定性。

3.3.7　锂硫二次电池面临的问题

尽管锂硫电池被寄予厚望，但其存在一些缺陷，阻碍了其大规模使用，缺陷主要在于正极和负极。

（1）硫正极的特点与问题

① 中间体多硫化物在电解质中的溶解。在循环过程中，中间长链多硫化物 Li_2S_m（$4 \leqslant m \leqslant 8$）容易溶解于醚基电解质中，并穿过隔膜聚集到负极，与负极上的锂金属反应导致容量损失和循环衰减，造成"穿梭效应"。而这一效应导致锂硫电池在工作过程中活性物质硫不可逆的损失，库仑效率持续降低，还会致使电池的电解液黏度变大，减小离子扩散的速度。

② 硫（电导率为 5×10^{-30} S/cm）及放电产物 Li_2S/Li_2S_2 的低电导率。在放电过程中，Li_2S_2 向 Li_2S 转变的固-固反应动力学过程缓慢，反应不能完全进行。放电产物由于离子导电性较差而沉积在正极表面，造成活性物质表面钝化，利用率降低，导致放电比容量衰减和电池能量密度的降低。

③ 正极材料硫锂化前后的体积变化效应。由于硫和硫化锂之间的密度差（分别为 $2.03g/cm^3$ 和 $1.66g/cm^3$），硫在完全锂化为硫化锂时有约 80% 的体积膨胀率，这使得正极在充放电过程中不断地收缩和膨胀，可能导致电极的破裂和损坏，影响循环性能，造成电池损坏。

（2）锂负极的特点与问题

① 多硫化物"穿梭效应"。溶解到电解质中的长链多硫化锂可以到达锂负极，以化学方式还原，并形成低价态化合物，引发电池内部放电现象，进一步引发金属锂表面的恶化以及活性物质硫的损失，造成较低的库仑效率。

② 不均匀的固体电解质膜（SEI）。锂金属容易在与电解液接触的界面上与电解质发生反应并生成 SEI 层，这种 SEI 层能传导锂离子但对电子绝缘。大多数情况下，SEI 是不均匀的，不能充分钝化金属锂表面，从而导致金属锂与电解质之间发生副反应，消耗金属锂与电解质，导致电池的可逆性变差和库仑效率降低。

③ 锂金属的枝晶生长。电极表面电流密度的不均匀分布造成锂枝晶生长，锂枝晶的生长导致 SEI 破裂，进一步消耗锂金属和电解质，使得电池电解质不断消耗。同时较厚 SEI 层会导致较高阻抗，影响电池的循环效率，同时生成的锂枝晶易刺穿隔膜而短路，存在安全隐患。

针对这些突出的问题，近些年来国内外科学研究者对锂硫电池展开了大量的探究，主要包括以下几个方面：①设计、制备新型和特殊结构的正极材料，该正极材料不仅有效地提高了离子和电子传输能力，并且极大地抑制了多硫化物的"穿梭效应"；②优化或制备新型的胶黏剂、电解液；③对烯烃类商业隔膜进行改性或制备新型的电池隔膜；④对电池负极锂片进行修饰和改性。从目前的研究结果来看，它们均能在一定程度上有效抑制多硫化物的"穿梭效应"，进而改善锂硫电池的电化学性能。

3.3.8　锂硫二次电池的发展现状和趋势

锂硫电池中硫元素离子电导率低、多硫化物"穿梭效应"，以及锂枝晶生长等问题严重阻碍其商业化应用。锂金属储存也制约着锂硫电池的发展，无论是优化 SEI 膜或是使用锂合金，批量生产锂硫电池同样应考虑成本所带来的影响。以下几个方面的研究将有效推动锂硫电池电化学性能的提升：

① 锂硫电池正极侧反应机理复杂，在放电过程中伴随多硫化物解聚，使用液态电解液时会产生固-液-固相变化，而化学反应和电化学反应会使电压平台波动，影响锂硫电池的能量密度。随着大量碳基体材料和电解液的开发，锂硫电池研究方向将不仅限于硫的还原机理，如元素掺杂、SEI 膜形成和锂离子传输等机理都需要进行详细的研究。

② 正极材料的研究主要集中在提高硫负载和元素掺杂，对抑制多硫化物"穿梭效应"、减少自放电和提升电池容量有非常重要的价值。高硫负载对于实现锂硫电池商业化应用很关键，使用分级多孔碳纳米材料可以有效限制多硫化物的"穿梭效应"，改变不同孔径碳基体的比例也可以对锂硫电池性能进行调整，为活性物质负载提供足够空间。元素掺杂能局部改变正极材料微观结构，通过官能团和多硫化物结合达到吸附效果，合适的掺杂比例可以实现两种或多种元素的功能协同，强化吸附效果的同时可激活沉积在碳基体上的固态硫化锂。

③ 合适的电解液配方能增加离子电导率、提高化学稳定性。液态电解液成本低、易制备，是目前应用最广泛使用的电解液。电解液添加剂应用于液态电解液有助于形成 SEI 膜，能对负极提供较好的保护。固态电解液安全性更好、适用范围更大、能量密度更高，能有效解决锂硫电池"穿梭效应"，有替代液态电解液的趋势。对于固态锂硫电池来说，最重要的是如何在电极和固态电解质之间建立良好的离子界面。此外，硫正极的体积变化和锂金属枝晶形成会影响固态锂硫电池界面性能。在正极侧，关键是要尽量减小硫的粒径，将硫均匀分散到导电基体中，确保硫与固态电解质充分接触，降低固态锂硫电池的界面阻抗。

④ 锂硫电池中锂负极在充放电循环中极易产生锂枝晶，沉积后产生的"死锂"对电池使用寿命和容量保持率有着较大影响。负极保护主要针对 SEI 膜的形成，使用人工 SEI 膜技术能有效阻止锂被多硫化物和电解液腐蚀，同时抑制锂枝晶生长。锂负极复合技术对提升锂硫电池库仑效率有很大的帮助，组合改性法对锂负极的发展有巨大的帮助。

3.4　钠离子电池

3.4.1　概述

早在 20 世纪 80 年代，钠离子电池（sodium-ion batteries，SIBs）和锂离子电池同时得到研究，但随着锂离子电池成功商业化，钠离子电池的研究却逐渐放缓。这是因为虽然钠与锂属于同一主族，具有相似的物理化学性质，但钠离子电池的能量密度低于锂离子电池。最近发现，钠离子电池在对能量密度和体积要求不高的智能电网和可再生能源等大规模储能方面具有良好的应用前景，二次电池应用场景如图 3-16。

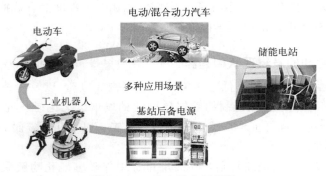

图 3-16   二次电池应用场景

3.4.2   钠离子电池的工作原理

（1）工作原理

钠离子电池具有与锂离子电池相似的工作原理和储能机理。钠离子电池在充放电过程中，钠离子在正负电极之间可逆地穿梭，引起电极电势的变化从而实现电能的储存与释放，是典型的"摇摆式"储能机理。充电时，钠离子从正极活性材料晶格中脱出，正极电极电势升高，同时钠离子进一步在电解液中迁移至负极表面并嵌入负极活性材料晶格中，在该过程中电子则由外电路从正极流向负极，引起负极电极电势降低，从而使得正负极之间电压差升高，实现钠离子电池的充电；放电时，钠离子和电子的迁移则与之相反，钠离子从负极脱出经电解液后重新嵌入正极活性材料晶格中，电子则经由外电路从负极流向正极，为外电路连接的用电设备提供能量做功，完成电池的放电和能量释放。

（2）特点

依据目前的研究进展，钠离子电池与锂离子电池相比有 3 个突出优势：①原料资源丰富，成本低廉，分布广泛；②钠离子电池的半电池电势较锂离子电势高 0.3～0.4V，即能利用分解电势更低的电解质溶剂及电解质盐，电解质的选择范围更宽；③钠离子电池有相对稳定的电化学性能，使用更加安全。与此同时，钠离子电池也存在着缺陷，如钠元素的相对原子质量比锂高很多，导致理论比容量小，不足锂的 1/2；钠离子半径比锂离子半径大 70%，使得钠离子在电池材料中嵌入与脱出更难。

3.4.3   钠离子电池负极材料

单质 Na 的理论比容量为 1166mA·h/g，实验研究中通常以金属钠作为负极，但是钠负极容易形成枝晶，而且钠的熔点（97.7℃）比锂（180.5℃）低很多，存在严重的安全隐患，因此金属钠不宜作为商业化钠离子电池的负极。一般选择具有嵌钠性能的材料或合金负极。目前研究较多的负极材料主要有：碳基材料、金属氧化物、合金、非金属单质和有机化合物等。

3.4.3.1 碳基负极材料

（1）石墨类

锂离子嵌入石墨类负极后形成 LiC_6 结构，理论容量为 $372mA \cdot h/g$。相对锂离子来说，钠离子的半径要大很多，钠离子与石墨层间的相互作用比较弱，因此钠离子更倾向于在电极材料表面沉积而不是嵌入石墨层之间。同时由于钠离子半径较大，石墨碳层间距（0.335nm）不适合钠离子的嵌入，导致石墨层无法稳定地容纳钠离子，因此石墨长期以来被认为不适合做钠离子电池的负极材料。早期的第一原理计算表明，与其他碱金属相比，Na 难以形成插层石墨化合物。有研究者研究了 Na^+ 在石墨中的电化学嵌入机理，采用聚氧化乙烯（PEO）基电解质，避免溶剂在电极材料中的共插入。研究表明 Na 的嵌入形成了 NaC_{64} 高阶化合物，电化学还原形成低阶钠-石墨的可能性仍然有待探究。此外，由于石墨碳层间距（约为 0.335nm）小于 Na^+ 嵌入的小层间距（0.37nm）等原因，作为钠离子电池负极材料的理论容量只有 $35mA \cdot h/g$。因此，普遍认为石墨不能直接用作钠离子电池负极材料。

近年来，研究人员发现通过增大石墨的层间距和选取合适的电解质体系（如醚基电解质）等途径可以提高石墨的储钠能力，提升其电化学性能。石墨在醚类电解液中具有储钠活性，放电产物为嵌入溶剂化钠离子的石墨。利用这种溶剂化钠离子的共嵌效应，有研究者发现天然石墨在醚类电解液中的嵌钠循环性能非常优异，6000 周后容量保持率高达 95%，而且在 10A/g 的高电流密度下，容量仍超过 $100mA \cdot h/g$，良好的倍率性能源于充放电过程中的部分电容行为。由于乙醚类溶剂对钠金属有更高的化学稳定性，因此在电解液中添加乙醚组分能有效提高充放电效率。膨胀石墨作为优越的钠离子电池碳基负极材料，在 $20mA/g$ 的电流密度下可逆容量为 $284mA \cdot h/g$，即使在 $100mA/g$ 也达到 $184mA \cdot h/g$，2000 次循环后保持 73.92% 的可逆容量。膨胀石墨是通过两步氧化还原过程形成的石墨衍生材料，保留石墨的长程有序层状结构，通过调控氧化和还原处理可以获得 0.43nm 的层间距离。这些特征为 Na 的电化学嵌入提供了有利的条件，在不久的将来，膨胀石墨可能是非常有希望应用于钠离子电池工业的碳基负极材料。

（2）非石墨类

①无序碳材料。非石墨类碳材料主要包括硬碳（树脂炭、炭黑等）和软碳（焦炭、石墨化中间相碳微珠、碳纤维等）两大类。硬碳由于具有较大的层间距和不规则结构，适合钠离子脱嵌而受到广泛关注，无序碳是研究较早的硬碳材料。虽然，硬碳材料的首次比容量高，但是普遍存在不可逆容量大、倍率性能差和衰减快的问题，同时，电解液的分解对嵌钠性能也有很大影响。对碳基材料进行适当的表面修饰有望改善材料的界面性质，抑制碳基体与电解液发生的副反应，从而提高首次充放电效率和延长寿命。

采用成本更加低廉的无烟煤作为前驱体，通过简单的粉碎和一步碳化可得到一种具有优异储钠性能的碳基负极材料。裂解无烟煤得到的是一种软碳材料，但不同于来自沥青的软碳材料，在 1600℃ 以下仍具有较高的无序度，产碳率高达 90%，储钠容量达到 $220mA \cdot h/g$，循环稳定性优异，最重要的是在所有的碳基负极材料中具有最高的性价比。其应用前景也在软包电池中得以验证，以其作为负极和 Cu 基层状氧化物作为正极制作的软包电池的能量密

度达到 $100W \cdot h/kg$，在 1C 充放电倍率下容量保持率为 80%，$-20℃$ 下放电容量为室温的 86%，循环稳定，并通过了一系列安全试验。成功开发的低成本钠离子电池将有望率先应用于低速电动车，实现低速电动车的无铅化，随着技术的进一步成熟，将推广到通信基站、家庭储能、电网储能等领域。

② 纳米结构碳材料。与石墨相比，纳米碳材料的结构更加复杂，拥有更多的活性位点，特别是碳纳米线和纳米管。由于纳米线、纳米管和纳米片等结构具有较好的结构稳定性和良好的导电性，且纳米材料具有较大的比表面积，能增大电极材料内部电解液与钠离子的接触面积，提供更多的活性位点，可有效减小离子的扩散路径，因此纳米结构的碳基材料能有效改善电化学性能，更适宜做钠离子电池的负极材料，如：碳纳米管、碳纳米纤维、碳衍生物。

3.4.3.2 合金类储钠负极材料

早期关于钠离子电池负极的研究主要集中在碳基材料，但是碳基材料普遍存在容量低和循环性能差的问题，研究者积极开发新型的负极材料以替代纯碳基材料。金属单质或合金材料由于具有较高的比容量，近年来成为研究热点。采用合金作为钠离子电池负极材料可以避免由钠单质产生的枝晶问题，因而可以提高钠离子电池的安全性能、延长钠离子电池的使用寿命。

目前研究较多的是钠的二元、三元合金。其主要优势在于钠合金负极可防止在过充电后产生枝晶，增加钠离子电池的安全性能，延长了电池的使用寿命。研究表明，可与钠制成合金负极的元素有 Pb、Sn、Bi、Ga、Ce、Sb 等（$Na_{15}Sn_4$：$847mA \cdot h/g$；Na_3Sb：$660mA \cdot h/g$；Na_3Ge：$1108mA \cdot h/g$；$Na_{15}Pb_4$：$484mA \cdot h/g$）。合金负极材料在钠离子脱嵌过程中存在体积膨胀率大的问题，导致负极材料的循环性能差。如 Sb 做负极时，Sb 到 Na_3Sb 体积膨胀 390%。纳米材料的核/壳材料能有效地调节体积变化和保持合金的晶格完整性，从而维持材料的容量。通常，将金属单质或者合金与其他材料特别是碳材料进行复合，可显著解决循环性能差的问题，Sn/C 复合材料比较有代表性。通过球磨法制备的 Sn/C 复合材料，作为钠离子电池负极具有 $584mA \cdot h/g$ 的初始容量，首次不可逆容量损失为 30%，比金属 Sn 小很多。将 Sn 和 Sb 形成合金，制备的 SnSb/C 二元复合材料，储钠容量达到了 $544mA \cdot h/g$，几乎是普通碳材料的两倍，50 次循环后容量保持率为 80%。对于其他类型的合金复合材料，也有少量研究。

3.4.3.3 金属氧化物储钠负极材料

过渡金属氧化物因为具有较高的容量早已被广泛研究作为锂离子电池负极材料。该类型材料也可以作为有潜力的钠离子电池嵌钠材料。与碳基材料脱嵌反应和合金材料的合金化反应不同，过渡金属氧化物主要是发生可逆的氧化还原反应。迄今为止，用于钠离子电池电极材料的过渡金属氧化物还比较少，负极材料主要有 TiO_2、$\alpha\text{-}MoO_3$、SnO_2 等。

研究发现 $\alpha\text{-}MoO_3$ 作为钠离子电池负极材料，在充放电过程中首先还原形成纳米尺度的活性金属 Mo，并高度分散在 Na_2O 介质中，有利于抑制晶胞体积的变化，从而显著改善电池的循环性能；同时，在 Na 嵌入过程中，MoO_3 由块状变成薄松叶状，在脱出过程中，则形成了花状纳米形貌，关于形貌的具体形成机制还有待深入分析。有研究者通过水热法合成了单晶 SnO_2，通过控制晶体生长，使得该晶体主要暴露（221）高能面，沿（001）晶面生长，得到了不规则八面体形貌。该材料具有较高的比容量和较好的循环性能，研究发现 Na

与 SnO_2 反应生成 $Na_x Sn$ 和 Na_2O，Na_2O 的生成能有效防止 Sn 晶体的团聚。

与前面的金属单质或合金一样，金属氧化物存在的主要问题也是循环过程中伴随着巨大的体积变化，材料容易粉化、失效，循环性能较差。为改善循环性能，目前有效的途径主要有：①制备各种具有疏松结构的纳米材料；②与碳基或其他基质材料复合制备复合材料，抑制体积膨胀。

3.4.3.4 非金属单质储钠负极材料

黑磷的首次嵌钠容量达到 $2040mA \cdot h/g$，接近其理论容量（$2596mA \cdot h/g$），对应约 3 个 Na 的嵌入。然而其首次放电容量仅为 $20mA \cdot h/g$，研究者认为钠离子在嵌入过程中导致材料过度膨胀粉化，颗粒间失去电接触，并丧失电活性，且其放电产物 Na_3P 也是电子绝缘体，限制了产物中 Na^+ 的脱出。为了进一步提高材料的电化学性能，通过碳包覆和非晶化等措施对材料进行了优化。P 基材料是一种容量较高的储钠材料，目前亟待解决的问题主要是如何抑制钠离子嵌脱过程中材料的体积膨胀，从而得到具有较高库仑效率和优秀循环性能的材料。

3.4.3.5 有机储钠负极材料

与无机化合物相比，有机化合物具有以下优点：①化合物种类繁多，含量丰富；②氧化还原电位调节范围宽；③可发生多电子反应等。目前，已经有一系列的有机化合物被研究用于锂离子电池嵌锂材料。其中部分材料被证实具有比容量高、循环寿命长和倍率性能高等特点，因此开发低电位下高性能有机嵌钠材料是目前钠离子电池负极材料领域研究的新方向。与无机物相比有机化合物结构灵活性更高，钠离子在嵌入时迁移率更快，有效解决了钠离子电池动力学过程较差的问题。含有羰基的小分子有机化合物由于结构丰富，是钠离子电池负极材料的主要候选之一。

3.4.3.6 钛酸盐储钠负极材料

钛酸盐材料因具有稳定的结构而被广泛研究，$Na_2 Ti_3 O_7$ 可以为室温钠离子电池的负极材料。该材料在 0.3V 左右能允许两个钠离子嵌入，相当于 $200mA \cdot h/g$ 的比容量。通过研究烧结温度、烧结时间和研磨方式（球磨和手磨）对 $Na_2 Ti_3 O_7$ 电化学性能的影响，发现球磨后材料的粒径更小，减小了离子扩散路径，在 750℃下烧结 20h 为最佳的反应条件。目标材料在 0.1C 下具有 $177mA \cdot h/g$ 的比容量，但是大倍率下性能不佳。

通过反相微乳液法制备的单晶棒状 $Na_2 Ti_3 O_7$ 电压平台较低，适合作为钠离子电池的负极材料。在首次充放电曲线中，在 0.4V 和 0.3V 左右有两个电压平台，对应嵌钠反应式（3-16）：

$$Na_2 Ti_3 O_7 + (x-2)Na^+ + (x-2)e^- \Longleftrightarrow Na_x Ti_3 O_7 \qquad (3-16)$$

其他在锂离子电池中测试过的材料，例如 $Na_2 Ti_6 O_{13}$、$NaTi_2 (PO_4)_3$、$Na_4 Ti_5 O_{12}$、$Li_4 Ti_5 O_{12}$ 也可以用在钠离子电池中。通过固相法合成的 $Na_2 Ti_6 O_{13}$ 在钠离子电池中具有超低的电压平台（约 0.8V），对应大约 1mol 的 Na^+ 可逆脱嵌。通过固相法合成的 $Na_4 Ti_5 O_{12}$ 仅得到了大约 $50mA \cdot h/g$ 的可逆比容量，仍然需要进一步改进。尖晶石型 $Li_4 Ti_5 O_{12}$ 在钠离子电池中，得到了 $155mA \cdot h/g$ 的可逆容量，通过密度泛函理论研究推测出钠离子嵌入

$Li_4Ti_5O_{12}$ 主要是三相分离机理，当钠嵌入 $Li_4Ti_5O_{12}$ 在 $16c$ 空位时，在 $8a$ 位点的 Li^+ 会迁移到 $16c$ 位点从而形成 $Li_7Ti_5O_{12}$ 和 $Na_6LiTi_5O_{12}$。反应机理如下：

$$2Li_4Ti_5O_{12}+6Na^++6e^- \rightleftharpoons Li_7Ti_5O_{12}+Na_6LiTi_5O_{12} \qquad (3\text{-}17)$$

这种三相分离反应在其他锂离子电池和钠离子电池材料中很少见。NASICON 结构的 $NaTi_2(PO_4)_3$ 能嵌入 2 个 Na^+，嵌入的 Na^+ 主要占据 NASICON 结构的 M1 空位，晶胞参数 a 伴随 Na^+ 的嵌入会逐步增大。同时研究者采用球磨法和碳热还原法对 NASICON 结构的 $NaTi_2(PO_4)_3$ 进行了改进，两种方法改进的 $NaTi_2(PO_4)_3$ 均获得了 143mA·h/g 的可逆容量，而未改进的 $NaTi_2(PO_4)_3$ 只有 129.3mA·h/g（理论比容量为 133mA·h/g），这主要是因为球磨法使得材料粒径更小，而碳热还原法使得材料导电性更强；而改进的比容量高于理论比容量可能是电解液分解等副反应造成的。

3.4.4　钠离子电池正极材料

3.4.4.1　过渡金属氧化物材料

过渡金属氧化物可以用 Na_xMO_2 表示，其中 M 为过渡金属，包括 Mn、Fe、Ni、Co、V、Cu、Cr 等元素中的一种或几种；x 为钠的化学计量数，范围为 $0<x\leqslant1$。根据材料的结构不同，过渡金属氧化物可分为隧道型氧化物和层状氧化物（图 3-17）。

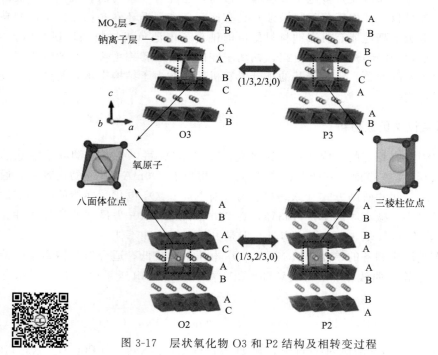

图 3-17　层状氧化物 O3 和 P2 结构及相转变过程

当钠含量较高时（$x>0.5$），一般以层状结构为主，主要由 MO_6 八面体组成共边的片层堆垛而成，钠离子位于层间，形成 MO_2 层/Na 交替排布的层状结构。根据钠离子的配位类型和氧的堆垛方式不同，可以将层状过渡金属氧化物分为不同的结构，主要包括 O3、P3、O2 和 P2 四种结构。其中 O 和 P 分别对应 Na^+ 的配位环境（O 为八面体、P 为三棱柱），数字代表氧的最少重复单元的堆垛层数（如 2、3 分别对应 ABBAABBA… 和 ABCABC…）。这种结构分类的优点是可以将不同的层状结构形象地呈现出来，缺点是并没有区分出空间群和原子占位信息。实验合成的层状正极材料中一般最常出现 O3 和 P2 结构，在特定合成条件下也可以得到 P3 结构。充电过程中 O3 结构往往会经历 O3-P3 的相变，P2 结构则会经历 P2-O2 结构的相变。这些相转变一方面存在能垒，影响离子在体相的扩散，增加极化；另一方面复合的相变过程存在较大的结构变化，恶化电极活性物质与集流体的接触，造成循环过程结构的瓦解，最终会影响到电池的能量效率和循环寿命。通常对于 O3 结构的氧化物（$NaMO_2$）来说，由于其具有更多的嵌钠位点，大部分情况下，O3 相的氧化物往往比 P2 相的氧化物具有更高的初始钠含量，因此具有较高的容量。然而，O3 相结构中钠离子迁移时，要经历一个狭小的四面体中心位置，其扩散势垒往往较大。相比之下，P2 相结构（$Na_{0.67}MO_2$）中钠离子是经过一个相对宽阔的平面四边形中心位置，具有更大的层间距，使得 Na^+ 扩散较为容易，可以从一个三棱柱空位迁移到邻近的一个三棱柱空位，表现出更好的倍率性能。因此，在储钠层状氧化物材料的研究中，主要工作集中于材料体相元素掺杂、取代以及表面包覆，来改善材料的电压、容量、倍率、效率、寿命等综合性能，提高材料的结构稳定性。由于充放电过程中时常发生晶胞的畸变或扭曲，这时需要在配位多面体类型上面加角分符号（'）。例如 $P'3-Na_{0.6}CoO_2$ 由三方扭曲为单斜晶系。

（1）O3 型层状金属氧化物

O3 型 $NaMO_2$ 以氧原子的六方密堆积（ccp）阵列为基础，钠离子和过金属离子根据其离子半径的差异分别位于不同的八面体空隙中。在 O3 结构中，共边 MO_6 结构和 NaO_6 结构分别形成了 MO_2 和 NaO_2 层，而后由 NaO_6 堆积形成了 3 层不同的 MO_2 层结构，即 AB、CA 和 BC，钠离子就位于这些 MO_2 层形成的八面体空隙中。

虽然作为电池的正极材料，$LiCoO_2$ 和 $NaCoO_2$ 几乎在同一时期被最早报道。然而，在过去 30 年中，人们对锂离子电池材料进行了大量的研究，却鲜有对钠离子电池材料中的储钠机制进行细致分析。$NaCoO_2$ 是最早研究脱嵌钠行为的过渡金属氧化物之一，与 Li_2CO_3 相比，选用成本低廉的 Na_2CO_3 作为正极材料前驱体势必可以降低电池成本。另外，伴随着锂离子电池市场的不断扩大和其正极材料所用的过渡金属元素价格的不断提高，从成本角度考虑，Co、Ni 等过渡金属元素不适合用于钠离子电池。钠离子电池的市场定位是大规模储能领域，所以需要寻找储量丰富、成本低廉的氧化还原电对来开发新型正极材料。

$NaFeO_2$ 是非常具有吸引力的钠离子电池正极层状氧化物材料，具有资源丰富、成本低廉和环境友好等优点。$NaFeO_2$ 具有 O3 相的层状结构，空间群为 $R3m$。脱出 1 个钠离子，该材料的理论容量高达 241.8mA·h/g。$NaFeO_2$ 可以实现可逆充放电，存在着 Fe^{3+} 到 Fe^{2+} 的可逆转变。不同的充电截止电压对 $NaFeO_2$ 的电化学行为有很大的影响，Na^+ 从晶格中脱出的量随着电压的升高而增加，材料所释放的容量也不断增大。但是材料的循环稳定性也随着充电电压的升高而变差。针对这个问题，研究者提出了 $LiCo_xFe_{1-x}O_2$ 模型，阐述了该类材料中钠离子的嵌入/脱出机理，并说明了其在高充电电压下的稳定性变差的原因：当钠离子从晶格中脱出后，在共边的 FeO_6 八面体中就形成了四面体空隙，从能量角度上来说三价铁离子在四面体空隙中更为稳定，因此铁离子容易迁移至共面点。充电电压升高时，钠离子的固态扩散容易受到四面体空隙上铁离子的干扰，因此使得 O3 型 $NaFeO_2$ 材料随着放电过程的不断进行容量不断减少，在脱钠过程中阻塞钠离子的传输通道并导致容量衰减。

研究者发现，通过限制 $NaFeO_2$ 的充电截止电位到 3.6V 左右，循环性能得到改善，其可逆容量为 $80mA \cdot h/g$，对应于 0.3 个 Na 的可逆脱嵌，平均工作电压约为 3.4V。

此外，虽然 O3 型 $NaFeO_2$ 类材料的比容量较小，但是其在充放电过程中极化很小，这一点使其成为一类具有较大潜力的材料。当 O3 类材料与水接触时，其钠离子和氢离子的交换也使得容量会有较大的衰减，也就意味着这类材料必须在无水的环境下以保证较好的电化学性能，这也是很多 O3 类材料的共有问题。

（2）P2 型层状金属氧化物

当层状金属氧化物处于缺钠状态，如 Na_xMO_2，层状金属氧化物的结构就会发生变化，而 P2 相是这些结构中最稳定的结构。P2 型 $NaMO_2$ 同样在氧原子堆积的基础上，钠离子和过渡金属离子位于相应的空隙中。与 O3 型结构不同的是，MO_6 八面体结构以 ABABAB 的形式堆积，而钠离子位于 MO_2 所形成的三棱柱空隙中，其最小重复单元中过渡金属的层数为两层。

以 P2 型 $Na_{2/3}MnO_2$ 为例，其首圈的可逆容量约 $190mA \cdot h/g$，远远高于相同化学组成其他结构的钠离子电池正极材料，O3 和 P2 两种晶型在 MO_2 层上的平面电子传递机理相同，因此，有猜想指出 P2 类材料容量的增大是由于不同 MO_2 层之间钠离子可以进行传递。在 P2 型材料中，由于 P2 结构中存在钠离子扩散通道，其在钠离子扩散时较 O3 相有更低的能垒；钠离子从一个三棱柱位迁移至毗邻的位置时经过 4 个氧原子的矩形狭窄通道，因此受到氧原子的斥力影响就更小。因此，钠离子在嵌入脱出时受到的阻力更小，可能具有更大的比容量。除此之外，在具有相似的化学组成时，P2 结构的导电性比 O3 结构的导电性更好。

P2 型结构材料的倍率性能较差，以 $Na_x Ni_{1/3} Mn_{2/3} O_2$ 为例，通过第一性原理计算得出钠离子扩散的活化能随着 P2 相向 O2 相转变而大幅增加，也就意味着在钠离子电池中，若以 P2 相材料为正极材料，P2-O2 的转变使得电池的比容量随着电流的增加而大幅降低，因此其在大倍率下充放电时比容量较小。而相对地以 O3 相为正极材料时，O3-P3 转变过程中钠离子扩散活化能的稳定使得其倍率性能较 P2 相具有更大的优势。

（3）隧道型氧化物材料 $Na_{0.44}MnO_2$

在氧化物材料中，最为典型的隧道氧化物为 $Na_{0.44}MnO_2$。$Na_{0.44}MnO_2$ 具有大的 S 形通道和与之毗邻的小的六边形通道。大的 S 形通道由 12 个过渡金属元素 Mn 围成，包含 5 个独立晶格位置，分别为 Mn1、Mn2、Mn3、Mn4 和 Mn5。其中 Mn1、Mn3 和 Mn4 位由 Mn^{4+} 占据，而 Mn2 和 Mn5 位由 Mn^{3+} 占据，呈现电荷有序排布。S 形通道内部占据四列钠离子，靠近通道中心的为 Na3 位，靠近通道边缘的为 Na2 位，而小通道中的 Na 为 Na1 位。

（4）层状氧化物材料的问题及改性方法

除了在电化学性能上的优势之外，O3 和 P2 等层状氧化物材料都存在一些共性的问题：随着充放电的进行，层状结构会不断地膨胀和收缩，使得部分结构坍塌，最终导致容量衰减；部分层状结构中由于钠离子的扩散过程较慢，离子电导率低，导致其倍率性能较差；不同的合成方法对于材料的性能也会有较大的影响，传统的层状材料合成方法往往很难将材料的容量完全发挥出来。在层状氧化物材料的改性中，掺杂是一类常用的手段，掺杂 Ti 元素有利于稳定充放电时材料的结构变化，从而减小由材料结构坍塌引起的不可逆容量，此外对于 Mn 的姜-泰勒效应也具有较好的抑制作用。

3.4.4.2 聚阴离子材料

与氧化物体系相比，过渡金属聚阴离子材料显示出较强的热稳定性。大多数聚阴离子化合物的平均电压相对较高，同时也表现出了较好的循环性能。聚阴离子类化合物一般可以表示为 $Na_x M_y [(XO_m)_n]_z$ 形式，M 为可变价态的金属离子；X 为 P、S、V、Si 等元素。从结构上看，以 MO_x 和 $(XO_4)^{n-}$ 通过共边或共点连接形成多面体框架，而 Na 离子分布于网络的间隙中。这类化合物作为正极材料具有如下的特点：①框架十分稳固，可以获得更高的循环性与安全性；②一些 X 多面体对电化学活性的 $M^{n+}/M^{(n-1)+}$ 可能产生诱导效应，提升充放电的电压；③通过离子取代或掺杂可以调节脱嵌钠的电化学性能。但是聚阴离子材料通常相对于氧化物材料表现出较低的电导率和体积能量密度，可以在聚阴子材料表面包炭以提高电导率，从而改善电化学性能。

磷酸盐类（聚阴离子）化合物正极材料主要包括：橄榄石型、钠超离子型导体（NASICON）、混合阴离子结构化合物和焦磷酸盐类化合物等。

（1）橄榄石型 $NaFePO_4$

$NaFePO_4$ 材料具有较高的理论比容量（154mA·h/g），有磷铁矿和橄榄石两种晶型。在橄榄石结构中，MO_6 八面体与 PO_4 四面体相互交替排列形成三维空间网络结构，结构中包含隧道结构的 Li^+ 通道；磷钠铁矿结构中没有畅通的 Na^+ 通道，阻止了钠离子的脱嵌，该材料不具备化学活性。因此，只有橄榄石结构的 $NaFePO_4$，才能实现高效的储钠性能。橄榄石结构的 $NaFePO_4$ 理论上可以有 1 个电子转移，对应于 Fe^{2+}/Fe^{3+} 氧化还原电对。该材料的工作电压为 2.9V。通过比较钠离子电池中 $NaFePO_4$ 和锂离子电池中 $LiFePO_4$ 的电化学性能，可知 $NaFePO_4$ 较高的电荷转移电阻和较低的钠离子扩散系数是导致 $NaFePO_4$ 电化学性能较差的主要原因。由于钠离子半径大于锂离子半径，$NaFePO_4$ 中 Na^+ 的迁移势垒比 $LiFePO_4$ 中 Li^+ 的迁移势垒高出 0.05eV。$NaFePO_4$ 在充电过程中存在着 1 个中间相 $Na_{2/3}FePO_4$，而非 $LiFePO_4$ 的两相反应，在充电曲线上表现为 2 个平台，放电过程则是 1 种两相反应，这种不对称的钠离子嵌入脱出机制是由 $NaFePO_4$ 和 $FePO_4$ 较大的体积变化引起的。

（2）NASICON 型 $Na_3V_2(PO_4)_3$

钠超离子导体（NASICON）具有三维（3D）的框架结构，由 XO_4 四面体与 MO_6 八面体构成框架，钠离子位于框架形成的空隙中，具有快速的钠离子迁移率。在具有钠超离子导体结构的正极材料中，$Na_3V_2(PO_4)_3$ 为主要代表。对于 $Na_3V_2(PO_4)_3$，钠原子处于不同的两个位点，Na1 位于六配位的 M1 位点，Na2 位于八配位的 M2 位点，其中 M2 位点的钠具有电化学活性，能够可逆地脱出和嵌入，对应的理论比容量为 117mA·h/g，而 M1 位点的钠由于空间太小，无法脱出，不能提供可逆容量。导电炭包覆提高了材料的导电性，从而改善了材料的循环性能。此外减小材料尺寸、表面炭包覆和元素掺杂等方式，同样可以提升材料的电化学性能。

3.4.4.3 过渡金属氟磷酸钠盐

对于聚阴离子化合物，通过使用混合的阴离子，可以构造出新的结构体系、获得较好的电化学活性；同时，选择强的吸电子基团（如 F 等），可以通过诱导作用提高材料的电压。

混合的聚阴离子体系由 Goodenough 等人较先在锂离子电池电极材料中进行研究，指的是以两种不同的阴离子组成的化合物，具有稳定电化学性能的主要是 XO_4F（X＝P，S）和 $PO_4P_2O_7$ 等。

通过引入强电负性的 F，可以提高材料的工作电压，从而提高材料的能量密度。以 PO_4F 组成的化合物研究比较多的主要是 Na_2FePO_4F 和 $Na_3V_2(PO_4)_2F_3$。以 O 部分替代 F 可制备出具有新型结构的化合物 $Na_3V_2O_{2x}(PO_4)_2F_{3-2x}$。研究者合成并解析了 $Na_3V_2O_2(PO_4)_2F$ 的结构，把该材料作为钠电池正极，在 3.6V 和 4.0V 处出现两个放电平台，呈现出 87mA·h/g 的比容量。同时，一些 F 掺杂的硫酸盐材料也有相关报道，如 $NaFeSO_4F$，但它们的储钠性能较差，研究也比较少。

3.4.4.4 普鲁士蓝类大框架化合物

普鲁士蓝类化合物的常见组成为 $A_xM_1[M_2(CN)_6]·zH_2O$（A 为碱金属离子，M_1 和 M_2 为过渡金属离子），其结构为面心立方结构。过渡金属离子分别与氰根中的 C 和 N 形成六配位，碱金属离子处于三维通道结构和配位孔隙中。这种大的三维多通道结构可以实现碱金属离子的嵌入和脱出。同时，通过选用不同的过渡金属离子，如 Ni^{2+}、Cu^{2+}、Fe^{2+}、Mn^{2+}、Co^{2+} 等，可以获得丰富的结构体系，表现出不同的储钠性能。

（1）$A_xFeFe(CN)_6$

铁基材料凭借资源丰富、成本低廉以及结构稳定等特点，得到广泛的关注。$Na_4Fe(CN)_6$ 被用于钠离子电池中，该材料具有 87mA·h/g 的比容量，表现出非常优异的循环性能。以采用快速沉淀法制备的 $NaFeFe(CN)_6$ 材料作为钠离子电池材料，首周充放电比容量为 95mA·h/g 和 113mA·h/g，并表现出较好的循环稳定性。$KFeFe(CN)_6$ 材料表现出 100mA·h/g 的可逆比容量，且循环 30 周容量保持不变。

低缺陷的 $FeFe(CN)_6$ 化合物，由于具有较少的空位和晶格水分子，容量和循环性能得到极大的提升，材料具有 120mA·h/g 的可逆容量，循环 500 周容量保持率为 87%，但是贫钠态限制了材料的实际应用。低缺陷和低含水量的 $Na_{0.61}Fe[Fe(CN)_6]_{0.94}$，可以实现两个 Na^+ 的嵌入脱出（170mA·h/g），循环 150 周容量几乎不变。为了合成完全富钠态的普鲁士蓝 $Na_2FeFe(CN)_6$，研究者在氮气保护和添加还原剂（维生素 C）防止 Fe^{2+} 氧化的条件下，制备出 $Na_{1.61}Fe_{1.89}(CN)_6$ 材料，获得 150mA·h/g 的首周充电容量，同时具有较好的循环稳定性。水热法合成的 $Na_{1.92}FeFe(CN)_6$ 材料，可以实现 155mA·h/g 的可逆比容量，循环 750 周容量保持率为 80%，同时，其与硬碳组成全电池表现出较好的电化学性能。

（2）$A_xMnFe(CN)_6$

锰由于价格低廉，同样受到关注。较高 Na 含量的 $Na_{1.72}Mn[Fe(CN)_6]_{0.99}$ 材料具有 3.3V 的电压和 40C 的倍率性能。通过除尽晶格中的结晶水获得的 $Na_2MnFe(CN)_6$ 材料，具有极为平坦的充放电曲线，循环 500 周容量保持率为 75%，并表现出非常好的循环稳定性。Ni 的掺杂可以极大提高材料的循环稳定性；PPy（聚吡咯）的包覆不仅提高了 $Na_2MnFe(CN)_6$ 材料的电子电导率，同时可以抑制锰离子的流失而提高材料的稳定性；抑制晶格中水分子在高电位下的氧化分解，聚合物可以进行 p 型掺杂来提高复合材料的容量。

普鲁士蓝类化合物具有较高的电压和可逆容量，并且成本较低，具有潜在的应用前景。但是，循环稳定性有待改善，材料极易形成缺陷，影响材料整体的容量和电化学性能，且材料高温受热易分解，存在一定的安全隐患。

3.4.4.5 有机化合物和聚合物

有机物正极材料具有理论比容量高、原料丰富、环境友好、价格低廉和结构设计灵活的优点，是一类具有广泛应用前景的储能物质。正极材料要求具有较高的氧化还原电势，研究较多的正极材料主要包括含醌、酸酐、酰胺以及酚类等的有机小分子以及聚合物。作为钠离子电池正极材料，有机化合物相比于无机材料研究较少，其中小分子有机化合物得到广泛的研究。小分子电极材料由于在电解液中溶解度较大，电化学性能受到一定的限制。有机聚合物具有很长的链段结构，难溶解于有机电解液，具有更好的稳定性。有机电极材料不含过渡金属元素，环境友好、价格低廉、种类多样，并且可以根据结构合理设计，化合物灵活多变，具有广阔的前景。构造合适的结构，对提高有机材料的电压与循环稳定性，减少材料在电解液中的溶解度，将具有重要意义。

3.4.4.6 非晶化合物

非晶化合物，又称为无定形化合物，是固体中的原子不按照一定的空间顺序排列的固体，原子排布上表现为长程无序而短程有序。非晶化合物由于没有晶格限制，钠离子在颗粒表面反应不会引起材料结构的变化，因而可以表现出更好的稳定性。负极材料比较容易形成非晶相，如碳材料、磷、二氧化钛等，而正极材料较难形成非晶相。$FePO_4$ 很容易形成非晶相，作为钠离子电池材料研究比较广泛。

3.4.5 钠离子电池电解质

电解质是电池的重要组成部分，影响电池的安全性能和电化学性能，所以改善电解质对电池的能量密度、循环寿命、安全性能有重要的影响。作为钠离子电池电解质需满足以下几个基本要求：高离子电导率、宽电化学窗口、好的电化学和热稳定性以及高机械强度。从目前已有的研究来看，钠离子电池电解质从相态上包含液态电解质、离子液体电解质、凝胶态电解质和固体电解质四大类，其中液态电解质又分为有机电解质和水系电解质这两类，固体电解质又分为固体聚合物电解质和无机固态电解质这两类。

（1）有机溶剂类

目前较为常见的有机溶剂类电解质包括聚合物电解质、碳酸盐电解质和磷酸盐电解质。其中，聚合物电解质具有较高的离子传导率和稳定性，但其制备难度较大；碳酸盐电解质具有良好的稳定性和界面效应，但其导电性相对较弱；磷酸盐电解质则具有较高的离子传导率和稳定性。

（2）无机固体类

无机固体类电解质主要包括氧化物、硫化物、氟化物等。这些材料具有较高的离子传导率和稳定性，但其制备难度较大且价格相对较高。

3.4.6 钠离子电池隔膜材料

锂离子电池隔膜的孔径不适合用于半径较大的钠离子电池中。目前在钠离子电池中主要是利用玻璃纤维作为隔膜，因此研究和开发的空间还较为广阔。

3.4.7 钠离子电池的发展现状和趋势

从 2020 年开始钠离子出现在动力电池领域，头部企业宁德时代、亿纬锂能、蜂巢、中科海钠等都进行了开发，目前各企业开发钠离子电池的能量密度从 $120\sim160W \cdot h/kg$ 不等，宁德时代 $160W \cdot h/kg$，两轮、动力电车领域也在进行相应的应用跟踪过程。钠离子电池应用及应对策略主要有以下几点：

① 磷酸铁锂价格下行压力大，2023 年碳酸锂价格持续下行至 15 万元/t，磷酸铁锂电池报价 0.5 元/$(W \cdot h)$，钠离子电池竞争压力持续增大。钠离子电池性能要增加竞争力，尤其是能量密度方面。现在钠离子的能量密度和 2009 年国家开始制定新能源汽车产业时的磷酸铁锂 $125W \cdot h/kg$ 量产化产品相当，所以钠离子电池路径可能跟原来磷酸铁锂的发展路径一样，还有很长的路要走。

② 随着产业发展，成本降低一是来自技术突破，二是来自规模化应用。现在的钠离子电池供应链体系还不完善，很多材料价格远超于锂离子电池材料。生物质（椰壳、淀粉、果皮等）负极来源多样，一致性较差，需要通过技术、原理升级，来提高材料产率和优率，降低成本。

③ 钠电池在 A00 车（微型车）短续航上有应用空间，但是受制于成本，目前还不能大规模量产。从性能上来看，其较好的低温、倍率和安全性能，能匹配一些应用场景，比如部分续航区间的 A00 级车、混动车的低温应用、短续航的 PHEV 车型、储能领域发电侧的瞬态补充。

目前，钠离子电池材料研究总体现状是正极材料研究进展较快。当然，钠离子电池技术除正负极材料外，还包括电解质和隔膜技术，但基于液态电解质体系的相关技术已长久地应用于包括铅酸电池、镍镉电池、镍氢电池和锂离子电池在内的各种电池中，积累了大量研究和产业化经验，因此有理由相信目前的技术水平可以满足钠离子电池的应用需求。

思政研学

只要开始，就不晚——Goodenough

作为锂电池之父，Goodenough 的经历可谓传奇。1952 年，Goodenough 获得了物理学博士学位，并在 1976 年 54 岁时，开始研究锂电池，在他 58 岁和 75 岁时，发现了性能安全的钴酸锂正极材料和成本低廉的磷酸铁锂正极材料，使锂电池的稳定性和安全性更高，使用寿命大大增加，从而实现商业化。2019 年，97 岁高龄的 Goodenough 由于在锂离子电池领域的杰出贡献，获得了诺贝尔化学奖，成为有史以来年龄最大的获奖得主。获奖之后，年近百岁的 John Goodenough 教授依然奋斗在科研一线，将重心转向了固态锂电池的研究。由于对科研的极度热爱，他每天都兢兢业业到办公室工作，奋斗在科研第一线，谦虚地向他人学习，并亲自指导学生，和他们一起讨论实验进展。同时他也是一个非常善良和鼓舞人心的人，教会学生思考，鼓励学生突破自我，希望学生可以得到收获。在他的身上，有很多精神值得我们学习。①持之以恒，百折不挠。数年如一日地奋斗在自己的岗位上，坚持不懈，取得了巨大的成功。②心系社会，甘于奉献。解决能源危机，造福人类社会是他的动力来源，投身于锂电池的研究中，不怕苦不怕累。③勇于创新，突破自我。在获得诺贝尔奖后，Goodenough依然投身于科研，不断开发新的材料，为锂电池的发展做出新的贡献。

思考题

1. 简述锂离子电池的主要结构组成及作用。
2. 以钴酸锂为正极，石墨为负极，简述锂离子电池的工作原理。
3. 简述锂离子电池电化学性能的评价方法和参数。
4. 简述锂离子电池正、负极材料的特点。
5. 列举出常用的锂离子电池正、负极材料，并简述其结构、反应机理、性能、应用及制备方法。
6. 锂硫电池的商业化应用面临哪些挑战？其实用化后将给人类生活带来哪些影响？
7. 在二次储能电池体系中，锂硫电池所处的位置如何？与其他二次电池体系相比有何异同点？
8. 简述锂硫电池充放电过程的转化反应过程，并说明为何"穿梭效应"对S_8正极而言不可避免。
9. "穿梭效应"问题是S_8正极面临的主要问题，针对这一问题已有的解决思路有哪些？并简述其原理。
10. 试比较分别以S_8和Li_2S作为锂硫电池的活性材料，充放电过程有何异同，并总结出各自优缺点。
11. 简述钠离子电池主要结构组成及原理。
12. 简述钠离子电池正、负极材料特点及存在问题。
13. 简述钠离子电池正、负极选择原则。
14. 简述钠离子电池的特点。
15. 简述二氧化钛负极材料的储钠机理。

参考文献

[1] 杨绍斌，胡浩权. 锂离子电池[J]. 辽宁工程技术大学学报，2000，19(6)：659-663.
[2] 李泓，李晶泽，师丽红，等. 锂离子电池纳米材料研究[J]. 电化学，2000，6(2)：131-145.
[3] 陈立泉. 锂离子电池正极材料的研究进展[J]. 电池，2002，32(s1)：32-35.
[4] 李业梅，吴云，程亚梅. 无机化学[M]. 武汉：华中科技大学出版社，2010：262.
[5] 吴宇平，戴晓兵，马军旗，等. 锂离子电池：应用与实践[M]. 北京：化学工业出版社，2004.
[6] 周恒辉，慈云祥，刘昌炎. 锂离子电池电极材料研究进展[J]. 化学进展，1998，10(1)：85-94.
[7] 闫金定. 锂离子电池发展现状及其前景分析[J]. 航空学报，2014，35(10)：2767-2775.
[8] 黄学杰. 锂离子电池及相关材料进展[J]. 中国材料进展，2010(8)：46-52.

［9］ 张鹏.电纺纳米纤维应用于锂硫电池的研究进展［J］.中国材料进展，2020，39(7-8)：600-608.

［10］ 查成，张天宇，季雨辰，等．锂硫电池正极材料的研究进展［J］.硅酸盐通报，2021，40(4)：1352-1360.

［11］ 云斯宁．新型能源材料与器件［M］．北京：中国建材工业出版社，2019.

［12］ 魏浩，杨志.锂硫电池［M］.上海：上海交通大学出版社，2018.

［13］ Yang X F，Li X，Adair K，et al．Structura ceslan of lithium-sulfur batteries：From fundamental research to practical applicationl［J］.Electrochemical Energy Reviews，2018,1(3)：239-293.

［14］ 黄佳琦，孙滢智，王云飞，等.锂硫电池先进功能隔膜的研究进展［J］.化学学报，2017，75（2）：173-188.

［15］ 曹永安，张梓鑫，郝晓倩，等.锂硫电池负极保护策略研究进展［J］.辽宁石油化工大学学报，2021，41（2）：1-7.

［16］ He X Z，Ji X，Zhang B，et al．Tuning interface lithiophobicity for lithium metal solid-state batteriesy［J］．Acs Energy Letters，20227(1)：131-139.

［17］ Li S，Luo Z，Tu H Y，et al．N,S-Codoped Carbon Dots as Deposition Regulating Electrolyte Additive for Stable Lithium Metal Anode［J］．Energy Storage Materials，2021，42：679-686.

［18］ Li Y T，Chen X，Dolocan A，et al．Gametelectrolte with an ultralow interacial resistance for Li-metal baeries［J］．Journal of the American Chemical Society，2018，140(20)：6448.

［19］ Li X，Wang D H，Wang H C，et al．Poly(ethyene oxide)-$Li_{10}SnP_2S_{12}$ cmposite polymer electrolyte enables high-performance al-solid-state ithium sulfur battery［J］．ACS Applied Materials & Interfaces，2019，11(25)：22745-22753.

［20］ Li M R，Frerichs J E，Kolek M，et al．Solid-state ithium-suitur battery enabled by Thio-LiSICO N/Polymer composite electrolyte and sulfurized polyacrylonitrile cathode［J］．Advanced Functional Materials，2020，30(14)：1910123.

多价态二次离子电池材料及技术

4.1 镁离子电池

4.1.1 概述

镁离子电池具有能量密度高、成本低、无毒安全、资源丰富等特点，在储能领域具有重要前景。自 2000 年以色列的 Aurbach 改良电池以来，研究镁电池的热潮逐渐兴起。近几年研究主要集中在镁材料上，这是因为 Mg 在周期表中处于 Li 的对角线位置，根据对角线法则两化学性质具有很多的相似之处。Mg 的价格比 Li 低得多（是 Li 的 1/24）；镁及几乎镁的所有化合物无毒或低毒、对环境友好；Mg 不如 Li 活泼，易操作，加工处理安全，安全性能好，熔点高达 649℃；Mg/Mg^{2+} 的电势较低，标准电极电位 $-2.37V$（vs. SHE），可见，镁及镁合金可以成为电池的理想材料。我国的镁资源丰富，储量居世界首位，所以镁离子电池的未来发展绝对是有潜力的，但是目前也有很大的问题需要解决。

4.1.2 镁离子电池的结构及工作原理

与其他二次电池相似，镁离子电池主要由正极、镁负极、电解液、集流体、隔膜以及电池壳组成。正极的成分主要包括活性材料、导电剂、集流体和黏结剂，是电池的核心部件。负极根据电解液的选择一般为金属镁或者活性炭/碳布，相应的电解液通常为醚类电解液或者高氯酸镁电解液。集流体需要具有耐腐蚀性、稳定性好，不会与其他物质发生化学反应的特点。目前镁离子电池中常用的集流体为不锈钢箔。隔膜的作用是防止正负极材料之间相互接触而短路，同时作为电解液离子传输的通道，隔膜需要允许镁离子通过，且具有一定渗透性和稳定性。目前镁离子电池中常用的隔膜为玻璃纤维。

镁离子电池的工作原理与前文所述的锂离子和钠离子的工作原理相似，也是一种浓差电池，正负极活性物质都能发生镁离子的脱嵌反应，如图 4-1 所示。其工作原理如下：充电时，镁离子从正极活性物质中脱出，在外电压的趋势下经由电解液向负极迁移；同时，镁离子嵌入负极活性物质中；因电荷平衡，所以要求等量的电子在外电路的导线中从正极流向负极。充电的结果是使负极处于富镁态，正极处于贫镁态的高能量状态，放电时则相反。外电路的电子流动形成电流，实现化学能向电能的转换。

与锂离子电池相比，镁离子电池尽管具有能量密度高、成本低、无毒安全、资源丰富等特点，但研究仍处于起步阶段，距离实用化阶段还远。目前，主要有两大障碍限制了镁离子电池技术的商业化：①由于 Mg^{2+} 的二价性会引起严重的极化效应，嵌入正极材料后会出现较强的静电相互作用，延缓离子的扩散，这会降低电池本身的输出功率；②在充放电过程中

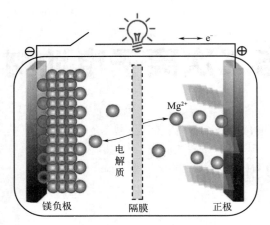

Mg^{2+}

电解质

镁负极　　隔膜　　正极

图 4-1　镁离子电池工作原理

电解液与镁负极材料发生的还原反应会形成不可逆的钝化膜，与 LIBs（锂离子电池）充放电时形成的 SEI 膜不同，镁负极表面钝化膜的 Mg^{2+} 电导率极低，且 Mg^{2+} 无法穿过钝化膜，钝化膜的形成严重阻碍了 Mg^{2+} 在金属镁负极可逆地沉积/溶出，导致电池循环寿命缩短。因此镁二次电池要想有所突破必须克服这两个瓶颈，寻找合适的电解液和正极材料。

4.1.3　镁离子电池负极材料

不同于碱金属如锂、钠、钾等，镁在空气中低的反应活性使得工业纯镁可以直接用作负极材料，且镁金属在充放电过程中易形成平滑均匀的沉积层，这种沉积行为在很大程度上避免了镁枝晶的形成。然而，在大多数极性有机常规电解液中，镁金属表面会形成一层致密的钝化膜，直接阻断后续的电化学反应。此外，能够实现镁金属可逆沉积/溶解的复杂类电解液通常面临着腐蚀性强、合成成本高和电压窗口窄等问题。因此，研发能够有效避免钝化膜形成且具有快速离子传输动力学的负极材料是镁离子电池发展的关键。

按照反应机理，镁离子电池负极材料可以分为以下 3 种。

（1）修饰的镁金属负极

主要是通过合适的溶剂、盐或添加剂，在镁金属表面形成 Mg^{2+} 传导的保护膜，也被称为"人工 SEI 膜"。如利用钛络合物对镁金属表面进行预处理，大大降低 Mg 和 O 之间的结合力；通过电化学过程将电解液部分分解，在镁金属表面形成稳定的 Mg^{2+} 传导的 SEI 膜；在镁金属表面构建电子绝缘但 Mg^{2+} 传导的 MgF$_2$ 层或自愈的 Ge 基保护层等。这些方法能够有效避免镁金属与传统电解液之间的副反应，也为镁离子电池负极的发展提供了一个新方向。

作为镁离子电池的负极材料，其要求是镁的嵌入和脱嵌电极电位较低，从而使镁电池的电势较高。金属镁有很好的性能，其氧化还原电位较低 [-2.37V（vs. SHE）]、比能量大（2205mA·h/g），因此目前所研究的负极材料大多数都是金属镁或者镁合金。通过减小镁颗粒的大小，可以显著提高镁负极材料的容量。南开大学的陈军教授以二维 MoS$_2$ 作为正极、超细的 Mg 纳米颗粒作为负极制备了镁离子电池，其工作电压高达 1.8V，首次放电容量达到 170mA·h/g，经过 50 次充放电循环后仍保持了 95% 的容量。

（2）嵌入型负极

常见的如 $Li_4Ti_5O_{12}$、$FeVO_4$、Li_3VO_4、TiO_2-B 以及层状的 $Na_2Ti_3O_7$ 等材料在实验中均已被证实为可行的嵌入型镁离子电池负极。但是 Mg^{2+} 与周围阴/阳离子之间强烈的静电相互作用导致这些材料的扩散动力学缓慢。此外，嵌入型负极材料高的反应电势和较低的比容量大大降低了研究者们所期望达到的高电压镁离子电池的能量密度。有些研究团队通过模拟计算提出，某些二维嵌入型材料如 $MnSb_2S_4$、砷烯、C_2N、硼墨烯、缺陷石墨烯以及石墨烯类似物等在理论上具有储镁性能。

尖晶石型钛酸锂（$Li_4Ti_5O_{12}$）由于其独特的"零应变"特征，作为锂离子电池负极材料已经备受关注。中国科学院化学研究所郭玉国研究员和中国科学院物理研究所谷林、李泓研究员的研究表明，钛酸锂同样可以作为镁离子电池负极材料。镁离子可以嵌入钛酸锂结构中，钛酸锂的可逆容量可达到 175mA·h/g，得益于材料在充放电过程中的"零应变"，经过 500 次循环后，材料的容量仅有 5％的衰减。

（3）合金型负极

合金型负极主要包括处于ⅢA、ⅣA 和ⅤA 主族的金属，如 Bi、Sn、Ga、Pb 和 In 等，它们在理论上能够与 Mg 发生合金化反应生成 Mg_xM，在较低的反应电位下提供高的理论比容量。此外，由于不同金属之间的协同效应，它们的衍生合金往往能够表现出更优的储镁性能。但是，合金型负极材料在充放电过程中巨大的体积变化导致了一系列问题，如巨大的内部压力、活性物质的粉化脱落、储镁的可逆性差以及比容量的快速衰减等。另外，某些元素（Sn、Sb）较差的反应活性导致其与镁的合金化过程非常困难，大大降低了其作为镁离子电池负极材料的实际可行性。

虽然金属镁有很好的性能，但是其表面很容易出现致密的氧化膜，限制了金属镁负极的开发和应用，其他金属负极也是在这样的背景下发展起来的。北美丰田研究院的研究人员研究了金属铋、锑以及铋锑合金等的负极性能，发现镁离子可以嵌入铋中形成 Mg_3Bi_2，同时也很容易脱嵌，其中 $Bi_{0.88}Sb_{0.12}$ 在 1C 的电流密度下可逆容量达到 298mA·h/g，经过 100 次充放电循环后保持了 72％的容量。但是铋和铋合金的性能也受到体积膨胀的影响。美国西北太平洋国家实验室的 Yuyan Shao 和 Jun Liu 等人制备了新型的铋纳米管，作为镁离子电池负极容量可达到 350mA·h/g 或 3430mA·h/cm^3，首圈库仑效率高达 95％。其特殊的纳米多孔结构可有效吸纳 Mg_3Bi_2 形成过程中的体积膨胀并且减少镁离子的扩散距离。更重要的是，这种镁电池可使用传统电解液。

为进一步获得更大的容量和工作电压，北美丰田研究院的 Nikhilendra Singh 等人研究了镁离子电池锡负极的性能。与铋相比，锡有更低的镁离子嵌入/脱嵌电压（0.15/0.20V）和更大的初始放电容量（在 0.002C 的电流密度下接近其理论容量 903mA·h/g）。但是，由于从锡转化为 Mg_2Sn 时伴随着巨大的体积膨胀，其初始充电容量仅有 350mA·h/g，使得应用锡作为负极材料仍面临极大挑战。

4.1.4　镁离子电池正极材料

理想的镁电池正极材料，需具备能量密度高、循环性好的特点，镁离子能够很好地可逆脱嵌，而且还要安全性能好、环境友好、价格低廉。与锂离子相比，镁离子在固体中的嵌入动力学缓慢。这主要归因于镁自身的二价属性。还有一个问题是正极材料与 Mg^{2+} 之间具有很强的静电相互作用，导致了缓慢的动力学性质以及较差的倍率性能。因此，寻找到合适的正极材料，实现镁离子的可逆脱嵌，将会提供锂离子电池两倍的放电容量。这也是发展镁离子电池的重要原因。

目前镁离子电池正极材料主要包括以下几种类型：嵌入脱出型正极材料、转换类型正极材料、有机物正极材料。一般而言，嵌入脱出型材料在循环过程中能够保持结构稳定，可以实现稳定的循环，是镁离子电池中研究最广泛的正极材料。由于在锂离子电池体系的成功应用，这些化合物也被认为是镁离子电池体系的潜在候选正极材料。镁离子插层动力学在本质上取决于这些材料中的离子迁移率。而离子迁移率主要由三个因素决定，即嵌入位点间的连通性、扩散路径的大小和长度，以及嵌入的 Mg^{2+} 与宿主材料之间的相互作用。在镁离子电池已报道的正极材料中，大多数都是可以进行 Mg^{2+} 嵌入脱出的材料，下面针对几种典型材料进行介绍。

（1）Chevrel 相 Mo_6X_8（X= S，Se）

1917 年，Chevrel 等人首次报道了形式为 MMo_nS_{n+1}（M 为 Mg 时，$2<n<6$）的镁离子嵌入材料。Chevrel 相硫化物是非常好的镁离子嵌入/脱嵌正极材料。法国 Bar-Ilan 大学的 Aurbach 等人组装的镁二次电池使用的正极材料为 $Mg_xMo_3S_4$，其结构和其他 Chevrel 相化合物一样，可以认为是 Mo_6S_8 单元的紧密积。与其他基体相比，Chevrel 相不需要把正极材料做成纳米颗粒、纳米管或是薄片，而它具有的独特结构能加快镁离子的传递速度。Aurbach 等人在原有电池系统基础上，对镁二次电池进行了进一步的改进。新的体系在原来的正极材料中加入了 Se 元素，加快了正极材料中的离子嵌入与扩散速度，容量和循环性能都有所提高。Mitelman 等人随后发表了用三元的 Chevrel 化合物 $Cu_yMo_6S_8$ 作为插入正极的报道，在室温下，它比 Mo_6S_8 表现出了更好的性能，循环次数可达到几百次。硫化物作为正极材料主要缺陷是：制备比较困难，并且要求在真空或氩气气氛下高温合成；比起氧化物容易被腐蚀，氧化稳定性不理想。尽管如此，良好的充放电性能使其成为了理想的嵌入/脱嵌基质材料。

（2）过渡金属氧化物

Pereiva-Ramos 等人的研究发现 Mg^{2+} 可以嵌入到钒氧化物 V_2O_5 中，并形成 $Mg_{0.5}V_2O_5$ 化合物，而且嵌入与脱嵌是可逆的，但其循环性能差。南开大学的袁华堂课题组采用高温固相法合成了 MgV_2O_6 正极材料，得到了较高的放电比容量和较好的循环性能，但镁离子在正极中的扩散速度仍然很慢。减小材料的粒径可以缩短离子的扩散路径并提高材料的循环寿命，也可以通过加入碳等导电性好的颗粒增强镁离子的扩散性进而提高可逆容量。

首次组装并研究二次镁电池的 Gregory 等人使用了 Co_3O_4 作为正极材料，他们发现大部分的氧化物和硫化物不能用于镁二次电池，而只有 Co_3O_4、Mn_2O_3、RuO_2、ZrS_2 等有可能用于镁二次电池。2005 年，袁华堂课题组采用溶胶-凝胶法在 700℃ 下煅烧合成 $MgCo_{0.4}Mn_{1.6}O_4$ 粉末作为镁二次电池的正极材料，得到了较好的初始放电比容量和循环性能。

MnO_2 也是一种合适的镁离子电池正极材料。其性能与结构和形貌密切相关，如隧道状

MnO_2 充放电时结构易崩塌而导致容量损失快。层状的 MnO_2 尽管放电容量低于隧道状 MnO_2，但由于其可以提供离子嵌入的快速二维路径，长时间循环后仍能保持较高的容量。哈尔滨工程大学的曹殿学教授等人以镁盐的水溶液〔$MgSO_4$、$Mg(NO_3)_2$ 或 $MgCl_2$〕为电解液，尖晶石 MnO_2/石墨烯复合材料为正极制备了镁离子电池。当充放电电流密度为 $136A/g$、电解液为 $1mol/L$ 的 $MgCl_2$ 时，初始放电容量达到了 $545.6mA \cdot h/g$，经 300 次循环后容量保持在 $155.6mA \cdot h/g$。

（3）层状二硫化物或二硒化物

转换类型正极材料在镁离子电池中的研究相对较晚。反应条件为：当电极材料中没有开放的离子扩散通道或者嵌入的离子数量超过了最大可用活性位点。基于转换反应的正极材料能够充分利用充放电过程中结构重组以及化学键断裂所释放的巨大容量，由于多电子贡献因而具有较高的理论容量和能量密度，可以达到插层材料的数倍。通过缩小颗粒尺寸可以提供更大的反应位点和更短的扩散路径，使得转换反应的动力学显著提高。这类材料主要包括一些过渡金属氧化物、硫化物等。下面针对几种常见转换类型材料进行介绍。

锰氧化物过渡金属氧化物，尤其是锰氧化物，由于其成分丰富、晶体结构丰富，是目前研究最多的转换类型镁离子电池正极材料。Mn 原子通常与 6 个 O 原子结合形成 MnO_6 八面体，这些八面体是有不同形态的 MnO_2 构筑体。

过渡金属硫属化合物。近年来，CuS 正成为一种很有前途的镁离子电池正极材料。CuS 具有 $560mA \cdot h/g$ 的理论容量，镁离子的存储经历以下两步转换反应：

$$2CuS + Mg^{2+} + 2e^- \rightleftharpoons Cu_2S + MgS \tag{4-1}$$

$$Cu_2S + Mg^{2+} + 2e^- \rightleftharpoons 2Cu + MgS \tag{4-2}$$

取代反应是转换反应的一个分类，为开发新型镁离子电池正极材料开辟了一条道路。然而由于铜离子具有较高的迁移率，至今只报道了少数含铜化合物遵从取代反应，其他高迁移率金属化合物的研究还有待进一步的开展。

以 MoS_2 为代表的层状二硫化物或二硒化物具有独特的层状结构，层与层之间以范德瓦耳斯力结合，层间的孔隙可容纳大量的离子嵌入，因此也被认为是镁离子电池正极的候选材料之一。清华大学的李亚栋教授制备了多种形貌的二硫化钼，包括类富勒烯中空笼状的、纤维绒状的和纳米球状的。然而，这些材料未能表现出令人满意的储镁性能。南开大学的陈军教授以类石墨烯的二硫化钼作为正极，镁作为负极制得镁离子电池，经 50 次循环后其容量可保持 $170mA \cdot h/g$。华中科技大学的陈娣和中国科学院半导体研究所的沈国震则研究了 WSe_2 作为镁离子电池正极的性能，结果表明 WSe_2 纳米线在 $50mA/g$ 的电流密度下循环 160 圈后，容量保持在 $200mA \cdot h/g$，库仑效率 98.5%，同时该材料在大电流下也表现出良好的循环稳定性。此外，TiS_2 也可以作为镁离子电池的正极材料。

然而与 Li-S 电池相比，Mg-S 电池的研究仍处于起步阶段。Mg-S 电池面临的一个主要挑战是需要寻找一种合适的电解液，既能够与亲电子的硫在化学上相容又能够实现镁的可逆沉积/溶解。另一个主要挑战与 Li-S 电池相似，硫化物的分解导致活性物质利用率偏低、容量衰减迅速以及过充等问题。近年来研究人员对正极硫进行优化设计，Fichtner 等人通过热沉淀法和化学沉淀法制备了石墨烯和硫复合正极材料，实现了 $448mA \cdot h/g$ 的可逆比容量，且在 50 次循环后比容量能够稳定在 $236mA \cdot h/g$。Yu 等人用硫填充预活化碳纳米纤维

（CNF）作为正极，显著提高了电化学性能，在循环 20 次后容量没有明显下降。

（4）MXene

MXene 作为近几年新兴的一种层状材料，具有较大的比表面积、优异的阳离子插层能力以及较低的离子扩散能垒。例如一种典型的 MXene 材料 $Ti_3C_2T_x$ 被作为镁离子电池正极材料进行研究。通过将十六烷基三甲基溴化铵（CTAB）阳离子表面活性剂预嵌入到 $Ti_3C_2T_x$ 层间，降低了 Mg^{2+} 在 MXene 表面的扩散能垒，使得 Mg^{2+} 在相邻 MXene 层间的嵌入脱出可逆。随后，通过一步水热法将 MoS_2 和 MoO_2 引入到 MXene 基体中。优化后的复合材料不仅扩大了层间距也防止了 MXene 纳米片的堆积。总体来说，层状结构材料具有高工作电压、高比容量以及嵌入脱出的反应机理，作为镁离子电池正极材料受到了广泛关注和大量研究。然而这种层状结构是由弱范德瓦耳斯力相连，在循环过程中难免会出现结构的坍塌，极大地限制了其发展。通过扩大层间距，在层间引入小分子稳定层结构等策略已经被证实对进一步提高层状材料的循环稳定性具有一定指导意义。

（5）有机物正极材料

有机材料具有丰富性、多样性、结构灵活性和可调性等优点，逐渐受到关注。具有氧化还原活性的有机材料由于分子间力较弱，Mg^{2+} 能够实现快速扩散。有机正极材料的开发，为镁离子正极材料的发展提供了新的机遇。Wang 团队首次报道了一种低成本、环保的共价有机框架材料（COF）作为存储 Mg 正极材料。COF 是由 C、H、O、H 通过共价键连接而组成多孔高分子材料，具有交联聚合物结构，稳定且不溶于有机电解质，因此很适合电池的应用。此外，独特的多孔结构以及大比表面积对循环过程中体积变化具有足够的适应能力。结果表明将 COF 作为镁离子电池正极材料，能够获得高功率密度（2.8kW/kg）以及高比容量（146W·h/kg），且具有超长循环寿命，是目前为止镁离子电池体系中最好的正极材料之一。

综上所述，尽管近年来镁离子电池在许多正极材料以及电解液的探索和认识方面取得了重大的研究进展，与锂离子电池成功应用相比较，镁离子电池还处于起步阶段。寻找具有高容量的正极材料以及适合的电解液仍是未来的研究发展方向。

4.1.5　镁离子电池电解液

电解液作为连接电池正极和负极的桥梁，通过电子转移或者离子转移提供电化学性能。电解液的电压窗口会影响正极材料的选择，而且电解液对电池的电化学性能也有着显著的影响，因此通过设计合适的电解液对于电池的开发以及商业化过程具有极其重要的作用。在锂离子电池中比较成熟的电解液不能直接应用于镁电池，因为镁金属会在非质子溶剂的负极表面形成钝化层，这对镁离子的电化学迁移和可逆的沉积/溶解是不利的。因此，开发一种既可以实现镁的可逆沉积又不会产生钝化层的电解液对于镁离子电池的发展十分重要。

液态电解液是当前镁离子电池体系最适合的电解液之一。与固态电解质相比，液态电解液的离子电导率更高、可逆性以及循环性能更好，更容易制备且黏度更低。镁离子电池体系的液态电解液主要包括无机电解液、硼基电解液、镁有机卤铝酸盐基电解液、酚盐或醇盐基电解液和非亲核电解液。其中无机电解液由于自身的钝化特性、低溶解度以及在一些普遍的溶剂中缓慢的动力学等，极大地限制了镁离子电池的发展。

（1）格林试剂

早在 20 世纪 20 年代，Nelson 等人就报道了镁在格林试剂（RMgX 溶于醚类溶剂，X＝卤素，R＝烷基或芳香基）电解液中能够实现可逆的沉积，这一重要发现开启了镁离子电池的发展之门。格林试剂是一种亲核试剂，也被认为是最早观察到镁可逆沉积的电解液。然而该试剂存在电化学窗口窄［仅为 1.5V（vs. Mg^{2+}/Mg）］、容易氧化、离子电导率低（0.398mS/cm）、稳定性差等问题。此外，格林试剂很容易氧化导致阳极稳定性较低，因此通常被认为不适合用于高能量密度的插层阴极材料，也不能够满足未来镁电池的需求。

（2）有机镁氯铝酸盐电解液

与格林试剂相比，有机镁氯铝酸盐电解液的镁溶解和沉积效率更高，几乎达到了 100%，并且具有更高的阳极稳定性。Aurbach 等人提出了一种新型电解液：有机-卤铝酸盐络合物（二氯络合物 DCC）。其明显地拓宽了电解液稳定电压窗口，从格林试剂的 1.3V 提升到 2.5V，库仑效率高达 100%，而且具有很好的循环性能。这一成果可谓镁离子电池发展的里程碑，极大地推动了镁离子电池的进一步发展，因此上述电解液也被称为"第一代电解液"。2008 年，在"第一代电解液"的基础上，Aurbach 等人用芳香基取代了烷基，合成了一种全苯基复合物电解液（$(PhMgCl)_2$-$AlCl_3$/THF（APC），被称为"第二代电解液"，也是当前镁离子电池应用非常广泛的一种电解液。这种电解液是通过一种有机金属化合物作为碱和 $AlCl_3$ 作为酸的路易斯酸碱反应制成的，有着低过电势（1.95V）、近 100% 的库仑效率和较高的电导率（$2 \times 10^{-3} \sim 5 \times 10^{-3} \Omega^{-1} cm^{-1}$）。这种电解质中的活性成分是双核的 Mg 络合物，其中两个 Mg 原子被三个 Cl 原子桥接，剩余的六个配位被配位溶剂分子占据。当溶液中 PhMgCl 和 $AlCl_3$ 的比例为 2∶1 时性能最好。随后，Doe 等人以无机盐氯化镁（$MgCl_2$）和氯化铝（$AlCl_3$）作为反应物，合成了一种新型的氯化镁铝络合物电解液（MACC），它是最早被报道的性能优于格林试剂的电解液。MACC 电解液的库仑效率为 100%，具有更宽的电化学窗口（2～3V）和更低的 Mg 沉积过电位。更重要的是，这种电解液具有较低的成本，而且由于氯化镁是非亲核的，所配制的电解液可以适用于硫等亲电子的电极材料。

（3）非亲核电解液

2011 年，Kim 等人首次报道了非亲核电解液（HMDSMgCl）。非亲核电解液的开发进一步拓宽了正极材料的选择范围（例如亲电性的硫也可以作为正极材料），使大容量电池成为可能，同时也开拓了 Mg-S 电池新体系。此外，它还具有高的阳极稳定性、高溶解度（1.5mol/L Mg^{2+}）、高库仑效率等优点。由于非亲核电解液与硫的兼容性，它成为镁离子电池的一种有前景的电解液，如果可以合理地实现商业化应用，将会创造巨大的商业效益。

（4）硼基电解液

硼基电解液的发展可以追溯到 1957 年，但硼和镁的共沉积致使硼基电解液的发展非常缓慢，直到近几年研究人员发现这些电解液在不同集流体上都具有良好的稳定性、防腐蚀性、高沉积可逆性，因此引起了人们的关注。正由于这个原因，硼基电解质尤其是 Mg（BH_4）$_2$ 被认为是最有前途的电解液之一。有趣的是，Mg（BH_4）$_2$ 在不同的溶剂中有着不同的电化学性能。注意到强还原剂对电化学还原具有高稳定性，2012 年，Mohtadi 等人提出使用硼氢化物作为镁电池的电解质，并将 $Mg(BH_4)_2$ 溶于两种不同溶剂［乙二醇二甲醚（DME）和四氢呋喃（THF）］，结果表明两种不同电解液都能够实现镁的沉积溶解。区别在于二者库仑效率不同，DME 为 67%，而 THF 为 40%，这是由于在 DME 中是双齿配体形式，在 THF 中是单齿配体形式。如果在电解液中添加硼氢化锂（$LiBH_4$），并将电流密度增大几个数量级，在 DME 中的库仑效率将增加至 94%，而且在不同集流体上的负极稳定性也分别提高，这一成果也推动了锂镁双盐二次电池的发展。2013 年，Shao 等人将 $Mg(BH_4)_2$ 溶于二甘醇二甲醚（DGM）溶剂中获得了三齿配体结构，实现了 100% 的库仑效率。2015 年，Tuerxun 等人提出将 $Mg(BH_4)_2$-$LiBH_4$ 溶于甘油三酯（TG）溶剂中，在制备过程中能够承受 90℃ 的高温加热处理，这是由于 TG 五齿配体的高沸点以及高燃点。此外，也说明添加 $LiBH_4$ 后，由于溶解度的增加，进一步提高了电解质的循环可逆性和库仑效率。这一观点随后被 Gewirth 等人进一步证实，并明确了在镁沉积过程中，反应机理要遵循 Mg-Li 合金/溶解反应以及 Mg/Mg^{2+} 氧化还原反应过程。总的来说，硼基电解质对非贵金属具有良好的电化学性能，是一种有前景的镁离子电池电解液。

综上所述，未来镁离子电池电解液的发展方向不仅仅要注重电解液本身的负极稳定性，还要关注与电极兼容，特别是与正极材料兼容的问题。理想的电解液在不钝化的前提下能够在环境气氛中保持稳定，既对空气、水分不敏感，又能够实现镁的可逆溶解过程，此外还要保证对集流体不腐蚀。目前的电解液体系还不是很稳定，在不同程度上存在着一些缺点。寻找一种电解液体系能够满足高效率的可逆沉积的要求，并具有较宽的电化学窗口以及高的电导率是今后研究的方向。

4.1.6 镁离子电池的发展现状和趋势

镁电池满足了人们开发高性能、低成本、安全环保的大型充电电池的需求，但镁电池要得到实际应用还有一定距离，其自身腐蚀析氢，需解决钝化膜问题。很多相关报道仅仅有好的镁沉积性能，但是本身导电、放电电压不是很理想，今后的重点应该放在高电导率、低钝化的电解质和相应的电极。目前的电解质溶剂局限于 THF 和乙醚，易吸水，而 Mg 不适合在有水环境下运作，可以尝试用混合电解质，各自发挥相应作用，聚合物电解质应引起足够重视。而正极材料研究主要集中在适合镁离子的嵌入材料，可以通过掺杂改性获得适合的材料。尽管镁金属二次电池的大规模应用还处于初期探索阶段，但是其在提升二次电池的安全性、降低二次电池的成本、缓解二次电池的污染等方面都有重要潜力，有望在多个应用场景中部分替代锂电池或铅酸电池。

4.2 铝离子电池

4.2.1 概述

铝元素是地壳中丰度最高的金属元素，其每年的全球开采量是锂的 1000 多倍，而且开采成本较低。金属铝在空气中稳定，不会发生剧烈反应。同时，铝的质量比容量为（2980mA·h/g），仅次于锂（3862mA·h/g）。铝的体积比容量为 8046mA·h/cm³，远高于锂的体积比容量（2062mA·h/cm³），在所有金属元素中排行第一。在新兴的"超越锂"

电池中，可充电铝离子电池（AIBs）因高比容量和高铝储量而成为另一种有吸引力的电化学存储体系，金属铝元素与其他元素对比如图 4-2 所示。

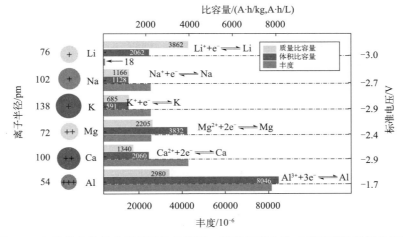

图 4-2　电化学中常见金属元素的比容量、标准反应电位（相对于标准氢电极）、地壳中元素储量和阳离子半径

铝离子电池除了具有储量丰富和安全性高等优点外，根据快速充电电池材料所面临的挑战和机遇，被认为是快速充电储能系统的最佳选择之一，其在快速充电方面表现出以下独特优势：

① 铝离子电池拥有稳定的电极/电解质界面。因其不存在锂或锂离子系统中的固体电解质界面膜，避免了复杂的固液界面反应。尤其是在快速充放电情况下，迅速生成的不稳定界面层易产生较大阻力从而大大缩短电池的使用寿命。

② 铝离子电池有机电解质中参与反应的活性阴离子（$AlCl_4^-$ 和 $Al_2Cl_7^-$）具有较大离子半径，因此其对溶剂分子（铝离子电池中的阳离子）的库仑引力小于其他电池系统中的活性离子（Li^+/Na^+），使得反应离子的去溶剂过程相对容易，从而拥有相对更低的离子迁移和电荷转移势垒。

③ 铝金属作为负极应用于铝离子电池，不仅没有类似锂离子电池快速充电时石墨上镀锂的顾虑，也没有锂金属电池中枝晶纵向生长刺穿电池的问题。铝金属表面较快的原子扩散速度保障了铝金属负极表面的均匀沉积，极大程度避免了大电流操作下不受控的沉积形貌。

④ 铝离子电池的不易燃性质为高倍率工况操作提供了安全保障。这避免了锂基电池在快速充放电过程中热失控而导致的火灾和爆炸等问题，且有望在未来的开发应用中省去锂基电池所必需的冷却系统，从而降低生产成本。虽然目前铝离子电池的研究相比于锂/钠电池体系而言还相对匮乏，但其已经展现出的在快速充电性能上的潜力以及超长循环寿命，为将来开发低成本、高容量、高功率、结构稳定、长寿命的新一代电池系统提供了发展方向。

铝基电池可大致分为铝一次电池和铝二次电池。目前，主要的铝一次电池为铝空气电池。铝空气电池的商用性受到以下缺陷的阻碍，包括正极缓慢的氧化还原反应，氧化铝钝化层导致的氧化电位正移、电池电压下降，碱性溶液中严重的自放电行为，副反应产生氢气等。此外，从热力学角度看，Al^{3+}/Al 的还原电位较 H_2O/H_2 低，阻碍了 Al 在水系电解质中的电沉积，使铝空气电池成为一次电化学电池。虽然该系统的可充电性可以通过更换铝负极和电解液来实现，但这需要设计一种全新的使可更换电池组件更方便的电池结构。因此，基于现有的铝一次电池所面临的技术难点，铝二次电池的开发逐渐引起研究者们的兴趣。

4.2.2　铝离子电池工作原理

铝离子电池正极材料的开发一直是研究者们关注的重点。与传统的只带一个电荷的"摇椅式"金属离子电池（Li^+、Na^+、K^+）不同，铝离子电池正极每嵌入一个 Al^{3+} 离子，电极需接受三个电子，这意味着三个价态的还原反应。目前，铝离子电池充放电反应机理主要分为 $AlCl_4^-$ 阴离子脱嵌和 Al^{3+} 阳离子脱嵌。当 $AlCl_4^-$ 阴离子脱嵌时，正极反应达到最佳的放电比容量，即电解液中的 $AlCl_4^-$ 和 $Al_2Cl_7^-$ 浓度平衡，在负极具有足够浓度的 $Al_2Cl_7^-$ 进行铝溶解/沉积；同时在正极材料中具有充足的 $AlCl_4^-$ 进行脱出/嵌入，如图 4-3 所示。

$$负极：4Al_2Cl_7^- + 3e^- \rightleftharpoons Al + 7AlCl_4^- \tag{4-3}$$

$$正极：Host + AlCl_4^- \rightleftharpoons Host[AlCl_4] + e^- \tag{4-4}$$

当 Al^{3+} 脱嵌时，主要通过电荷交换的方式发生转化，即在负极进行 Al 的溶解/沉积，同时在正极材料中 Al^{3+} 进行脱出/嵌入。

$$Al^{3+} + 3e^- \rightleftharpoons Al \tag{4-5}$$

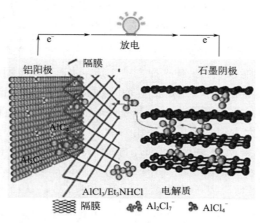

图 4-3　铝石墨烯电池放电模型

4.2.3　铝离子电池正极材料

铝离子电池的发展与应用主要受到其正极材料性能和价格的制约。迄今为止，人们多次尝试使用各种材料作为铝离子电池的正极材料，企图打破瓶颈获得突破性进展。较为合适的正极材料应该具备如下特点：①具有较高的理论容量；②具有较高的放电平台；③具有稳定的结构和优异的电导率；④具有良好的电化学耐性；⑤价格低廉，绿色环保。AIBs 正极材料可分为碳基材料、过渡金属类化合物、普鲁士蓝类似物等几大类。

（1）金属氧化物

在众多钒化合物中，由 $[VO_5]$ 金字塔交替堆叠而成的各向异性的 V_2O_5 基大层间距材料被认为具有最佳的电化学性能。尽管 Jayaprakash 等人在 2010 年就报道了基于 V_2O_5 纳米线的容量超过 $300 mA \cdot h/g$ 的可逆铝离子电池，但一些深入研究的结果表明原始 V_2O_5 在离子液体中的实际性能比较有限。而在水系电解质中，V_2O_5 作为正极材料的存储机制被

确定为 Al^{3+}/H^+ 共嵌入。除 V_2O_5 外，VO_2、$B\text{-}VO_2$、Li_3VO_4 和 $Mo_{2.5+y}VO_{9+z}$ 等材料可以在水系电解质中存储 Al^{3+}，甚至 VO_2 被认为有着更小的 Al^{3+} 传输阻力。然而，理论容量限制了这些材料的实际性能。除 V 外，Mn 元素同样有众多价态变化，这使其可以呈现出丰富的晶体结构和多样的微观形态。除了 V 和 Mn 外，一些其他的金属氧化物材料也被认为具有铝存储的潜力。例如，Liu 等人在 2012 年就报道了锐钛矿型的 TiO_2 纳米阵列可以在 $AlCl_3$ 水溶液中存储铝离子，其中，Cl^- 对于 Al^{3+} 嵌入 TiO_2 的过程有着决定性的影响。尽管有着不错的循环寿命和可逆容量，低电压平台的 TiO_2、MoO_3 和 Bi_2O_3 等材料还是更适合被作为"摇椅式"水系铝离子电池的负极材料。而其他多价离子电池中已经提出的稳固并扩大层间通道、引入电荷屏蔽基团、借助缺陷降低离子传输阻力和抑制相变等策略都可能有助于解决氧化物综合性能较差的问题。

（2）普鲁士蓝类似物

普鲁士蓝类似物（PBAs）是一类具有开放框架结构的材料，其中的大间隙位点和通道有利于离子的可逆嵌入/脱出。这类材料的结构通式为 $A_x P\left[R\left(CN\right)_6\right]_z \cdot wH_2O$，其中 A 代表碱金属，P、R 代表金属，其晶体结构可以通过化学成分的变化加以调节。尽管能量密度有所欠缺，但功率密度高、成本低且制备容易的特点仍使得 PBAs 在能量存储领域占有一席之地。

受制于非水电解质中的强溶剂化效应，目前 PBAs 在铝离子电池中的研究基本集中于水系电解质。目前的 PBAs 正极主要面临理论容量低、高压稳定性差和在水溶液中易溶解相变的问题。而铝离子的超高电荷密度会进一步加剧 PBAs 电极的能量密度和循环稳定性问题。对此，包括金属替代、减少结晶水/空位含量以及构建梯度/核壳结构等策略都可能有助于 PBAs 材料综合性能的改善。

（3）碳基材料

早在 1979 年，$AlCl_4^-$ 阴离子就被发现能够可逆地嵌入层状石墨材料中，但此过程中的体积变化和副反应严重限制了电极的循环寿命。Lin 等人在 2015 年报道了一种由铝负极和碳基正极在甲基咪唑基的 $AlCl_3$/[EMIM] Cl 离子液体中组装的铝离子电池，其中具有开放三维结构的热解石墨和石墨泡沫被作为正极。由于能够有效抑制天然石墨中的体积变化和副反应，石墨泡沫正极可以兼具超过 7500 次的循环寿命和极佳的倍率性能。材料良好的可逆性与 $AlCl_4^-$ 团簇可以嵌入并扩张石墨的层间距进而降低离子传输阻力。

自铝离子电池概念被提出以来，学者们坚持不懈地研究，但电池正极材料放电电压低（<1V）、循环稳定性差等问题阻碍了 AIBs 的发展。AIBs 正极材料还处于早期探索过程，一旦取得突破，铝离子电池在储能领域的地位将出类拔萃。理论上来讲，Al^{3+} 半径（0.039nm）小于 Li^+（0.059nm）等其他金属离子的半径，所有适用锂离子电池的材料均可用来脱嵌 Al^{3+}。研究发现，离子液体系中 Al^{3+} 和半径较大的络合离子团（$AlCl_4^-$）均可以在正极材料中发生脱嵌，但是其与正极材料间的强静电相互作用和高电荷密度增加了离子脱嵌的能量势垒，极大地限制了正极材料的应用。尽管有几种类型正极材料展现了潜在的能力，但还存在很多需要解决的问题：①实际容量和放电电压与理论值存在较大差距；②大部分材料没有稳定的放电平台，且放电电压低于 1V（甚至低于 0.5V），造成其实际能量密度较低；③较低的放电容量和较差的循环稳定性。Al^{3+} 和 $AlCl_4^-$ 脱嵌时较大的体积效应会引

起材料结构坍塌或粉化，从而导致循环性下降。因此，为解决以上问题，开发一种新式且实用的 AIBs 正极材料是极具挑战的工作。

4.2.4 铝离子电池负极材料

铝离子电池主要以高纯金属铝或其合金为负极材料。除此之外，研究人员也尝试采用液态金属镓作为负极材料使用。铝负极的微观结构也会决定其电化学特性。例如，晶界可以为电化学反应提供通道，因此通过细化晶粒来增加晶界面积可以增强电极的电化学活性。同时，细化的晶粒有利于形成均匀结构，这对于限制由电极表面的电位波动诱发的自腐蚀和副反应非常有利。此外，一些报道指出铝金属表面的不同晶面具有不同的电化学活性和腐蚀速率，其中 Al（001）面具有最高的电化学活性和最低的腐蚀速率，而 Al（110）面则表现出最高的腐蚀速率。通过引入保护层来调节铝负极的表面特性同样可以优化电极的电化学性能。在金属表面负载如铜和碳等具有合理尺寸的保护层可以在有效抑制副反应并限制放电副产物黏附的同时避免正常的电化学反应过程受到影响。相对于可逆电池，一次铝空气电池的设计无需考虑金属剥离/电镀过程中的可逆性问题，这使得其可以被构建在碱性溶液中。然而，碱性溶液中的 AlO_2^{2-} 和 $Al(OH)_3$ 都难以实现与 Al^{3+} 间的可逆转换，有应用前途的水系可逆铝离子电池更可能在设法解决 $Al-H_2O$ 界面处的氧化物形成和腐蚀溶解问题后被构建在中性或酸性电解质中。尽管如此，在铝空气电池负极设计中被证明可以有效提高电极活性和稳定性的策略仍有机会给水系可充电铝离子电池负极材料的开发提供思路。

（1）锐钛矿型二氧化钛（TiO₂）

TiO_2 作为水系铝离子电池负极材料是目前研究最广泛的过渡金属氧化物（TMOs）之一。不同形态的 TiO_2，包括锐钛矿型和金红石型，已被证明具有存储 Al^{3+} 的能力。早在 2012 年，Liu 等人就发现了锐钛矿型的二氧化钛纳米管阵列能够在 1mol/L 的 $AlCl_3$ 水系电解液的三电极体系中实现铝离子的嵌入/脱出。

（2）氧化钼（MoO₃）

MoO_3 作为电极材料在可充电电池中的应用较少，但有研究表明 Al^{3+} 有嵌入正交氧化钼的可能性。Das 等人通过简单的一步水热法制备了正交氧化钼，研究了几种含铝水系电解液和正交氧化钼发生氧化还原反应的可能性。

（3）聚 3,4,9,10-苝四羧基二亚胺（PPTCDI）

Cang 等人发现了一种铝离子电池有机负极材料 PPTCDI，在 0.5mol/L 的 $AlCl_3$ 电解液中，它表现出了 185mA·h/g 的可逆放电容量，并且经过 1000 次的充放电循环，仍有 99% 以上的容量保持率，这种共轭聚合物有机电极材料的高容量和循环稳定性为其在水系铝离子电池中的应用提供了广阔的前景。

虽然在水系铝离子电池电极材料方面开展了一定的研究，但是却普遍存在容量不高，循环稳定性较差的问题。对于水系铝离子电池的电极材料，有以下几个方面可能有待研究：①扩大层状结构材料中晶体的层间距，以减弱静电作用，从而降低离子扩散能垒，以快速容纳更多的 Al^{3+}；②为了防止 Al^{3+} 在材料中嵌入/脱出过程造成的结构坍塌，应设计具有大表面积、孔隙度和暴露的高活性面的纳米或 3D 结构，以改善电容贡献和电池动力学；③与导电材料复合，以提高氧化物或其他材料的导电性和循环稳定性。

4.2.5　铝离子电池电解质

电解质作为电池有效工作的重要组成部件之一，起着传输离子和连接正负极的作用，直接影响电池的充放电速率、循环寿命和安全性能。根据物理形态的不同，电解质可以分为液态、固态和准固态电解质三种类型。液态电解质又分为非水和水系两种。其中，对于水系电解质，由于铝负极钝化层的存在，可逆的铝的溶解/沉积被认为是不可能实现的。非水系主要是氧化铝和有机盐混合而成，与水系电解质相比，非水系电解质因其低蒸汽气压、宽电化学窗口和可逆的充放电反应而更适合 AIBs。固态电解质克服了液态电解质易分解、易燃和易泄漏的缺点，是一种新兴的极具潜力的电解质。准固态电解质又称为凝胶聚合物电解质，由于含有大量游离态电解质，凝胶聚合物电解质的离子传输机理与液体电解质几乎相同，离子电导率可以达到液体电解质的水平。

然而，AIBs 面临充放电速率低、比容量低、能量密度低、输出电压低等问题。同时，在具有腐蚀性的离子电解液中，大多数正极存在主体结构不稳定问题，从而导致 AIBs 循环性能较差。上述问题是 AIBs 难以获得大范围实际应用的主要瓶颈。因此，寻找电化学性能优异的正极材料及电解质一直是 AIBs 研究领域的热点之一。

4.2.6　铝离子电池的发展现状和趋势

早在 1988 年美国新泽西州 Allied-Signal Incorporated 公司就报道过可充放电的铝离子电池，但由于其阴极材料容易分解，在当时并没有引起足够的关注；2011 年，美国康奈尔大学 Archer 教授研究组也报道了可充放电的铝离子电池，美中不足的是其放电电压较低。由于这些不足，早期对铝离子电池的研究举步维艰。到目前为止，大部分与铝相关的化学电池更多的还是把铝作为一次性金属燃料使用，无法实现有效的充放电循环。

2015 年，美国斯坦福大学的戴宏杰团队报道了一种新型铝离子电池，在材料及循环性能上的突破都让人们耳目一新。论文报道的铝离子电池以金属铝为负极、三维泡沫石墨烯为正极，以含有四氯化铝阴离子（$AlCl_4^-$）的离子液体为电解液，在室温下实现了电池长时间可逆充放电。$AlCl_4^-$ 是电池中的电荷载体，而石墨烯材料的层状结构能够像容纳锂阳离子（Li^+）和其他阳离子一样，可逆地容纳 $AlCl_4^-$，这是该铝离子电池能够高效运行的材料结构基础。在放电过程中，$AlCl_4^-$ 从石墨烯正极中脱嵌出来，同时在金属铝负极反应生成 $Al_2Cl_7^-$；在充电过程中，上述反应发生逆转，从而实现充放电循环。

这种铝离子电池相比于传统二次电池具有一些鲜明的优势，主要体现在以下几个方面。首先铝离子电池具有快速充放电特性和超长循环寿命。该团队通过实验发现，用三维泡沫石墨烯作为电池负极材料，利用它优良的导电性能和巨大的表面积，能够大大缩短电池的充放电时间并提高它的循环性能。例如，在 $5000mA \cdot h/g$ 的电流下，电池不到 1min 就能被充满。同时循环 7500 次后，电池的容量几乎没有衰减。7500 循环意味着如果每天充放电一次 20 年后电池依然完好如初，这远远超过了人们对锂离子电池 1000 次左右的预期循环寿命。其次铝离子电池的安全性突出。安全性能差一直是锂离子电池被诟病的致命缺陷之一。和锂离子电池不同的是文中展示的铝离子电池采用离子液体电解液，不存在易燃易爆等安全问题。

不可否认，这类铝离子电池也同样存在一些缺点。目前，该电池只能产生约 2V 电压，低于传统锂离子电池的 3.6V；其只考虑活性物质计算得到的能量密度只有 40W·h/kg，低于传统锂离子电池的 100~150W·h/kg。从工作电压和能量密度上看，这类铝离子电池更接近人们熟悉的铅酸电池、碱性镍镉电池等水相电池，而与锂离子电池甚至是目前正处在研发阶段的钠离子电池相比具有很大的差距。此外，依赖于昂贵的离子液体电解液也是该铝离子电池的一个不足之处。

铝离子电池目前还只是一个雏形，但是却为未来铝离子电池的研究吹响了号角。今后的研究工作可能会集中在设计和发展具有更高工作电压和更大存储容量的新型正极材料上，以提高铝离子电池整体的工作电压、能量和功率密度。寻找更廉价的电解液也是铝离子电池发展一个迫切需要解决的问题。如果这些问题得到充分解决，再加上其他技术指标的优势和成本，这类廉价、安全、高速充电、灵活和长寿命的铝离子电池将会在日常生活中普及使用。特别需要强调的是，由于铝离子电池自身的特性，它们不太可能在一些需要高能量密度的应用领域与锂离子电池形成直接竞争。相反，低成本、良好的循环寿命和安全性使得它们会在例如大规模智能电网储能等对成本、循环寿命和安全性格外强调的应用领域大显身手。不管成功与否，铝离子电池的出现为人们提供了一种新的可能与选择。

4.3 锌-空气电池

金属-空气电池是以空气中的氧作为正极活性物质，以金属（锌、铝、锂等）作为负极活性物质的一种电池，也被称为金属燃料电池。此类电池发挥了燃料电池的优势，所需的氧源源不断地取自空气中的氧气。空气中的氧气通过气体扩散电极到达电化学反应界面与金属反应，从而释放出电能。由于金属-空气电池的原材料丰富、价格低廉、质量和体积比能量高且无污染，因此，此类电池被称为面向 21 世纪的绿色能源。目前，已经实现商业化的金属-空气电池只有小型的锌-空气电池，而铝-空气电池、锂-空气电池等仍处在应用研究或基础研究中，本章着重介绍锌-空气电池。

4.3.1 锌-空气电池的基本结构

如图 4-4 所示，锌-空气电池主要由正极、负极（金属锌电极）、电解液（碱性水溶液）三大部分组成。

锌-空气电池分为三种主要类型：

① 一次电池。凡电池经一次放电使用后就失去使用价值而被废弃的称一次电池。大多数早先的锌-空气电池都属于一次电池，在低电流情况下使用时它们比较经久耐用。一个成功的一次电池应价格低廉且有较长的储存寿命。它应该是一种质量轻或体积小或二者兼备的便于携带的能源。

② 二次电池。凡电池经一次放电使用后，可通相反方向的电流使其功能恢复的称为二次电池。与常规的二次铅酸或锡-镍电池不同，二次锌-空气电池具有一

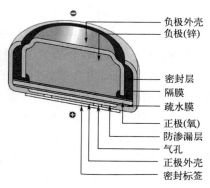

图 4-4　锌-空气电池主要组成部分

- 负极外壳
- 负极(锌)
- 密封层
- 隔膜
- 疏水膜
- 正极(氧)
- 防渗漏层
- 气孔
- 正极外壳
- 密封标签

个无限容量的正极，它既不会完全放电，也不会过充电。充电时，正极生成氧气。

③ 机械再充电电池。第三类的锌-空气电池是众所周知的"机械再充电电池"或称"可更换电极电池"。当电池放电完毕，使用过的锌电极（已氧化）遗弃不用，换上一个新的锌电极。同时也可以补充新鲜电解液，但是主要部件正极不会用尽，仍可长久使用。使用过的负极理论上可以送至中央加工站经化学或电学还原，变为原始状态。虽然这在实践上比较困难，但这样可反复使用多次。

4.3.2 锌-空气电池工作原理

可充锌-空气电池由金属锌负极、电解质、隔膜和空气正极组成，KOH 是可充锌-空气电池最常用的电解质，具有良好的离子电导率和氧扩散能力。另外，一般会将低浓度的氯化锌或醋酸锌加入电解质中以加快锌负极的可逆转化。锌负极常为纯锌板或将锌粉负载在导电载体上。隔膜主要用于防止正极和负极接触，并保证 OH^- 在电极之间穿梭。空气正极是锌-空气电池最重要的部分，包括气体扩散层、集流体和催化剂层。锌-空气电池能在空气和水性电解质中运行，具有不易燃、低成本和高离子电导率的优点。此外，锌-空气电池合适的工作电压既能满足实际用途，也不会太高引起电解质中水的分解。与其他金属空气电池相比，锌-空气电池的反应原理相对清晰，不会产生不溶的放电产物，负极对空气和水相对稳定，因此更接近实际商业应用。尽管具有上述优点，但是现阶段锌-空气电池尚未充分发挥其潜力。目前，锌-空气电池的工作电流小且电极极化大，能量转换效率通常低于 $55\% \sim 65\%$，循环寿命还不到商用锂离子电池的四分之一，这些问题严重限制锌-空气电池的发展。

锌-空气电池的工作机理基于锌负极上锌的氧化还原反应和空气正极上氧气的氧化还原反应，如下反应式（4-6）所示。锌-空气电池具体的工作原理如下：在放电过程中锌负极失去电子，生成的 Zn^{2+} 与 OH^- 反应产生溶于电解液的 $Zn(OH)_4^{2-}$［式（4-7）］。当电解液中的 $Zn(OH)_4^{2-}$ 达到过饱和状态时，$Zn(OH)_4^{2-}$ 将自发转化为不溶的 ZnO［式（4-8）］。在正极侧，氧气得到电子并还原为 OH^-［式（4-9）］。随后 OH^- 从空气正极通过电解质移动到锌负极。而在充电过程中反应逆向进行，ZnO 逐步分解并以金属 Zn 的形式沉积在负极表面，OH^- 氧化产生氧气。

总反应：

$$2Zn + O_2 \rightleftharpoons 2ZnO \tag{4-6}$$

负极：

$$Zn + 4OH^- \rightleftharpoons Zn(OH)_4^{2-} + 2e^- \tag{4-7}$$

$$Zn(OH)_4^{2-} \rightleftharpoons ZnO + H_2O + 2OH^- \tag{4-8}$$

正极：

$$O_2 + 4e^- + 2H_2O \rightleftharpoons 4OH^- \tag{4-9}$$

4.3.3 锌-空气电池正极材料

空气正极被认为是锌-空气电池中最关键和最复杂的部件。空气正极需要保证高效的 O_2

扩散、离子传输和电子转移以及优越的电催化活性。空气正极由扩散层、集流体和含有双功能催化剂的催化层组成。扩散层的作用是保证气体快速扩散并防止电解液泄漏。负载在催化剂层上的电体化剂是提升 ORR（氧还原反应）和 OER（氧析出反应）动力学的核心部分，决定着锌-空气电池的整体性能。由于 O＝O 键合很强（498kJ/mol），在没有催化剂存在的情况下，反应非常缓慢。催化剂的存在加速了键的活化和裂解，从而高效地启动 ORR 和 OER 过程，这对锌-空气电池的输出功率和循环寿命至关重要。除了考虑催化活性以外，电催化剂还需要兼具高导电性和高比表面积。高导电性保证电子快速传导到活性位点，能够减少电池的电化学极化和欧姆极化，高比表面积可以为氧还原反应提供充足的反应物以减少浓差极化。

正极催化剂的表界面工程：电催化剂是影响锌-空气电池性能的关键因素。催化剂的设计主要从增加活性位点、优化反应能垒和提高荷质传输能力三个方面进行考虑。由于电催化剂的表面和界面是主要反应场所，因此通过表面工程能够优化电催化剂的内在电化学行为。

（1）增加活性位点

电催化剂常见的问题是比表面积小导致暴露在三相界面上的活性位点数量有限，只有少数活性位点可以参与反应，并且由于其可逆性差而表现出较差的催化性能。因此，电催化剂表面丰富的可及活性位点是高催化活性的保证。增加活性位点可以通过缺陷工程、引入杂原子以及构建异质结构实现。

（2）优化反应能垒

催化位点与含氧中间体的结合能是确定催化剂活性的关键。表界面工程可以通过优化催化剂内在活性进一步降低反应速控步的势垒。不同于传统的催化剂，单原子催化剂有利的电子结构和最大的原子利用率，赋予了它超高的本征反应活性。

（3）提高荷质传输能力

除了增加活性位点和优化反应能垒外，表界面上的电子转移和反应物的质量传输也至关重要。氧气的浓度直接影响 ORR 的反应速率，因此加快氧气的传输是提升锌-空气电池性能的有效途径。

4.3.4　锌-空气电池负极材料

锌-空气电池的理论能量密度只取决于负极，即金属锌电极。金属锌的形态取决于电池的制备形式，锌是在电池中传递的唯一活性物质。

为保证锌-空气电池实现高容量和可逆的充放电，理想的锌负极应具有较高的利用率，然而最常用的锌箔负极利用率低于 1%。锌负极的性能主要受限于枝晶生长和形状变化、表面钝化、析氢反应（HER）以及腐蚀。碱性条件下锌枝晶的形成主要有两个原因：一是在循环过程中不规则的离子运动（如湍流和对流）导致 $Zn(OH)_4^{2-}$ 不均匀地沉积在锌负极表面，形成锌枝晶；二是过饱和的 $Zn(OH)_4^{2-}$ 会生成 ZnO，ZnO 枝晶优先在不均匀的锌表面上生长，不利于 Zn^{2+} 传导，阻碍 $Zn(OH)_4^{2-}$ 还原为锌金属。这两个原因最终将导致锌板的形态结构发生变化，形成的枝晶可能刺穿隔膜导致短路。ZnO 的沉积还会阻塞充放电过程中离子传输路径，导致电池极化增大。HER 和锌负极腐蚀同样损害锌-空气电池的性能。在高浓度碱性电解质中 HER 的氧化还原电位［－0.83V（vs. SHE）］高于 Zn/ZnO ［－1.26V（vs. SHE）］，因此 HER 更易发生。即使在开路状态下，锌负极也会自发溶解在强碱性电解质中，并发生析氢反应。HER 不仅会造成电池自放电，还会降低电池的库仑效率。研究表明碱性锌-空气电池很大一部分容量损失是由 HER 引起的。此外，腐蚀会改变锌负极的表面形貌并诱导离子的不均匀沉积，加剧锌枝晶的生长。上述问题降低了活性材料的利用率和电池的循环寿命，从而限制了锌-空气电池的实际应用。为了解决这些问题，调控锌负极的组成或表面改性是有效的方法。通过与某些金属（如 Pb、Cd、Bi、Sn 和 In）形成合金，涂层覆盖或用添加剂（如硅酸盐、表面活性剂和聚合物）改性，可以在一定程度上抑制 HER，增加导电性，改善电流分布，并促进含锌沉积物均匀形成。

4.3.5　锌-空气电池电解液

正极在反应过程中产生，它的电势一般由溶液中 OH^- 的浓度决定。倘若 OH^- 浓度局部地增加，那么电势变化过速会引起严重的极化。缓冲溶液能减小 pH 值变化，即减小 OH^- 浓度的变化，这样可减小极化而提供更大的电流。酸和碱都是比较好的缓冲溶液，因此最令人满意的正极均采用高浓度的碱性或酸性电解液。

锌-空气电池一般选择碱性水系溶液作为电解液。在碱性介质中，KOH 因其更高的离子电导率、更大的氧扩散系数和低黏度，应用比 NaOH 更广泛。然而，碱性电解液除了参与 HER 和锌负极腐蚀以外，还存在以下不利反应：

① 碳基空气电极在碱性电解质中极易受到羟基自由基的攻击，在低电位下使碳表面形成含氧官能团，而在高电位下使碳氧化产生 CO_2 或 CO_3^{2-}，持续的碳腐蚀还会导致酸的形成。

② 锌-空气电池的半开放结构导致碱性电解质中的 OH^- 与空气中的 CO_2 相互作用，形成碳酸盐沉淀，从而降低电解质的导电性并堵塞正极的传质通道，最终缩短锌-空气电池的循环寿命。

碱性和酸性电解液均有缺点，碱性电解液会被空气中的二氧化碳污染，酸性电解液会与低廉的催化剂作用而使之腐蚀，同时也腐蚀用于正极的集流体。在实用中一般允许碱性电解液的缺点存在。

4.3.6　锌-空气电池存在问题

锌-空气电池中央是一个可替换的负极锌，电解液为碱性溶液，正极是空气还原电极，电池反应的标准电压为 1.65V，理论比能量达到 1350W·h/kg，实际的比能量为 200W·h/kg。目前锌-空气电池在技术上存在的难题主要有：防止负极（锌）的直接氧化，抑制锌枝晶的出现；正极（氧电极）催化剂活性不能偏低；阻止电解液的碳酸化。

抑制锌枝晶主要从加入电极添加剂和电解液添加剂、选择合适的隔膜以及改变充电方式等几个方面进行研究。其中加入添加剂的作用主要是使电极表面的电流密度分布均匀性提高，从而减少枝晶的产生。季铵盐是研究得最多的一类物质，研究者认为该类物质通过以大分子有机阳离子在锌表面活性中心上的吸附，抑制锌在这些位置的沉积与枝晶的产生，来提高电池循环寿命。人们发现硫酸盐、聚乙烯醇等也有与季铵盐相同的作用。此外，还可以通过改善隔膜性能或改变充电方式来抑制锌枝晶的产生。

正极采用铂、锗、银等贵金属催化剂，催化效果比较好，但是电池成本很高。后来采用别的催化剂，如炭黑、石墨与二氧化锰的混合物，锌正极的成本虽然得到降低，但催化剂活性偏低，影响了电池工作时的电流密度。近来研究发现，金属氧化物如 $La_{0.6}Ca_{0.4}CoO_3$、MnO_x、非贵金属大环化合物以及 $LaNiO_3$ 等可替代 Pt 作为气体扩散电极的电催化剂。另外，添加一些适当的助溶剂可以影响主催化剂的物理化学性质，提高其催化活性。研究表明，V、Ge、Zr 的氧化物具有较高的储氧能力，其特定部位上结合的氧原子可以随氧分压的变化自由地进出，从而使主催化剂周围保持一定的氧浓度，达到降低氧电极过电位的目的，同时还能促进贵金属催化剂的分散，增大有效催化活性表面积。

空气中的二氧化碳溶于电解液，使得电解液碳酸化，导致锌电极析氢腐蚀，降低电池使用寿命。解决方法是在锌电极中加入具有高氢过电位的金属氧化物或氢氧化物。这些金属在碱性溶液中的平衡电位一般比锌高，在电极充电时优先沉积，放电时一般不溶解。由于这些外加金属具有较高的析氢过电位，抑制了正极析氢反应的进行，因而有效地减缓了锌在酸性溶液中的腐蚀。另一方法是加无机电解液添加剂，无机添加剂主要有高氢过电位的金属化合物。与碱性锌-空气电池相比，中性、微酸性锌-空气电池具有电解液价廉易取、腐蚀性小和可避免电解液碳酸化等优点。虽然其工作电压和放电电流密度没有碱性锌-空气电池高，但能满足中、小电流密度放电要求，可在小功率用电场中替代碱性锌-空气电池。

电解液中锌电极的钝化也是一个值得注意的问题，主要是由于其表面真实电流密度较高，负极极化增大，在其表面形成致密的氧化锌层。因此，防止活性物质有效面积减小的措施，如抑制锌变形的方法等，均能减弱锌电极的钝化趋势；减小放电电流和放电深度，也会减轻锌的钝化。

4.3.7 锌-空气电池的发展现状和趋势

锌-空气电池具备广泛的资源储备，且价格相对较低，可以满足大规模应用所需的能源储存需求。因此，锌-空气电池有望在替代锂电池方面获得较大市场份额。此外，锌-空气电池的技术发展为其前景带来了巨大的提升空间。在过去的几年中，锌-空气电池的能量密度、循环寿命和安全性逐步提高，与传统锌锰碱性电池相比，锌-空气电池的实用性明显增强。此外，科研人员还在锌-空气电池的材料、结构和工艺方面进行了许多创新研究，通过优化锌-空气电池的结构设计和电解液配方，提高了锌-空气电池的性能表现。可以预见，随着锌-空气电池技术的不断突破和成熟，其性能将进一步提升，实现更广泛的应用。最后，锌-空气电池在能源存储领域具备广阔的应用前景，适合应用于电动汽车、储能设备、航空航天等领域。将锌-空气电池应用于电动汽车，可以大大增加其续航里程；将锌-空气电池应用于储能设备，可以有效平衡电网负荷和储存可再生能源；将锌-空气电池应用于航空航天，可以提升飞行器的续航能力。因此，锌-空气电池有望成为未来能源储存领域的重要组成部分。

4.4 液流电池

电化学液流电池一般称为氧化还原液流电池，是一种新型的大型电化学储能装置，正负极全使用钒盐溶液的称为全钒液流电池，简称钒电池，其荷电状态 100% 时电池的开路电压可达 1.5V，液流电池模型如图 4-5 所示。

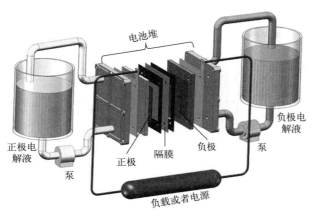

图 4-5　液流电池模型

4.4.1　概述

液流电池是由 Thaller（美国）于 1974 年提出的一种电化学储能技术。液流储能电池系统由电堆单元、电解质溶液及电解质溶液储供单元、控制管理单元等部分组成。液流电池系统的核心是由电堆（电堆是由数十节电池进行氧化-还原反应）实现充、放电过程，单电池按特定要求串联而成，结构与燃料电池电堆相似。

4.4.2　液流电池工作原理

液流电池是一种新的蓄电池，是利用正负极电解液分开各自循环的一种高性能蓄电池，具有容量高、使用领域（环境）广、循环使用寿命长的特点，是一种新能源产品。氧化还原液流电池是一种正在积极研制开发的新型大容量电化学储能装置，不同于通常使用固体材料电极或气体电极的电池，其活性物质是流动的电解质溶液。它最显著的特点是规模化蓄电，在广泛利用可再生能源呼声高涨的形势下，可以预见，液流电池将迎来一个快速发展的时期。

电池的正极和负极电解液分别装在两个储罐中，利用送液泵使电解液通过电池循环。在电堆内部，正、负极电解液用离子交换膜（或离子隔膜）分隔开，电池外接负载和电源。液流电池技术作为一种新型的大规模高效电化学储能（电）技术，通过反应活性物质的价态变化实现电能与化学能相互转换与能量存储。在液流电池中，活性物质储存于电解液中，具有流动性，可以实现电化学反应场所（电极）与储能活性物质在空间上的分离，电池功率与容量设计相对独立，适合大规模蓄电储能需求。与普通的二次电池不同，液流电池的储能活性物质与电极完全分开，功率和容量设计互相独立，易于模块组合和电池结构的放置；电解液储存于储罐中不会发生自放电；电堆只提供电化学反应的场所，自身不发生氧化还原反应；活性物质溶于电解液，电极枝晶生长刺破隔膜的危险在液流电池中大大降低；同时，流动的电解液可以把电池充、放电过程产生的热量带走，避免由于电池发热而产生的电池结构损害甚至燃烧。液流电池普遍应用的条件尚不具备，对许多问题尚需进行深入的研究，液流电池工作原理图如图 4-6 所示。

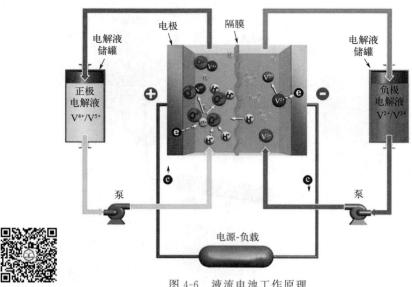

图 4-6　液流电池工作原理

4.4.3　液流电池的重要组成构件

液流电池储能系统相对复杂，它由电解质存储单元、电池储能系统模块、蓄电池组、电池管理系统、电源转换系统和能量管理系统组成。其中，蓄电池组是液流电池储能系统的核心，它的面积和单电池的数量决定了系统的功率。液流电池单电池正负极均采用碳毡材料，活性面积为 3.0cm×3.0cm，中间用离子交换膜分离并用垫片密封，往外依次是板框、集流板以及端板。

不同于铅酸电池等二次电池，液流电池中电极是一个供活性离子发生电化学反应的场所。在电极表面，反应物或者生成物失去电荷或者得到电荷，发生电能与化学能的相互转换。多孔材料常用于制作液流电池的电极，目的是增大固液接触面积，降低电池运行时的极化损失。最佳的电极应当化学性质稳定，比表面积和孔隙率都尽可能的优异，电阻应该尽可能的小且容易获取。以往的大量研究表明，碳素类电极化学性能稳定且价格便宜，可以适用于在电极方面诸多考究的液流电池，是使用最多的电极材料。碳素类电极以碳毡、石墨、碳布、玻璃碳、碳纸等最为常见，由碳纤维纺织制造。

（1）离子交换膜

作为构成液流电池最关键的组件之一，离子交换膜主要作用是将正负极的电解液分隔开，防止电池形成内回路和自放电，并且能选择性透过指定离子。液流电池系统长期稳定的工作离不开离子交换膜，良好的离子交换膜应当理化性质稳定、具有抗酸碱腐蚀的能力、选择透过性强且成本低。目前应用最多的交换膜类型为 Nafion 膜，全称全氟磺酸质子交换膜，它在强酸强氧化条件下能展现出优异的化学稳定性。近些年，将有机物质或纳米级金属氧化物等加入制作 Nafion 质子交换膜的树脂中，有效增强了该膜的选择透过性，缓解了水分子透过交换膜的现象。

（2）电解液

电解液是液流电池储能的载体，活性电解质在电解液中的浓度以及储液罐的体积直接决定了液流电池系统总的储能量。通常，液流电池的电解液均为水溶液，大多活性电解质不溶于水或者在水中的溶解度很低，需要加入支持电解质帮助溶解，通过改进电解液来提升溶液中离子的溶解度和稳定性也是目前的研究重点。以全钒液流电池为例，钒电池中的支持电解质常为硫酸溶液。实验室中常常将 $VOSO_4$ 溶解来获得含有四价钒离子的溶液，再使用电解的方式制取别的价态的钒离子。在后续的工艺优化中，研究人员使用还原法处理自然界中存在的钒元素，降低了制作成本。此外，由于部分活性电解质材料（如 V^{2+}）的还原性较强，实验过程中需要向仪器中通入惰性气体以保证电解液的稳定性。

4.4.4 液流电池的特点

（1）全钒液电池的优点

① 电池的输出功率取决于电池堆的大小，储能容量取决于电解液储量和浓度，因此它的设计非常灵活，当输出功率一定时，要增加储能容量，只需要增大电解液储存罐的容积或提高电解质浓度；

② 钒电池的活性物质存在于液体中，电解质离子只有钒离子一种，故充放电时无其他电池常有的物相变化，电池使用寿命长；

③ 充、放电性能好，可深度放电而不损坏电池；

④ 自放电低，在系统处于关闭模式时，储罐中的电解液无自放电现象；

⑤ 钒电池选址自由度大，系统可全自动封闭运行，无污染，维护简单，操作成本低；

⑥ 电池系统无潜在的爆炸或着火危险，安全性高；

⑦ 电池部件多为廉价的碳材料、工程塑料，材料来源丰富，易回收，不需要贵金属作电极催化剂；

⑧ 能量效率高，可达 $75\%\sim80\%$，性价比非常高；

⑨ 启动速度快，如果电堆里充满电解液可在 2min 内启动，在运行过程中充放电状态切换只需要 0.02s。

（2）全钒液电池的缺点

① 能量密度低，目前先进的产品能量密度大概只有 $40W\cdot h/kg$，铅酸电池大概有 $35W\cdot h/kg$；

② 因为能量密度低，又是液流电池，所以占地面积大；

③ 目前国际先进水平的工作温度范围为 $5\sim45℃$，过高或过低都需要调节。

全钒液流电池适用于调峰电源系统、大规模光伏电源系统、风能发电系统的储能以及不间断电源或应急电源系统。国内外全钒液流电池的主要生产企业有中国大连融科储能公司（Rongke Power）、中国北京普能公司和日本住友电气工业公司（Sumitomo Electric Industries）。

4.4.5 液流电池的发展现状和趋势

随着可再生能源的快速发展和电网调峰的需求增加，全钒液流电池作为一种优秀的绿色环保蓄电池，市场需求将持续增长。特别是在中国，随着政府对可再生能源和储能技术支持力度的不断加大，全钒液流电池的新增装机量有望继续保持快速增长态势。

其次，全钒液流电池行业在研发方面的投入不断增加，包括电堆设计创新、电解液优化、隔膜材料改进等方面的研究，这将有助于提高电池的能量密度和降低制造成本。随着技术的进步和规模化生产的实现，全钒液流电池的成本有望进一步降低，从而提高其市场竞争力。

除了可再生能源储能和电网调峰领域外，全钒液流电池在交通运输、工业等领域的应用也将逐步扩大。随着电动汽车市场的快速发展和智能制造的推进，全钒液流电池作为一种高能量密度、长寿命的储能技术，有望在这些领域发挥更大的作用。

思政研学

"刀片电池"——比亚迪的黑科技

目前新能源汽车动力电池主要采用三元锂电池和磷酸铁锂电池，根据中国汽车动力电池产业联盟发布的公开资料，2021年，我国三元锂电池装机量74.3GW·h，占比48.1%，磷酸铁锂电池装机量79.8GW·h，占比51.7%，二者占据了近100%的动力电池市场。三元电池的优势是能量密度高，但是成本和安全性值得进一步研究。并且电池如果大量使用镍、钴等稀有金属，原材料将无法稳定供应，在燃油车全面被替代时代到来时，原材料的供需矛盾将不可避免地加剧。而磷酸铁锂的优势是成本低和安全性能高，但是能量密度有限。不论是基础研究还是实际生产，研究者都在不断推出新材料、新工艺技术，以期望达到电池能量密度、成本和安全的相对平衡。

比亚迪从2008年起，就坚守磷酸铁锂材料体系的技术路线，并于2020年在深圳推出了"刀片电池"，首次搭载于"比亚迪-汉"车型。比亚迪推出的"刀片电池"，电池体能量密度与三元电池基本相当，解决了产品安全性、能量密度的相对平衡，以及被金属钴和镍等稀有金属"卡脖子"的问题，使电池本身更具有竞争力。

思考题

1. 镁离子电池工作原理是什么？
2. 镁离子电池的优缺点是什么？
3. 镁离子电池实用化最大的阻碍是什么？
4. 镁离子电池的适用场景是什么？
5. 铝离子电池的优缺点是什么？
6. 铝离子电池工作原理是什么？
7. 铝离子电池实用化前景如何？
8. 简述锌-空气电池基本结构及存在问题。
9. 锌-空气电池反应原理是什么？
10. 简述液流电池工作原理及特点。
11. 液流电池的适用场景是什么？

参考文献

[1] 叶飞鹏,王莉,连芳,等. 钠离子电池研究进展[J]. 化工进展,2013,32(8):1789-1795.

[2] 李慧,吴川,吴锋,等. 钠离子电池:储能电池的一种新选择[J]. 化学学报,2014,72(1):21-29.

[3] 方永进,陈重学,艾新平,等. 钠离子电池正极材料研究进展[J]. 物理化学学报,2017,33(1):211-241.

[4] 刘凡凡,王田甜,范丽珍. 镁离子电池关键材料研究进展[J]. 硅酸盐学报,2020(7):947-962.

[5] 秦楠楠,何文,徐小龙,等. 镁离子电池的研究进展[J]. 山东陶瓷,2016(1):16-20.

[6] 张琴,胡耀波,王润,等. 镁离子电池正极材料的研究现状[J]. 材料导报,2022,36(07):134-144.

[7] 于龙. 几种镁离子电池正极材料的合成及其电化学性能[D]. 乌鲁木齐:新疆大学,2004.

[8] 吴汉杰. 铝离子电池正极材料的电化学特性研究[J]. 化工新型材料,2018,46(6):190-193.

[9] 高凌云. 廉价安全的铝离子电池[J]. 现代物理知识,2015(4):50.

[10] 褚有群,马淳安,张文魁. 碱性锌空气电池的研究进展[J]. 电池,2002,32(5):294-297.

[11] 朱子岳,符冬菊,陈建军,等. 锌空气电池非贵金属双功能阴极催化剂研究进展[J]. 储能科学与技术,2020,9(5):1489.

[12] 许可,王保国. 锌-空气电池空气电极研究进展[J]. 储能科学与技术,2017,6(5):924-940.

[13] 谢聪鑫,郑琼,李先锋,等. 液流电池技术的最新进展[J]. 储能科学与技术,2017,6(5):1050-1057.

[14] 张华民,王晓丽. 全钒液流电池技术最新研究进展[J]. 储能科学与技术,2013,2(03):281-288.

[15] 董全峰,张华民,金明钢,等. 液流电池研究进展[J]. 电化学,2005(03):237-243.

第 5 章

氢能与储氢材料

5.1 概述

世界能源结构在历史上发生过两次能源革命：煤炭替代薪柴，石油和天然气替代煤炭。生产力发展的需求是这两次能源革命的主要动因。现在，世界能源结构正在发生第三次革命：从以化石燃料为主的能源系统转向可再生能源的多元化结构。随着全球气候变暖的威胁日益加剧，"碳达峰与碳中和"已成为各国政府和国际社会共同关注的重要议题。在这一背景下，氢能以其独特的优势，正逐渐成为推动能源转型、实现可持续发展的关键力量。

氢在地球上主要以化合态的形式出现，是宇宙中分布最广泛的物质，它大约占宇宙质量的 75%。氢能作为二次能源，具有燃烧热值高的特点，是汽油的 3 倍，酒精的 3.9 倍，焦炭的 4.5 倍。氢燃烧的产物是水，是世界上最干净的能源，加之资源丰富、可持续发展，使得其在 21 世纪的世界能源舞台上占据举足轻重的能源地位。氢能，作为一种清洁、高效、可再生的能源形式，零碳排放的特性使其在应对气候变化、减少温室气体排放方面具有得天独厚的优势。大力发展氢能产业，可以有效减少化石能源的消耗，降低温室气体排放，从而为实现碳达峰目标提供有力支撑。

5.2 氢的基本性质

5.2.1 氢元素

氢是自然界最普遍存在的元素，据估计它大约占宇宙质量的 75%，除空气中的单质氢气外，主要以化合物的形式贮存于水中，而水是地球上最广泛的物质。据推算，如把海水中的氢全部提取出来，它所产生的总热量比地球上所有化石燃料放出的热量高 9000 倍。氢元素是最简单的元素，由一个质子和一个电子组成，没有中子。因此，它的原子质量是所有元素中最轻的。氢的物理性质如表 5-1 所示。

表 5-1　氢的物性

H 原子序数	1
电子在 1s 轨道上结合(电离)能/aJ	2.18
H_2 分子量/$(10^{-3} kg/mol)$	2.016
H_2 原子平均距离/nm	0.074
H_2 解离为 2 个 H 原子的解离能/aJ	0.71

H 原子序数	1
H^+ 在 298K 稀释水溶液中的电导率/[m^2/(mol·Ω)]	0.035
101.33kPa 和 298K 下密度/(kg/m^3)	0.084
101.33kPa 下熔点/K	13.8
101.33kPa 下沸点/K	20.3
298K 下恒压比热容/[kJ/(K·kg)]	14.3
101.33kPa 和 298K 下水溶解度/(m^3/m^3)	0.019

氢元素的同位素，是指具有相同质子数但不同中子数的氢原子。在自然界中，氢元素以氕（^1H）、氘（^2H）、氚（^3H）三种同位素的形式存在。它们的相对丰度分别为约 99.9844%、约 0.0156%、低于 0.001%。氕（^1H），也被称为普通氢，是氢的主要形式，占自然界中氢的绝大多数。它的原子核只有一个质子，没有中子，因此质量数为 1。氕的化学性质活泼，能与多种元素形成化合物。氘（^2H），又称重氢，其原子核内有一个质子和一个中子，因此质量数为 2。氘在自然界中的含量相对较少，但在科学研究和工业应用中具有重要意义。氘的化学性质与氕相似，但由于其含有中子，在核反应中具有特殊的作用。例如，在核裂变过程中，氘可以提供中子，使得原子核分裂得更快，从而释放出更大的能量。此外，氘还可以用于制造重水，这是一种在核反应中常用的物质。氚（^3H），是氢的放射性同位素，其原子核内有一个质子和两个中子，因此质量数为 3。氚在自然界中的含量极低，主要通过核反应产生。由于氚具有放射性，其半衰期为 12.46 年，因此在使用和处理时需要特别小心。氚在科学研究中也具有重要的作用，特别是在热核反应研究中。热核反应是指在高温和高压下，将两种轻元素（比如氢-2、氢-3）聚合成更重的元素，同时释放出能量。这种反应是太阳和其他恒星中能量释放的主要形式，而氚在这种反应中扮演着重要的角色。

总之，氢元素以其独特的物理和化学性质，在能源、环境、化工等领域具有广泛的应用前景。随着技术的进步和成本的降低，氢气的制备、储存和利用技术将不断完善，为人类的可持续发展提供强有力的支持。

5.2.2　氢分子

氢分子，即由两个氢原子组成的化学物质，是自然界中氢元素最常见的存在形式。这种简单的分子结构赋予了氢分子独特的物理和化学性质，使其在多个领域具有广泛的应用价值。氢气在标准状态下，密度为 0.0899g/L，是无色、无味、无毒的气体；在-252.7℃时，可成为液态，若将压力增大到数百个标准大气压，液氢就可变为固体氢。氢气具有极高的扩散性和渗透性，能够迅速扩散到各个角落。

首先，从结构上来看，氢分子中的两个氢原子通过共用一个或多个电子形成共价键连接，构成一个稳定的分子结构。这种结构使得氢分子具有较小的分子量和较高的扩散性，能够迅速渗透到各种物质中。此外，氢分子还具有较高的反应活性，容易与其他分子发生化学反应，生成新的化合物。

在物理性质方面，氢分子以氢气的形态存在时，表现为无色、无味的双原子气体分子。其密度非常小，是自然界中分子量最小的气体，因此氢气能够轻松上升并逐渐向宇宙中挥发。氢气还具有较低的熔点和沸点，使得其在一定条件下能够液化或固化。此外，氢气的溶解度随着温度的升高而降低，但随着压强的增大而显著增大。

在化学性质方面，氢分子具有较高的化学活性，可以与多种元素和化合物发生化学反应。例如，氢气可以与氧气在燃烧过程中反应生成水，这是一种清洁、无污染的能源转换方式。此外，氢气还可以通过催化反应与其他化合物合成多种有用的化学品，如氨、甲醇等。

近年来，氢疗法作为一种新兴的治疗手段受到了广泛关注。氢气以其潜在的临床意义、较高的亲和力、细胞的完整性和通透性，被证明具有减轻慢性炎症、减轻氧化应激、限制细胞凋亡、减少细胞损伤和改善组织功能的临床能力。氢气在心血管、呼吸、血液、代谢、感染和神经退行性疾病等领域的疗效和安全性正在进行深入研究。

5.2.3 氢能

氢分子与氧分子反应生成水的时候要释放能量，这种能量就是氢能。氢能，作为一种新兴的能源形式，指的是通过氢的化学反应或者物理状态变化过程中所释放的能量。具体而言，氢能是指相对于 H_2O 的 H_2 和 O_2 所具有的能量。由于 O_2 在地球大气中大量存在，一般不被看成是反应物，所以单独强调 H_2 而称为氢能。每摩尔的 H_2 的氢能在数值上为 1mol H_2 和 0.5mol O_2 所具有的能量与 1mol H_2O（液态）所具有的能量的差，在 1 标准大气压及 25℃条件下，标准焓的变化（$\triangle H^\ominus$）为 -285.830kJ，标准吉布斯能的变化（$\triangle G^\ominus$）为 -237.183kJ。焓的变化是全部能量的变化，而吉布斯能的变化是在焓的变化中能够作为功而提取的那部分能量的变化，如果组成电池则可以作为电能来提取。不提取电能时，焓的变化将全部作为热量来释放（图 5-1）。

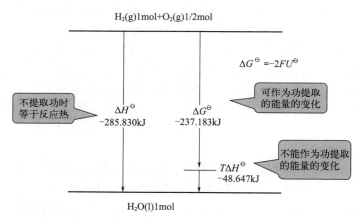

图 5-1　1mol H_2 的氢能在水生成反应中焓的变化、吉布斯能的变化、熵的变化关系
（在 25℃标准状态下的值）

因为地球上几乎不存在天然的 H_2，所以 H_2 要利用含有 H 的化合物来制取。为了制取 H_2 需要消耗能源，由于用于这个过程的能源是一次能源，所以 H_2 便成了二次能源。从 H_2O 制取 H_2 时，需要提供高温条件或者从外部提供电能、光能。例如，通过从外部提供电能可以把 1mol H_2O 分解成 1mol H_2 和 0.5mol O_2。在 25℃条件下，这个反应的标准吉布斯能的变化为 $+237.183$kJ，其化学平衡偏向于 H_2O。所以，需要从外部施加电能以促使反应进行而生成 H_2 和 O_2。这意味着把电能转换成了 H_2 和 O_2 所具有的化学能。其结果是，1mol H_2 和 0.5mol O_2 与 1mol H_2O 相比，在 1 标准大气压及 25℃条件下，要高出

237.183kJ 标准吉布斯能的状态，自发反应生成 H_2O，可利用燃料电池提取出作为化学能储存于 H_2 和 O_2 的电能，如图 5-2 所示，当然也可以全部作为热能（此时将产生相当于标准焓变化的 285.830kJ 的热量）提取出来加以利用。无论何种利用方法，只有通过利用入射到地球的太阳能，把 H_2O 分解成 H_2 和 O_2，再把太阳能转换成氢能，最终根据需要使用氢能，才是理想的能源体系。

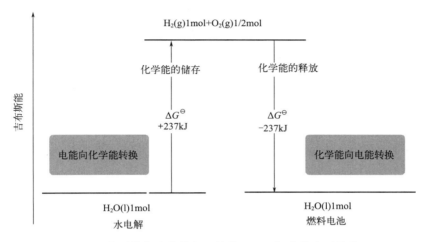

图 5-2　化学能与电能的相互转换（25℃标准状态下的值）

氢能主要涉及氢的生产、储存、运输以及利用等多个环节，涵盖了从基础科学研究到实际应用技术的广泛领域。它不仅仅代表着一种能源的利用方式，更代表着一种清洁、高效、可持续的能源发展方向（图 5-3）。

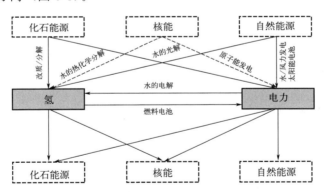

图 5-3　目前构想的氢能体系

首先，从能源的本质来看，氢能是一种化学能。通过特定的化学反应，如燃烧或燃料电池反应，氢能够释放出大量的热能或电能，满足人类在生产和生活中的能源需求。其次，氢能是一种可再生的能源。与化石燃料等不可再生能源相比，氢能可以通过可再生能源（如太阳能、风能等）电解水制得，实现可持续利用。这种能源的生产方式不仅降低了对有限自然资源的依赖，而且有助于减少温室气体排放，缓解全球气候变暖问题。此外，氢能还具有高效、清洁的特点。在燃烧或燃料电池反应中，氢的化学反应速率快，能量转换效率高，且反应产物主要是水，不产生有害物质。这种清洁、高效的能源利用方式有助于改善环境质量，促进人类社会的可持续发展。

在应用方面,氢能具有广泛的潜力。在交通运输领域,氢燃料电池汽车以其长续航里程、快速加氢、零排放等优势,逐渐成为新能源汽车市场的重要力量。在电力供应领域,氢能可以通过燃料电池技术实现高效、稳定的电力输出,为可再生能源的并网和消纳提供有力保障。此外,氢能还可以在工业生产、建筑供暖等领域发挥重要作用,推动能源结构的绿色转型。然而,氢能的发展也面临着一些挑战,如制氢技术的成本、储存和运输的安全性、氢能基础设施的建设等都需要进一步研究和改进。但随着科技的不断进步和政策的支持引导,相信氢能将在未来能源体系中占据重要地位,为人类社会的可持续发展贡献力量。

氢能在某些方面还存在以下缺点。

① 从能源角度来看,氢能的制造成本相对较高。目前,主流的氢气制取方法包括电解水制备氢气等,这些过程需要消耗大量的电能,并且电解设备的成本也较高。这导致氢气的生产成本相对较高,进而影响了氢能源的大规模应用。

② 氢气的储存和运输也存在一定的困难。由于氢气在常温常压下是气体状态,其储存和运输相对不便。为了储存氢气,需要将其压缩或液化,这增加了储存和运输的复杂性,同时也需要特殊的设备和基础设施。此外,氢气的分子结构使其不易压缩,这也增加了储存的难度。

③ 氢气的安全性问题也是需要考虑的因素。氢气是高度可燃的,具有一定的爆炸风险。因此,在使用氢气作为能源时,需要采取特殊的安全措施来确保储存、处理和使用过程中的安全性。这增加了氢能应用的复杂性和成本。

④ 从基础设施建设的角度来看,将氢气作为主要能源需要建设相应的氢气供应基础设施,包括氢气生产设施、储存和加注站等。这需要大量的投资和时间来建设和完善基础设施网络,是氢能发展面临的一个挑战。

⑤ 氢气本身虽然来源丰富,但制取原料如水、生物质、天然气和煤等方法的成本及能耗都较高,这影响了氢气作为车用燃料的大规模应用。此外,氢气的沸点低、液态储存成本高、体积能量密度小,导致续航里程相对较短。

5.3 氢能的意义

氢能的根本意义在于,作为综合体系具有保护地球环境及摆脱化石燃料的作用,即存在实现社会可持续发展的极大可能性。因此,氢能不只是因为燃烧只排放水的清洁性,必须用长远的眼光来看其实质(质和量)上能够产生的效果。其实人们从几十年前就开始对氢能展开了激烈的讨论并提出了各种各样的体系,但由于氢的制备费用高这一经济性原因,这个问题逐渐被冷落。不过,从 20 世纪 90 年代开始,地球环境问题受到了极大的关注,随着对环境成本的认识的提高以及化石燃料价格的攀升,并且随着有关氢技术的大幅进步,人们对氢能的期待又急剧高涨起来。

(1)氢能对于环境安全的意义

氢能对于全球气候变暖的意义主要体现在以下几个方面。①显著减少温室气体排放:氢能作为一种清洁的能源形式,其燃烧或反应过程中几乎不产生任何温室气体排放。与化石燃料相比，氢能的燃烧产物主要是水，不产生二氧化碳等导致全球气候变暖的主要气体。因此，大力推广氢能的应用可以有效减少温室气体排放，从而减缓全球气候变暖的速度。②促进低碳能源体系的构建：全球气候变暖的主要原因之一是能源消费结构不合理，对化石燃料的过度依赖导致了大量的温室气体排放。氢能作为一种可再生的清洁能源，有助于推动能源结构的优化和升级，促进低碳能源体系的构建。通过大力发展氢能产业，可以逐步减少对化石能源的依赖，降低碳排放强度，实现能源的可持续发展。

（2）氢能对于个人生活的意义

随着氢能技术的进步与化石能源的日益紧缺，氢能利用未来必将进入家庭。它将通过氢气管道，如同城市煤气般，直接输送到每个家庭。这些管道可以连接厨房灶具、浴室设备、氢气冰箱以及空调机等，同时车库内的汽车充氢设备也能与之相连。有了氢能管道，人们的生活将不再依赖煤气、暖气和电力管线，甚至连汽车加油站也不再需要。这种清洁、便捷的氢能系统，将为人们创造一个更为舒适的生活环境，大大减轻日常生活中的繁杂事务（图5-4）。

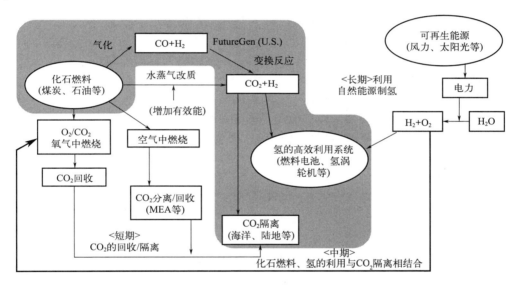

图 5-4　可持续发展氢能的社会场景

（3）氢能对于工业的意义

氢在全球经济和日常生活中扮演着重要角色，尤其在炼油、化工和钢铁等工业领域得到广泛应用。其中，炼油、氨生产、甲醇生产和钢铁制造是氢的四大主要用途。目前，这些用途主要依赖化石燃料提供的氢。炼油厂目前主要使用天然气制氢。随着环保标准的提升，预计至 2030 年，炼油过程中对氢的需求可能增加 7%。然而，石油需求增长的政策调整可能对此有所影响。由于全球炼油产能已能满足当前需求，未来的氢需求可能主要来自现有设施，这为 CCUS（碳捕获利用与封存）技术的改造提供了机会，有助于减少相关排放。

（4）氢能对于航空航天的意义

氢的高能量密度使其成为理想的燃料选择，其能量密度是普通汽油的 3 倍，因此燃料自重可大幅减轻，这对航天飞机极为有利。现今的航天飞机使用氢作为发动机推进剂，纯氧作为氧化剂，液氢储存在外部推进剂桶内，每次发射都需要大量液氢。此外，研究人员正在探索利用"固态氢"作为宇宙飞船的结构材料和动力燃料，以延长飞船在宇宙中的飞行时间。同时，氢作为动力燃料在超声速飞机和远程洲际客机上的研究也在进行中，并已进入样机和试飞阶段。

5.4 氢能开发进展

氢能源作为一种高效、清洁、可持续发展的"无碳"能源已经得到世界各国政府、学术界和产业界的普遍关注。世界各国和组织纷纷投入巨资进行氢能相关技术的研发。"氢经济"已成为 21 世纪的竞争领域。

5.4.1 氢能发展史

① 16 世纪初期，研究者发现了硫酸与铁反应可以产生氢；

② 17 世纪，证实氢的可燃性；

③ 1766 年，英国的卡文迪许发现，铁、锌、锡等金属与盐酸或硫酸反应，在任何情况下都能够生成可燃的氢气（卡文迪许被公认为是氢的正式发现者）；

④ 1783 年，法国夏尔发明氢气球，实现在巴黎上空飞行；

⑤ 1801 年，英国的戴维发现可以使用固体碳素的燃料电池原理；

⑥ 1814 年，瑞典的贝采里乌斯提出使用 H 来表示氢；

⑦ 1839 年，英国的格罗夫设计了以氢气为燃料、氧气为氧化剂、电极采用铂、电解质用硫酸的燃料电池；

⑧ 1952 年，英国的培根实现了碱性燃料电池的发电，并申请专利；

⑨ 1961 年，美国 NASA（国家航空航天局）开始了以宇宙开发为目的的研究，并开发出碳氢系电解膜的固体聚合物燃料电池；

⑩ 1967 年，美国实行 TARGET 计划，开发面向基础应用的磷酸燃料电池；

⑪ 1981 年，日本实行月光计划和新阳光计划，开发新型燃料电池。

5.4.2 中国氢能发展现状

国家发展改革委、国家能源局联合印发《氢能产业发展中长期规划（2021—2035 年）》（以下简称《规划》），《规划》明确了氢的能源属性，是未来国家能源体系的组成部分，充分发挥氢能清洁低碳特点，推动交通、工业等用能终端和高耗能、高排放行业绿色低碳转型。同时，明确氢能是战略性新兴产业的重点方向，是构建绿色低碳产业体系、打造产业转型升级的新增长点。《规划》提出了氢能产业发展基本原则，一是创新引领，自立自强。积极推动技术、产品、应用和商业模式创新，集中突破氢能产业技术瓶颈，增强产业链供应链稳定性和竞争力。二是安全为先，清洁低碳。强化氢能全产业链重大风险的预防和管控；构建清洁化、低碳化、低成本的多元制氢体系，重点发展可再生能源制氢，严格控制化石能源制氢。三是市场主导，政府引导。发挥市场在资源配置中的决定性作用，探索氢能利用的商业化路径；更好发挥政府作用，引导产业规范发展。四是稳慎应用，示范先行。统筹考虑氢能供应能力、产业基础、市场空间和技术创新水平，积极有序开展氢能技术创新与产业应用示范，避免一些地方盲目布局、一拥而上。《规划》还提出，到2025年，基本掌握核心技术和制造工艺，燃料电池车辆保有量约5万辆，部署建设一批加氢站，可再生能源制氢量达到10万～20万t/a，实现二氧化碳减排100万～200万t/a；到2030年，形成较为完备的氢能产业技术创新体系、清洁能源制氢及供应体系，有力支撑碳达峰目标实现；到2035年，形成氢能多元应用生态，可再生能源制氢在终端能源消费中的比例明显提升。

5.5 制氢工艺与技术

5.5.1 传统能源制氢

目前，利用传统化石能源制取氢气仍是主流的制氢方式，其技术成熟且成本相对较低。然而，这种方法确实存在一些环境问题，如消耗有限资源和产生二氧化碳导致温室效应加剧。因此，从环保角度出发，制氢过程中进行二氧化碳捕获封存显得尤为重要。水蒸气重整、部分氧化和自热重整是三种主要的化石燃料制氢技术。

每种技术都有其独特的优势和局限性。水蒸气重整技术虽然需要外部热源，但无需氧气参与，具有较低的工作温度和较高的氢气产率。部分氧化技术则通过氧气部分氧化碳氢化合物生成氢，无需催化剂，抗硫能力强，且其热源来自氧化反应。自热重整技术则对气压的要求较低，但与部分氧化一样，都需要纯氧气的供应，增加了供氧系统和设备成本。

5.5.1.1 煤制氢技术

煤制氢技术拥有长达200年的历史，在中国也有近一个世纪的发展历程。鉴于我国煤炭资源的丰富性，目前煤炭在能源结构中的占比在70%左右，专家预测，即便到2050年，煤炭在我国能源结构中的比重仍将保持在50%左右。然而，大量煤炭的使用导致温室气体CO_2排放剧增，使我国成为全球CO_2排放大国，承受着巨大的国际压力。因此，推行洁净煤技术成为我国的当务之急。

在众多洁净煤技术中，煤制氢技术，即CTG，显得尤为重要。它不仅是我国最重要的洁净煤技术之一，也是清洁利用煤炭的有效途径。煤制氢主要有两种方法：焦化与气化。焦化是在隔绝空气条件下，将煤加热至900～1000℃制取焦炭，其副产品焦炉煤气中含有约55%～60%（体积分数）的氢气，可作为制取氢气的原料或城市煤气。而煤的气化则是煤在高温常压或加压下与气化剂反应，转化为气体产物，其中也含有氢气等组分。在我国，众多中小型合成氨厂也采用煤为原料，通过固定床式气化炉制取含氢煤气，作为合成氨的原料。这种方法具有投资小、操作简便的特点，其气体产物主要是氢气和一氧化碳。

（1）煤气化制氢工艺

煤气化制氢技术首先将煤炭转化为富含氢气和一氧化碳的气态产品。随后，经过净化、一氧化碳的变换和分离提纯等工艺步骤，最终得到特定纯度的氢气产品。这一技术过程主要包含煤炭气化、煤气净化、一氧化碳变换和氢气提纯等核心环节。经过这些处理，煤气化制氢技术能够高效地生产出符合要求的氢气。其主要生产工艺如图5-5所示。

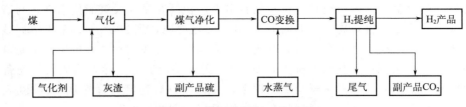

图 5-5　煤气化制氢工艺流程

　　煤制氢技术的关键在于将固态的煤转化为气态产品，这一过程主要通过煤气化技术实现，然后进一步转换制取氢气。煤气化是一个复杂的热化学加工过程，它利用煤或煤焦作为原料，在特定的高温高压条件下，与气化剂（如氧气、水蒸气等）发生化学反应，从而将煤或煤焦中的可燃部分转化为可燃性气体，即煤气。这种煤气在化工领域有着广泛的应用，通常被称为合成气。

　　煤气化过程涵盖了多个阶段，包括干燥、热解、气化和燃烧。其中，干燥是一个物理变化过程，随着温度的升高，煤中的水分逐渐蒸发。而热解、气化和燃烧则是化学变化过程。在热解阶段，煤分子在高温下发生分解反应，生成大量挥发性物质，如干馏煤气、焦油和热解水，同时煤逐渐黏结形成半焦。随后，在更高的温度下，半焦与通入气化炉的气化剂发生化学反应，生成以一氧化碳、氢气、甲烷等为主要成分的气态产物，即粗煤气。气化反应涉及多个复杂的化学反应，主要包括碳、水、氧、氢、一氧化碳、二氧化碳之间的相互转化。其中，碳与氧的反应释放大量热量，为整个气化过程提供所需的能量。通过这一系列的物理和化学变化，煤气化技术成功地将固态煤转化为富含氢气的气态产品，为后续制取高纯度氢气奠定了基础。

　　气化主要反应过程如下：

① 水蒸气转化反应

$$C+H_2O \longrightarrow CO+H_2 \tag{5-1}$$

② 水煤气变换反应

$$CO+H_2O \longrightarrow CO_2+H_2 \tag{5-2}$$

③ 部分氧化反应

$$C+0.5O_2 \longrightarrow CO \tag{5-3}$$

④ 完全氧化（燃烧）反应

$$C+O_2 \longrightarrow CO_2 \tag{5-4}$$

⑤ 甲烷化反应

$$CO_2+4H_2 \longrightarrow CH_4+2H_2O \tag{5-5}$$

⑥ Boudouard 反应

$$C+CO_2 \longrightarrow 2CO \tag{5-6}$$

　　一氧化碳变换技术是将煤气化过程中产生的合成气中的一氧化碳转化为氢气和二氧化碳，从而调节气体成分以满足后续工艺需求。此技术的发展与变换催化剂的进步紧密相连，催化剂的性能直接决定了变换流程的先进程度。采用 Fe-Cr 系催化剂的变换工艺，操作温度维持在 $350\sim550\,^{\circ}\mathrm{C}$，被归类为中、高温变换工艺。由于操作温度较高，变换后一氧化碳的平衡浓度也相对较高。然而，这种催化剂对硫的抗性较弱，因此更适用于总硫含量低于 80×10^{-6} 的气体。另一方面，Cu-Zn 系催化剂的变换工艺操作温度较低，在 $200\sim280\,^{\circ}\mathrm{C}$ 之间，被称为低温变换工艺。这种工艺通常与中、高温变换工艺串联使用，能够将一氧化碳浓度从 3% 降低到 0.3% 左右。但值得注意的是，Cu-Zn 系催化剂对硫的抗性更差，仅适用于硫含量低于 0.1×10^{-6} 的气体。而采用 Co-Mo 系催化剂的变换工艺，操作温度范围较宽，为 $200\sim550\,^{\circ}\mathrm{C}$，被称为宽温耐硫变换工艺。其操作温区广泛，尤其适用于高浓度一氧化碳的变换，且不易出现超温现象。此外，Co-Mo 系催化剂具有极强的抗硫能力，对硫含量无上限要求。

煤气化后的合成气经过一氧化碳变换，主要成分为氢气和二氧化碳。为脱除二氧化碳，可采用溶液物理吸收、溶液化学吸收、低温蒸馏和吸附等方法，其中溶液物理和化学吸收应用最为广泛。溶液物理吸收法适用于高压环境，而化学吸收法则更适用于低压环境。国外常用的物理吸收法包括低温甲醇洗法，而化学吸收法则以热钾碱法和 MDEA（N-甲基二乙醇胺）法为主。国内则多使用低温甲醇洗法、NHD（聚乙二醇二甲醚）法和碳酸丙烯酯法进行物理吸收，热钾碱法和 MDEA 法则常用于化学吸收。

目前，粗 H_2 提纯的方法多种多样，包括深冷法、膜分离法、吸收-吸附法、钯膜扩散法、金属氢化物法及变压吸附法等。其中，变压吸附法（PSA）在规模化生产、能耗控制、操作简便性、产品氢纯度以及投资等方面均展现出显著的综合优势。PSA 技术基于固体吸附剂对不同气体的吸附选择性，以及气体吸附量随压力变化而变化的特性。在特定压力下，吸附剂能够吸附气体，通过降低被吸附气体的分压，实现气体的解吸和分离。近年来，国内在 PSA 技术的吸附剂研发、工艺优化、控制系统以及阀门技术等方面均取得了显著的进步，使我国在这一领域达到了国际先进水平。

在煤制氢工艺过程中产生的"三废"也得到了有效的处理。气化过程产生的灰渣经过填埋处理，实现了无害化处置。灰水经过装置的预处理后，达到污水处理厂的接收标准，进一步处理后可实现达标排放或回用。酸性气体脱除过程中产生的硫化氢被送往硫黄回收装置，转化为硫黄产品，实现了资源的有效利用。此外，变换气经过二氧化碳脱除塔后，产生高纯度的二氧化碳气体，通过冷却吸附工艺进一步提纯，可用于生产工业级和食品级二氧化碳，或经过处理减少向大气的排放，从而实现了环境友好型的生产。

（2）煤气化技术

煤制氢的核心工艺在于煤气化，该技术对 H_2 的成本和气化效率有着至关重要的影响。因此，研发高效、低能耗、无污染的煤气化技术，成为推动煤制氢发展的关键。煤气化技术根据煤料与气化剂在气化炉内的接触方式，主要分为固定床、流化床和气流床气化三种。

固定床气化以块煤、焦炭块或型煤为原料，通过逆流接触与气化剂发生热化学转化，生成氢气、一氧化碳、二氧化碳。这种方法对原料煤的特性有一定要求，包括热稳定性、反应活性等，且对灰分含量也有一定限制。固定床气化形式多样，可根据压力等级分为常压和加压两种。

流化床气化则是利用气化剂使煤颗粒床层呈现流态化状态，完成气化反应。这种方法以粉煤为原料，气化反应速率快，生产能力高。同时，由于煤干馏产生的烃类发生二次裂解，出口煤气中几乎不含焦油和酚水，使得冷凝冷却水处理更为简单且环境友好。然而，流化床气化也存在一些不足，如气化温度较低、热损失较大以及粗煤气质量有待提高等。

气流床气化则是通过气化剂将煤粉高速夹带喷入气化炉，实现快速气化反应。这种方法的气化反应速率极快，气化强度远高于固定床和流化床。气流床气化具有温度高、碳转化率高、单炉生产能力大、煤气清洁等优点。典型的气流床气化工艺包括 K-T、Shell、GSP 等干法进料方式，以及 Texaco、多喷嘴等水煤浆进料方式。

在选择煤气化方法时，需综合考虑原料特性、生产规模、能耗、环保要求等因素，选用最适合的气化方式制取氢气。通过不断优化煤气化技术，可以有效降低煤制氢的成本，提高生产效率，推动煤制氢产业的可持续发展。

5.5.1.2 石油制氢

人们不会直接使用石油来制取氢气，而是选择石油初步裂解后的产品，如石脑油、重油、石油焦以及炼厂干气等作为制氢原料。石脑油是石油蒸馏的一种轻质油产品，主要用于化工原料。其成分复杂，包括烷烃、单环烷烃等多种化合物。根据馏程的不同，石脑油可分为轻石脑油和重石脑油，两者各自在化工和汽油生产中有不同的应用。然而，近年来石脑油等轻油价格的显著上涨，使得以石脑油为原料的制氢成本大幅增加，因此人们开始寻求其他替代原料。重油是原油提炼后的剩余物，具有分子量大、黏度高的特点。其成分以烃类为主，含有少量的硫和其他无机化合物。重油的高热值和强辐射能力使其在钢铁生产等工业领域得到广泛应用。石油焦是重油经过热裂解得到的产物，外观为黑色多孔颗粒或块状，富含碳元素。其分类方法多样，包括焦化方法、热处理温度、硫分含量以及外观形态等。石油焦在石墨制造、冶炼和化工等领域有广泛应用，尤其在水泥工业中需求量巨大。近年来，随着对炼油厂氢气需求的增长，石油焦也逐渐成为制氢的重要原料。炼厂干气是在炼油过程中产生的非冷凝气体，主要成分包括乙烯、丙烯以及甲烷、乙烷等烃类。这些气体不仅可用作燃料，还是重要的化工原料。催化裂化干气中氢气和乙烯的含量较高，而延迟焦化干气则富含甲烷和乙烷。各类原料制氢路线如图 5-6 所示。

总之，虽然石油本身不是制氢的首选原料，但其裂解后的产品如石脑油、石油焦、重油和炼厂干气等，在制氢领域具有广泛的应用前景。随着技术的进步和成本的控制，这些原料在制氢过程中的作用将愈发重要。

5.5.1.3 天然气制氢

天然气制氢工艺是一个复杂的过程，其基本原理是先对天然气进行预处理，确保进入后续转化炉的气体符合反应要求。随后，在转化炉中，甲烷和水蒸气在催化剂的作用下发生化学反应，转化为一氧化碳和氢气等产物。这个过程需要在特定的温度范围内进行，通常是在 800～820℃之间。这种转化可以得到富含氢气的气体混合物，其中氢气的体积分数可以达到 74%。图 5-7 总结了几种主要的天然气制氢路线。

天然气制氢工艺在大型合成氨及合成甲醇工厂中得到了广泛的应用。我国在这个领域进行了大量的研究工作，并且已经建立了许多工业生产装置。除了传统的天然气蒸汽转化制氢工艺外，我国还开发了一种间歇式天然气蒸汽转化制氢工艺。这种工艺特别适用于小型合成氨厂，因为它不需要使用高温转化炉，从而降低了装置的投资成本。然而，由于我国的天然气分布并不均匀，这种方法的应用也受到了一定的限制。

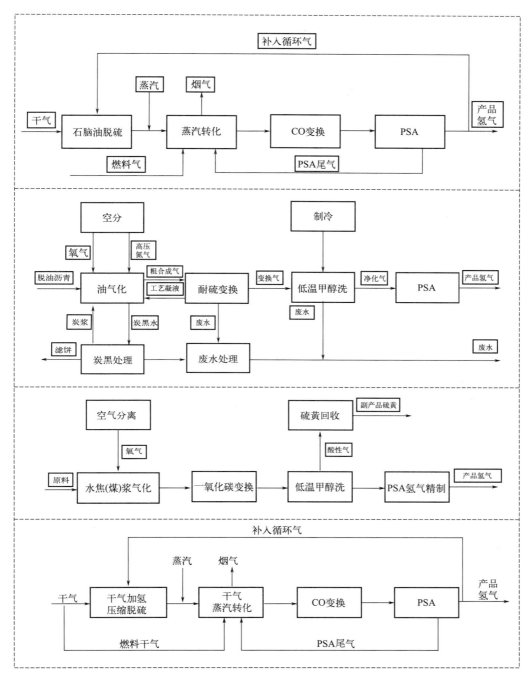

图 5-6　各类石油原料制氢流程

5.5.2　可再生能源制氢

  可再生能源制氢是一种利用可再生能源，如太阳能、风能等，通过一系列技术过程将水资源转化为氢气的技术。这种制氢方式不仅环保，而且有助于减少对有限化石燃料的依赖，降低温室气体排放，对实现可持续发展具有重要意义。

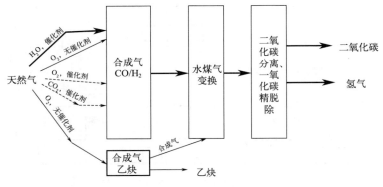

图 5-7　天然气制氢工艺流程

在可再生能源制氢的过程中，首先通过太阳能光伏电池板或风力发电机等设备，将太阳能或风能转换为电能。然后，利用电解池设备，将电能输入至电解池中，通过电解水的过程，将水（H_2O）分解成氢气（H_2）和氧气（O_2）。生成的氢气随后被收集并储存起来，以供后续使用。此外，还有其他可再生能源制氢的方式，如生物质制氢、光催化制氢、微生物制氢等。生物质制氢是利用生物质资源（如农作物秸秆、木材废料等）进行热解、气化或发酵等过程，产生可再生气体（主要是氢气）。光催化制氢则是借助光催化材料，通过光能驱动水的光催化分解反应，产生氢气。微生物制氢则是利用具有特殊代谢途径的微生物，通过生物反应或发酵过程，将有机废弃物或其他有机物转化为氢气。

总的来说，可再生能源制氢是一种环保、高效且可持续的制氢方式，具有广阔的应用前景。随着技术的进步和成本的降低，可再生能源制氢将在未来的能源领域发挥越来越重要的作用。

5.5.2.1　光（太阳光）解水制氢

（1）光制氢路线

光解水制氢技术被视为一种理想的制氢方法，其原理在于直接利用太阳能，并在光催化剂的协助下，将水分解产生氢气。光催化制氢原理如图 5-8 所示，这种技术直接利用一次能源，避免了能源转换过程中的浪费，因此在理论上被认为既高效又清洁。通过直接利用太阳能并分解水，不仅实现了可再生能源的有效利用，而且在使用过程中避免了化石能源所带来的环境问题。

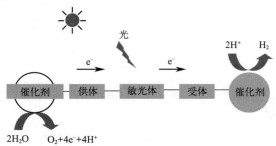

图 5-8　光制氢原理

光解水制氢技术的研究始于1972年，当时日本东京大学的FujishimaA和HondaK两位教授首次报告了利用二氧化钛单晶电极光催化分解水产生氢气的现象。这一发现揭示了利用太阳能直接分解水制氢的可能性，并为后续的研究开辟了新的道路。随着研究的深入，光解水制氢技术从最初的电极电解水逐步演变为多相光催化的半导体光催化分解水。同时，除了二氧化钛之外，更多的光催化剂也被相继发现，推动了光解水制氢技术的快速发展。

尽管光解水制氢技术具有巨大的潜力，但目前仍面临诸多挑战。其中，制氢效率低是最主要的问题之一，目前效率尚不到4%，这使得该技术距离实际应用还有相当长的距离。为了克服这一难题，需要攻克三大技术难关：光催化材料的带隙与可见光能量的匹配、光催化材料的能带位置与反应物电极电位的匹配，以及降低光生电子-空穴的复合率。

（2）光催化半导体材料

在光解水制氢的过程中，半导体材料起着至关重要的作用。当半导体受到光激发时，价带中的电子会被激发到导带中，形成光生电子-空穴对。然而，大部分光生电子和空穴会迅速复合，只有少部分能够迁移到半导体表面。在表面，光生载流子仍有一部分会发生复合，而另一部分则被水分子捕获，从而引发水的分解反应（图5-9）。

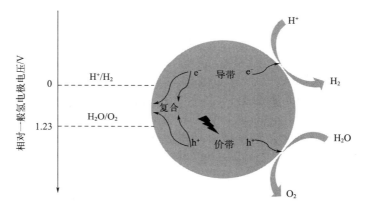

图 5-9 半导体光解水制氢基本过程

需要注意的是，并非所有半导体材料都能完成水的分解。这是因为水的分解取决于电子-空穴的还原-氧化能力，而这种能力又取决于半导体材料的导带底和价带顶的位置。只有当导带底的位置高于氢的电极电势，且价带顶的位置低于氧的电极电势时，光致产生的电子和空穴才具备足够的还原和氧化能力来分解水生成氢气和氧气。

因此，在推动光解水制氢技术的发展过程中，需要继续深入研究光催化剂的合成与改性，以提高其光催化活性和稳定性，同时还需要探索新的半导体材料，以寻找更适合光解水制氢的候选材料。通过这些努力，人们有望克服当前的技术难题，推动光解水制氢技术走向实际应用，为可再生能源的利用和环境保护做出更大的贡献。

无机化合物半导体在光催化领域的研究中占据了重要地位，自从FujishimaA和HondaK首次探索半导体光催化现象以来，研究者们的主要工作一直聚焦于光催化材料的研发。经过多年的努力，基于元素周期表，人们已经发现了数百种能够应用于光催化过程的光催化材料，其中绝大部分是无机化合物半导体。这些材料涵盖了金属氧化物、硫化物、氮化物、磷化物及其复合物等多种形式。在已知的能够用于光催化过程的半导体材料中，其元素组成具有一些显著特点。它们通常由具有 d^0 或 d^{10} 电子结构的金属元素和非金属元素共同构成半导体的基本晶体结构，并决定其能带结构。碱金属、碱土金属或镧系元素虽然可以参与这些半导体晶体结构的形成，但对其能带结构的影响微乎其微。此外，一些金属离子或非金属离子还能作为掺杂元素，对半导体的能带结构进行精细调控。贵金属元素则常被用作助催化剂，以提升光催化性能。

根据组成半导体化合物的金属离子（阳离子）的电子特性，单一光催化材料可以划分为两大类别：一类是金属离子的 d 电子轨道处于无电子填充状态（d^0），如 Ti^{4+}、Zr^{4+}、Nb^{5+}、Ta^{5+} 和 W^{6+} 等；另一类是金属离子的 d 电子轨道处于满电子填充状态（d^{10}），如 In^{3+}、Ga^{3+}、Ge^{4+}、Sn^{4+} 和 Sb^{5+} 等。与第一类金属离子相配的非金属元素主要是氧元素，它们之间组合成的氧化物，如 TiO_2、ZrO_2、Nb_2O_5、Ta_2O_5 和 WO_3 等，都是广泛使用的光催化剂。除了氧化物外，一些碱金属、碱土金属或其他金属离子还可以引入这些化合物中，形成一些盐类。这些盐类也被证实具有良好的光催化能力，例如钛酸盐［如 $SrTiO_3$、$A_2Ti_6O_3$（A＝Na、K、Rb）、$BaTi_4O_9$ 等］、铌酸盐［如 $AKNb_6O_{17}$（A＝K、Rb）、$Sr_2Nb_2O_7$ 等］、钽酸盐［如 $ATaO_3$（A＝Na、K）、MTa_2O_6（M＝Ca、Sr、Ba）等］和钨酸盐（如 $Ag_2W_2O_7$、$Bi_2W_2O_6$ 等）。此外，与第二类金属离子相配的非金属元素也主要是氧元素，它们之间组合成的氧化物（如 In_2O_3、Ga_2O_3、GeO_2 和 SnO_2）同样被应用于光催化反应中。这些金属离子还可以组成具有光催化活性的盐类，如铟酸盐、镓酸盐、锗酸盐、锡酸盐和锑酸盐等。综上所述，无机化合物半导体在光催化领域的应用广泛且深入，其元素组成和晶体结构对光催化性能具有重要影响。通过不断优化材料组成和结构，可以进一步提高光催化材料的性能，推动光催化技术的实际应用和发展。

聚合物半导体：g-C_3N_4 这种材料具备与石墨类似的层状结构，其中的 C、N 原子通过 sp 杂化方式构建了一个高度离域的共轭电子能带结构，其禁带宽度达到 2.7eV。值得注意的是，其导带底高于氢的氧化还原电位，价带顶则低于氧的氧化还原电位，这样的特性使得 g-C_3N_4 在特定牺牲剂如三乙醇胺或硝酸银的辅助下，能够实现光催化分解水产氢或产氧。然而，由于聚合物的特性，g-C_3N_4 在光解水制氢应用中面临一些挑战，如比表面积小、光生载流子激子结合能高以及复合严重等问题。

除了上述的无机化合物半导体和聚合物半导体以外，最近的研究表明一些具有可见光吸收的单质元素（Si、P、B、Se 和 S）也具有一定的光催化活性，这丰富了光催化材料家族，但这些单质光催化剂的催化活性都很低，还需进一步研究，以提高催化效率。

（3）光催化制氢展望

光催化制氢技术具有巨大的潜力，在未来可能成为一种重要的能源生产方法。以下是对光催化制氢技术的展望。

① 技术进步与效率提升：随着科研人员在材料科学、纳米技术、光电子学等领域的深入研究，光催化制氢技术的效率有望得到显著提升。新型光催化剂的设计和制备将变得更为精确和高效，能够更有效地吸收和利用太阳能，从而提高制氢效率。

② 降低成本与规模化生产：随着技术的进步和规模化生产的实现，光催化制氢技术的成本有望逐渐降低。这将使得光催化制氢技术更具经济竞争力，有望在未来能源市场中占据一席之地。

③ 应用领域拓展：光催化制氢技术的应用领域有望不断拓展。除了传统的能源生产领

域，光催化制氢技术还可应用于化工、环保等领域，为这些领域提供清洁、高效的氢能源。

④ 与其他技术的结合：光催化制氢技术有望与其他可再生能源技术（如太阳能光伏、风能等）以及储能技术（如电池储能、氢能储能等）进行结合，形成更加完善的可再生能源体系。这将有助于解决能源供应的稳定性问题，提高能源利用效率。

5.5.2.2　风能制氢

风能制氢是一种利用风力发电产生的电能来电解水制备氢气的技术。其基本原理是将风力发电机发出的电能直接输入到水电解设备中，通过电解水的方式将电能转化为氢气。

在电解过程中，水分子在电流的作用下分解为氢气和氧气。这个过程需要大量的电能输入，因此，风力发电厂通常会与电解水制氢厂配合使用，利用风力发电产生的电能进行电解。风力发电机具有高适应性，不仅可以通过变流装置将电能输送到电网，还可以将弃风能源在氢电解池供电当中进行应用。此外，电解池也具有高适应性、高效性、安全性以及环保性。风电制氢电解池可以将风能有效转换成电能，而且在电解制氢过程中需要确保能源转换过程的高效性。

风能制氢的优点在于它是一种清洁能源的利用方式。氢气作为能源载体，具有能量密度大、转化效率高、无污染和零碳排放等特点，被看作最具应用前景的能源之一。而风能作为一种可再生能源，具有广阔的开发前景和丰富的储量。将风能转化为氢气，不仅可以解决氢气的制备问题，还可以实现风能的高效利用，促进能源结构的转型和升级。然而，风能制氢技术目前还处于研究探索和应用示范阶段，需要解决一些技术难题，如提高电解效率、降低制氢成本等。同时，风能制氢的规模化应用还需要政策的支持和市场的推动。

5.5.2.3　海洋能制氢

海洋能制氢是一种充满潜力的前沿技术。它利用海洋中的可再生能源如风能、波浪能、潮汐能等来产生电能，进而通过电解水的方式制取氢气。这种技术不仅能够有效利用海洋的广阔资源，还能为清洁能源的转型和可持续发展提供有力支持。在海洋能制氢的过程中，首先需要将海洋能转化为电能。这可以通过多种方式实现，比如利用风力驱动风力发电机、利用波浪和潮汐驱动涡轮机等。这些设备能够将海洋的自然力量转化为电能，为后续的电解水过程提供动力。一旦获得了电能，就可以通过电解水的方式来制取氢气。电解水是一个简单但高效的过程，它利用电能将水分子分解为氢气和氧气。在这个过程中，电能被转化为化学能，存储在氢气中，以便后续使用。

海洋能制氢的优势在于可再生性和环保性。海洋是一个巨大的能源宝库，蕴含的风能、波浪能和潮汐能等可再生能源取之不尽、用之不竭。利用这些能源制氢，不仅可以减少对化石燃料的依赖，还能减少温室气体排放，有助于应对气候变化和环境问题。此外，海洋能制氢还具有灵活性和可扩展性。由于海洋覆盖了地球的大部分面积，因此可以在不同的地点和规模上部署海洋能制氢设施。这使得海洋能制氢成为一种适应性强、可灵活应用的清洁能源技术。

然而，海洋能制氢技术也面临一些挑战和限制。例如，海洋环境的复杂性和多变性可能对设备的稳定运行和维护提出更高的要求。此外，海洋能制氢的成本目前还相对较高，需要进一步降低才能实现大规模应用。

5.5.2.4　地热能制氢

地热能制氢是一种利用地球内部热能进行氢气生产的高效且环保的能源转化过程。这种技术结合了地热发电和电解水制氢两个主要环节，从而实现了可再生能源到清洁燃料的转换。

首先，地热发电是地热能制氢的起点。地热发电站通过从地下抽取热水或蒸汽，利用这些热流体驱动涡轮机旋转，进而产生电能。这种发电方式不仅稳定，而且不会排放有害气体，具有显著的环保优势。随后，电解水制氢过程开始。电解水是指将水分子在电流的作用下分解为氢气和氧气的过程。在地热能制氢中，地热发电站产生的电能被用于电解水。通过这一过程，电能被转化为化学能，存储在氢气中，为后续使用提供了清洁的能源。

地热能制氢的优势在于其可再生性和环保性。地热能作为一种可再生能源，源源不断地从地球内部释放出来，供应稳定且持久。同时，整个制氢过程不产生有害排放物，有助于减少温室气体排放，应对气候变化。此外，地热能制氢还具有高效性。地热发电站产生的电能可以直接用于电解水，避免了能源转换过程中的损失。同时，电解水制氢技术本身也具有高效性，能够将电能有效地转化为氢气。

然而，地热能制氢技术也面临一些挑战。例如，地热能的勘探和开发成本较高，需要投入大量资金和技术支持。此外，电解水制氢过程中所需的电力成本也是制约其大规模应用的一个因素。

总体而言，地热能制氢是一种具有潜力的清洁能源技术。随着技术的进步和成本的降低，它有望在未来能源领域发挥更大的作用，为实现可持续发展和环保目标作出贡献。

5.5.3　生物质制氢

生物质资源是丰富的可再生能源，通过生物法可以实现制氢。这包括生物气化发酵或直接利用细菌、藻类分解水或其他底物。例如生物质生成过程中，葡萄糖作为单糖在糖解过程中被氧化，为代谢反应提供能量来源 ATP（三磷酸腺苷）。在这一氧化反应中，NAD（烟酰胺腺嘌呤二核苷酸）作为辅助因子被还原，形成 NADH（还原型烟酰胺腺嘌呤二核苷酸）。如需继续糖解，已还原的 NADH 需再次被氧化。在有氧条件下（好氧环境），氧气参与 NADH 的氧化过程；而在无氧条件下（厌氧环境），则通过生成乳酸或乙醇等代谢产物来完成 NADH 的氧化（图 5-10）。这些转化反应既可在黑暗中进行，也可在光辅助下完成。生物质生长过程中需要能量输入，通常是太阳光，其转换效率涉及从外部能量到生物质、从生物质到氢能，以及从太阳辐射到氢气的整体转化率。由于生物系统并非自然产生氢分子，因此需通过如基因工程等技术手段进行改造。然而，植物转化太阳能的效率较低，导致相关设备成本高昂。

（1）光催化制氢

微生物的光合作用在分解水产氢方面与植物相似，光合细菌和蓝绿藻是研究的重点。以藻类为例，它们分解水产生氢离子和氧气，氢离子随后在氢化酶作用下转化为氢气。藻类产氢被认为经济可持续，利用可再生水和消耗二氧化碳。但光催化过程产生的氧气会抑制氢化酶，且产氢能力较低，不能消耗废料。相对而言，光发酵和暗发酵途径在处理废物的同时产氢，因此更具优势。已知产氢的绿藻主要集中在团藻目和绿球藻目，如莱茵衣藻等。其产氢途径有直接和间接生物光解两种：在直接途径中，绿藻利用光能将水分子光解并还原铁氢化

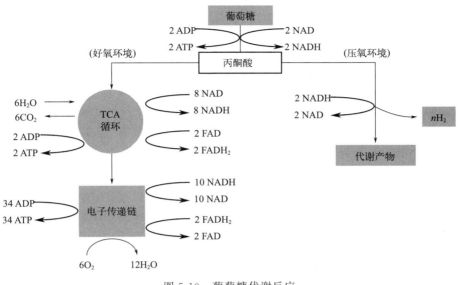

图 5-10　葡萄糖代谢反应

ADP—腺苷二磷酸

酶，释放氢气；间接途径则分为有氧光合作用合成细胞物质和无氧条件下酵解产生还原力两阶段。外源营养因素也影响绿藻的光合产氢。一些研究采用固定化技术提高藻类产氢效率，如固定化海洋扁藻的光解水产氢效率显著提升。此外，添加特定物质如 CCCP（羰基氰化物间氯苯腙）也能影响绿藻的光生物制氢过程，电子来源和传递途径在不同阶段有所变化。

（2）光发酵产氢

　　光发酵产氢是一种厌氧光合细菌利用有机物中的还原能力和光能，将氢离子还原为氢气的过程。这一过程具有诸多优势，如光谱适应性强、无氧气产生以及基质转化效率高，因此被视为极具潜力的制氢方法。光发酵还展现出较高的光转化效率，并具备巨大的提升潜力。多种光和异养型细菌在光照和厌氧条件下，能够将有机酸转化为氢气和二氧化碳。其中，Rhodobacter spheroids、Rhodobacter capsulatus、Rhodovulum sulfidophilum W-1S 和 Thiocapsa roseopersicina 等光合细菌的光发酵制氢过程已被深入研究。当葡萄糖作为光发酵基质时，反应方程式为：

$$C_6H_{12}O_6 + 6H_2O + 光能 \longrightarrow 12H_2 + 6CO_2 \tag{5-7}$$

　　宗文明等人利用生物柴油废水筛选并鉴定了产氢光合细菌，初步鉴定其为类球红细菌。在特定条件下，该菌株利用不同浓度的生物柴油废水展现出了高效的产氢能力。才金玲等人则富集了产氢海洋光合菌群，该菌群能有效利用乙酸作为产氢碳源，且产氢量和底物转化效率受多种环境因素影响。廖强等人通过固定化光合细菌在填充床中进行光发酵产氢研究，发现产氢速率和底物降解速率与进口葡萄糖浓度和光照强度密切相关。Guillaume Sabourin-Provost 等人首次将生物柴油生产中的粗甘油用于光发酵制氢，紫色脱硫光合细菌 Rhodopseudomonas palustris 显示出高效的转化能力。佩丽等人则利用废再生纸进行厌氧发酵生物制氢，通过优化条件实现了较高的产氢率。Dipankar Ghosh 等人进一步研究了利用粗甘油进行光发酵产氢，探讨了氮源影响和基质浓度的优化，显著提高了产氢量。实验室通过连续培养 Rhodobacter capsulatus JP91 菌种，利用葡萄糖作为基质，实现了高效产氢。此外，小麦淀粉也被应用于光发酵制氢研究，通过优化水解条件和发酵过程，实现了较高的产氢量和特定氢产量。

（3）暗发酵产氢

当葡萄糖作为暗发酵的基质时，反应方程为：

$$C_6H_{12}O_6 + 2H_2O \longrightarrow 4H_2 + 2CO_2 + 2CH_3COOH \qquad (5\text{-}8)$$

在厌氧环境下，绿色藻类能够利用氢气作为电子供体来同化二氧化碳，而在缺氧条件下，它们则通过质子与电子的结合产生氢分子。这一过程中，可逆氢酶作为一种重要的酶催化剂发挥着关键作用，其功能类似于某些蓝藻中的双向氢化酶。基因工程技术可以将特定类型的氢化酶（如铁型氢化酶）从细菌芽孢杆菌中转移到其他生物体中，从而在黑暗无氧的条件下，利用蓝球藻等的光合作用产生氢气。

在暗发酵制氢过程中，多种环境因素对氢气的产量产生显著影响。其中，培养基的 pH 值是一个关键因素，因为它直接影响离子型氢酶的活性。当 pH 值降低时，氢气的产生会受到抑制，因此，在制氢过程中需要精确控制 pH 值。此外，培养基中的离子浓度也是影响氢气产量的重要因素，这主要是因为与氢气生成相关的氢酶主要存在于微生物细胞的氧化还原型铁硫蛋白中。氮源的选择同样对暗发酵制氢过程至关重要。高浓度的氮源会显著抑制氢气的产生。例如，当氮源浓度从 2g/L 增加到 10g/L 时，氢气的产率会大幅下降。因此，使用尿素或其他铵盐作为氮源时，发酵过程中几乎不会产生氢气。此外，为了避免抑制氢气的产生，还需避免在厌氧发酵过程中积累乙酸、丙酸和丁酸等物质。

厌氧消化阶段在固体或液体废物的生物固定化过程中发挥着重要作用。由于化石燃料燃烧产生的温室效应问题，利用可再生的生物质进行高效产甲烷和产氢发酵已引起广泛关注。厌氧发酵制氢作为一种新兴的生物制氢技术，具有巨大的应用前景和发展潜力。然而，目前仍存在基质利用率较低和发酵产氢微生物不易获得等问题。因此，未来的研究将重点关注如何快速获取高效产氢的混合微生物群，并探索如何利用农业生产中的废弃生物质进行厌氧发酵产氢。

（4）两步发酵工艺

两步发酵制氢技术，即先进行暗发酵再进行光发酵，是一种创新的产氢方法，相较于单一制氢方式，它具有显著优势，能够显著提升氢气的产量。暗发酵后的发酵液中富含有机酸，这些有机酸可成为光发酵的原料，从而消除了它们对暗发酵制氢的抑制作用。同时，光发酵中的光合细菌能够有效利用这些有机酸，进而降低废水的 COD（化学需氧量）值。为了确保两步发酵技术在两种反应体系中顺利运行，必须严格控制发酵底物的组成和发酵条件。特别地，暗发酵的发酵液中铵离子浓度和 C/N 比应保持在不会对光合细菌产生抑制作用的水平。暗发酵结束后，还需调整发酵液的稀释率和 pH 值，以满足光发酵中光合细菌对有机酸和 pH 的需求。

此外，利用光合细菌和厌氧细菌的混合系统产氢也是一种有效方法。厌氧细菌能够迅速将多糖类化合物分解并产氢，但由于有机物代谢分解不完全，有机酸的积累会抑制产氢效率。而光合细菌则能够利用这些有机酸进行代谢产氢。将这两种菌混合培养，充分利用它们的功能特性，可以构建一个高效的产氢体系。在这一过程中，营养、暗发酵过程的初始

pH、C/N 比及基质浓度等因素均会对产氢效果产生影响。因此，在实际操作中需要综合考虑这些因素，以优化产氢过程。

葡萄糖作为基质被广泛用于产氢的研究中。葡萄糖作为两步发酵的基质时，反应方程为：

暗发酵阶段

$$C_6H_{12}O_6 + 2H_2O \longrightarrow 4H_2 + 2CO_2 + 2CH_3COOH \tag{5-9}$$

光发酵阶段

$$2CH_3COOH + 4H_2O + 光能 \longrightarrow 8H_2 + 4CO_2 \tag{5-10}$$

5.5.4　水电解制氢

利用太阳能、风能等可再生能源进行水电解以产生氢气，已成为全球清洁能源和可持续发展的重要策略。近年来，水电解因高纯度氢、无污染、工艺简便和电力供应稳定等优点，受到了广泛关注。

水电解的一大优势在于规模的灵活性。它可以适应从小规模到大规模的各类应用。无论是利用离网或局部的可再生能源进行小规模生产，还是在大规模设备上运行以产生大量氢气，水电解都能展现出其独特的价值。这使得它在分布式、小型能源应用以及可再生能源储存等领域有着广阔的应用前景。另一个显著优点是水电解能够稳定地利用不稳定的太阳能和风能。由于太阳能和风能的输出具有波动性，电网难以直接接纳其产生的电能。而水电解技术则可以将这些多余的电能转化为氢气储存起来，待需要时再进行转换和使用。这为解决不稳定能源应用的关键问题提供了有效的途径。

目前，水电解装置主要分为碱性水电解、质子交换膜水电解和固体氧化物水电解三种技术。这些技术都是实现从水和可再生能源中生产高纯度氢的关键工艺，为清洁能源的发展提供了有力的支持。

（1）碱性水电解

理论上，水电解在酸性、中性或碱性电解质水溶液中均可进行。而碱性水电解池作为氢生产的常用方法，具有显著优势，包括：采用廉价的电池材料，降低了资本支出；技术成熟，运营成本低廉；单元容量大；原水可直接用于电解，无需特殊纯化程序。这些特点使得碱性水电解在氢生产领域具有广泛的应用前景。

碱性水电解池使用碱性水溶液（KOH 或 NaOH）作为电解液输送离子。电解质溶液浓度通常控制在 20%～40%（质量分数），在高达 90℃的温度下提供最大的电导率。半电池反应可表示为：

$$2H_2O + 2e^- \longrightarrow H_2 + 2OH^- \tag{5-11}$$

$$2OH^- \longrightarrow 0.5O_2 + H_2O + 2e^- \tag{5-12}$$

（2）质子交换膜水电解

质子交换膜水电解原理主要基于电解水的化学反应，其中质子交换膜（PEM）起着关键作用。首先，水电解槽内部有两个电极，分别是阴极和阳极。当外加电压施加到电解槽中时，水分子在阴极和阳极的作用下发生电解反应。在阴极上，水分子接受电子并发生还原反应，生成氢气。而在阳极上，水分子失去电子并发生氧化反应，生成氧气。

在这个过程中，质子交换膜位于阴极和阳极之间，起到隔离和传导质子的作用。水分子在阳极被分解成氧气和氢正离子（H^+），随后 H^+ 穿过质子交换膜到达阴极。在阴极，H^+ 与电子结合生成氢气。由于质子交换膜的存在，氢气和氧气被分隔开来，从而保证了产氢的纯度高。

阳极反应：$H_2O \longrightarrow 0.5O_2 + 2e^- + 2H^+$ (5-13)

阴极反应：$H^+ + 2e^- \longrightarrow H_2$ (5-14)

（3）固体氧化物水电解

20 世纪 80 年代，在 Dornier SystemGmbH 的 HotElly 项目资助下，Dönitz 和 Erdle 首次报道了管状电解质支撑的固体氧化物电解池（SOEC）。由于其高操作温度使得电化学反应易于发生，SOEC 自此受到了广泛关注。研究显示，SOEC 能有效地将电能转化为化学能，从而高效生成氢气。

传统上，SOEC 主要分为两种类型，其差异在于使用的电解质材料。这些电解质材料要么是氧离子传导型，要么是质子传导型。在电解池系统中，阳极和阴极分别涂布在电解质的两端，形成类似膜电极组件的电池系统。不同类型的电解质导致水电解反应有所不同。当采用氧离子传导电解质时，氢电极处的水会分解为氢和氧离子，氧离子随后通过电解质传输到空气电极，最终生成氧气。而质子传导型 SOEC 中，水在空气电极处分解，质子通过电解质从空气电极传输到氢电极，进而生成氢气。反应方程为：

氧离子传导 SOEC

$$H_2O + 2e^- \longrightarrow H_2 + O^{2-}（氢电极反应）$$ (5-15)

$$O^{2-} \longrightarrow 0.5O_2 + 2e^-（空气电极反应）$$ (5-16)

质子传导 SOEC

$$H_2O \longrightarrow 0.5O_2 + 2H^+ + 2e^-（空气电极反应）$$ (5-17)

$$2H^+ + 2e^- \longrightarrow H_2（氢电极反应）$$ (5-18)

5.5.5 我国制氢现状

在 2002 年之前，我国制氢技术专利申请数量较低，表明当时国内在制氢领域的自主研发能力相对较弱，主要依赖国外技术与设备。然而，随着能源问题的日益突出，政府逐渐加大对新能源及制氢技术的支持力度，氢能技术被列入科技发展"十五"规划，并在随后的《国家中长期科学技术发展规划纲要 2006—2020》中被列为重点研究领域，之后国家能源局还出台了《氢能产业发展中长期规划（2021—2035 年）》，推动了制氢领域的快速发展。

我国制氢技术的研发和实际应用主要聚焦在化石资源制氢、水解制氢和生物制氢等关键技术路线上。其中，煤气化技术是我国制取氢气的主要手段之一，得到了多家研究机构的深入研究和开发。在天然气制氢方面，尽管大型装置多依赖国外引进技术，但国内在 PSA 提纯技术方面已取得显著进展，具备工业应用条件。同时，中小型规模的天然气制氢装置也大量建设，采用自主研发的工艺进行生产。

生物制氢是另一个重要的研究方向，是利用生物自身的代谢作用将有机质或水转化为氢气。我国多家研究机构在此领域取得了一系列研究成果，并建立了中试工厂。此外，生物质气化制氢也是研究的热点之一，探索不同的技术路线以提高氢气的产量和效率。

水电解制氢虽然工艺相对简单，但能耗较高。因此，如何利用太阳能等可再生能源进行高效电解成为研究的重点。近年来，我国科研机构在光催化制氢领域取得了重要突破，提高了光解水制氢的效率，为水电解制氢在我国的应用提供了有力支持。

总之，我国在制氢技术领域取得了显著进展，但仍需继续加强自主研发和技术创新，推动制氢技术的升级和应用，以实现氢能的高效、清洁利用。

5.6 氢的纯化

从碳氢化合物水蒸气改质过程中产生的改质气体主要成分为氢气，但其中还包含 CO、CO_2、CH_4 和 H_2O 等杂质。为了获取纯净的氢气，这些杂质必须被有效去除。以下是一些常用的氢纯化方法，包括吸收法、低温分离法、吸附法及膜分离法。同时，还会提及一种将膜分离与反应器结合的膜反应器技术。吸收法利用特定溶剂对杂质进行选择性吸收，从而实现氢气的纯化。低温分离法则依赖于不同组分在低温下的冷凝性质差异，通过降温使杂质凝结并分离。吸附法则利用吸附剂对杂质的吸附作用，使氢气得以提纯。而膜分离法则是基于不同气体在膜材料中的渗透速率差异，实现氢气的分离和纯化。此外，膜反应器技术将膜分离与化学反应过程相结合，通过膜的选择性渗透作用，实现反应产物中氢气的即时分离和纯化，提高了氢气的生产效率和纯度。这些纯化方法各具特点，可根据实际需求和工艺条件选择合适的技术进行氢气纯化。

（1）吸收法

吸收法是一种长期应用于气体净化的成熟技术，尤其在大规模装置中广泛使用。针对酸性气体的去除，吸收法主要分为化学吸收和物理吸收两种途径。在化学吸收中，针对二氧化碳的去除，有热碳酸钾法和乙醇胺溶液吸收法等多种方法。以碳酸钾水溶液为例，当二氧化碳被吸收后，只需对溶液进行加热，二氧化碳气体便能顺利释放。特别值得一提的是本菲尔德法，它采用约 30% 的碳酸钾水溶液，在常压和约 100℃ 的条件下，能够将二氧化碳的浓度有效降低至 0.1%～0.2%。针对一氧化碳的去除，通常采用铜氨法，在常压下吸收一氧化碳，在减压加热时释放出一氧化碳，并进行回收。

（2）低温分离法

低温分离法基于不同气体沸点的差异，通过冷却使杂质气体液化，从而从氢气中分离出来。在去除二氧化碳和水后，将气体冷却至 -180℃ 以液化并去除甲烷。由于低温分离需要极低的温度环境，因此常利用原料气体的焦耳-汤姆逊效应和绝热膨胀冷却来实现。这种方法在大规模装置中尤为常见。

（3）吸附法

吸附法则利用不同气体在吸附剂上的吸附特性差异来去除杂质。其中，PSA（变压吸附）法是一种典型方法。它采用沸石、活性炭等吸附剂，在加压条件下吸附除氢气外的其他气体，随后通过解吸过程释放这些杂质，实现吸附剂的再生和氢气的纯化。为确保连续运转，通常需要使用多个填充有吸附剂的容器，交替进行吸附和解吸操作。

（4）膜分离法

膜分离法是利用只对氢气具有选择渗透性的膜来提取氢气的方法。作为氢分离膜，已经实用化的有高分子膜和金属（钯）膜。另外，最近以氢渗透膜的高性能与低成本化为目标，正在进行非钯系金属膜与多孔介质膜的 SiO_2、Si_3N_4 等的陶瓷膜以及碳膜等的开发。

（5）膜反应器

氢分离膜的应用不仅局限于氢气的分离与纯化，目前更被创新性地整合到反应体系中，形成膜反应器，以研究其在反应与氢分离过程中的表现。图 5-11 展示了氢分离型改质器的工作原理。通过在天然气水蒸气改质反应器内集成钯合金膜，氢分离型改质器能够在单一反应器内同时完成改质反应和氢气的纯化，使系统更加简洁、紧凑和高效。此外，由于氢气从反应器中被抽出，打破了反应平衡的束缚，从而加速了反应的进程。因此，与无氢分离功能的反应器相比，这种氢分离型改质器能够在更低的温度下实现较高的反应效率。在城市煤气水蒸气改质过程中，操作温度甚至可以从 700~800℃ 降低到 500~550℃，显著提升了能源利用效率和操作的经济性。

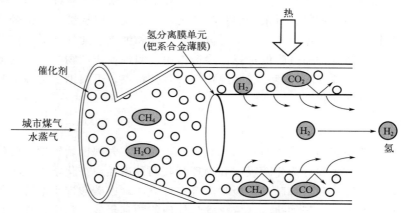

图 5-11　氢分离型改质器工作原理

5.7　氢的存储

由于氢气的体积能量密度远低于汽油，仅为后者的 1/3000，要实现氢能社会的目标，关键在于提升氢气的输送与储存效率，特别是在体积能量密度方面。在汽车等运输领域，对体积和质量能量密度的要求更为严格，因此开发能够与化石燃料相匹敌的氢气输送与储存技术至关重要。目前采用或正在研究的主要储能技术是高压气态储氢、低温液态储氢以及固态储氢。

5.7.1　高压储氢

高压储氢是目前广泛应用的储氢技术，通过提高储存压力来增加氢气储存密度，常见的储氢压力范围在 20~35MPa，而近年来 70MPa 储氢技术已逐渐进入示范应用阶段。这种储氢方式不仅简便易行，成本也相对较低，同时充放气速度快，常温下即可操作。日本选择 70MPa 高压作为主流流通方式，背后既有技术上的考量，也有产业上的推动。在技术方面，日本凭借先进的碳纤维技术，采用铝合金内胆加碳纤维缠绕的车用气瓶，确保了储氢的安全性和可靠性。在产业方面，本田、丰田和日产等主导了氢燃料电池汽车的相关标准，产业链各方需遵循此标准，这也推动了高压储氢技术的广泛应用。

然而，高压储氢也面临一些挑战。首先，其体积储氢密度相对较低，随着压力的提高，储氢密度的增加速度逐渐放缓，难以满足某些高标准的要求。其次，氢气压缩过程中需要消耗大量能量，从能量效率角度看，气态储氢的压缩功耗较大。此外，高压储氢还需要厚重的耐压容器，这增加了设备的质量和成本，同时也存在一定的安全隐患，如氢气泄漏和容器爆破等风险。在运输方面，目前高压储氢主要通过将氢气加压后装入高压容器中，利用牵引卡车或船舶进行长距离输送。这种运输方式虽然技术成熟，但由于常规高压储氢容器的自身质量较大，氢气的运输效率较低，主要适用于短距离、小量氢气的输送。对于大量、长距离的氢气输送，管道输送是一种更为高效和经济的方式。长距离氢气输送管道已有多年历史，运行安全可靠。然而，管道输送也面临一些挑战，如氢损失的问题以及管道造价和输送成本相对较高的问题。尽管如此，利用现有天然气管道进行氢气输送的潜力仍然巨大，特别是低碳钢材质的管道更适合输送纯氢，这将有助于推动氢能的发展和应用。

5.7.2　液态储氢

液态氢相较于气态氢，体积能显著缩小至约 1/800，这一特性使其在大规模、高密度的氢储存中展现出巨大潜力。然而，液态氢的制备并非易事。由于氢的沸点极低，达到 −253℃，这一过程需要消耗氢本身燃烧热的约三分之一。更为复杂的是，液态氢与室温之间存在超过 200℃ 的温差，其蒸发潜热相较于天然气偏小，使得容器壁渗入的热量对液态氢的气化影响不可忽视。这种气化现象与罐体的表面积密切相关。罐的表面积随着其半径的平方而增加，而液态氢的体积（即内容积）则随半径的三次方而增加。因此，大型罐因渗入热量导致的液态氢气化比例相对较小，而小型罐则面临更大的挑战。特别是对于未来可能应用于轿车的 80L 左右的小型罐（相当于 5kg 的氢），每天蒸发量可达 2%~5%，这一数值相当高，对氢的储存和运输带来了不小的挑战。此外，液态氢罐的生产目前大多采用手工方式而非流水线作业，使得产品间的差异较大，对蒸发及相关研究造成困难。尽管如此，液态氢在氢储存方面的优势仍不容忽视。如果能有效降低液化过程中的能耗，并结合简单的保冷容器和氢气加注器，液态氢作为氢的输送与储存方式仍有巨大的发展前景。

在 1978 年，日本着眼于工业规模的液态氢制造以支持宇宙开发，率先建立了第一套相关设备，并随后增加了五套制造设施。目前，这些设备中有一半仍在高效运行。到了 2006 年，日本更是启动了国内最大规模的液态氢制造厂，进一步推动了液态氢产业的发展。液态氢的制造工艺多种多样，其中简易林德法通过高压低温氢气的膨胀获取液态氢，但因其转化温度低、需要液氮预冷、且效率较低，主要适用于小规模的实验室应用。而中等规模的液态氢制造常采用氢气布雷顿法，该方法使用惰性气体氦作为压缩机与膨胀透平内的流体，既有利于防爆，又能全量液化所供给的氢气，减少移送过程中的闪蒸损失。在大规模液态氢制造中，氢气克劳德法因其高效经济性备受青睐。该方法结合等熵膨胀与焦耳-汤姆逊效应，以氢本身作为制冷剂，虽在循环中氢的保有量大且需提高压力，但已充分考虑了安全方面的问题。目前运行的液化设备过程效率约为 30%，其中氢气液化的基本流程涉及压缩、冷却、膨胀、液化等步骤。在膨胀过程中，虽然利用膨胀透平的等熵膨胀与焦耳-汤姆逊效应的绝热膨胀来液化氢气，但膨胀透平所做的功并未得到回收利用，而是以热量的形式散失到系统外部。因此，在利用液态氢作为能源时，提高能源效率成为关键问题。日本国家项目 WE-NET 计划指出，通过工艺改进和功的回收，有望将效率提升至约 50%，这将为液态氢的生产和应用带来显著的经济效益和环境效益。

5.7.3 固态储氢

固态储氢技术近年来备受瞩目，它凭借化学反应或物理吸附的方式将氢气储存于固态材料中，以高能量密度和良好的安全性展现出了巨大的发展潜力。该技术主要有两种储氢方式：一是通过氢化学吸附形成化合物，涵盖金属氢化物等；二是利用高度多孔固体材料可逆吸附分子氢，如活性炭和碳纳米管等碳材料，以及非碳固体纳米材料。其中，碳基储氢材料依靠超大的比表面积进行物理吸附，尽管在室温下吸放氢性能有待提高，但在超低温下能展现出优异的性能。

固态储氢技术的显著优势不容忽视。首先，其储氢工作压力相对较低，通常在 2.5MPa 以内，从而显著降低了氢气泄漏的风险，增强了使用安全性。其次，固态储氢中的氢气以金属氢化物的形式存在，避免了自腐蚀、自放氢和容量衰减等问题，延长了使用寿命。此外，储氢合金具备良好的循环使用性能，即便在多次吸放氢循环后，其储氢容量仍能保持较高水平。

更值得一提的是，固态储氢技术释放出的氢气纯度高，有助于提升燃料电池的工作效率和使用寿命。燃料电池对杂质气体极为敏感，而固态储氢系统能够有效纯化氢气，减少燃料电池催化剂中毒的风险，从而延长其使用寿命。

此外，固态储氢技术放氢时吸热，这对燃料电池工作时的散热有利，可提高整个系统的能量效率。通过合理的一体化结构设计，燃料电池产生的热量可以为储氢系统提供所需的工作温度，而储氢系统吸收的热量则有助于缓解燃料电池的散热问题，进而提升整体能量利用效率。

在体积和储氢密度方面，固态储氢技术同样表现出色。其体积储氢密度远高于气态氢和液态氢，使得固态储氢模块在相同体积下能够储存更多的氢气。这种高密度储存方式不仅减少了占地面积，还使得固态储氢技术更加适用于车载、燃料电池和移动供氢等场景。

最后，固态储氢技术的再充氢压力较低，使得在线充氢变得更为便捷和安全。这一特点使得固态储氢技术在实际应用中更具优势，能够满足不同场景下的快速充氢需求。

综上所述，固态储氢技术以其独特的优势在氢气储存领域展现出巨大的发展潜力。相较于气态压缩氢技术和液态储氢技术，固态储氢技术具有更高的安全性、更大的储氢密度和更便捷的充氢方式。因此，固态储氢技术被认为是最有发展前景的一种氢气储存方式，未来有望在车载、燃料电池和移动供氢等领域得到广泛应用。

5.8 储氢材料与制备方法

5.8.1 储氢材料

储氢材料具备在特定条件下吸附与释放氢气的特性，对于实际应用中频繁补充氢燃料的需求，其吸附过程的可逆性至关重要。评估储氢材料性能的关键指标包括理论储氢容量、实际可逆储氢容量、循环利用次数、补充燃料所需时间，以及对杂质的不敏感程度等。

目前，储氢材料的研究主要聚焦于两大类。第一类是基于化学键结合的化学储氢方式，包括储氢合金、金属配位氢化物和化学氢化物等。第二类则是基于物理吸附的储氢材料，它们与氢气通过范德瓦耳斯力相结合，因此具备吸放氢速率快、循环性能优良的特点。然而，由于结合力相对较弱，这类材料通常需要在较低的温度下，如液氮温度，才能有效使用。典型的物理吸附储氢材料包括金属有机框架材料（MOF）和碳质及石墨烯材料等。

尽管储氢材料的研究取得了显著进展，但现有材料的性能仍难以满足美国能源部设定的目标。这些目标包括到 2015 年储存密度达到 9%（质量），体积密度达到 $81kg/m^3$，系统工作温度为 $-20 \sim 100℃$。为了攻克这一挑战，全球范围内的研究正在深入展开。

5.8.1.1 储氢合金

储氢合金，简而言之，即为具备氢气储存功能的合金材料。氢，作为化学周期表中最微小且最活跃的元素，与不同金属元素间的亲和力各有千秋。当人们将与氢具有较强亲和力的 A 金属元素和与氢具有较弱亲和力的 B 金属元素按特定比例熔合，形成 A_xB_y 合金时，若其内部原子排列规整，间隙亦有序，则这些空隙便于氢原子的进出。一旦氢原子进入，便形成 $A_xB_yH_z$ 的三元合金，即 A_xB_y 的氢化物，这样的 A_xB_y 合金便是储氢合金。

储氢合金在吸氢与放氢的化学反应过程中，不仅伴随着热能的释放与吸收，还伴随着充电与放电的电化学反应。实用的储氢合金应具备多个特点：储氢量大、易于活化、化学反应速率快、使用寿命长且成本低廉。目前，稀土系、钛系、铁系与镁系是常见的储氢合金类型（性能对比如表 5-2）。它们的性能各异，其中稀土系、钛系和铁系的氢气储存密度相对较低，而镁系合金如 Mg_2Ni、$Mg-Ni$ 等，氢气储存密度可高达 6%（质量）以上，表现出显著的优势。

尽管稀土系储氢合金如 $LaNi_5$ 等，在金属密度和价格上偏高，且氢气储存密度较低，但其吸氢与放氢的化学反应能在常温常压下进行，使得储氢容器的设计更为简单轻便。同时，在吸氢（电池充电，放热反应）与放氢（电池放电，吸热反应）过程中，它能有效地散热，因此在民生应用中，特别是在家庭及个人可携式电子产品领域，受到了广泛的关注与重视。

在储氢合金领域，钛系、铁系和锆系合金一直备受关注。早在 1960 年代，美国布鲁克海文国家实验室便着手研究 AB 型钛铁系合金。此类合金在氢气储存方面展现出了令人瞩目的性能，氢气储存密度可达 1.9%（质量）左右，而且价格亲民。然而，它的缺点也显而易见：初期活化过程相当困难，同时伴随极大的迟滞效应。更为复杂的是，平衡压会随着氢在合金中组成浓度的变化而大幅变动，使得储氢能力和寿命在很大程度上受限于氢气的纯度。

而在 AB_2 型储氢合金中，尽管 ZrV_2 合金的储氢量高达 3% 左右，但在室温下的平衡压力过低（$1 \times 10^{-3}Pa$，323K），严重制约了其实用化进程。相对而言，Ti-Mn 合金被视为最具潜力的 AB_2 型储氢合金。它价格低廉，容易活化，储氢量也可达到 2%（质量）左右，在业界备受瞩目。然而，Ti-Mn 合金同样存在一些问题，如明显的迟滞效应和平台压力等，影响了它的实际应用价值。

表 5-2   储氢合金的性能

类型	AB$_5$	AB$_2$	AB	A$_2$B
典型代表	LaNi$_5$	ZrM$_2$，TiM$_2$（M：Mn、Si、V 等）	TiFe	Mg$_2$Ni
质量储氢量	1.4%	1.8%～2.4%	1.86%	3.6%
活化性能	容易活化	初期活化困难	活化困难	活化困难
吸放氢性能	室温吸放氢快	室温可吸放氢	室温吸放氢	高温才能吸放氢
循环稳定性	平衡压力适中，调整后稳定性较好	吸放氢可逆性能差	反复吸放氢后性能下降	吸放氢可逆性能一般
抗毒化性能	不易中毒	一般	抗杂质气体中毒能力差	一般
价格成本	相对较高	价格便宜	价格便宜、资源丰富	价格便宜、资源丰富

　　镁系储氢合金，如 Mg$_2$Ni 和 Mg-Ni 等，具有诸多优点：质量轻、价格低廉，且储氢能力超过所有可逆金属氢化物。然而，镁金属表面极易氧化生成一层氧化膜，这严重影响了氢气的吸附。因此，放氢反应通常需要在高温下进行，即使温度高达 400℃，氢气储存密度往往也无法达到理想的 5%（质量）。更为棘手的是，当温度低于 350℃时，吸氢和放氢的化学反应速度会变得非常慢，需要长时间的等待。这使得整个系统需要配备加热、绝热等复杂且昂贵的设备，从而增加了氢气储容器的质量和成本。

（1）稀土储氢合金

　　在 20 世纪 60 年代末，飞利浦公司率先发现了具有 CaCu$_5$ 型六方结构的稀土储氢合金，其中 LaNi$_5$ 和 CeNi$_5$ 尤为引人注目。LaNi$_5$ 以其独特的性能，如低吸放氢温度、快速吸放氢速度、适中的平台压、小滞后、易于活化以及性质稳定不易中毒等，在储氢领域崭露头角。在室温条件下，它便能与数个标准大气压的氢反应，生成具有六方晶格结构的 LaNi$_5$H$_5$。反应如下所示：

$$LaNi_5 + 3H_2 \longrightarrow LaNi_5H_6 \tag{5-19}$$

　　Aoyagi 小组是早期深入研究 LaNi$_5$ 作为储氢材料的小组之一，他们报道了通过球磨处理的 LaNi$_5$ 合金的储氢特性，但遗憾的是，其储氢密度仅为 0.25%（质量）。然而，Kaplan 小组的研究取得了显著进展，他们制备的 LaNi$_5$ 合金在短短 8.3min 内吸氢密度就能达到 1.38%（质量）。此后，国际上众多研究小组纷纷致力于 LaNi$_5$ 储氢合金性能的优化工作。通过对 LaNi$_5$ 储氢合金表面进行 CO 处理，其储氢密度得以提升至 1.44%（质量）。尽管该类材料的储氢量已趋近于理论容量极限，但仍略显不足。

　　到了 1997 年，Kadir 等人的一项重大发现引起了业界的广泛关注。他们研发出了一种新型 A$_2$B$_7$ 型储氢合金，这种合金含有稀土、碱土金属和镍元素，并具有 PuNi$_3$ 型结构。经过 XRD 衍射分析，该系列合金被证实具有 $R3m$ 空间群 PuNi$_3$ 型结构，其结构由 1/3 的 CaCu$_5$ 型结构层和 2/3 的 MgCu$_2$ 型结构层沿 c 轴方向堆叠而成。随后的研究表明，La-Mg-Ni 系合金的结构丰富多样，包括 PuNi$_3$ 型（La，Mg）Ni$_3$、Ce$_2$Ni$_7$ 型（La，Mg）$_2$Ni$_7$ 以及 Pr$_5$Co$_{19}$ 型（La，Mg）$_5$Ni$_{19}$ 等，它们的化学表达式统一为 La$_{n+1}$MgNi$_{5n+4}$（$n=1$，2，3）。这类合金在常温常压下的可逆吸放氢密度达到了 1.87%～1.98%（质量），较 AB$_5$ 型合金高出约 30%～40%，因此迅速成为储氢材料领域的研究热点。

然而，A_2B_7 型储氢合金的产业化进程并非一帆风顺。受其制备工艺复杂以及专利保护等问题的制约，实现大规模生产仍面临诸多挑战。值得一提的是，A_2B_7 型储氢合金的重要组分 Mg 具有熔点低、易挥发、易燃的特性，使得合金中 Mg 含量的精确控制以及制备过程中 Mg 挥发的有效清理成为技术难题，进而阻碍了其产业化进程。然而，株式会社三德经过深入研究与不懈努力，最终攻克了这些技术难题，成功实现了 A_2B_7 型储氢合金的安全产业化生产。株式会社三德不仅在 A_2B_7 型储氢合金的制备工艺、成分组成、晶体结构及应用等方面取得了显著成果，还在全球范围内申请了大量专利，构建了全面的知识产权保护体系。而在国内，包头三德则成为唯一拥有自主知识产权的 A_2B_7 型储氢合金制造商，为我国的储氢材料产业发展贡献了重要力量。

目前稀土基储氢合金的储氢量仍远低于按照国际能源署规定的实用的储氢系统必须达到 6.5% 的要求，并且其活化性能、循环寿命等也需要进一步提高。为此，通常采用合金成分优化、稀土与 Mg 合金化、纳米化、复合材料，开发新型稀土金属间化合物等方法来提高合金储氢密度及改善动力学性能。

储氢合金的吸放氢行为深受其晶格结构的影响，这一特性提供了优化储氢性能的新思路。在合金的晶格中引入其他元素，如 Al、Mn、Si、Zn、Cr、Fe、Cu、Co 等，用以替代 La 或 Ni 元素，能显著改变合金的储氢特性。更令人惊喜的是，部分元素还能对合金的吸放氢过程产生催化作用，从而优化储氢合金的动力学性能。因此，精心调整合金的成分，能够有效地调节其储氢量、平衡氢压以及吸放氢的动力学性能。例如，稀土元素 Ce、Pr、Nd、Sm 等常被用来替代 $LaNi_5$ 合金中的 La 原子，而 Ti、Mn、Mo、Sn、Al、Cu 等元素则常用于替代 B 位。

Odysseos 等人的研究提供了一个生动的实例。他们通过不同含量的 Ce 来替代 $LaNi_5$ 合金中的 La 元素，并详细研究了 $La_{1-x}Ce_xNi_5$ 合金的储氢性能。结果发现，当 Ce 的含量超过 0.5 时，合金的吸氢量和吸放氢平台均有所增大。这一变化很可能是由于 Ce 元素的引入降低了合金的晶格常数。另一项值得关注的研究是 Liu 等人关于 Al 替代 $LaMg_{8.40}Ni_{2.34-x}Al_x$ 合金中 Ni 元素的储氢性能研究。他们发现，Al 的加入使得合金在 558K 时的吸氢密度从 3.01%（质量）增加至 3.22%（质量），同时合金的动力学性能也得到了显著改善。这一结果揭示了 Al 替代在储氢合金设计中的重要作用，其可能通过降低合金的分解焓变来实现。

此外，稀土元素如 La、Y 等与 Mg 的氢化物之间的相互作用也提供了新的研究思路。这些稀土氢化物对 Mg 氢化物的分解具有催化作用，结合 Mg 的高储氢容量，稀土与 Mg 的合金化可以实现优势互补，从而提高储氢合金的整体性能。例如，Slattery 等人制备的 La_2Mg_{17} 金属间化合物在 350℃ 时吸氢密度能够达到 3.1%（质量），尽管其放氢温度相对较高。

在材料设计方面，研究者们还尝试了一种新的体系，如 Yan 等人发展的 La-Fe-B 三元金属间化合物。这种化合物在室温下展现出优良的吸放氢动力学特性、好的活化特性以及大倍率放电特性，为储氢合金的设计提供了新的方向。值得一提的是，纳米化概念也被引入到稀土储氢材料的设计中。纳米化结构，可以为氢在合金内部的扩散提供快速通道，从而提高储氢合金的吸放氢速率，并赋予其优异的活化性能和动力学性能。例如，Lu 等人利用双辊快淬法制备了具有均匀纳米晶结构的 $LaNi_5$ 合金，其储氢密度达到了 1.32%（质量）。

Siarhei 等人则通过熔体快淬法获得了具有纳米晶结构的 Mg-Ni-Y 合金，该合金能在 250℃ 下实现储氢密度为 5.3%（质量）的可逆吸放氢。北京大学的研究团队则利用氢等离子体法制备了 Mg-Ni-La 纳米粉，其吸放氢动力学性能得到了显著提升，能在 350℃ 环境下 15 分钟内吸收 3.2%（质量）的氢。

在追求更高储氢容量的材料研究道路上，探索具有新颖储氢机理的新材料体系显得尤为重要。近年来，一些研究者突破了传统成分的束缚，深入研究了稀土-Mg-Ni 合金体系，并取得了令人振奋的成果。其中，$LaMg_2Cu$ 合金和 $LaMg_2Ni_{1.67}$ 合金展现出了卓越的储氢动力学性能，这一突破性的表现与其独特的多相结构紧密相关。这两种合金分别由 $LaMg_2Cu_2$ 相、$LaMg_3$ 相和 La_2Mg_{17}、$LaMg_3$、Mg_2Ni 相构成，这些相界面的存在不仅为氢原子提供了扩散的便捷通道，还作为缓冲区域有效地释放了晶格应力，从而极大地优化了合金的储氢性能。基于这一发现，多相 RE-Mg-Ni 合金成为了未来储氢材料研究的热点方向。最近，Couillaud 等人又成功开发出了两种新型的 RE-T-Mg（T 为过渡金属）储氢合金——RE_4TMg 和 $RE_{23}T_7Mg_4$。这些合金展现出了新颖的晶化相结构，如 Gd_4RhIn 和 $RE_{23}T_7Mg_4$，它们由密堆三棱柱 RE_6T 和 Mg 四面体组成的三维网状结构构成，其共价电子浓度分布展现出极高的灵活性。值得一提的是，Gd_4NiMg 合金能够吸收高达 11 个 H 原子，其单胞体积在吸氢过程中增大了 22%，这一性能令人瞩目。此外，$Y_4NiMg_{0.8}Al_{0.2}$ 合金也在室温和较低压力下展现出了近乎 3%（质量）的氢吸收能力，但该合金体系的放氢特性还有待深入研究。与此同时，Sahlberg 等人在 Y-Mg-Ga 合金中也发现了令人期待的储氢特性，这为稀土-Mg 基储氢合金的未来发展提供了更多可能性。

（2）钛系储氢合金

钛系储氢合金是一种具备特定功能的钛合金，能在特定条件下反复吸收和释放氢气。这种合金的独特之处在于，氢原子被储存于金属间化合物的间隙中，因此其储氢量极大，可以达到材料本身体积的 1000～1300 倍。在体积氢原子密度方面，它甚至超过了液氢，氢含量可以稳定保持在 1.6%～2.0% 之间。

目前，钛铁是钛系储氢合金中最常用的材料。但研究的脚步并未止步，钛锰、钛镍、钛铬、钛锆、铬锰系等合金的研发与应用也在积极进行中。这些合金都属于脆性金属间化合物，尽管在反复循环吸放氢后会出现粉化现象，但其使用寿命却可达 25000 次循环以上，性能基本保持不变。钛铁储氢材料以其独特的体心立方氯化铯结构脱颖而出，熔点为 1320℃，密度为 5.8～6.1g/cm³。在吸氢后，其体积膨胀率仅约 14%，相较于其他储氢材料更为优越。更重要的是，钛铁储氢材料的成本较低，这为其大规模推广提供了可能性。为了进一步改善钛系储氢合金的性能并简化其活化过程，钛铁锰储氢材料如 $Ti_{44}Fe_{21}Mn_5$ 得以发展。这种材料能在室温条件下活化，克服了传统材料需要高温、高真空才能活化的缺点。在 2.5～3.0MPa 的氢压下，它能有效地吸氢，放氢平衡压为 0.2～0.8MPa（20℃）。由于吸氢过程是可逆的，且对其他气体不吸收，因此经过排气操作后，可以得到纯度高达 99.9999% 的超高纯氢。在实际应用中，钛系储氢合金的氢气纯度要求极高，需在 99% 以上，以防止中毒并延长其使用寿命。若出现吸氢能力衰减现象，可通过再生处理恢复其性能。世界各国对改善 TiFe 合金的活化性能进行了广泛研究，取得了显著成果。例如，TiCo 合金相较于 TiFe 合金更易于活化，而 Ti-Mn 系储氢合金则因成本低廉且适合大规模工程应用而受到青睐。

此外，科研人员也在不断探索新的合金组合以提高储氢性能。如 Takasaki 等人利用 MA（机械合金化）法成功制备了 $Ti_{45}Zr_{38}Ni_{17}$ 储氢合金，其在特定条件下的储氢量高达 2.3%。德国的 Benz 公司研制的 $Ti_{0.98}Zr_{0.02}V_{0.45}Fe_{0.1}Cr_{0.05}Mn_{1.4}$ 合金也展现出了优异的储氢性能和平台特性，并已成功应用于大型储氢罐的制造中。日本的 E. Akiba 等人则对 TiV 系固溶体合金进行了深入研究，其研制的 $Ti_{25}Cr_{30}V_{40}$ 合金储氢密度达到了 2.2% （质量）。

（3）Mg 基储氢合金

Mg 基储氢合金的研究始于美国的布鲁克海文国家实验室，因其具有低廉的价格、丰富的资源以及高储氢容量等显著特点，成为极具发展潜力的储氢材料。纯 Mg 具有六方密堆积结构，吸氢后会与氢发生反应，形成四方结构的氢化镁。Mg 的吸氢能力十分出色，理论上其吸氢密度可达到 7.6% （质量）。然而，尽管 Mg 基储氢合金具备如此诱人的前景，但至今仍未能实现实用化，原因在于存在一些关键问题。首先，Mg 生成 MgH_2 的熔变为 −76kJ/mol，显示出极高的稳定性，这导致放氢温度过高，超过了 573K。其次，Mg 的表面活性强，容易形成致密的 MgO 层，这阻碍了氢的进入。同时，在 Mg 表面先生成的 MgH_2 层也会进一步阻止氢的渗透。有报道称，当 MgH_2 层厚度达到 30~50nm 时，氢将完全无法进入合金内部。这些问题导致了 Mg 基储氢合金的吸、放氢动力学性能不佳，从而限制了其在实际应用中的推广。为了克服 Mg 氢化物的这些缺点，研究者们采取了多种改进方法。其中，合金化是一种有效降低氢化镁熔变的方式。目前，已经对以 Mg-Ni、Mg-Cu、Mg-Ca、Mg-La 和 Mg-Al 等二元系为基体的三元、四元等合金进行了深入研究。在这些合金中，Ni 被认为是最佳的合金化元素。根据 Miedema 规则，理想的储氢合金应由一个强氢化物形成元素和一个弱氢化物形成元素组成。由于 Ni 与氢的结合力相对较弱，其氢化物形成熔也较低，因此 Mg_2Ni 在吸氢后会形成 Mg_2NiH_4，形成熔为 −64.5kJ/mol，较 MgH_2 更低。此外，Mg_2NiH_4 的吸氢密度也相当可观，可达到 3.6% （质量）。这些特性使得 Mg-Ni 合金成为改进 Mg 基储氢合金性能的重要方向之一。

添加催化剂对于 Mg 基储氢合金的性能提升具有显著作用。催化剂的引入能够有效促进表面的成核反应、氢分子的解离以及氢原子的扩散等关键过程，进而显著增强吸放氢动力学性质。迄今为止，研究者们积极探索了多种类型的催化剂，包括过渡金属单质、金属合金、金属氧化物、过渡金属化合物和碳纳米管等，期望提升 Mg 材料的储氢性能。

其中，Pd 催化剂被证实能够催化氢的解离，从而显著改善 Mg 基储氢合金的动力学性能。此外，V、Ti、Fe 等催化剂也能有效减小 Mg 的活化能，降低 Mg 的吸放氢温度，使其在更为温和的条件下实现高效的储氢性能。Oelerich 小组的研究进一步揭示了不同催化剂对储氢性能的影响机制，掺杂金属催化剂的 Mg 纳米材料在特定条件下能够实现迅速的完全放氢，显示出潜在的应用价值。纳米化和薄膜化是当前 Mg 基储氢合金研究的两大热点方向。Huot 小组利用球磨法制备了 Mg 纳米材料，显著提高了吸氢速率。球磨过程中，大量缺陷的产生、比表面积的增大以及颗粒尺度的减小，都促使成核位点增加和扩散距离减小，进而优化了吸放氢动力学性质。然而，由于材料的延展性限制，单纯延长球磨时间并不能进一步降低颗粒尺度。Aguey-Zinsou 等人的研究表明，当球磨时间超过一定阈值后，颗粒尺度将不再继续减小，平均尺度仅能降低至约 500nm。

为了深入探究纳米尺度对 Mg 基储氢合金性能的影响，荷兰 de Jongh 小组利用先进的理论计算方法，如 Hartree-Fock（哈特里-福克）方程及密度函数理论，进行了系统研究。计算结果表明，随着 Mg 纳米颗粒尺寸的减小，吸放氢温度逐渐降低，动力学性能显著提高。特别地，当颗粒尺度降低至极小尺度时，MgH_2 分解所需的能量将大幅度降低，这预示着 MgH_2 可能成为一种潜在的高性能储氢材料。当 MgH_2 的颗粒尺寸进一步降低至接近原子级别时，其分解温度可显著降低至更为实用的范围。此外，薄膜化也是提升 Mg 基储氢合金性能的有效途径。通过制备薄膜材料，可以显著增大 Mg 的比表面积，从而进一步改善其动力学性能。这种方法不仅有助于提升储氢容量，还有望优化吸放氢速率，为 Mg 基储氢合金的实用化提供有力支持。

（4）V 基固溶体型合金

V 基固溶体合金拥有体心立方（BCC）的晶体结构，其内部存在多个四面体空位，这些空位可以被多个 H 原子占据，从而赋予了其较高的理论储氢能力。在吸氢后，V 基固溶体合金可以形成 VH 和 VH_2 两种氢化物，展现出了显著的储氢量大的特性。尽管 VH 的热力学稳定性过高而无法被有效利用，导致合金的放氢容量仅为吸氢量的一半左右，但相较于 AB_5 型和 AB_2 型合金，V 基合金的可逆储氢量依然表现出优势。

在当前的研究中，$V_3TiNi_{0.56}M_x$ 是备受关注的 V 基固溶体型储氢合金之一，其中 x 的取值范围在 $0.046\sim0.24$ 之间，而 M 则代表一系列元素，如 Al、Si、Mn、Fe、Co、Cu、Ge、Zr、Nb、Mo、Pd、Hf、Ta 等。这种合金在镍氢电池领域具有广泛的应用前景。V 基固溶体型合金不仅储氢量大，而且氢在氢化物中的扩散速度也相当快，因此，它已经被成功应用于氢的储存、净化、压缩以及氢的同位素分离等多个领域。然而，这种合金也存在着一些不足，特别是在充放电的循环稳定性方面表现较差，循环容量的衰减速度相对较快。为了克服这些缺点，研究者们正致力于优化合金的成分与结构、探索新的合金制备技术，以及对合金表面进行改性处理。这些研究方向的深入探索，有望进一步提高 V 基固溶体型储氢合金的性能，推动其在氢能领域更广泛的应用。

5.8.1.2 配位氢化物

碱金属或碱土金属与硼、铝等形成的金属配位氢化物，相较于储氢合金，展现出了更高的储氢容量，因而备受科研人员的关注。日本的科研人员率先开发了氢化硼钠（$NaBH_4$）和氢化硼钾（KBH_4）等配合物储氢材料，具有一个引人注目的特性：通过加水分解反应，能释放出比自身含氢量还多的氢气。以 $LiBH_4$ 为例，其储氢密度高达 18%（质量），这一数字远远超越了传统储氢合金如 AB_5、AB_2 以及 Fe-Ti 系的储氢能力。

（1）金属硼氢化物

金属硼氢化物，包括 $LiBH_4$、$NaBH_4$、$Mg(BH_4)_2$、$Ca(BH_4)_2$ 等，它们都是含有 ［BH_4］配位基团的复合金属氢化物。由于具有巨大的含氢质量密度和体积密度，这些化合物已成为储氢材料领域的研究热点。然而，B—H 之间强烈的共价键作用导致了它们的高热力学稳定性，意味着它们通常需要在较高的温度下才能进行吸放氢反应，这无疑限制了它们的实际应用范围。

$LiBH_4$ 的含氢量可达到 18.4%，这使其成为了车载储氢化合物的有力候选者。在特定的条件下，如在 380℃ 和室压下，$LiBH_4$ 开始分解转化为 LiH 与 B，并释放出 13.5%（质量）的氢气。Zuttel 等人通过详细的研究发现，在较慢的加热速率下，$LiBH_4$ 的分解过程呈现出复杂的特性，其 TGA（热重分析）曲线呈现出三个明显不同的峰，表明在分解过程中存在多个中间相和复杂的反应步骤。Orimo 等人的研究则聚焦于 $LiBH_4$ 的可逆吸氢反应。他们发现，在特定的温度和压力条件下（如 600℃ 和 1MPa 氢压），$LiBH_4$ 能够分解为 LiH 和 B，在 35MPa 和 600℃ 下保持 12h，成功实现了可逆吸氢反应。他们深入探索了这种可逆反应的机理，发现阴离子［BH_4］基团在熔融状态下的长程有序消失起到了关键作用，而［BH_4］基团的原子振动则有效促进了可逆吸氢反应的发生。然而，尽管有这些积极的发现，$LiBH_4$ 的吸放氢反应仍存在一些挑战，如放氢温度高和吸氢条件苛刻，以及其反应动力学相对较慢。

与 $LiBH_4$ 类似，$NaBH_4$ 也拥有高的储氢密度。然而，其放氢反应通常采用水解的方式，这种方式在实际应用中具有一定的局限性。例如，戴姆勒-克莱斯勒公司曾推出的燃料电池概念车——"钠"概念车，便是利用 $NaBH_4$ 的水解放氢来提供氢气燃料的。在 35% 的碱性溶液中，$NaBH_4$ 能够水解放出 7.6%（质量）的氢气，但这仍低于 2015 年美国能源部设定的 9%（质量）的放氢量标准。此外，$NaBH_4$ 水解后的产物需要经历一个额外的再生过程才能重新生成 $NaBH_4$，这不仅增加了成本，还可能导致效率低下的问题。KBH_4 的理论含氢量为 7.4%（质量），同样未达到美国能源部的标准，且其放氢反应与 $NaBH_4$ 相似，也主要通过水解完成，这不利于可逆吸氢反应的进行。而 $Ca(BH_4)_2$ 的理论储氢密度为 11.5%（质量），虽然具有一定的潜力，但仍需进一步地研究和优化。

（2）金属铝氢化物

1997 年，德国科学家 Bogdanovic 和 Schwichardi 发现，通过添加 Ti 基催化剂，$NaAlH_4$ 能在 100～200℃ 的范围内可逆地吸放氢，储氢量达到 5.6%（质量），这一发现引发了轻金属配位化合物储氢载体的研究热潮。美国石溪国家实验室和 Sandia 国家实验室的研究也显示，机械化球磨法制备的 $LiAlH_4$ 在 100～150℃ 下能脱氢，氢的实际存储密度达到 7%（质量），显示出巨大的应用潜力。

尽管这些储氢材料的储氢密度很高，但它们普遍面临吸放氢动力学性能差、吸氢温度和压强较高、合成困难等问题。金属铝配位氢化物是其中的一种，其中掺杂 Ti 基催化剂的 $NaAlH_4$ 具有较好的吸放氢性能。理论上，$NaAlH_4$ 的分解能释放大量氢气，但由于 NaH 的热稳定性较高，实际可逆吸放氢密度远低于理论值。加入 Ti 基催化剂后，$NaAlH_4$ 的可逆储氢密度提升至约 4.5%（质量），并显著降低了吸放氢反应的温度。类似地，$KAlH_4$ 也能实现可逆吸放氢，但其吸放氢温度高于 $NaAlH_4$，且可逆储氢密度较低。而 $Mg(AlH_4)_2$、$LiAlH_4$、Li_3AlH_6 等铝氢配位化合物的储氢密度虽高，但可逆吸放氢性能较差，分解放氢温度较高。

1997 年，Bogdanovic 等人发现，在 $NaAlH_4$ 中掺入少量的 Ti^{4+}、Fe^{3+}，可大幅降低其分解温度，并在固态条件下实现加氢反应。这一发现促使更多研究者关注以 $NaAlH_4$ 为代表的新一代配合物储氢材料。Pinkerton 等人报道，$TiCl_3$ 杂化的 $LiBH_4$-CaH_2 体系具有高达 9.1%（质量）的再生储氢密度。氢化硼和氢化铝配合物作为新型储氢材料，也展现出巨大的发展前景。然而，要实现其实际应用，仍需探索新的催化剂或优化现有催化剂的组合，以改善 $NaAlH_4$ 等材料的低温放氢性能，并深入研究这类材料的回收再生循环利用问题。

5.8.1.3　金属氮氢化物

金属氮氢化物储氢材料中，$LiNH_2$ 以其高储氢密度备受关注。2002 年，Chen 等人报道了 $LiNH_2$-LiH 体系能实现可逆吸放氢，理论储氢密度达 10.4%（质量）。然而，其高达 400℃ 的完全放氢温度限制了实际应用，且 Li_3N 分解产生的 NH_3 会损害催化剂活性。Ichikawa 等人研究了催化剂的影响，发现添加 $TiCl_3$ 催化剂后，$LiNH_2$ 和 LiH 混合物经三个循环能达到 5.50%（质量）的吸氢密度。

Hu 等人报道了多孔金属氮氢化物经多次循环仍能保持 3.10%（质量）的可逆吸氢密度。Pinkerton 等人报道了高吸氢密度的金属氮氢化物，但其可逆性存在问题。Ichikawa 等人基于密度泛函理论，通过计算 $LiNH_2$ 生成焓，认为采用电负性强的元素取代 Li 可降低放氢温度。Zhang 等人计算发现，Mg 取代 Li 及 P 取代 N 均能降低放氢温度。进一步研究显示，用 $Mg(NH_2)_2$ 代替 $LiNH_2$ 与 LiH 混合形成的 Li-Mg-N-H 储氢材料能降低放氢温度，其可逆吸放氢过程的理论储氢密度为 9.1%（质量）。$Mg(NH_2)_2$ 的分解温度低于 $LiNH_2$，且 LiH 与其混合物在 230℃ 以下失重明显，低于 $LiNH_2$ 和 LiH 混合物。在 527℃ 时，$Mg(NH_2)_2$ 和 4LiH 混合物失重约为理论放氢量的 77%。Li-Mg-N-H 储氢材料因合适的吸放氢热力学性能、高储氢容量和良好循环稳定性成为研究热点。近年来，通过成分调变、催化剂添加、颗粒尺寸控制及储氢机理研究，其储氢性能得到显著改善。

5.8.1.4　氨硼烷化合物

氨硼烷化合物（NH_3BH_3，简称 AB）作为新型化学氢化物储氢材料，因高储氢密度和良好的化学稳定性而备受关注。例如，NH_3BH_3 具有 19.6%（质量）的理论储氢密度，但放氢过程存在温度高、速度慢以及伴随少量 NH_3 释放的问题。为了克服这些挑战，研究者们采用了多种方法来降低放氢温度。Gutowska 等人成功地将 NH_3BH_3 装填入 SBA-15 中，显著降低了其分解放氢温度至 100℃ 以下。Xiong 等人则通过用 Li 或 Na 元素替代 ［NH_3］基团上的 H，合成了新型碱金属氨基硼烷化合物 $LiNHBH_3$ 和 $NaNH_2BH_3$，这些化合物在较低温度下就能实现放氢，且避免了副产物硼吖嗪的生成。此外，研究者们还采用固相反应引入过渡金属制备新型金属氨硼烷化合物，以进一步提高其储氢性能。同时，科学家们也探索了其他策略，如利用离子液体中的脱氢过程来提高氢的释放量和速度，以及使用镍基催化剂来介导反应，从而增加氢的释放量。

尽管金属氨基硼烷化合物具有高的储氢密度和较低的放氢温度，但其可逆吸氢过程却非常困难，目前尚未有相关的报道。因此，如何实现金属氨基硼烷化合物的可逆吸放氢过程，仍然是该领域需要进一步研究的关键问题。

5.8.1.5　金属有机骨架材料

金属有机骨架材料（MOFs）是一类由金属离子与含氧、氮等多齿有机配体（多为芳香多酸）自组装形成的微孔网络结构配位聚合物。在构建这种多孔骨架时，有机配体的选择显得尤为关键。目前，已有大量的金属有机骨架材料被成功合成，它们主要以含羧基有机阴离子配体为主，或者与含氮杂环有机中性配体共同使用。这些材料大多展现出高孔隙率和出色的化学稳定性，通过巧妙设计或选择适当的配体与金属离子组合，科学家们已经制备出众多具有新颖结构的金属有机多孔骨架化合物。更值得一提的是，通过对有机配体的修饰，人们能够实现对这些聚合物孔道尺寸的精确调控。

进入 20 世纪 90 年代，随着新型阳离子、阴离子及中性配体的涌现，MOFs 材料开始进入了一个快速发展的时期。这类材料不仅具有高孔隙率、可控的孔结构、巨大的比表面积和化学稳定性，而且制备过程相对简单。在这一领域，美国的 Yaghi、日本的 Kitagawa、法国的 Ferey 以及国内的陈军、李星国、朱广山等研究团队都取得了令人瞩目的成果。美国密歇根大学的 Yaghi 教授课题组在 1999 年首次报道了具有储氢功能的 MOF-5 材料，它是由有机酸和锌离子合成的。到了 2003 年，他们进一步报道了 MOF-5 的储氢性能。实验结果显示，在 298K 和 2×10^6 Pa 的条件下，MOF-5 能够吸收 1.0%（质量）的氢气；而在 78K 和 0.7×10^5 Pa 的条件下，其储氢密度更是达到了 4.5%（质量）。此外，美国加利福尼亚大学伯克利分校的 Long 教授研究组与 Yaghi 教授课题组合作，他们发现通过不同的制备条件，MOF-5 的储氢性能也有所不同。在 77K 和 4×10^6 Pa 的条件下，暴露于空气中制得的 MOF-5 的储氢密度为 5.1%（质量），而未暴露于空气的则达到了 7.1%（质量）。

在国内，北京大学的李星国等人也报道了他们制备的 MMOFs 在 77K 和 298K 下的吸氢密度，分别达到了 3.42%（质量）和 1.20%（质量）。此外，他们合成的 Co（HBTC）（4,4-bipy）· 3DMF 在相同条件下的吸氢密度也分别达到了 2.05%（质量）和 0.96%（质量）。

尽管金属有机骨架材料在储氢领域展现出了巨大的潜力，但仍有许多关键问题亟待解决。这些问题的解决将对提高 MOFs 材料的储氢性能并将其推向实用化的进程发挥至关重要的作用。因此，未来的研究将聚焦于进一步优化材料结构、探索新型配体和金属离子组合，以及提高材料的储氢容量和稳定性等方面。

5.8.1.6 碳质储氢材料

碳质材料因其独特的物理特性，如卓越的吸氢能力、轻盈的质量、强大的抗毒化性能以及易脱附的特点，在物理吸附储氢领域被视为极具应用前景的储氢材料。碳质储氢材料主要包括碳纳米管、超级活性炭、石墨纳米纤维和碳纳米纤维等多种类型。

首先，碳纳米管，特别是单壁碳纳米管和多壁碳纳米管，以优异的储氢性能、快速的氢释放速度以及在常温下的氢释放能力，成为备受瞩目的储氢材料。这些碳纳米管由单层或多层石墨片卷曲而成，形成具有极高长径比的纳米级中空管。它们的内径通常在 0.7 到几十纳米之间，特别是单壁碳纳米管的内径通常小于 2nm，这使其具有微孔性质，可以视为一种微孔材料。尽管对碳纳米管储氢的研究已取得显著进展，但至今人们仍未完全了解其纳米孔中发生的特殊物理化学过程，且准确测量其密度仍是一个挑战。其次，超级活性炭自 20 世纪 70 年代末以来，一直在中低温、中高压条件下被用作吸附储氢技术的吸附剂。其储氢性能与温度和压力密切相关，通常温度越低、压力越大，储氢量越大。然而，其吸附温度较低的特点限制了其应用范围。再者，石墨纳米纤维，这种由含碳化合物经特定金属颗粒催化分解产生的材料，截面呈十字形，具有较大的表面积和特定的长度。其储氢能力受直径、结构和质量的影响显著。尽管有报道指出石墨纳米纤维在某些条件下具有极高的储氢密度，但这些结果至今尚未得到广泛验证。最后，碳纳米纤维，以高储氢密度而备受关注。其高比表面积和特殊的层间距为氢气吸附提供了大量空间，同时它的空管结构也增强了储氢能力。碳纳米纤维的储氢密度与其直径、结构和质量密切相关，优化这些因素有望进一步提高其储氢性能。

5.8.2 储氢材料的制备方法

（1）感应熔炼法

目前工业上最常用的方法是高频电磁感应熔炼法。感应电炉的熔炼工作原理是通过高频电流流经水冷铜线圈后，由于电磁感应使金属炉料内产生感应电流，感应电流在金属炉料中流动时产生热量，使金属炉料加热和熔化。用熔炼法制取合金时，一般都在惰性气氛中进行，由于电磁感应的搅拌作用，溶液顺磁力线方向不断翻滚，使熔体得到充分混合而均质地熔化，易于得到均质合金。

（2）机械合金化

机械合金化是用具有很大动能的磨球，将不同粉末重复地挤压变形，经断裂、焊合，再挤压变形成中间复合体。这种复合体在机械力的持续作用下，不断地产生新生原子面，并使形成的层状结构不断细化，从而缩短了固态粒子间的相互扩散距离，加速合金化过程。这种方法与传统方法显著不同，它不用任何加热手段，只是利用机械能，在远低于材料熔点的温度下由固相反应制取合金，对于熔点相差很大或者密度相差很大的元素，机械合金化比熔炼法具有更独特的优点。

（3）还原扩散法

还原扩散法是将元素的还原过程与元素间的反应扩散过程结合在同一操作过程中直接制取金属间化合物的方法。还原扩散法的产物取决于原料组成、还原剂用量、过程温度和保温时间等因素。

（4）共沉淀还原法

共沉淀还原法是在还原扩散法的基础上发展起来的，是一种化学合成的方法。它采取各组分的盐溶液，加沉淀剂进行共沉淀，即先制取出合金的化合物，灼烧成氧化物后，再用金属钙或 CaH_2 还原而制储氢合金。

（5）置换扩散法

镁是活泼金属，因而需用置换扩散法制备，即将污水盐 $NiCl_2$ 或 $CuCl_2$ 溶解在有机溶剂中，用过量镁粉进行置换，铜或镍平稳地沉积在镁上，取出洗净烘干，放入高温炉中在保护性气氛下以 600℃进行热扩散使合金均匀化，得到 $MgNi_2$ 或 $MgCu_2$。

储氢材料名义上是一种能够储存氢的材料，实际上它是必须在适当的温度、压力下大量可逆地吸收释放氢的材料。它在氢能系统中作为氢储存与输送的载体是一种重要的候选材料。氢与储氢材料的组合，将是 21 世纪新能源——氢能的开发与利用的最佳搭档。储氢材料在高技术领域中占有日益重要的位置，因此，研究和开发储氢材料是当今社会的热门课题。

5.9 储氢容器

根据储氢方式的不同，储氢容器主要包括高压储氢罐、液化氢气储罐、金属氢化物储氢罐、复合储氢罐以及气态、固态储氢罐。

（1）高压储氢罐

高压储氢罐是一种成熟的商业化储氢技术，其发展历程体现了人类对高效、安全储氢技术的不断探索与追求。传统的金属储氢容器虽然结构简单，附件需求少，但其工作压力受限于金属的强度和厚度，导致单位质量储氢密度较低，且容器质量较大。为了突破这一瓶颈，科研人员开始探索金属内衬纤维缠绕结构的高压储氢容器。这种结构的设计初衷在于，通过外层高强度纤维的缠绕，来承担主要的压力载荷，而金属内衬则主要起到密封氢气的作用。这种设计不仅显著提高了容器的承载能力，而且大大减轻了容器的质量。随着纤维缠绕工艺的发展，从单一的环向缠绕到环向＋纵向缠绕，再到多角度复合缠绕，纤维缠绕结构的性能得到了进一步提升，使得高压储氢容器在保持高承载能力的同时，实现了更轻的质量。

然而，金属内衬纤维缠绕结构并非完美无缺。为了进一步提高单位质量储氢密度，科研人员又提出了全复合纤维缠绕结构。这种结构在减轻纤维增强层厚度的同时，通过采用轻质、耐腐蚀的工程热塑料作为内衬材料，进一步减轻了容器的质量。尽管这种结构在抗外部冲击能力和气体渗透性方面存在一定的挑战，但其轻质、耐腐蚀、易于加工成型等优点，使得它成为轻质高压储氢容器的一个重要发展方向。

碳纤维复合材料组成的新型轻质耐压储氢容器，是这一发展方向的又一重要成果。这种储氢罐采用铝内胆外面缠绕碳纤维的设计，不仅质量轻，而且可以承受高于75MPa的氢气压力。尽管其机械强度还有进一步提升的空间，但在高压储氢领域的应用前景已经引起了广泛关注。

（2）液化氢气储罐

液化氢气储罐是氢气储存领域的一项重要技术，它通过将氢气冷却至极低的温度（20.3K）并在一标准大气压下储存，实现了高达 $70.8kg/m^3$ 的储氢密度，这几乎是压缩氢气在70MPa压力下 $39.6kg/m^3$ 储氢密度的两倍。液化氢气储存技术因其高储氢密度而得到商业化应用，特别是在燃料电池汽车领域。68L的液化氢装置能储存5kg的液态氢，这样的储氢量足以支持一般的燃料电池汽车行驶300英里（1英里＝1609.34m）。液化氢气的优势在于其加氢时间短，相较于压缩氢气而言，其在安全性方面也有所提升，并且更适合长途运输。例如，一辆制冷液化氢卡车可运输3370kg的液化氢，这比压缩氢气的运输量高出10倍以上。

然而，液化氢气的储存并非没有挑战。液化过程本身需要消耗大量的能量，这在一定程度上抵消了其高储氢密度的优势。此外，在储存过程中，液态氢极易气化而漏掉，这是由于即使采用了高度制冷的绝热罐和多层隔热层设计，热量从外界传入绝热罐内部仍然是不可避免的。这会导致绝热罐内压升高，促使氢气气化。为了应对这一问题，通常采用再制冷或加入保护气压阀的方法，但这两种方法都无法完全避免液化氢的损失。即使使用液化空气保护，液氢的气化率也会达到每天4%。此外，液体在罐中的流动和各种振动也会加速液氢的气化，这在车用液态储氢罐上尤为明显。因此，液化储氢并不是最理想的储氢方法，其能量平衡往往得不偿失。液化氢气在使用前还需要通过热交换器加热至室温，这又是整个系统中另一个需要额外能量的环节。

（3）金属氢化物储氢罐

世界上第一台金属氢化物储氢装置于1976年问世，其以 Ti-Fe 系储氢合金为核心工质，拥有 2500L 的储氢容量。经过数十年的技术进步与创新，金属氢化物储氢装置已经实现了显著的优化和完善，被广泛应用于氢气安全储运系统、氢燃料电池车辆的燃料箱、电力站氢气冷却装置、工业副产氢的回收装置、氢同位素分离设备以及燃料电池的氢源供应等多个关键领域。这些储氢装置通常由五个核心部分组成：储氢材料、容器、导热机构、导气机构和阀门。这些组件的协同工作确保了储氢装置的高效、安全可靠。

在燃料电池储氢罐的材料选择上，目前市场上常见的有 AB_5 型（如 Ca-Mm-Ni-Al、Mm-Ni-Mn-Co）、AB_2 型（如 Ti-Cr-Fe、Ti-Zr-Cr-Fe、Ti-Zr-Cr-Fe-Mn-Cu、Ti-Mn-V、Ti-Zr-Mn-V-Fe）以及 A_2B 镁基储氢合金等。其中，AB_5 型合金因为能在室温条件下正常工作而备受青睐。然而，AB_3 型储氢合金在储氢罐中的应用仍处于研究和开发阶段，尚未有文献报道其实际应用情况。此外，其他体系的合金材料虽然具备储氢潜力，但由于吸放氢温度高、活化难度大，仍需要进一步的研究和改进才能满足实际使用的需求。

配位轻金属氢化物是新兴的储氢材料，其研究工作尚处于起步阶段，距离实际应用还有相当长的路要走。随着科研技术的不断进步，我们有理由相信，未来会有更多高效、安全、可靠的储氢材料和技术问世，为氢能产业的发展提供强有力的支撑。

（4）复合储氢罐

轻质高压储氢容器在追求质量密度的同时，还面临体积过大的挑战。而金属氢化物虽体积密度小，但实用的金属氢化物的质量密度难以超过 3％。为解决这一问题，日本国家综合产业技术研究所的 Takeichi 等人于 2003 年提出了轻质混合高压储氢容器的概念。这种混合储氢容器结合了轻质高压罐和储氢合金反应床，其中高压罐采用铝-碳纤维复合材料，储氢合金为 $LaNi_5$ 体系。通过调整储氢合金的装入比例，可以在一定程度上平衡容器的体积和质量储氢密度。研究发现，随着装入合金的体积分数增加，系统体积减小而质量增加，但在合金体积分数超过 30％后，体积减小的趋势变得平缓。因此，为保持最佳的储氢性能，混合储氢容器中储氢合金的体积分数不宜超过 30％。

高压储氢合金是该系统的关键组成部分，其性能要求严格。首先，合金应具有大的质量储氢密度和放氢量，以确保足够的氢用量。其次，高的分解压也是必不可少的，因为它能在较低温度下释放氢气，并降低放氢过程中的反应热，从而简化热交换过程。此外，良好的动力学性能和平台性能也是不可或缺的。针对高压储氢合金的研究，D. Mori 等人提出了几个明确的目标，包括储氢密度大于 3％（质量），合金形成氢化物的生成热（即生成焓）小于 20kJ/mol，以及在特定温度下的吸放氢平衡压要求。这些目标为高压储氢合金的研发提供了明确的指导方向。

5.10 加氢站

5.10.1 以天然气为原料的加氢站结构

5.10.1.1 系统流程

一个标准的氢气加注站系统的基本构成为：氢源（输送或站内制氢）、氢气压缩机、储氢罐、加注器，此外还有高压阀门组件和安全及控制系统等。图 5-12 是氢气加注站系统流程的示意简图。为了表达简洁，省略了各个部分之间的连接阀门和控制部分。此外，在氢气重整反应器和 PSA 变压吸附装置的前后都将装有阀门及切换开关，以便在出现紧急情况时切换到备用的水电解制氢装置或膜分离氢气提纯系统（图中未标明），保证系统运行的稳定可靠性。

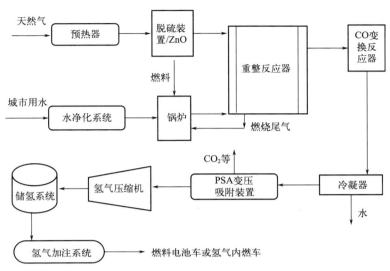

图 5-12 天然气重整氢气加注站系统流程

5.10.1.2 系统及主要设备

（1）天然气供给系统

该系统包括如下组件：天然气压缩机、天然气压缩机电动机、手动关闭阀门、天然气控制阀门。

（2）脱硫装置

在城市天然气中，硫是最常见的杂质之一，特别是那些被用作增添气味的硫醇合成剂。这些硫杂质的存在具有潜在的危险性，因为它们可以与重整催化剂中的镍形成镍-硫化物，从而显著降低催化剂的活性和缩短寿命。为了确保重整催化剂的稳定性和延长其使用寿命，减少硫的毒害影响至关重要。因此，天然气在进入加氢站之前，必须经过严格的脱硫处理，使其含硫量降低到极低的水平。

在脱硫过程中，活性炭吸附法是一种常用的技术。该方法通过让天然气流经活性炭层，利用活性炭表面的巨大比表面积和孔隙结构，有效吸附并去除其中的硫化氢（H_2S）。活性炭的吸附能力强大，且操作简便，是一种经济高效的脱硫方法。

然而，对于含有有机硫的天然气，活性炭吸附法可能无法完全去除所有的硫杂质。在这种情况下，可以采用钴钼加氢与 ZnO 吸附法相结合的技术。首先，在钴钼或镍钼催化剂的作用下，有机硫与氢气发生加氢反应，将有机硫转化为无机硫（如硫化氢）。该反应通常在约 400℃ 的温度下进行，以确保催化剂的活性。随后，加氢后的天然气被送入装有高比表面的氧化锌（ZnO）固定床层中。在氧化锌的作用下，硫化氢被吸附并转化为硫化锌（ZnS）和水，从而实现了硫的彻底去除。此外，对于天然气中可能存在的氮氧化物（NO_x）和氯化物等杂质，也需要采取相应的处理措施。例如，氮氧化物可以通过氨作为还原剂催化还原过程进行脱除；而氯化物则可以通过氧化铝（Al_2O_3）等吸附剂去除。这些措施能够进一步提高天然气的纯度，确保其满足加氢站对原料气的质量要求。

（3）重整反应器

这是整个系统的最重要的组成部分。这里只介绍加氢站所采用的水蒸气重整法及其反应装置。水蒸气重整制氢是一个成熟的工艺，在合成氨工业的制氢中广泛使用。整个反应是强吸热的反应，需要提供反应所需的热量。在合成氨工业的制氢中，一般使用燃气燃烧产生的火焰来加热转化炉管，提供反应所需要的热量。

（4）热交换器

重整冷却器：重整蒸汽通过水汽转换器冷却到450℃。一个变速鼓风机为冷却器提供冷却用的空气。重整冷却器是一个壳-管热交换器，带有316不锈钢制的散热片。外部的壳是含有冷却空气的一个薄的金属套。

冷凝器：冷凝器是将横向流动的空气作为冷却流体的不锈钢凸片管。

（5）水净化系统

提供给SMR（蒸汽甲烷重整）系统用来生成水蒸气的用水量大约是$1\sim1.5L/min$。城市用水中通常含有的钙和氯离子，在重整系统处于高温时，会毒化、腐蚀重整和变换反应的催化剂。用来生成蒸汽的水在提供给重整系统之前，必须除去其中的离子，可以用一个去离子交换柱实现。去离子交换柱是一个装满去离子树脂的、按固定周期工作的容器。

（6）变压吸附装置

变压吸附（PSA）技术是一种高效的分离技术，广泛应用于从混合气体中吸附并去除杂质气体（如CO_2、N_2、CH_4等），从而实现气体的纯化。在国内，变压吸附技术用于氢气提纯的领域已经取得了显著的进展。

在变压吸附制氢工艺中，吸附压力通常设定在$0.6\sim3.0MPa$的范围内，以保证最佳的吸附效率和氢气纯度。该工艺采用多塔变压吸附的设计，通过多个吸附塔之间的轮换工作，实现连续、高效的氢气提纯。

在确定吸附时间时，技术人员会参考吸附杂质的流出曲线，在杂质穿透点之前结束当前吸附塔的吸附操作，以确保吸附剂的有效利用和氢气的纯度。此时，吸附床出口端会有一部分吸附剂尚未达到饱和状态，这部分吸附剂的剩余容量可通过均压步骤进行回收。均压步骤是将刚完成吸附操作的吸附塔与已完成解吸并等待升压的吸附塔相连，通过气体交换使两塔压力均衡。这一过程不仅回收了吸附床死空间中的氢气，还利用了其中的能量，提高了整体能效。均压次数的增加虽然会提高氢气的回收率，但也会带来吸附床数量、吸附剂数量以及程控阀数量的增加，这会导致整个提纯装置的投资成本上升。因此，在实际应用中，需要根据具体需求和经济效益进行权衡和选择。在多床变压吸附工艺中，四塔2次均压流程因其高效、稳定的特点而被广泛应用。在这个流程中，每个吸附塔在一个完整的吸附-再生循环中会经历9个步骤，而四个吸附塔则按照四分之一的周期进行时序上的错开，以实现连续不断的氢气提纯操作。

（7）氢气压缩机

现在的天然气交通工具通常将以压缩的形式储存在 $20.7 \sim 24.8 MPa$（$3000 \sim 3600 psi$）压力下。然而，由于氢气的密度比较低，以氢为燃料的燃料电池交通工具一定在更高的压力下压缩储存氢气，如 $34.5 MPa$（$5000 psi$）或更高，以便储藏系统可以更容易安装在交通工具中。

（8）加注站储氢系统

在加氢站的设计中，储氢罐扮演着至关重要的角色。这些储氢罐由多个圆柱形高压气瓶组成，并采用分级压力设计以支持不同阶段的充压过程。由于氢气的充压是一个放热过程，因此储氢罐中的最高压力通常要超过车载氢瓶的压力。

缓冲储氢系统的容量设计受到几个关键因素的影响：首先，车队的大小和加注频率直接决定了系统所需的氢气储备量；其次，车载氢瓶与缓冲储氢罐之间的压力差异也会影响氢气的流动速率和效率；最后，氢气的运送能力也是决定系统容量的重要因素之一。

尽管缓冲罐的压力主要由车载氢气的需求所决定，但其设计同样影响着每次加注操作的时间效率。对于采用站内制氢技术的加注站而言，考虑到运行成本，通常需要实现24h不间断运行。然而，在夜间车辆加注需求减少时，生产出的富余氢气需要得到妥善的储存。这就要求储氢罐具备较大的缓冲能力，以确保氢气供应的连续性和稳定性。

氢气加注器是氢气加注系统中的核心设备，其设计与 CNG（压缩天然气）加注器相似，但面临着更高的操作压力和更严格的安全要求。为了确保加注过程的安全可靠，加注枪上通常会配备温度和压力传感器，并具备过压保护、遥控切断和拉脱切断等多重安全功能。此外，当加注站需要为两种不同储氢压力的燃料电池汽车提供服务时，还必须使用不可互换的喷嘴，以防止误操作引发的安全事故。

5.10.2　以水为原料的加氢站结构

一个标准的水电解氢气加注站系统的基本构成为：水电解氢源、净化系统、压缩机、储氢罐、加注器，此外，还有高压阀门组件和安全及控制系统等。

和天然气重整加氢站相比，水电解加氢站要简单得多。氢气压缩机、加注站、储氢系统、氢气加注系统与前述内容基本相同，只要对水电解加氢站提供制氢用蒸馏水和电能即可顺利进行氢气加注。

5.10.3　加氢站安全

加氢站的安全是一个至关重要的考虑因素，因为氢气具有易燃易爆的特性。以下是一些关于加氢站安全的要点：

（1）设立位置与距离

加氢站应设立在安全可控的区域内，与其他设施和建筑物保持一定的距离，以减少潜在的安全风险。

（2）安全设施

① 紧急切断阀：在进站管道上设置手动紧急切断阀，以及在站内各工段设置切断气源

的切断阀，以便在事故发生时能够及时切断气源。

② 防爆防火设施：在加氢装置周围设置防爆防火设施，如灭火器、防爆门和防漏桶等，以预防火灾事故的发生。

③ 安全阀：安全阀可以在加氢系统压力过高时自动开启，释放多余的氢气，避免系统爆炸的风险。

④ 气体检测仪：由于氢气泄漏可能是无声、无味、无色的，因此必须安装气体检测仪来检测加氢站内空气中的氢气浓度，以确保及时发现并处理泄漏情况。

⑤ 紧急停止装置：紧急停止装置可以迅速关闭加氢系统，并在必要时及时断电，避免电动机持续运转增加事故的发生概率。

⑥ 储氢容器与设备：储氢容器和储氢井应设置主切断阀和紧急切断阀，以及放空阀门和放空管道，以便在需要时能够迅速排空氢气。

⑦ 应急预案：加氢站应制定应急预案，明确应急组织机构的设置和职责分工，确保在紧急情况下能够迅速应对和处理。预案应包括应急监测与报警、应急处置流程、应急资源调配、应急演练与培训以及事故事后处理等内容。

⑧ 安全管理：加强加氢站的日常安全管理，包括设备维护、巡检等，预防事故的发生。

5.11 未来氢能发展趋势

在未来，氢能作为一种清洁、高效、可再生的能源载体，发展趋势将展现出前所未有的活力与潜力。随着全球对气候变化的关注日益加深以及能源转型的迫切需求，氢能的发展正步入一个黄金时期，预计将在多个领域实现突破性进展。

① 技术创新与成本降低：未来，氢能技术将持续创新，特别是在水电解制氢、氢的储存与运输、燃料电池效率提升等方面。随着技术的不断成熟和规模化生产，制氢成本将大幅下降，使得氢能逐步具备与化石能源竞争的经济性。

② 绿色氢能成为主流：随着可再生能源（如太阳能、风能）的快速发展和成本的降低，利用这些清洁能源生产的"绿色氢能"将成为主流。这不仅减少了制氢过程中的碳排放，还促进了能源体系的整体脱碳。

③ 氢能基础设施的完善：为了支撑氢能的大规模应用，全球范围内将加快构建氢能基础设施网络，包括加氢站、氢能输送管道和储存设施等。这将为氢能在交通、工业、建筑等领域的应用提供有力保障。

④ 交通领域的深度应用：氢能汽车在续航里程、加注速度等方面具有显著优势，未来将在公共交通、重型运输、物流等领域实现广泛应用。随着燃料电池技术的进步和成本下降，私人用车市场也将逐步接受氢能汽车。

⑤ 工业领域的转型升级：氢能作为高效的能源载体和还原剂，将在化工、钢铁、水泥等高耗能行业中发挥重要作用。通过替代传统化石燃料，来实现工业生产的低碳化和绿色化，推动全球工业体系的转型升级。

⑥ 跨界融合与产业链延伸：氢能产业的发展将促进能源、交通、化工等多个行业的跨界融合，形成更加紧密和高效的产业链。同时，氢能还将与智能电网、分布式能源等新技术相结合，推动能源系统的智能化和灵活化。

⑦ 政策支持与国际合作：为了加速氢能产业的发展，各国政府将出台更多支持政策，包括财政补贴、税收优惠、研发支持等。此外，国际的合作与交流也将加强，共同推动氢能技术的研发、示范和应用，促进全球能源转型和可持续发展。

综上所述，未来氢能的发展趋势将呈现出技术创新加速、成本持续下降、应用领域不断拓展、基础设施不断完善等特征。随着全球对清洁能源的需求日益增长，氢能有望成为未来能源体系中的重要组成部分，为实现碳中和目标和可持续发展目标作出重要贡献。

思政研学

谢曙：氢能领域的思政研学先锋

谢曙，一个充满活力与激情的 80 后科研工作者，从小便对能源科学怀有浓厚的兴趣。他出生在中国湖南的一个普通家庭，家乡的自然美景和清新的空气让他对环境保护有了更深的认识。随着对能源危机的深入了解，谢曙开始专注于氢能这一清洁能源领域的研究。

在大学期间，谢曙便展现出了卓越的科研才能和坚定的信念。他坚信，氢能作为一种无污染、高效率的能源，将在未来能源革命中发挥重要作用。因此，他毅然选择了氢能作为自己的研究方向，并全身心地投入到相关科研工作中。

在实验室里，谢曙带领团队攻克了一个又一个技术难关。他们研发出了一种先进的 PEM 水电解制氢技术，不仅提高了制氢效率，还降低了生产成本。这一成果让谢曙和他的团队获得了多项专利，并得到了社会各界的广泛关注。

然而，谢曙并没有满足于在实验室里取得的成就。他深知，只有将氢能技术应用到实际生产中，才能真正发挥价值。于是，他开始积极寻求与政府、企业等各方面的合作，推动氢能技术的商业化应用。

在这个过程中，谢曙展现出了高度的责任感和使命感。他深知氢能技术的推广不仅关乎科技进步，更关乎国家能源安全和可持续发展。因此，他始终坚持将个人理想与国家需求、社会责任紧密结合，为推动氢能技术的发展贡献自己的力量。

除了科研工作外，谢曙还积极参与科普活动。他通过举办讲座、撰写科普文章等方式，向公众普及氢能知识，提高人们对可再生能源的认识和重视程度。他希望通过自己的努力，让更多人了解氢能、支持氢能，共同为环保事业贡献力量。

谢曙的故事不仅仅是一个科研工作者的成功史，更是一个思政研学先锋的奋斗史。他用自己的实际行动诠释了"思政研学"的真谛：将个人理想与国家需求、社会责任紧密结合，为推动科技进步和社会发展贡献自己的力量。谢曙的故事激励着越来越多的年轻人投身到科研事业中，为实现中华民族伟大复兴的中国梦而努力奋斗。

思考题

1. 简述氢气的化学性质，并列举几个常见的化学反应。
2. 解释水电解产生氢气和氧气的原理，并说明这一过程中能量是如何转换的。
3. 讨论氢气作为能源存储介质的优点和缺点。

4.氢气存储目前有哪些主流技术？每种技术面临的挑战是什么？

5.氢气生产过程中的碳排放问题如何解决？

6.举例说明氢能在哪些领域得到了实际应用（如交通、电力、工业等）。

7.分析全球范围内氢能源政策的发展趋势和主要国家的战略布局。

8.讨论氢能源市场目前的发展状况，以及未来可能面临的挑战和机遇。

9.讨论氢能源在推动全球能源结构转型和可持续发展中的作用。

10.氢能源与其他可再生能源（如太阳能、风能）如何协同工作，以实现更高效的能源利用？

参考文献

[1] 李星国.氢与氢能[M].北京：机械工业出版社，2012：153-160.

[2] 郑津洋，开方明，刘仲强，等.高压氢气储运设备及风险评估[J].太阳能学报，2006，27(11)：1168-1174.

[3] 许炜，陶占良，陈军.储氢研究进展[J].化学进展，2006(Z1)：200-210.

[4] 郭志钒，巨永林.低温液氢储存的现状及存在问题[J].低温与超导，2019，47(6)：21-29.

[5] 柏明星，宋考平，徐宝成，等.氢气地下存储的可行性、局限性及发展前景[J].地质论评，2014，60(4)：748-754.

[6] 付盼，罗淼，夏焱，等.氢气地下存储技术现状及难点研究[J].中国井矿盐，2020，51(6)：5，19-23.

[7] 高佳佳，米媛媛，周洋，等.新型储氢材料研究进展[J].化工进展，2021，40(6)：2962-2971.

[8] 张晓飞，蒋利军，叶建华，等.固态储氢技术的研究进展[J].太阳能学报，2022，43(6)：345-354.

[9] 瞿国华.我国氢能产业发展和氢资源探讨[J].当代石油石化，2020，28(04)：4-9.

[10] 赵雪莹，李根蒂，孙晓彤，等."双碳"目标下电解制氢关键技术及其应用进展[J].全球能源互联网，2021，4(05)：436-446.

[11] 殷卓成，杨高，刘怀，等.氢能储运关键技术研究现状及前景分析[J].现代化工，2021，41(11)：53-57.

[12] 刘坚，钟财富.我国氢能发展现状与前景展望[J].中国能源，2019，41(02)：32-36.

[13] 杨明，王圣平，张运丰，等.储氢材料的研究现状与发展趋势[J].硅酸盐学报，2011，39(7)：1053-1060.

[14] 乔东伟，陶志杰，郭向军，等.中国绿氢的制取与应用前景展望[J].现代盐化工，2022，49(02)：31-33.

[15] 邵志刚，衣宝廉.氢能与燃料电池发展现状及展望[J].中国科学院院刊，2019，34(04)：469-477.

燃料电池材料及技术

6.1 概述

燃料电池（fuel cell）是一种能够持续地通过发生在阳极和阴极的氧化还原反应将储存在燃料和氧化剂中的化学能转化为电能的能量转换装置，它工作时需要连续不断地向电池内输入燃料和氧化剂，只要持续供应，燃料电池就会不断提供电能。

它从外表上看有正负极和电解质等，像一个蓄电池，但实质上它不能"储电"，而是一个"发电厂"。它的发电原理与化学电源一样，是由电极提供电子转移的场所。阳极进行燃料（如氢）的氧化过程，阴极进行氧化剂（如氧等）的还原过程。导电离子在将阴、阳极分开的电解质内迁移，电子通过外电路做功并构成电的回路。但是燃料电池的工作方式又与常规的化学电源不同，更类似于汽油、柴油发电机。它的燃料和氧化剂不是储存在电池内，而是储存在电池外的储罐中。当电池发电时，要连续不断地向电池内送入燃料和氧化剂，排出反应产物，同时也要排除一定的废热，以维持电池工作温度恒定。燃料电池本身只决定输出功率的大小，储存的能量则由储罐内的燃料与氧化剂的量决定。

燃料电池的发展历史源远流长，可追溯到 19 世纪的威廉·罗伯特·格罗夫爵士。1839年，他通过电解实验将水分解为氢和氧，这一实验为燃料电池的雏形奠定了基础。自那时起，对燃料电池的研究已持续超过 160 年。在 1889 年，英国人 Mond 和 Langer 首次提出了"燃料电池"这个名称，并尝试使用空气和工业煤气制造首个实验装置，成功获得了 $0.2A/cm^2$ 的电流密度。到了 20 世纪初，W. H. Nernst 和 F. Haber 对碳的直接氧化式燃料电池进行了深入研究。进入 20 世纪中叶，燃料电池的研究迎来了快速发展的阶段。1950 年代末，英国剑桥大学的培根教授利用高压氢、氧气体展示了功率为 5kW 的燃料电池，并在随后成功构建了一个 6kW 的高压氢氧燃料电池发电装置。这一突破性的进展引起了广泛关注。到了 20世纪 60 年代，美国通用电气公司（GE）进一步发展了燃料电池技术。此后，燃料电池不仅被应用于航天工业，还在地面实用燃料电池电站的研究中取得了显著进展。几兆瓦级的磷酸燃料电池发电装置已经研制成功，并在日本东京湾附近建立了示范性装置。

如今，燃料电池的商业化应用已逐渐临近。全球范围内已有 200 多座燃料电池电站在运行，包括日本、美国、欧洲等多个国家和地区。燃料电池的应用范围广泛，从燃料电池轿车到公共交通工具，再到军用装备，燃料电池都展现出了独特的优势。此外，燃料电池技术还在手机、互联网等领域得到了应用，展示了其广阔的市场前景。

（1）燃料电池热力学

不同类型的燃料电池电极反应各有不同，但是都是由阴极、阳极、电解质这几个基本单元组成的且都遵循电化学原理。燃料气（氢气等）在阳极催化剂作用下发生氧化反应，生成阳离子，给出自由电子。氧化物在阴极催化剂作用下发生还原反应，得到电子并产生阴离子。阳极的阳离子或阴极的阴离子通过能传导质子并且电子绝缘的电解质传递到另一个电极上，生成反应产物，而自由电子由外电路导出，为用电器提供电能。

对于一个氧化还原反应，如下式所示：

$$[O]+[R]\longrightarrow P \tag{6-1}$$

式中，[O] 是氧化剂，[R] 是还原剂，P 为反应物。对于半反应则可写为：

$$[R]\longrightarrow [R]^{+}+e^{-} \tag{6-2}$$

$$[R]^{+}+[O]+e^{-}\longrightarrow P \tag{6-3}$$

燃料电池的单电池在电化学反应过程中的可逆电功，即是反应的吉布斯自由能变：

$$W_e=\Delta G=-nEF \tag{6-4}$$

式中，n 为反应过程中转移的电子数；E 为电池的电动势；F 为法拉第常数（$F=96493C$）。在标准状态下（293.15K、101.325kPa），以 H_2 为燃料，n 的值为 2，当反应产物为液态水时 $\Delta G=-237.2kJ$，因此，可以计算出燃料电池的可逆电动势为 1.229V；当反应产物为气态水时，$\Delta G=-228.6kJ$，可以计算出燃料电池的可逆电动势为 1.190V。

对于由 i 种物质构成的体系，体系的吉布斯自由能与组成物质的化学势 μ_i 之间存在以下关系：

$$G_{T,p}=\sum_i \mu_i n_i \tag{6-5}$$

μ_i 可以表示为：

$$\mu_i=\mu_i^{\ominus}(T)+RT\ln a_i \tag{6-6}$$

式中，a_i 为第 i 种物质的活度；$\mu^{\ominus}$ 为 $a=1$ 时的化学势，定义为该物质在标准状态下的化学势，它仅是温度的函数，与浓度和压力无关。

对于任一化学反应，都满足下列条件：

$$\sum_i \nu_i A_i=0 \tag{6-7}$$

式中，ν_i 为反应式中化学计量数，对于产物计量数取正值，对于反应物计量数取负值。此时反应的吉布斯自由能变可以表示为：

$$\Delta G=\sum_i \mu_i v_i \tag{6-8}$$

$$\Delta G=\sum_i \mu_i^{\ominus}(T)\nu_i+RT\sum_i \nu_i \ln a_i \tag{6-9}$$

式中，$\sum_i \mu_i^{\ominus}(T)\nu_i$ 称为标准吉布斯自由能变，即化学反应中各物质浓度均为 1mol/L 时的吉布斯自由能变，用 $\Delta G^{\ominus}$ 表示。

由热力学相关知识可知：

$$\Delta G=-RT\ln K \tag{6-10}$$

式中，K 为反应的平衡常数。

联立可得：

$$E = \frac{RT}{nF}\ln K - \frac{RT}{nF}\sum_i \nu_i \ln a_i = E^{\ominus} - \frac{RT}{nF}\sum_i \nu_i \ln a_i \qquad (6\text{-}11)$$

式中，$E^{\ominus} = \dfrac{RT}{nF}\ln K$ 为电池的标准电动势；$E^{\ominus}$ 仅是温度的函数，与浓度和压力无关。

式（6-11）提供了电化学反应的电动势与反应物以及产物的活度、温度之间的关系。

（2）燃料电池动力学

前面讨论的内容是单纯从热力学角度出发计算得到的平衡状态下电池电压。然而电池在实际工作中，电极上会发生一系列物理与化学反应过程，其中的每一个过程都会对电池反应产生阻力。为了克服这些阻力，电池自身会消耗一些能量，导致电池的电极电位会偏离平衡电位，这种现象称为极化（polarization）。此时电池电压与电流密度之间的关系图称为极化曲线，如图 6-1 所示。燃料电池极化损失主要来自三个方面：活化极化（η_{act}）、欧姆极化（η_{ohm}）和浓差极化（η_{con}）。考虑到上述极化损失，电池实际工作电压为：

$$V = E_0 - \eta_{\text{act}} - \eta_{\text{ohm}} - \eta_{\text{con}} \qquad (6\text{-}12)$$

式中，E_0 为电池的开路电压。

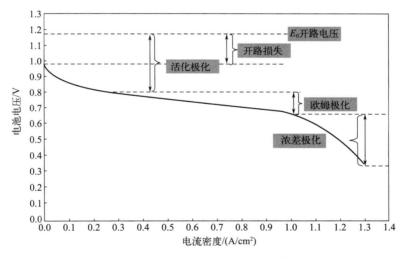

图 6-1　燃料电池典型的电压-电流密度曲线

活化极化（activation polarization）是为了克服电化学反应活化能垒所产生的电压损失，主要包括触媒上的吸附与脱附过程、载流子传导过程等反应。电池在实际工作中，只要电池中有电流流过，就会产生活化极化。此过程对应于极化曲线上，在低电流密度时，电压随着电流密度的增加而迅速下降。

欧姆极化（ohmic polarization）主要来源于氧离子在电解质和迁徙电子在电极中移动以及电池各组元之间的接触状态所引起的电压损失，符合欧姆定律。此过程对应于极化曲线上，电压随着电流密度的增加而线性下降。

浓差极化（concentration polarization）指与传质有关的电压损失。当电池处于大电流工作状态时，对燃料气体和氧化剂的消耗程度很高。当电流密度达到一定值时，燃料气体和氧的供应无法满足电极反应的需求，则发生浓差极化。此过程对应于极化曲线上，在高电流密度时，随着电流密度的增加电压急剧下降。

（3）燃料电池特点

在深入探讨燃料电池的诸多优势及其面临的挑战时，可以从多个维度来细化其特性，并强调其相较于传统能源转换装置的优越性（表6-1）。以下是对燃料电池特性的详细解析。

①高效能转化效率 燃料电池在理论层面上，电能转化效率高达82.9%，尽管实际应用中由于电极电阻、反应损失以及电力转换等因素，效率有所降低，但其效率依然显著超越发动机等热装置。高温型燃料电池的发电效率可达45%～55%，固体高分子型燃料电池中纯氢型燃料电池的发电效率可达50%。值得一提的是，燃料电池在部分负荷下也能维持高效率运行，使其特别适用于汽车等部分负荷运行较多的场景。

②环保排放特性 燃料电池在能源转换过程中，几乎不产生有害物质。纯氢型燃料电池的唯一排放物是水蒸气，即使使用化石燃料的燃料改型型燃料电池，也仅排放极少量的非主要污染物。这种特性使燃料电池成为清洁、环保的能源转换解决方案。此外，燃料电池的运行过程中几乎无振动和噪声，进一步提升了其环保性能。

表6-1 燃料电池与火力发电的大气污染情况比较   kg/(kW·h)

电站燃料类型污染	天然气	重油	煤	FCG-1燃料电池	EPA[①]限制值
SO_x	—	3.35	4.95	0.000046	1.24
NO_x	0.89	1.25	2.89	0.031	0.464
颗粒	0.45	0.42	0.41	0.0000046	0.155

①环境保护署。

③灵活多样的发电规模 燃料电池的构造允许其适应不同规模的发电需求。通过调整电池模块的数量、电极的有效面积和层组数，燃料电池可以制造出从数瓦级移动设备电源到商业或电力用兆瓦级发电设备的各种规模发电设备。这种灵活性使得燃料电池在各个领域都有广泛的应用前景。

④广泛的燃料适应性 燃料电池不仅能利用纯氢作为燃料，还能通过改质反应，利用天然气、LPG、煤油、甲醇、生物气体等多种燃料进行发电。甚至对于含有大量CO的煤炭气化燃气，也有特定的燃料电池类型能够高效利用。这种广泛的燃料适应性使得燃料电池在能源利用上更加灵活和多元化。

⑤长期运行带来的挑战 尽管燃料电池具有诸多优势，但长期运行会导致电极劣化、电压下降等问题。特别是对于固体高分子型燃料电池，其纳米级电极催化剂的细微结构容易受到破坏，导致反应比表面积减少、电解质膜劣化等现象。因此，在设计和运行燃料电池时，需要充分考虑电极的构成材料、制造方法及运行控制策略等因素，以确保其长期稳定运行。

⑥高技术要求 燃料电池的制造和运行对技术有着极高的要求。从纤细的电极设计与制造到系统设计和运行控制，都需要先进的设计、制造及品质管理技术。同时，对使用的材料、零件及整个系统的可靠性和耐久性也有着严格的要求。这种高技术要求使得燃料电池的研发和制造过程相对复杂和昂贵。

综上所述，燃料电池作为一种高效、环保、灵活的能源转换装置，具有巨大的应用潜力和市场前景。然而，其长期运行带来的挑战和高技术要求也需要人们不断探索和克服。随着技术的不断进步和成本的逐渐降低，相信燃料电池将在未来能源领域发挥更加重要的作用。

（4）燃料电池的成本

为了推动燃料电池在材料、电池层组、改质装置、辅机部件以及电气控制系统设备等方面实现高性能化、低成本化以及高可靠性的目标，研究者正全力以赴进行一系列的研发工作。这不仅仅是为了追求技术的卓越，更是为了满足市场对高效、经济且稳定的能源解决方案的迫切需求。然而，当前面临的一个挑战是，特殊材料和部件以及发电装置的试制品大多依赖于手工劳动制造，导致成本相对较高。为了推动固体高分子型燃料电池的普及，必须找到一种方法来显著降低其成本。具体来说，需要将目前的数百万日元/kW 以上的成本降低到十分之一以下，以达到与发动机发电相比更具竞争力的水平。这意味着，对于固定式燃料电池，目标成本是 300000 日元/kW 以下。

（5）燃料电池系统

燃料电池的基本发电系统依据其燃料类型大致可归为三大类别。

① 燃料改质型系统　这类系统主要利用天然气等碳氢化合物系列以及甲醇作为燃料。其工作原理是通过水蒸气改质法来制造氢气。这类系统常见于固定式应用。由于天然气和 LPG 中可能含有硫化物臭味剂，而石油系燃料如煤油中则可能含有硫黄成分，这些成分都可能对改质催化剂产生损害，因此，在燃料进入改质器之前，必须通过一个脱硫器来去除这些有害的硫黄成分。

液体燃料在蒸发后会被导入改质器，与蒸汽发生反应生成 H_2 和 CO。随后，通过 CO 生成器进一步反应生成 H_2 和 CO_2，并利用 CO 去除装置将剩余的 CO 浓度降低到 10^{-5} 以下，最终得到大约 75% 的氢和主要由 CO_2 组成的改质气体。值得注意的是，对于在 200℃ 高温下运行的磷酸型燃料电池，由于其对 CO 的容许浓度较高（可达 0.5%～1%），因此可能不需要使用 CO 去除装置。

由于燃料的改质是一个吸热反应，燃料电池的排出气体被重新利用，返回燃烧并加热改质器内部。改质反应的温度一般在 650～800℃，而催化剂的选择则根据燃料类型有所不同：天然气改质使用 Ni 系催化剂，其他碳氢化合物系燃料则使用 Ru 系催化剂。

家庭用燃料电池除使用天然气、LPG 外，还研发了基于石油公司开发的改质催化剂的煤油改质燃料电池。尽管燃料改质技术已经相当成熟，并在多个规模上得到应用（如日本有 100 多台 50～200kW 的磷酸型燃料电池以及 500 多台 1kW 级家庭用燃料电池），但由于改质器的设计结构具有高度的灵活性，仍需根据具体用途进行结构优化。这类系统的启动时间因容量而异，可能需要数十分钟到数小时不等。由于其系统复杂且占据较大空间，因此不太适用于移动体用燃料电池。然而，卡西欧计算器公司在 2006 年开发了一种甲醇改质的移动电子设备用 19W 超小型燃料电池，它可以在邮票大小的改质器内使甲醇发生改质生成氢，启动时间仅需 6s，并达到了世界最高的输出功率密度 882W/L，展示了燃料改质型燃料电池在特殊应用领域的潜力。

② 纯氢型　纯氢型燃料电池系统在纯氢条件下运行，简洁性使其特别适用于汽车、轮椅、小型摩托车等移动体以及移动电源。此外，副产的氢气也在那些能产生大量氢气的产业

用燃料电池上得到了有效应用。与燃料改质型燃料电池相比，固体高分子型燃料电池在纯氢条件下运行时具有显著优势。由于其不产生 CO 中毒，因此性能劣化的可能性较低，发电效率高，启动时间短，系统构造简单，且成本相对较低。

然而，对于移动体用燃料电池而言，氢的供给方式是一个重要考虑因素。除了使用轻便的液化氢气瓶外，氢吸储合金罐等替代方案也值得深入研究。虽然利用纯氢型的固定式燃料电池相对较少，但日本在此领域取得了显著进展。自 1996 年起，在国家与四国综合研究所及富士电机的合作开发项目中，东亚合成在德岛工厂的 1000kW 磷酸型燃料电池利用副产氢已经稳定运行超过 3 万小时，证明了其可靠性和持久性。

在相同地区，由国家计划 WE-NET 支持的东芝 IFC 制造的 30kW 固体高分子型燃料电池也在运行中，为当地提供了可靠的电力支持。在家庭用燃料电池方面，经过 NEDO 的验证测试，东京燃气和大分九州石油的 1kW 燃料电池在东京荒川和大分地区已成功运行，为居民提供了清洁能源。此外，美国道氏化学公司的工厂也展示了副产氢在燃料电池中的应用潜力。他们依靠副产氢供给 GM（通用公司）的数百千瓦级固体高分子型燃料电池在实际运行中表现优异，证明了燃料电池技术在工业领域的广泛应用前景。

③ 直接甲醇型　对于移动电子设备而言，便携性至关重要，因此直接甲醇型燃料电池成为理想之选。这类燃料电池的工作原理是通过向电池层组中供给甲醇水溶液，利用甲醇与水的反应释放电子以驱动电池工作。尽管甲醇的反应性较低，与纯氢燃料电池相比，其输出功率仅约为后者的十分之一，效率相对较低，但直接甲醇型燃料电池无需改质装置，这一特点使得其能够设计成超小型轻量化系统，非常适合移动电子设备。然而，当高浓度的甲醇透过电解质膜时，会出现输出功率下降的过度损失现象，这成为了一个技术挑战。为了解决这一问题，科研人员正致力于电解质膜的改良开发，以提高甲醇燃料电池的性能和效率。

6.2　燃料电池分类

燃料电池的分类方式多样，既可以基于其工作温度或电解质类型划分，也可以根据所使用的原料来划分。其中，电解质的种类对燃料电池的操作温度、电极催化剂的选择以及燃料要求具有决定性作用。依据电解质的差异，将燃料电池细分为以下五类：

（1）质子交换膜燃料电池（PEMFC）

PEMFC，也被称为固体聚合物燃料电池（SPFC），其工作温度通常控制在 $50 \sim 100℃$ 之间。该燃料电池的电解质是一种固体有机膜，在湿润状态下能够传导质子。PEMFC 中，铂是最常用的催化剂，但在制作电极时，通常将铂分散在炭黑中，然后涂覆在固体膜的表面。值得注意的是，PEMFC 对 CO 中毒非常敏感，尤其是在较低的工作温度下。尽管如此，CO_2 的存在对 PEMFC 的性能影响较小。此外，PEMFC 的一个分支——直接甲醇燃料电池（DMFC）也受到了广泛关注。

（2）碱性燃料电池（AFC）

在 AFC 中，浓 KOH 溶液不仅作为电解液，还兼具冷却剂的功能。它负责从阴极向阳极传递氢氧根离子，确保电池的正常运行。AFC 通常在 80℃ 的温度下工作，然而，这种燃

料电池对 CO_2 中毒非常敏感，因此在实际应用中需要特别注意。

（3）磷酸燃料电池（PAFC）

PAFC 在大约 200℃ 的温度下运行。其电解质通常储存在多孔材料中，负责从阴极向阳极传递氢氧根离子。PAFC 同样使用铂作为催化剂，并且也面临 CO 中毒的问题。然而，与 PEMFC 不同，CO 的存在对 PAFC 的性能影响较小。

（4）熔融碳酸盐燃料电池（MCFC）

MCFC 使用碱性碳酸盐作为电解质，通过从阴极到阳极传递碳酸根离子来实现物质和电荷的传输。为了维持碳酸根离子的连续传递过程，需要不断向阴极补充 CO_2，而 CO_2 最终从阳极释放出来。MCFC 的工作温度较高，通常在 650℃ 左右，这使得它可以使用镍作为催化剂。

（5）固体氧化物燃料电池（SOFC）

SOFC 的电解质主要由掺入氧化钇或氧化钙的固体氧化锆构成，这些添加剂能够稳定氧化锆的晶体结构。在 1000℃ 的高温下，固体氧化锆能够传递氧离子。由于电解质和电极都是陶瓷材料，SOFC 和 MCFC 都属于高温燃料电池。这种类型的燃料电池对原料气的要求相对较低，因此燃料 H_2/CO 可以连续输入到电池中。此外，燃料的处理过程可以直接在阳极室中进行，如天然气重整化。在 MCFC 中，可能需要额外的催化剂来促进反应。高温燃料电池的一个显著优点是它们对冷却系统的要求较低，从而实现了较高的电池效率。

综上所述，可将燃料电池的基本情况列于表 6-2。

表 6-2　不同燃料电池的类型及性能比较

类型	碱性燃料电池	磷酸燃料电池	固体氧化物燃料电池	熔融碳酸盐燃料电池	质子交换膜燃料电池
燃料	H_2	H_2 和 CO_2	H_2、CO、CH_4	H_2 和 CO	H_2
电解质	NaOH/KOH	H_3PO_4	ZrO_2/Y_2O_3	$KLiCO_3$	离子膜
导电离子	OH^-	H^+	O^{2-}	CO_3^{2+}	H^+
氧化剂	纯氧	空气	空气	空气	空气
阳极材料	多孔石墨板	多孔石墨板	Ni-ZrO_3	多孔镍板	多孔石墨板
阴极材料	金属或石墨	多孔石墨板	$LaCoO_3$	NiO	多孔石墨板
构型	单极或双极	双极	双极	单极或双极	单极或双极
外壳	聚合物	石墨材料	α-Al_2O_3	镍聚合物	石墨材料
工作温度/℃	≤100	≤200	800～1000	600～700	≤100
工作压力/MPa	0.1	0.1～0.3	0.1	1.0	约 0.4
功率密度/(W/kg)	35～105	120～180	15～20	30～40	340～3000
冷却介质	—	空气、水-空气	空气	空气	水
启动时间	几分钟	几分钟	＞10min	＞10min	＜5s
寿命水平/h	10000	15000	7000	13000	100000
发电效率/%	40～45	40～45	50～60	45～60	40～45
应用领域	航天工业	特殊区域供电	联合发电、区域供电	区域供电	移动电源、洁净电站

6.3 质子交换膜燃料电池

质子交换膜燃料电池（PEMFC），也被称为聚合物电解质燃料电池（PEFC）或固体聚合物电解质燃料电池（SPFC），是燃料电池领域的重要分支。其历史可追溯至 20 世纪 60 年代初，当时通用电气公司（GE）发明了第一台 PEMFC，并将其首次应用于 Gemini 飞船的主电源系统。随后，DuPont 公司推出的含氟磺酸型质子交换膜（Nafion 系列）显著延长了 PEMFC 的寿命，超过了 57000h。GE 公司则通过内部加湿和增大阴极区反应压力的方法，解决了 PEMFC 工作过程中膜干涸的问题。

然而，早期的 PEMFC 存在两大挑战：一是贵金属催化剂的使用量巨大（4mg/cm^2）；二是需要纯氧作为氧化剂，限制了其广泛应用。进入 20 世纪 80 年代，随着 PEMFC 在军事领域的广泛应用，加拿大 Ballard Power System 公司开始致力于 PEMFC 的研究与开发。他们采用空气替代纯氧，结合石墨极板和 Dow 化学公司开发的新型聚合物膜，成功开发出性能更高的 PEMFC 系统，其电流密度可达 4.3A/cm^2。

进入 20 世纪 90 年代，全球科研团队的共同努力推动了 PEMFC 技术的飞速发展。通过解决电极结构立体化、大幅减少铂催化剂用量（降至 0.5mg/cm^2 以下），以及优化电极-膜-电极三合一组件（MEA）的热压等关键技术问题，PEMFC 的技术成熟度不断提升。目前，PEMFC 的质量比功率和体积比功率分别达到了 1000W/kg 和 1700W/L，同时在降低成本方面也取得了显著进展。这使得 PEMFC 成为电动汽车和潜艇（AIP）等领域极具潜力的动力源。

PEMFC 的发电体由单个或多个电池单体组成，核心部件包括膜电极、密封圈和带有导气通道的集流板。膜电极中的质子交换膜不仅具备质子交换功能，还能有效隔离燃料气体和氧化气体。膜两侧的气体电极则由碳纸和催化剂（通常采用纳米金属 Pt）组成，同时起到电极导电支撑体和气体扩散层的作用。当前，针对膜电极结构和新型催化剂的研究工作正日益增多，旨在进一步提升 PEMFC 的性能和效率。

6.3.1 质子交换膜燃料电池工作原理

在 PEMFC（质子交换膜燃料电池）中，燃料（包含氢或富氢气体）和氧气通过双极板上的导气通道分别流入电池的阳极和阴极（图 6-2）。反应气体随后通过电极上的扩散层抵达质子交换膜。在阳极侧，氢气在催化剂的作用下分解为氢离子（质子）和电子。这些氢离子以水合质子 $H^+(nH_2O)$ 的形式，在质子交换膜内通过连续的磺酸基（—SOH）进行迁移，最终到达阴极，形成质子导电。这一过程导致阳极积累带负电的电子，形成负极。同时，在阴极，氧分子与催化剂激发的电子结合，生成氧离子，使得阴极变为带正电的端子（正极）。由此，在阳极的负电端和阴极的正电端之间产生了电压。当通过外部电路连接两极时，电子会从阳极流向阴极，产生电能。同时，氢离子与氧离子反应生成水。

PEMFC 因其高功率密度、高能量转换效率、低温启动能力以及环境友好性等优点，被视为电动汽车等应用的理想动力源。当前，PEMFC 的研究已成为电化学和能源科学领域的热点，多国政府和企业都在大力投资推动这一技术的发展。

尽管目前 PEMFC 普遍使用氢气作为燃料，但氢气的储存和运输存在挑战。特别是当

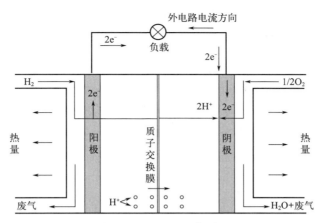

图 6-2　PEMFC 工作原理

PEMFC 大规模应用于汽车时，使用氢气将需要对现有的加油站设施进行大规模改造，成本高昂。因此，人们正积极探索使用液体燃料替代氢气作为 PEMFC 的燃料。一种方法是在燃料电池外部对液体燃料进行重整，产生的氢气再作为燃料电池的燃料。然而，这种方法存在诸多限制，如重整设备增加燃料电池体积、高温重整难以实现快速启动、重整气中的 CO 易导致阳极铂催化剂中毒等。因此，近年来直接甲醇燃料电池（DMFC）作为 PEMFC 的一种变体，受到了广泛关注。DMFC 直接使用甲醇作为燃料，无需外部重整，简化了系统结构，并有可能解决氢气储存和运输的难题。

6.3.2　质子交换膜燃料电池关键材料与零部件

PEMFC 的单体电池构造复杂且关键，其中包括 MEA（膜电极组件）、双极板以及密封元件等核心组件。其中，MEA 作为电化学反应的心脏，由阴阳极的多孔气体扩散电极和电解质隔膜构成。在标准的操作条件下，一个单体电池的工作电压大致为 0.7V，然而，为了满足实际应用中的功率需求，通常需要将数百个单体电池组合成燃料电池电堆或模块。因此，与所有化学电源类似，确保燃料电池电堆中单体电池间的一致性和均匀性至关重要。

6.3.2.1　质子交换膜（PEM）

PEMFC 的性能提升与 PEM 的卓越性能息息相关。PEM 作为燃料电池中的核心组件，其性能直接影响电池的整体表现。为了满足 PEMFC 的高性能要求，PEM 必须具备一系列出色的特性。

首先，PEM 需具备卓越的质子电导率，以确保质子在阳极和阴极之间的高效传输，从而提高电池的工作效率和性能。其次，PEM 的热和化学稳定性至关重要，以应对燃料电池在长时间运行过程中可能出现的各种复杂环境和化学条件。此外，PEM 还应具有较低的气体渗透率，以避免燃料和氧化剂之间的混合，确保电池的安全运行。除了上述基本要求外，PEM 的含水率也是影响其性能的关键因素。适度的含水率有助于提高 PEM 的质子传递能力，但过高的含水率可能导致 PEM 的强度下降，甚至引起膜的溶胀和变形。因此，在设计和制造 PEM 时，需要精确控制含水率，以实现最佳的性能和稳定性。

PEM 的物理性质对燃料电池的性能具有极大的影响。其中，膜的厚度和单位面积质量是两个重要的参数。较薄的膜和较低的单位面积质量有助于减小电阻，提高电池的工作电压和能量密度。然而，过薄的膜可能会影响其抗拉强度，甚至导致氢气泄漏，从而影响电池的性能和寿命。因此，在设计和制造 PEM 时，需要综合考虑这些因素，以找到最佳的平衡点。此外，PEM 的抗拉强度也是其性能的重要指标之一。抗拉强度与膜的厚度和工作环境密切相关。在确保足够抗拉强度的前提下，应尽量减小膜的厚度，以提高电池的性能。同时，也要考虑到环境因素的影响，如温度、湿度等，这些因素可能会对 PEM 的抗拉强度产生影响。膜的溶胀度是另一个需要关注的重要物理性质。溶胀度过高会导致 PEM 在反应过程中发生严重的变形和应力集中，从而影响电池的性能和寿命。因此，在设计和选择 PEM 时，需要充分考虑溶胀度的大小和变化范围，以确保 PEM 在燃料电池中能够稳定运行。

① 提高力学性能的复合膜：这类复合膜通常采用多孔薄膜（如多孔 PTFE）或纤维作为增强骨架，然后浸渍全氟磺酸树脂制成。这种设计在确保质子高效传导的同时，显著提升了膜的机械强度，从而解决了薄膜易破损的问题。例如，美国戈尔（Gore）公司的 Goreselect 复合膜、中国科学院大连化学物理研究所的 Nafion/PTFE 复合增强膜和碳纳米管增强复合膜等，均在这一领域取得了显著成果。此外，烃类膜由于磺化度与强度之间的固有矛盾，也可以采用类似的复合技术，实现高质子传导与强度的兼顾。

② 提高化学稳定性的复合膜：为了应对燃料电池工作过程中产生的自由基对膜材料化学稳定性的挑战，研究人员通过在膜中添加自由基淬灭剂来提高其化学稳定性。例如，赵丹等人通过在 Nafion 膜中加入 $Cs_3H_{3-x}PW_{12}O_4/CeO_2$ 纳米分散颗粒，利用 CeO_2 中的变价金属可逆氧化还原性质淬灭自由基，并强化了 H_2O_2 的催化分解能力。刘建国等人则在 PEM 中加入抗氧化物质维生素 E，通过其捕捉自由基并重新还原的特性，延长了燃料电池的寿命。

③ 具有增湿功能的复合膜：为了解决 PEMFC 在低湿、高温环境下性能下降的问题，研究人员开发了自增湿膜。这类膜通过在 PFSA 膜（全氟磺酸质子交换膜）中分散如 SiO_2、TiO_2 等无机吸湿材料，作为保水剂来储备电化学反应生成的水，实现湿度的调节与缓冲。这种设计使得 PEMFC 能够在低湿、高温条件下正常工作，并简化了系统结构。

④ 高温质子交换膜燃料电池（HT-PEMFC）用复合膜：HT-PEMFC 因高温操作带来的动力学速率提升、电催化剂对杂质耐受力增强以及系统简化等优点，成为研究热点。其中，磷酸掺杂的聚苯并咪唑膜（H_3PO_4/PBI）利用 PBI 膜在高温下的机械强度与化学稳定性以及磷酸的传导质子特性，实现了在高温和无水状态下的质子传导。这种复合膜为非氟膜的研究提供了新思路。

⑤ 碱性阴离子交换膜燃料电池（AEMFC）用复合膜：为了摆脱对贵金属催化剂的依赖，AEMFC 近年来备受关注。然而，与酸性膜相比，其稳定性较差。因此，开发高性能、高稳定性的 AEMFC 用复合膜成为研究重点。通过优化膜材料、制备工艺以及膜结构，可以显著提高 AEMFC 的稳定性和性能。

6.3.2.2　电催化剂

电催化剂在燃料电池中发挥着至关重要的作用，其核心功能是降低反应的活化能，加速氢、氧在电极上的氧化还原过程，从而显著提升反应速率。在燃料电池中，氧还原反应（ORR）因其较低的交换电流密度而成为整个电池反应的控制步骤。目前，燃料电池的催化剂主要分为三类，其中商用催化剂 Pt/C 由于 Pt 纳米颗粒分散在碳粉载体上，具有优异的催化性能，但受到资源有限和成本高昂的限制。

随着技术的进步和研究的深入，催化剂的 Pt 用量已经从过去的 0.8～1.0g/kW 降低到现今的 0.3～0.5g/kW，但仍有进一步降低的空间。未来的目标是使燃料电池电堆的 Pt 用量降至 0.1g/kW 左右，甚至达到传统内燃机排气净化器贵金属用量的水平（<0.05g/kW）。然而，Pt 催化剂不仅面临成本和资源的问题，还存在稳定性方面的挑战。在燃料电池的实际运行过程中，如车辆行驶工况下，Pt 纳米颗粒可能会发生团聚、迁移、流失等现象，同时，碳载体也可能因高电位导致的腐蚀而加速催化剂的失效。

在催化剂的加工过程中，催化剂颗粒主要沉积在膜的表面，有时可能会沉积到气体扩散层上，甚至渗入气体流道中。然而，只要确保反应气体能够顺利到达膜表面，流道中少量的催化剂渗入是可以接受的。这三层（膜、催化层和气体扩散层）必须保持连续紧密接触，以确保电子和质子能够顺畅地在相反方向上传输。

早期的催化层制备技术使用聚四氟乙烯（PTFE）来黏结 Pt 颗粒，随后发展了喷涂 Nafion 的技术，使得 Nafion 能够渗透到催化层中。然而，这种技术需要较高的 Pt 含量（质量分数约为 20% 或 $400\mu g/cm^2$ 以上），并且随着 Nafion 含量的增加，性能会在达到一定程度后下降，这可能是由于孔道堵塞导致的。当前的加工技术更倾向于直接使用 Nafion 来黏结 Pt 颗粒，形成薄膜状催化层，这种技术有助于提升催化剂的反应活性和稳定性。

在催化剂的选择上，除了考虑其催化活性外，还需考虑对气体中污染物的耐受程度。纯 Pt 催化剂在纯净的氢气燃料下表现出良好的性能，但即使燃料中仅含有微量的 CO 也可能导致性能显著下降。为此，研究者开发了 Pt-Ru 合金催化剂等新型催化剂来应对这一问题。

（1）Pt-M 催化剂

针对目前商用催化剂存在的成本与耐久性问题，研究新型高稳定、高活性的低 Pt 或非 Pt 催化剂已成为当前的研究热点。其中，Pt-M（M 为过渡金属）合金催化剂因独特的电子与几何效应而备受关注。这些合金催化剂不仅提高了催化剂的稳定性，还通过降低贵金属的用量而大幅降低了成本。例如，Pt-Co/C、Pt-Fe/C、Pt-Ni/C 等二元合金催化剂已经展现出优异的活性和稳定性。此外，中国科学院大连化学物理研究所开发的 Pt_3Pd/C 催化剂已在燃料电池电堆中得到了验证，其性能完全可以与商业催化剂相媲美。

（2）Pt 核壳催化剂

在探索高效且经济的燃料电池催化剂方面，采用非 Pt 材料作为支撑核、表面贵金属为壳的核壳结构已被广泛认为是下一代催化剂发展的重要方向。这种结构设计不仅能够显著降低 Pt 的用量，同时还能通过优化电子结构和几何效应来提高催化剂的质量比活性。

近年来，研究者们通过采用先进的制备技术，成功合成了多种具有优异性能的核壳结构催化剂。例如，一种利用欠电位沉积方法制备的 Pt-Pd-Co/C 单层核壳催化剂，通过精细调控 Pt、Pd 和 Co 之间的比例和分布，使得该催化剂的总质量比活性达到了商业催化剂 Pt/C 的 3 倍。这种显著的性能提升归因于其独特的核壳结构，其中非 Pt 金属（如 Pd 和 Co）作为支撑核，不仅降低了 Pt 的用量，还通过金属间的相互作用改善了催化剂的催化性能。另一种备受关注的制备方法是脱合金法。利用脱合金方法制备的 Pt-Cu-Co/C 核壳电催化剂，通过选择性去除合金中的非贵金属成分，留下了具有特定纳米结构的 Pt 壳层。这种核壳结构催化剂的质量比活性甚至达到了 Pt/C 的 4 倍，显示了其在燃料电池应用中的巨大潜力。

（3）Pt 单原子层催化剂

制备 Pt 单原子层的核壳结构催化剂是燃料电池技术中一项重要的创新，这种方法旨在通过减少 Pt 的用量和提高 Pt 的利用率来优化催化剂的 ORR 性能。在这方面，美国国家实验室 Adzic 的研究组取得了显著进展。他们利用金属氮化物作为核心，成功构建了 Pt 单层催化剂，该催化剂在展现出色稳定性的同时，也极大提高了 Pt 的利用率。上海交通大学张俊良团队也在 Pt 单层催化剂的研究上作出了重要贡献。他们主要采用了欠电位沉积方法，在金属（如 Au、Pd、Ir、Ru、Rh 等）或非贵金属表面先沉积一层 Cu 原子层，随后通过置换反应将 Cu 原子层转换成致密的 Pt 单原子层。这种核壳结构通过内核原子与 Pt 原子之间的电子效应和几何效应等相互作用，显著增强了催化剂的 ORR 活性。

值得注意的是，由于 Pt 原子层主要暴露在外表面，Pt 的利用率达到了 100%。这意味着在催化过程中，几乎所有的 Pt 原子都能有效地参与到氧化还原反应中，从而最大化了 Pt 的催化效果。这种高效利用 Pt 资源的方法，不仅降低了燃料电池的成本，也为燃料电池的商业化应用提供了有力支持。

（4）非贵金属催化剂

非贵金属催化剂的研究在燃料电池领域日益受到重视，其中包括过渡金属原子簇合物、螯合物、氮化物和碳化物等多种类型。特别地，氮掺杂的非贵金属催化剂因独特的催化性能而展现出良好的应用前景。Lefevre 等人利用乙酸亚铁前驱体通过吡啶处理制备了 FN/C 催化剂，其在特定电压下与 Pt 基催化剂性能相当，显示了非贵金属催化剂的潜力。

中国科学院长春应用化学研究所邢巍团队开发的石墨化碳层包覆的 Fe_3C 颗粒催化剂，在酸性条件下展现了高活性和稳定性，证明了碳层对 Fe_3C 的有效保护以及两者间强相互作用的重要性。在非金属催化剂方面，中国科学院大连化学物理研究所 Jin 等人通过简单的聚合物碳化过程合成了氮掺杂碳凝胶催化剂，该催化剂成本低廉，氧还原活性良好，成为 Pt 基催化剂的有力竞争者。南京大学胡征团队则利用氢掺杂碳纳米笼和 N 原子的锚定作用，制备了具有高活性和稳定性的 CoMo-N 和 Co-Mo-S 氧还原催化剂。

从市场应用角度看，国内外均有一些代表企业致力于燃料电池催化剂的研发和生产。国外企业如 Johnson Matthey、BASF、Tanaka 等，国内则有贵研铂业、武汉喜马拉雅等。尽管国内在催化剂研发方面取得了一定进展，但与国际水平相比仍存在差距。目前，各大公司和研究机构都在寻求减少铂使用量，发展低成本、高性能的催化剂，以推动燃料电池的商业化进程。丰田 Mirai 采用的铂钴合金催化剂就是其中的一个成功案例，其铂用量的大幅减少和性能的提升为氢燃料电池汽车的推广提供了有力支持。未来，超低铂、非铂催化剂的研究将继续深入，以实现燃料电池的低成本、高性能和长寿命。

6.3.2.3 气体扩散层

在质子交换膜燃料电池（PEMFC）中，气体扩散层（GDL）扮演着至关重要的角色。它位于流场与催化层之间，不仅承担着支撑催化层、稳定电极结构的任务，还具备质/热/电的传递功能。GDL 需要确保气体能够顺畅地从入口通道传输至催化层与膜的界面反应区域，同时，它还需能够传输电子至与外部电路相连的双极板，或从双极板获取电子。因此，这一多孔材料结构需要同时拥有连续的气体通道和电子传输通道。

为实现上述功能，GDL 必须具备一系列优良特性，包括良好的机械强度、适当的孔结构、出色的导电性以及高稳定性。传统的 GDL 通常由支撑层和微孔层构成，其中支撑层大多采用憎水处理过的多孔碳纸或碳布，它们凭借多孔结构有效传导电子，同时便于氢气或氧气的传输。

在电池制造过程中，催化剂可以直接沉积在气体扩散层或膜上。对于碳纸而言，其上的微孔层通常由导电炭黑和憎水剂组成，主要作用是降低催化层与支撑层之间的接触电阻，实现反应气体和产物水在流场与催化层之间的均匀再分配，进而增强导电性，提高电极的整体性能。

在市场上，已经有一些成熟的支撑层产品，如日本的东丽、德国的 SGL 和加拿大的 AVCarb 等。然而，为了进一步提升 GDL 的性能，中南大学的研究团队率先提出了化学气相沉积（CVD）热解炭改性碳纸的新技术。该技术显著提升了碳纸的电学、力学和表面等综合性能。基于燃料电池工作环境中碳纸的受力变形机制，团队还发明了与变形机制高度匹配的异型结构碳纸，极大地增强了异型碳纸在燃料电池运行中的耐久性和稳定性。

通过采用干法成形、CVD、催化碳化和石墨化等相结合的连续化生产工艺，中南大学的团队不仅大幅提高了生产率，而且所研制的碳纸在各项指标上已经达到或超越了市售商品碳纸的水平。这一创新技术有望为 PEMFC 的进一步发展提供强有力的支持。

近年来，除了对气体扩散层（GDL）导电功能的优化，对其传质功能的研究也受到了广泛关注。特别是在高电流密度下，有效的传质对于减少极化现象、提升燃料电池性能至关重要。例如，日本丰田公司成功开发出一种具有高孔隙结构、低密度的扩散层，其扩散能力相比传统设计提升了 2 倍，显著提升了燃料电池的整体表现。此外，研究者们对微孔层的水管理功能也给予了高度重视，通过精细调控微孔层的结构和组成，如采用微孔层修饰和梯度结构设计等方法，能够进一步优化水管理效果，提高燃料电池的稳定性和效率。

当前，国际市场上一些知名的碳纸产品制造商，如日本东丽、加拿大巴拉德、德国 SGL 等，已经实现了碳纸的规模化生产，并占据了较大的市场份额。与此同时，国内的一些企业如安泰科技等也开始了碳纸的批量生产，为全球市场提供多样化的选择。目前，全球市场主要由东丽等厂商主导。在国内，除了上述企业外，还有众多高校和科研机构如中南大学、武汉理工大学及上汽集团等致力于 GDL 的研发工作。然而，由于市场需求规模相对较小、技术成熟度不足等因素，这些研发主体在规模化生产方面仍面临一定的挑战。

6.3.2.4 膜电极组件

膜电极组件（MEA）作为燃料电池的关键部件，集成了膜、催化层和扩散层。MEA 的性能受到材料性质、组分结构以及界面特性的共同影响。其技术的发展已历经三代：

第一代技术是将催化剂活性组分直接涂覆在气体扩散层（GDL）上，形成气体扩散电极（GDE）结构膜，主要依赖于丝网印刷技术，现已相当成熟。

第二代技术则是将催化层制备到膜上（CCM），这一方法在一定程度上提升了催化剂的利用率和耐久性。新源动力、武汉新能源汽车等公司均能提供基于这种技术的膜电极产品。中国科学院大连化学物理研究所开发了催化层静电喷涂工艺，与传统喷涂工艺的 CCM 相比，显著提升了表面平整度和催化层结构的致密性，进而降低了界面质子、电子传递阻力。在测试条件下，该技术制备的膜电极性能表现优异。

第三代技术致力于实现 MEA 的有序化，将催化剂如 Pt 制备到有序化的纳米结构上，形成有序化电极。这种结构有助于降低大电流密度下的传质阻力，进一步提升燃料电池性能，并减少催化剂用量。目前，3M 公司的 Nano Structured Thin Film（NSTF）技术就是其中的代表，其氧还原比活性显著超越传统催化层。中国科学院大连化学物理研究所也在此领域进行了探索，以二氧化钛纳米管阵列作为有序化阵列担载催化剂，制备出的有序膜电极展现了较高的质量比活性。

从市场应用角度看，目前膜电极市场主要由国外企业主导，如 3M、戈尔和东丽等。同时，一些电池和乘用车企业如巴拉德、丰田、本田等也自主开发了膜电极。国内方面，武汉理工新能源是主要的膜电极供应商之一，其产品在国内外均有一定市场份额。此外，大连新源动力、鸿基创能等也在膜电极领域有所布局。中国科学院大连化学物理研究所、武汉喜马拉雅及苏州擎动等研究机构和企业也在积极参与膜电极的研发工作。尽管国内在膜电极的研发和生产上取得了一定进展，但与国外相比，在批量化生产工艺和装备上仍有较大差距。

6.3.2.5 双极板

双极板（BP）是燃料电池电堆中的核心部件，其功能性多样且至关重要。它不仅负责传导电子、分配反应气体，还需承担排除生成水的任务。具体而言，双极板通过表面的流场设计，为膜电极提供反应气体，同时收集和传导多个单体电池串联产生的电流，并有效排出反应过程中产生的热量和产物水。尽管双极板在电堆中的质量占比高达 80%，但其成本仅占约 30%。

从功能性的角度来看，双极板材料需要满足一系列严格的要求。首先，它必须是电与热的良导体，以确保高效的电子传输和热量散发。其次，双极板必须具备一定的机械强度，以承受燃料电池运行过程中的各种应力和变形。此外，气体致密性也是不可或缺的，以确保反应气体的有效分配和防止泄漏。

在稳定性方面，双极板需要在燃料电池所处的特定环境条件下展现出卓越的耐蚀性。这包括酸性（pH 值为 2～3）、高电位（约为 1.1V）以及湿热（气水两相流，约为 80℃）等极端条件。同时，双极板材料还需与其他燃料电池部件和材料具有良好的相容性，以避免污染和损害。

从产品化的角度来看，双极板材料应易于加工、成本低廉，以满足大规模生产和应用的需求。目前，燃料电池常采用的双极板材料主要包括石墨双极板、金属双极板和复合双极板三大类。每种材料都有其独特的优势和局限性。

石墨双极板以出色的耐蚀性和导电导热性能而受到青睐，但气密性较差、厚度大、加工周期长且成本较高是其主要缺点。金属双极板则因其高功率、低成本的特点而备受关注，尤其在乘用车领域具有广阔的应用前景。然而，金属双极板的成形技术和表面处理技术是其技术难点之一。目前，非贵金属（如不锈钢、Ti）基材辅以表面处理技术已成为研究的热点。

除了金属类覆层外，金属双极板碳类膜的研究也在不断深入。例如，丰田公司的专利披露了一种具有高电导性的 sp 杂化轨道无定形碳的双极板表面处理技术。然而，金属双极板表面处理层的针孔问题仍普遍存在，这主要是涂层制备过程中的颗粒沉积形成的不连续相所导致的。为解决这一问题，研究者们正积极探索新的涂层材料和制备技术。

中国科学院大连化学物理研究所在金属双极板表面改性技术方面取得了重要进展。他们采用脉冲偏压电弧离子镀技术制备了多层膜结构，有效提高了双极板的导电能力和耐蚀性。这为金属双极板的进一步研发和应用提供了新的思路和方法。

就目前的双极板技术情况而言，石墨双极板技术最为成熟，国内外均有主流供应商提供相关产品。然而，由于缺乏耐久性和工程化验证以及生产工艺的限制，石墨双极板的成本仍难以降低。相比之下，金属双极板技术虽在国外已较为成熟并实现了商业化应用，但国内多数企业仍处于试制阶段。不过，随着技术的不断进步和市场的不断扩大，金属双极板在国内的应用前景仍然值得期待。

6.3.3 质子交换膜燃料电池电堆

PEMFC 电堆，作为燃料电池发电系统的核心，承载着电化学反应的关键角色。其核心构成——单体电池，是由双极板与膜电极巧妙组合而成。为了满足特定的功率和电压需求，这些单体电池如同积木般被层层堆叠，并巧妙地嵌入密封件，最终在前、后端板的压紧与螺杆的紧固下，形成了电堆。

电堆的性能与它的均一性息息相关。这种均一性不仅来源于材料的统一和部件制造过程的一致，更在于流体分配上的均匀。而流体的分配方式，既与材料、部件和结构设计有关，又与电堆的组装和操作流程紧密相连。在实际操作中，人们常会遇到由于操作过程中生成水的累积或电堆边缘效应导致的不均一现象，这些都会使局部单体电池的电压下降，进而限制电流的加载幅度，影响整个电堆的性能。

为了攻克这一难题，中国科学院大连化学物理研究所的研究团队进行了深入的探索。他们不仅从设计、制备和操作三个方面进行了调控，还通过模拟仿真手段，深入研究了流场结构、阻力分配对流体分布的影响，找到了影响均一性的关键因素。他们特别关注了水的传递、分配与水生成速度、水传递系数、电极/流场界面能之间的关系，掌握了稳态与动态载荷条件对电堆阻力的影响。这一系列的研究与优化，使得电堆在运行过程中能够保持各节单体电池的均一性，从而大幅提升了电堆的性能。

具体来说，他们的努力使得额定点工作电流密度从原来的 500mA/cm^2 提升到了惊人的 1000mA/cm^2，电堆的功率密度得到了显著的增强。在 1000mA/cm^2 的电流密度下，体积比功率高达 2736W/L，质量比功率也达到了 2210W/kg。这一成就不仅展示了他们的科研实力，更为燃料电池技术的发展开辟了新的道路。与此同时，其他国家在燃料电池技术上也在不断探索与突破。例如，日本丰田 Mirai 燃料电池电堆采用了独特的 3D 流场设计，使流体产生垂直于催化层的分量，有效强化了传质过程，降低了传质极化，使体积比功率达到了 3100W/L。这种设计虽然对空气压缩机的压头要求较高，但其在提高电堆性能方面的贡献是显而易见的。

此外，为了确保燃料电池电堆的安全运行，丰田 Mirai 在封装内部设有氢传感器和电堆单电压巡检元件。氢传感器能够实时监测封装内部的氢浓度，一旦超标，便通过空气强制对流的方式排出聚集的氢，防止危险的发生。而电堆单电压巡检元件则负责对单电压输出情况进行监控与诊断，确保电堆的稳定运行。

6.3.4 质子交换膜燃料电池性能的影响因素

影响 PEMFC 性能的因素广泛且复杂，涉及多个维度和层面。总体而言，这些因素可以归结为电堆技术状态、燃料电池工作条件以及系统级别的水管理和热管理。深入探讨与电堆本身相关的影响因素，发现膜电极的结构、制备工艺和条件、PEM（质子交换膜）的选型、厚度、预处理、质子传导能力、机械强度以及化学和热稳定性都起着至关重要的作用。此外，催化剂的含量和制备方法，以及双极板的结构和流场设计同样不容忽视。

当谈及燃料电池的工作条件时，电流密度、工作电压、反应气体压力、工作温度以及气体组成等因素对 PEMFC 的工作性能具有显著影响。PEMFC 以其独特的固体聚合物膜作为电解质，展现出卓越的放电性能。通过精心调整和优化反应气体压力、工作温度和气体组成等条件，可以确保 PEMFC 的性能维持在高水平状态。

具体来看，电流密度与工作电压和功率特性之间存在着微妙的关系。随着电流密度的增加，工作电压会相应下降，而功率则会上升。这种关系要求在设计燃料电池时，需要在高功率和高效率之间找到最佳平衡点。这通常需要对电堆进行细致的优化设计，以确保在特定的电流密度下，能够同时实现较高的工作电压、功率和能量效率。

反应气体工作压力对 PEMFC 性能的影响也不容忽视。提高气体压力可以增加电动势，并降低电化学极化和浓差极化。然而，这也可能增加系统的能耗。在实际应用中，需要在增加压力和减少能耗之间找到最佳平衡，以确保 PEMFC 的整体性能最优。

工作温度对 PEMFC 性能的影响同样显著。适当的温度升高可以提高 PEM 的传质和电化学反应速度，降低电解质的欧姆电阻，并有助于缓解催化剂中毒问题。然而，过高的温度可能导致 PEM 脱水、质子电导率降低以及稳定性下降。因此，在设计 PEMFC 时，需要考虑工作温度的限制，并确保在限定温度范围内操作。

此外，反应气体中的杂质和氧化剂的选择也会对 PEMFC 性能产生重要影响。燃料气体中的 CO、CO_2 和 N_2 等杂质可能对 PEMFC 的阳极催化剂产生毒化作用，影响电池性能，因此，需要通过净化措施降低燃料气体中的杂质含量。同时，纯 O_2 和空气作为氧化剂时，燃料电池的性能表现也存在差异。使用空气作为氧化剂时，由于"氮障碍层效应"和氧分压较低，燃料电池的性能可能会大幅下降。

综上所述，影响 PEMFC 性能的因素众多且复杂，涉及电堆技术状态、燃料电池工作条件以及系统级别的水管理和热管理等多个方面。为了优化 PEMFC 的性能，需要综合考虑这些因素，并进行细致的设计和优化。

6.4　碱性燃料电池

碱性燃料电池（AFC）的阳极活性物质是氢气，阴极活性物质是空气，操作温度是室温。由于氧在碱性水溶液中的还原反应 E_0 只要 0.4V，而在酸性水溶液中的 E_0 则为 1.23V，因而氧在碱性水溶液中的还原反应更易进行，电动势更高，其工作电压可以高达 0.875V，可以获得较高的效率，达到 60%～70%，高于质子交换膜燃料电池的 40%～50% 的效率。碱性水溶液腐蚀性相对较小，材料选择范围宽，催化剂也可以使用非贵金属。另外，电池工作温度低，启动快；电解液中 OH^- 为传导介质，电池的溶液内阻较低；不需要成本较高的聚合物隔膜。这些优点使得碱性燃料电池曾经受到广泛重视，但是空气中的 CO_2 对碱性燃料电池电极催化剂具有毒化作用，大大降低了效率和使用寿命，难以用于以空气为氧化剂气体的交通工具中。近几年研究表明，CO_2 毒化作用可以通过多种方式解决，使得碱性燃料电池具有一定的发展潜力。

6.4.1　碱性燃料电池工作原理

碱性燃料电池（AFC）以强碱（如氢氧化钾、氢氧化钠）为电解质，氢为燃料，纯氧或脱除微量二氧化碳的空气为氧化剂，采用对氧电化学还原具有良好催化活性的 Pt/C、Ag、Ag-Au、Ni 等为电催化剂制备的多孔气体扩散电极为氧电极，以 Pt-Pd/C、Pt/C、Ni 或硼化镍等具有良好催化氢电化学氧化的电催化剂制备的多孔气体扩散电极为氢电极。以无孔炭板、镍板或镀镍甚至镀银、镀金的各种金属（如铝、镁、铁）板为双极板材料，在板面上可加工各种形状的气体流动通道构成双极板。

AFC 单体电池主要由氢气气室、阳极电解质、阴极和氧气气室组成。AFC 属于低温燃料电池，最新的 AFC 工作温度一般在 20～70℃。氢气经由多孔性碳阳极进入电极中央的氢氧化钾电解质，氢气与碱中的氢氧根离子在电催化剂的作用下，发生氧化反应生成水和电子，电子经由外电路提供电力并流回阴极，并在阴极电催化剂的作用下，与氧及水接触后反应形成氢氧根离子。最后水蒸气及热能由出口离开，氢氧根离子经由氢氧化钾电解质流回阳极，完成整个电路（图 6-3）。电极反应为：

阳极反应：$H+OH^- \longrightarrow H_2O+e^-$ (6-13)

阴极反应：$O+H_2O+2e^- \longrightarrow 2OH^-$ (6-14)

总反应：$O+H_2 \longrightarrow H_2O$ (6-15)

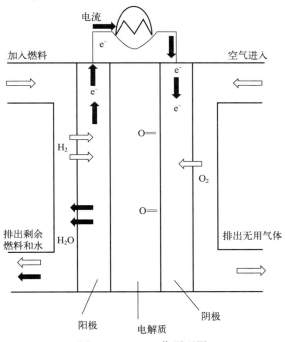

图 6-3 AFC 工作原理图

为保持电池连续工作，除需以电池消耗氢气、氧气的量等速地供应氢气、氧气外，通常还需通过循环电解液来连续、等速地从阳极排出电池反应生成的水，以维持电解液碱浓度的恒定，以及排除电池反应的废热以维持电池工作温度的恒定。

从电极过程动力学来看，提高电池的工作温度，可以提高电化学反应速率、传质速率，减少浓差极化，而且能够提高 OH^- 的迁移速率，减小欧姆极化，所以电池温度升高，可以改善电池性能。此外，大多数的 AFC 都是在高于常压的条件下工作的。因为随着 AFC 工作压力的增加，燃料电池的开路电压也会随之增大，同时也会提高交换电流密度，从而导致 AFC 的性能有很大的提高。

6.4.2 碱性燃料电池的特点

AFC 相较于其他类型的燃料电池，如磷酸燃料电池（PAFC）和质子交换膜燃料电池（PEMFC），展现出了独特的优势。

① 优异的氧还原性能：由于氧在碱性溶液中的还原性能要远优于酸性溶液，AFC 在电池性能上占据了显著优势。这意味着 AFC 在能量转换效率方面表现更佳，为能源应用提供了更高效的选择。

② 出色的低温工作性能：AFC 在碱性电解液中，氢的电氧化和氧的电还原性能都较为出色，这使其能够在较低的温度下保持良好的工作状态。加之浓的 KOH 电解液的冰点较低，AFC 甚至可以在低于 0℃ 的环境下工作，极大地拓宽了应用范围。

③ 启动迅速：AFC 的工作温度低且低温工作性能良好，使得电池启动过程快速而高效。此外，AFC 还可以在常温下启动，无需额外的预热时间，进一步提高了其使用的便捷性。

④ 成本低廉：AFC 的催化剂和电解质材料成本相对较低。其阴极和阳极都可以采用非贵金属催化剂，降低了催化剂的成本。同时，电解质为 KOH，价格远低于 PEMFC 中的 Nafion 膜。此外，AFC 对电池组成材料的要求较低，材料选择面广且价格便宜，进一步降低了整体成本。

尽管 AFC 具有诸多优点，但也存在一些明显的缺点。

① 对 CO_2 敏感：AFC 使用的 KOH 电解质会与 CO_2 反应生成溶解度较小的 K_2CO_3，严重影响电池的性能。特别是当 K_2CO_3 的质量分数达到 30% 以上时，电池性能会急剧下降。此外，K_2CO_3 还易于在电极中结晶，破坏电极结构，进一步降低电池的使用寿命。

② 对燃料要求高：由于 AFC 对 CO_2 的敏感性，它最好使用纯氢和纯氧作为燃料。然而，这增加了运行成本，限制了 AFC 在一些场合的应用。如要使用有机物热解得到的氢和空气中的氧作为燃料，必须配备除 CO 装置或频繁更换电解液，这增加了系统的复杂性和维护成本。

③ 热量利用困难：由于 AFC 工作温度较低，其产生的热量不易利用。这限制了 AFC 在需要热能回收的应用中的使用。尽管对地面民用 AFC 进行了不少研究，但由于其热量利用困难，目前基本上已经停止了地面民用 AFC 的开发和应用。

6.4.3 碱性燃料电池基本结构

AFC 单体电池的核心构成包括氢气气室、阳极、电解质、阴极以及氧气气室。而 AFC 电堆则是通过集成多个特定大小的电极和单电池层，用端板固定或整体黏合而成。

（1）燃料和氧化剂

AFC 理想情况下使用纯氢作为燃料，但在实际应用中，尤其是地面使用时，纯氢的高成本和有限的储氢量成为问题。此外，利用有机物热解制氢作为燃料虽能降低成本，但其中的 CO 杂质会带来问题。因此，人们开始研究使用液体燃料作为替代，如肼、液氨、甲醇和烃类，它们具有储存和运输的便利性和安全性。其中，肼虽易在阳极分解产生氢，但由于分解过程中产生较多的氮和剧毒物质，使得其在 20 世纪 70 年代后就不再作为主要研究对象。

AFC 的氧化剂主要有两种选择：空气和纯氧。例如，美国国际燃料电池公司和德国西门子公司开发的 AFC 主要采用纯氧，而比利时电化学能源公司则倾向于使用空气。尽管纯氧能提高电流密度，但空气作为氧化剂更为经济。然而，空气中的 CO_2 和其他杂质如 SO_2 等，即便经过预处理去除 CO_2，仍可能对电池性能产生不利影响。因此，在使用空气作为氧化剂时，必须关注其纯度。

（2）电极

AFC 的电极设计必须满足气体扩散的需求，因此，它们通常由三个关键部分构成。首先是扩散层，它直接与气体接触，因此，需要具有较大的孔径（通常大于 $30\mu m$）以促进气体的有效扩散。同时，为了保持电极的干燥状态，扩散层还需具备良好的憎水性，这通常通过添加 PTFE（聚四氟乙烯）来实现。此外，考虑到电流传递的需要，扩散层应使用具有高导电性的多孔金属材料作为主体，常见的包括烧结镍粉和 Raney 镍等，其中 Raney 镍是通过从镍铝复合物中溶出铝而制得的。紧接着是催化层，它的作用是承载催化剂并提供一定的防水性。这通常通过将催化剂与 PTFE 混合得到，其中 PTFE 的质量通常占催化剂的 $30\%\sim50\%$，以确保催化层在保持催化活性的同时，也具有一定的防水性能。最后是集流体，它主要由镍网制成，这种材料在 KOH 电解液中具有良好的耐腐蚀性，并且具备优秀的导电性，从而确保电流在电极中的有效传递。

在 AFC 中，催化剂的性能对于电池的整体性能有着至关重要的影响。因此，对催化剂的要求十分严格。首先，催化剂必须具有良好的导电性，或者需要搭载在导电性良好的载体上，以确保电化学反应的有效进行。其次，催化剂应具备电化学稳定性，这意味着在电催化反应过程中，催化剂应能保持活性，不会因电化学反应而过早失活。最后，催化剂还应具有必要的催化活性和选择性，即它不仅能促进主要反应的进行，还需要能有效抑制有害副反应的发生。这些要求确保了催化剂在 AFC 中能够高效、稳定地工作，从而优化电池的整体性能。

6.4.4　碱性燃料电池催化剂

6.4.4.1　阳极催化剂

（1）贵金属催化剂

在燃料电池中，特别是在氢分子分解为氢原子的过程中，由于这一反应所需的能量高达 320kJ/mol，只有少数对氢原子亲和力强且吸附氢原子的吸附热大于 160kJ/mol 的电极材料，如 Pt、Pb、Fe、Ni 等金属电极，才能有效进行氢的吸附与催化反应。尽管科研人员不断研究和探索非贵金属催化剂，但至今为止，贵金属催化剂仍然展现出卓越的催化性能，远超过非贵金属催化剂。尽管非贵金属催化剂在成本上占据优势，但考虑到电池的整体性能，贵金属催化剂的不可替代性仍然显著。此外，电池的性能与贵金属催化剂的用量密切相关。早期，高负载量的贵金属催化剂，如国际燃料电池公司（IEC）采用的 80%Pt 和 20%Pd 的阳极材料（负载量为 $10mg/cm^2$），被广泛采用。然而，随着对成本效益的考虑，研究人员不断探索新的载体材料，成功将催化剂的载量从原来的 1/20 降低至 1/100。因此，在航天领域应用的 AFC 中，贵金属催化剂因其卓越的性能而得到广泛应用。

（2）合金与多金属催化剂

鉴于贵金属催化剂的高成本，研究人员已经开发和研究了多种复合催化剂以降低电池成本。特别是在研制地面使用的 AFC 时，由于不使用纯氢和纯氧作为燃料和氧化剂，因此，需要进一步提高催化剂的电催化活性、增强其抗毒化能力和减少贵金属的用量。为了达到这些要求，Pt 基二元和三元复合催化剂成为了研究热点。目前研究过的 Pt 基复合催化剂包括 Pt-Ag、Pt-Rh、Pt-Pd、Pt-Ni、Pt-Bi、Pt-La、Pt-Ru、Ir-Pt-Au、Pt-Pd-Ni、Pt-Co-W、Pt-Co-Mo、Pt-Ni-W、Pt-Mn-W、Pt-Ru-Nb 等二元以及三元合金催化剂。这些合金催化剂通过不同金属元素的组合，旨在优化催化剂的性能，降低贵金属的使用量，并提升 AFC 的整体性能和经济性。

（3）镍基催化剂

Raney 镍是一种特殊的金属合金，其制备过程独特且充满智慧。首先，将镍（Ni）和铝（Al）按照 1∶1 的质量比精心配制成合金。随后，利用饱和的 KOH 溶液将合金中的铝溶解，形成了一种独特的多孔结构。这种多孔结构不仅具有巨大的表面积，还通过精确控制两种金属的比例，实现了孔径大小的灵活调整。Raney 镍以其高活性和在空气中易燃的特性，成为了 AFC 阳极催化剂的有力候选者。

为了确保 AFC 电极的透液阻气性，科研人员对镍电极进行了精心设计。他们将电极分为两层，使液体侧形成一个润湿的多孔结构，以利于电解液的吸收。而在气体侧，则设计了更多的微孔，以保证气体的顺畅流通。具体来说，近气侧的孔径大于 $30\mu m$，以充分暴露于气体环境中；而近液侧的孔径则小于 $16\mu m$，以确保电解液的充分润湿和渗透。此外，电极的厚度被精确控制在约 1.6mm，以实现最佳的电化学反应性能。

然而，仅仅依靠 Raney 镍作为阳极催化剂还不足以满足 AFC 的性能要求。为了提高其催化活性，科研人员引入了助催化剂的概念。助催化剂是一种添加到催化剂中的少量物质，虽然其本身可能没有活性或活性很小，但却能显著提高主催化剂的活性、选择性和稳定性。这种作用机制使得助催化剂在 AFC 中发挥着不可或缺的作用。

近年来，研究人员通过添加不同的助催化剂，成功制备出了一系列性能优异的 Raney 镍催化剂。例如，张富利等人采用 Co、Cu、Bi 和 Cu_2O 作为助催化剂，通过精心调配和优化，制备出了具有卓越性能的 Raney 镍催化剂。实验结果表明，这些催化剂在催化氢气氧化反应中表现出色，使得 AFC 的放电性能得到了显著提升。

助催化剂的种类繁多，根据其作用机制的不同，可分为结构型助催化剂和电子型助催化剂两大类。结构型助催化剂主要通过改变催化剂的晶体结构、表面形貌和孔结构等方式来提高其催化性能；而电子型助催化剂则通过改变催化剂的电子结构、电荷分布和氧化还原能力等途径来优化其催化性能。这两种类型的助催化剂在 AFC 中均有着广泛的应用前景。

（4）氢化物

在众多非贵金属材料中，AB_5 型稀土储氢合金因其独特的性能而备受关注。这种材料在室温下展现出优良的可逆吸放氢能力，作为 Ni/MH 电池的负极材料，已展现出出色的电化学性能。此外，AB_5 型稀土储氢合金在碱性电解质中展现出稳定的力学性能和化学性能，原料来源丰富且价格低廉，这为其作为 AFC 阳极材料提供了良好的前提条件。

进一步分析，AFC 阳极活性材料的工作条件与 Ni/MH 电池负极材料的工作条件高度相似，均涉及在碱性电解质（如质量分数为 30%～40% 的 KOH 溶液）中进行电化学反应。这种相似性使得 AB_5 型稀土储氢合金成为潜在的 AFC 阳极材料。然而，尽管初始研究表明，储氢合金作为 AFC 阳极材料具有较高的初始活性，但其长期稳定性仍待提高，以满足实际应用的需求。

除了 AB_5 型稀土储氢合金外，科研人员还对其他非贵金属催化剂进行了广泛研究，如 Ni-Mn、Ni-Cr、Ni-Co、W-C、Ni-B 等。然而，这些催化剂在活性和寿命方面与贵金属催化剂相比仍有一定差距。此外，尽管使用炭载体可以降低贵金属载量，进而降低成本，但这些非贵金属催化剂在实际 AFC 应用中的性能仍难以满足商业化要求。

6.4.4.2 阴极催化剂

AFC 在阴极催化剂的选择上，传统上倾向于使用以 Pt、Pd、Au 为代表的贵金属催化剂，以及基于 Pt 的二元和三元金属催化剂，如 Pt-Au 和 Pt-Ag 等。这些催化剂确实展现了出色的活性和稳定性，但高昂的成本和有限的资源供应限制了它们的广泛应用。此外，在碱性介质中，O_2 的反应速率较快，这提示人们有可能探索非贵金属催化剂的替代方案。

（1）碳纳米管

在非贵金属催化剂的领域中，碳纳米管（CNTs）引起了科研人员的广泛关注。以乙炔作为前驱体，通过化学气相沉积法（CVD）合成的单壁碳纳米管，具有直径为 20nm 的精细结构。这些碳纳米管被进一步加工成 60μm 厚、孔隙率为 60% 的薄膜，随后，在这些薄膜上沉积 Pt 的纳米颗粒，形成了一种新型复合电极。实验结果显示，这种电极展现出了良好的氧化还原活性，为非贵金属催化剂在 AFC 中的应用提供了新的思路。

（2）金属氧化物

金属氧化物如 MnO_2 也被视为潜在的氧还原催化剂。在碱性溶液体系中，MnO_2 能够与 $LmNi_{4.1}Co_{0.4}Al_{0.3}Mn_{0.4}$ 储氢合金结合，分别用于阴极和阳极催化剂。这种组合不仅能降低 AFC 体系的体积、质量和成本，而且高催化剂负载量（$>150mg/cm^2$）时，其能量密度与采用 $0.3mg/cm^2$ 负载的 Pt/C 催化剂（阴极和阳极均采用这种催化剂）相当。此外，在低工作电压下，MnO_2 和储氢合金还能作为能量储存物质，释放额外的能量。

然而，AFC 阴极电催化剂也面临着一系列挑战。当 AFC 使用空气作为氧化剂时，空气中的 CO_2 会随氧气一同进入电解质和电极，与碱液中的 OH^- 发生反应形成碳酸盐。这些碳酸盐会析出并沉积在催化剂的微孔中，导致微孔堵塞，催化剂活性损失，电池性能下降。同时，该反应还会降低电解质中载流子 OH^- 的浓度，影响电解质的导电性。此外，炭载型催化剂虽然具有较高的催化活性和电位，但高电位也会加速炭电极的氧化，进一步降低催化剂性能。

为了应对这些挑战，科研人员提出了多种防止催化剂中毒的方法。首先，利用物理或化学方法除去 CO_2，如化学吸收法、分子筛吸附法和电化学法。其次，使用液态氢，通过液态氢吸热汽化的能量，结合换热器实现对 CO_2 的冷凝，使气态 CO_2 浓度降低到 0.001% 以下。第三，采用循环电解液，通过连续更新电解液来清除溶液中的碳酸盐，并及时向电解液中补充 OH^- 载流子。最后，改进电极制备方法，优化电极结构，以提高其抗中毒能力和长期稳定性。这些方法的综合应用，有望为 AFC 电催化剂的长期稳定运行提供有力保障。

（3）氮化物催化剂

近年来，随着对高效、低成本催化剂的深入研究，金属氮化物的催化性能逐渐引起了科研人员的关注。据文献报道，氮化物在酸性介质中展现出了优异的氧气还原电催化性能，其催化性能在某些特定制备工艺下可与贵金属相媲美，因此被誉为"准铂催化剂"。更值得一提的是，氮化物不仅具有磁性，还表现出一定的抗 CO 性，这使得它成为有望替代铂作为 AFC 阳极催化剂的候选材料。然而，在国内，关于氮化物作为 AFC 催化剂的研究报道尚不多见，这一领域的研究仍待进一步深入。

在探索非贵金属催化剂的过程中，赖渊等人针对炭黑进行了精心的改性处理，通过酸处理和加入醋酸钴，并结合氨气热处理，成功制备了气体扩散电极。这一电极在碱性燃料电池中表现出了对氧还原的良好电催化性能。制备过程中，炭黑首先经过盐酸和硝酸的预处理，以去除可能存在的杂质，然后通过氨气气氛和醋酸钴的高温处理，形成了 Co-N/C 复合催化剂。值得注意的是，通过超声处理步骤得到的催化剂标记为 Co-N/C-ultra，这一步骤可能有助于催化剂颗粒的均匀分散和活性的提升。

（4）银

银催化剂也是燃料电池中常用的氧电极催化剂之一。滕加伟等人对 Ag 作为 AFC 阴极催化剂的性能进行了深入研究，发现要达到适宜性能，电极需要较大量的 Ag。为了降低催化剂成本，Lee 等人将 Ag 负载到炭黑上，并进一步制备了 Ag-Mg/C 催化剂以及相应的气体扩散电极。实验结果表明，当 Ag/C 电极中 Ag 的含量为 30％时，催化剂的活性最高；而 Ag-Mg/C 催化剂在 Ag/Mg 质量比为 3∶1 时性能最佳，300mV 放电时电流密度可达到 240mA/cm^2。

滕加伟等人还进一步考察了 Ag/C 催化剂中添加助催化剂 Ni、Bi、Hg 后的电催化活性。通过化学还原法制备了 Ag-Bi-Hg/C 催化剂，并发现该催化剂对氧化还原反应具有较高的催化活性。最佳组成下的 Ag-Bi-Hg/C 催化剂可以在电池中稳定存在 5200h，未出现催化剂失活问题。通过 XRD 和 SEM（扫描电镜）等表征手段分析，发现助催化剂的加入使 Ag 的结晶趋于无定形化，减小了 Ag 结晶的尺寸，增大了 Ag 的比表面积，从而显著提高了催化剂的活性。此外，助催化剂 Ni、Bi、Hg 还能延缓 Ag 催化剂微晶的聚结，延长了 Ag 催化剂的使用寿命。这些发现为开发高效、稳定的 AFC 催化剂提供了新的思路。

6.5 磷酸燃料电池

磷酸燃料电池（PAFC）是一种以浓磷酸为电解质的中低温型（工作温度 180～210℃）燃料电池，具有发电效率高、清洁等特点，而且还可以以热水的形式回收大部分热量。

浓磷酸作为电解质在燃料电池应用中展现出了诸多显著的优势，以下是对其特点的详细阐述。

① 化学稳定性与离子电导率：浓磷酸因卓越的化学稳定性而备受青睐。在燃料电池的工作温度下，磷酸的腐蚀速率相对较低，这意味着它能够长时间稳定运行，而不需要频繁地更换或维护。同时，磷酸还具备较高的离子电导率，这有助于提高燃料电池的发电效率，实现更为高效的能源转换。

② 不受 CO$_2$ 影响：与碱性燃料电池中常用的 KOH 电解质不同，磷酸电解质对燃料气体中的 CO$_2$ 具有较高的耐受性。这一特点使得磷酸燃料电池能够在含有一定量 CO$_2$ 的燃料

气体中稳定工作，无需额外的 CO_2 去除设备，从而降低了系统的复杂性和成本。

③ 氧气溶解度大：在燃料电池中，氧气的溶解度对于发电效率具有重要影响。浓磷酸作为电解质，其较大的氧气溶解度意味着更多的氧气可以参与到电化学反应中，从而提高燃料电池的发电能力和功率密度。

④ 蒸气压低与电解质损失少：磷酸的蒸气压相对较低，这意味着在燃料电池的工作过程中，电解质的挥发损失较少。这有助于保持燃料电池内部电解质的稳定性，延长其使用寿命，并减少维护成本。

⑤ 接触性能优异：磷酸在催化剂上的接触角较大，这意味着它与催化剂之间具有良好的接触性能。这种优异的接触性能有助于电化学反应的顺利进行，提高燃料电池的发电效率和稳定性。

基于上述优点，磷酸燃料电池在多个领域得到了广泛应用。最初，磷酸燃料电池主要用于控制发电厂的峰谷用电平衡，以平衡电网的负载。随着技术的进步和成本的降低，磷酸燃料电池逐渐扩展到公寓、购物中心、医院、旅馆等场所，为这些场所提供集中供电和供热的解决方案。此外，磷酸燃料电池还作为车辆和可移动电源等应用领域的理想选择，为各种移动设备提供稳定的电力支持。然而，尽管磷酸燃料电池具有诸多优点，但其能量密度和成本仍是限制其进一步推广应用的关键因素。因此，目前的研究重点主要集中在如何提高磷酸燃料电池的能量密度和降低其成本上。通过优化电解质配方、改进催化剂性能、提高系统集成度等手段，有望实现磷酸燃料电池在更广泛领域的应用和普及。

6.5.1 磷酸燃料电池工作原理

磷酸燃料电池以浓磷酸（95%以上）为电解质，以负载在炭上的贵金属 Pt 或 Pt 合金作催化剂。以天然气或者甲醇转化气为原料，电池工作温度在 $170 \sim 210℃$，发电效率 40% 左右。PAFC 单体电池主要由氢气气室、阳极、磷酸电解质隔膜、阴极和氧气气室组成。

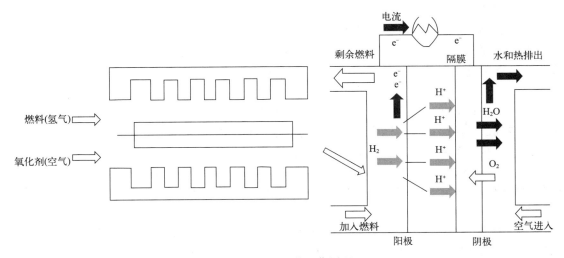

图 6-4　PAFC 的工作原理

PAFC 用氢气作为燃料，氢气浸入气室，到达阳极后，在阳极催化剂作用下，失去 2 个电子，氧化成 H。H 通过磷酸电解质到达阴极，电子通过外电路做功后到达阴极，氧气浸入气室到达阴极，在阴极催化剂的作用下，与到达阴极的 H 和电子相结合，还原生成水（图 6-4）。

电极反应为：

阳极反应：$$2H_2 \longrightarrow 4H^+ + 4e^- \qquad (6\text{-}16)$$

阴极反应：$$O_2 + 4H^+ + 4e^- \longrightarrow 2H_2O \qquad (6\text{-}17)$$

总反应：$$O_2 + 2H_2 \longrightarrow 2H_2O \qquad (6\text{-}18)$$

6.5.2 磷酸燃料电池的特点

PAFC 具有一系列显著的优势，这些优势使其在能源转换领域具有广泛的应用前景。以下是关于 PAFC 及其研究的一些优点的详细阐述：

① 耐 CO_2 特性：PAFC 对燃料气体及空气中的 CO_2 具有高度的耐受性，这意味着在燃料电池运行过程中，无需对气体进行除 CO_2 的预处理。这不仅简化了系统结构，还降低了系统的成本和维护需求。

② 温和的工作温度：PAFC 的工作温度通常在 $180 \sim 210^\circ C$ 之间，这是一个相对温和的温度范围。这种适中的工作温度使得对电池构成材料的要求降低，进一步降低了电池的成本。

③ 热电联供：在 PAFC 运行过程中，产生的热水可以被有效地利用，实现热电联供。这不仅提高了能源的综合利用效率，还为用户提供了额外的热能供应。

④ 启动迅速与稳定性好：PAFC 具有较短的启动时间，能够在较短时间内达到稳定运行状态。同时，其稳定性也较好，能够长时间稳定运行而不需要频繁维护。

尽管 PAFC 具有诸多优点，但针对其电池及其催化剂的研究仍然在进行中。目前的研究主要集中在提高电池的能量密度、降低成本以及优化催化剂性能等方面。下面是一些缺点：

① 发电效率：PAFC 的发电效率相对较低，通常只能达到 $40\% \sim 45\%$。这意味着在能源转换过程中存在一定的能量损失。

② 贵金属催化剂：由于 PAFC 采用酸性电解质，因此必须使用稳定性较好的贵金属催化剂，如铂催化剂。这增加了电池的成本，并限制了其在大规模应用中的推广。

③ 腐蚀作用：PAFC 中使用的 100% 磷酸具有一定的腐蚀作用，这可能对电池材料的寿命产生负面影响。因此，如何降低磷酸的腐蚀作用、延长电池寿命是当前研究的重要方向之一。

④ CO 中毒问题：由于采用贵金属 Pt 作为催化剂，为了防止 CO 对催化剂的毒化，必须对燃料气进行净化处理。这增加了系统的复杂性和成本。

PAFC 的工作条件主要包括以下几个方面：

① 工作温度：选择 $170 \sim 210^\circ C$ 作为工作温度，主要是基于电解质磷酸的蒸气压、材料的耐蚀性能、电催化剂耐 CO 中毒的能力以及实际工作的要求。适当提高温度有助于提高电池效率。

② 工作压力：对于加压工作条件，压力一般为 $0.7 \sim 0.8MPa$。大容量电池组通常选择加压工作以提高反应速率和发电效率；而小容量电池组往往采用常压进行工作。

③ 燃料利用率：燃料利用率通常为 $70\% \sim 80\%$，它表示在电池内部转化为电能的氢气量与燃料气中氢气量的比值。优化燃料利用率有助于提高能源利用效率。

④ 氧化剂利用率：以空气作为 PAFC 的氧化剂时，其中的氧的质量分数为 21%，而 $50\% \sim 60\%$ 的利用率意味着空气中大约 $10\% \sim 12\%$ 的氧被消耗在电池发电中。合理控制氧

化剂利用率有助于实现能源的高效利用。

⑤ 反应气体组成：典型的 PAFC 燃料气体中 H_2 的质量分数大约为 80%，CO_2 的质量分数大约为 20%，还含有少量的 CH_4、CO 与硫化物。优化反应气体组成有助于提高电池的性能和稳定性。

6.5.3 磷酸燃料电池基本结构

磷酸燃料电池在结构设计与电极构造上确实与碱性石棉膜型燃料电池有着相似之处，特别是在电极膜三合一结构的理念上。这种电池的核心组件是一个由碳化硅和聚四氟乙烯精心制备的电绝缘微孔结构隔膜，该隔膜被浓磷酸充分浸润作为电解质。这一设计的精妙之处在于，隔膜的孔径被精确地控制在远小于氢氧多孔气体扩散电极的孔径范围内。这一细节保证了浓磷酸能够安全地容纳在电解质隔膜内部，有效地发挥离子导电的作用，并有效地分隔氢气和氧气，确保电池的安全运行。

在磷酸燃料电池的发展历程中，隔膜材料的选择经历了多次的尝试与改进。起初，研究者们采用经过特殊处理的石棉膜和玻璃纤维纸作为隔膜进行实验研究。然而，在长时间运行过程中，这些材料中的碱性氧化物组分会逐渐与浓磷酸发生化学反应，导致电池性能逐渐衰减。为了解决这一问题，研究者们开始探索更加稳定的材料。碳化硅粉末与聚四氟乙烯的结合体因出色的化学与电化学稳定性而被选中，用来制备磷酸燃料电池的隔膜。这一创新举措显著提高了隔膜的长期运行稳定性，为磷酸燃料电池的商业化应用奠定了基础。

在电极结构方面，磷酸燃料电池同样取得了显著的进展。为了提高电催化剂的分散度和利用率，降低贵金属铂的用量，研究者们采用了一种新型的电催化剂担体——导电、抗腐蚀、高比表面、低密度且廉价的炭黑（如 X-72 型炭）。这种炭黑作为铂的担体，极大地提高了铂的分散度和利用率，从而显著降低了铂的用量。从 20 世纪 60 年代铂黑时期的 $9mg/cm^2$ 降至目前的 $0.25mg/cm^2$，这一突破性的进展不仅降低了电池的成本，还提高了电池的性能。

为了进一步提高铂的利用率，降低电池成本，并延长电池寿命，研究者们在电极结构的改进方面取得了突破性的进展。他们成功地研制出了一种多层结构的电极——多孔气体扩散电极。这种电极由三层组成：第一层是碳纸支撑层，它具有高达 90% 的孔隙率，经过 $40\%\sim50\%$ 的聚四氟乙烯乳液处理，孔隙率降至 60% 左右，平均孔径为 $12.5\mu m$，细孔为 $3.4nm$，这一层不仅负责收集、传导电流，还起到支撑催化层的作用，其厚度控制在 $0.2\sim0.4mm$ 之间；为了便于在支撑层上制备催化层，研究者们还在碳纸表面增加了一层由 X-72 型炭与 50% 聚四氟乙烯乳液的混合物构成的整平层（即扩散层），其厚度仅为 $1\sim2\mu m$；最后，在扩散层上覆盖一层由 Pt/C 电催化剂和 $30\%\sim50\%$ 聚四氟乙烯乳液制备的催化层，该层的厚度约为 $50\mu m$。这种多层结构的电极设计不仅提高了铂的利用率，还增强了电极的稳定性和耐久性，为磷酸燃料电池的商业化应用提供了有力的技术支持。

双极板在磷酸燃料电池中扮演了至关重要的角色，不仅分隔了氢气和氧气以防止它们直接接触，还负责传导电流以确保电池内部的电化学反应能够顺利进行。双极板两面精心设计的流场结构能够将反应气体均匀地分配到电极的各个部位，确保电池性能的稳定和高效。与碱性燃料电池不同，磷酸燃料电池的酸性环境对材料提出了更为苛刻的要求。由于酸的强腐蚀性，传统的金属材料如镍等在这里并不适用。因此，研究者们选择了石墨作为双极板的材料。石墨因优异的耐腐蚀性、导电性和稳定性而被广泛采用。然而，直接将石墨粉与树脂混合并在 900℃左右进行炭化处理得到的双极板材料，在实际应用中却出现了降解现象。为了解决这个问题，研究者们将热处理温度大幅提高至 2700℃，使石墨粉与树脂的混合物接近完全石墨化。这种高温处理后的材料在磷酸燃料电池的工作条件下，如温度 190℃、97％浓度的磷酸介质、氧气工作压力 0.48MPa 和工作电压 0.8V 时，能够稳定工作超过 40000h，满足了磷酸燃料电池对双极板材料性能的要求。

然而，生产这种高性能双极板的成本相对较高，为了降低造价，研究者们开发了复合双极板技术。这种复合双极板由三层组成：中间是无孔薄板，起到分隔氢气和氧气的作用；两侧则是带有气体分配孔道的多孔碳板，作为流场板使用。这种设计不仅降低了成本，还提高了双极板的性能。多孔碳板制备的流场板内部还可以贮存一定容量的磷酸，当电池隔膜中的磷酸因蒸发等原因损失时，这些磷酸可以通过毛细作用迁移到电解质隔膜内，从而延长了电池的工作寿命。

磷酸型燃料电池通常由多节单电池以压滤机方式组装成电池组。由于磷酸电池的工作温度一般在 200℃左右，能量转化效率约为 40％，因此必须有效地排出电池产生的废热以保证电池组的稳定工作。在实际应用中，每 2~5 节电池间会加入一片排热板进行冷却。排热板内部可以通水、空气或绝缘油作为冷却剂。其中，水冷是最常用的冷却方式之一。水冷又分为沸水冷却和加压水冷却两种。沸水冷却利用水的汽化潜热将电池的废热带出，由于水的汽化潜热大，因此冷却水的用量相对较低。而加压水冷却则需要较大的水流量。在使用水冷时，对水质的要求非常高，以防止腐蚀的发生。另外，空气强制对流冷却也是一种简单且稳定的冷却方式，但由于气体热容低，需要较大的空气循环量，因此通常仅适用于中小功率的电池组。绝缘油作为冷却剂时，其排热原理、结构和加压水冷却相似，但油的比热小于水，因此也需要较大的流量。

6.5.4 磷酸燃料电池催化剂

（1）阳极催化剂

PAFC 的电极反应中，催化剂的选择与利用对提升电池性能和降低成本至关重要。早期，为了促进电极反应，普遍采用了贵金属如铂黑作为电极催化剂。铂黑因出色的催化性能而被广泛采用，但高昂的成本（$9mg/cm^2$ 的用量）一直是限制其广泛应用的重要因素。

为了克服这一挑战，研究者们开始探索替代方案，引入了具有导电性、耐腐蚀性、高比表面积和低密度的廉价炭黑（如 X-72 型炭）作为电催化剂的担体。这种创新策略显著提高了铂催化剂的分散度和利用率，进而大幅度降低了电催化剂铂的用量。如今，PAFC 阳极上铂的担载量已降低至 $0.1mg/cm^2$，而阴极的铂担载量也降至 $0.5mg/cm^2$，极大地降低了电池的成本。

对于阳极而言，铂或铂合金仍然是 PAFC 中最常用的催化剂。这主要归因于铂在磷酸燃料电池运行条件下展现出的优异性能。Pt 阳极具有出色的可逆性和催化活性，其过电位仅约为 20mV，同时能够抵抗电解质中的腐蚀，确保长期的化学稳定性。然而，阳极也面临一些挑战，特别是需要消除燃料气体中的有害物质（如 CO、H_2S 等）对催化剂的中毒影响。

为了应对这一挑战，研究者们进行了深入的探索。其中，Pt-Ru 合金阳极催化剂因良好的抗中毒能力而备受关注。此外，通过在电极中形成催化剂的梯度分布或选择具有适当疏水性的催化剂表面，也能有效提高电极催化剂的利用率，进一步降低贵金属 Pt 的用量。这些创新策略不仅提高了 PAFC 的性能和稳定性，还降低了其制造成本，为磷酸燃料电池的商业化应用铺平了道路。

（2）阴极催化剂

酸性介质中的阴离子吸附等因素会影响氧在电催化剂上的电还原速度，进而引发电池内部的电化学极化，其中阴极极化尤为显著，成为影响电池性能的关键要素。因此，阴极催化剂的选择和优化显得尤为重要，这通常需要大量使用电催化剂。

针对阴极催化剂的研究主要集中在两个方向：一是减少阴极极化以提升电池性能，二是延长催化剂的使用寿命以降低维护成本。传统的阴极催化剂多采用贵金属，如铂或铂合金，尽管它们性能优异，但高昂的成本限制了其广泛应用。为了降低成本，研究者们开始探索其他金属大环化合物催化剂，如 Fe、Co 的卟啉等大环化合物。然而，这些替代催化剂在性能，尤其是稳定性方面存在不足，只能在较低温度（如 100℃）下工作，且在高浓度磷酸电解质条件下会出现活性下降的问题。

为了解决这一挑战，研究者们发现铂与过渡金属元素形成的合金催化剂具有更优的催化性能和稳定性。这些合金催化剂，如 Pt-Cr/C、Pt-Co/C、Pt-Co-Ni/C 等，不仅提高了氧化还原反应的电催化活性，还显著降低了贵金属铂的用量。例如，Pt-Ni 阴极催化剂的性能相比纯 Pt 提升了 50%，显著提高了电池的整体性能。铂合金电催化剂的制备方法多种多样，其中金属氧化物沉淀法是一种常用的方法。此外，硫化物沉淀热分解法和碳化物热分解法也是制备铂合金催化剂的有效方法。这些方法首先形成铂的碳化物，再经过一系列热处理形成铂的碳化物合金电催化剂。

如衣宝廉等学者所述，铂与过渡金属合金催化剂的制备还可以采用其他方法。一种方法是在已制备好的纳米级 Pt/C 电催化剂上浸渍过渡金属盐（如硝酸盐或氯化物），并在惰性气氛下进行高温处理，从而制备出铂合金电催化剂；另一种方法则是将氯铂酸与过渡金属的气化物或硝酸盐水溶液采用还原剂进行还原，使它们同时沉淀到炭载体上，再经过焙烧制成铂合金电催化剂。这些方法为制备高性能、低成本的铂合金电催化剂提供了有效的途径。

6.6 熔融碳酸盐燃料电池

熔融碳酸盐燃料电池（MCFC）不仅继承了燃料电池的高效环保特性，还拥有低噪音、无需贵金属催化剂、耐受硫化物能力强等独特优势。这使得 MCFC 的系统结构更为简化，电池堆的组装更为便捷，成本相对降低。

MCFC 在 600~700℃ 的高温下工作，发电效率通常能达到 50% 以上，并且其产生的高品位余热还可进一步用于燃料处理、联合发电或甲烷的内部重整，实现电热双重利用，从而将整体效率提升至 80%。这种发电效率远高于传统火力发电，且其原料气种类广泛，如煤气或天然气均可作为燃料，使 MCFC 成为了一种极具潜力的清洁能源。

正是基于 MCFC 高效低排放的显著特点，它被普遍认为是目前商业化应用前景最为广阔的高温燃料电池之一。目前，MCFC 的发展已逐步进入大型化和商业化的阶段，被誉为21 世纪最具希望的发电技术。展望未来，随着技术的不断进步和应用领域的不断拓展，

MCFC 有望在全球能源结构转型中扮演更加重要的角色，为构建清洁、高效的能源体系作出更大贡献。

6.6.1　熔融碳酸盐燃料电池工作原理

　　MCFC 的构造精巧，由多孔陶瓷阴极、多孔陶瓷电解质隔膜、多孔金属阳极和金属极板共同构成。其核心部分是熔融态的碳酸盐电解质，通常是锂和钾，或锂和钠金属碳酸盐的二元混合物。当温度被加热至 650℃ 以上时，这些电解质盐会转变为熔融状态，释放出碳酸根离子。这些离子从阴极流向阳极，与氢结合生成水、二氧化碳和电子。电子则通过外部电路返回到阴极，形成闭合的电流回路，从而实现了电能的产生（图 6-5）。

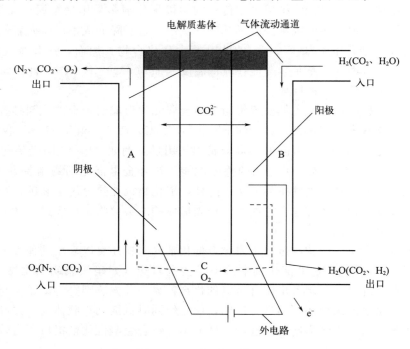

图 6-5　MCFC 的工作原理

　　这种熔融碳酸盐燃料电池的电极反应为：

阳极：$H_2 + CO_3^{2-} \longrightarrow CO_2 + H_2O + 2e^-$ （6-19）

阴极：$\dfrac{1}{2}O_2 + CO_2 + 2e^- \longrightarrow CO_3^{2-}$ （6-20）

总反应：$H_2 + \dfrac{1}{2}O_2 + CO_{2(阴极)} \longrightarrow CO_{2(阳极)} + H_2O$ （6-21）

　　在高温条件下，MCFC 利用碳酸根离子穿透固体基质电解质，完成了电化学反应的关键步骤。这一过程的高效性使得 MCFC 在固定式应用领域具有显著优势。同时，由于 CO_2 在大多数设计中可以连同氢燃料一起循环重复利用，因此，采用 MCFC 技术处理化石能源产生的 CO_2，对于降低温室气体排放具有重要意义。

　　为了确保燃料电池的稳定运行，所有的气体必须通过专门的通道进行回收，以利用未完全反应的燃料气体。在电池的构造中，电解质的选择至关重要。它通常包括 Li-K（适用于

先进能源材料及应用技术

接近大气压力运行的系统）或 Li-Na 化合物（适用于高压系统），这些化合物能够承载熔融的碱性碳酸盐。同时，为了增强装置的稳定性和强度，电池通常采用多孔的铝化合物基体（如 $LiAlO_2$）。

对于阳极材料，镍金属通常以 Cr 或 Al 为添加剂，以提高其强度和稳定性。而阴极材料氧化镍则通常添加 Mg 或 Fe，以避免电池内部短路的发生。在 660℃以上的高温下，阴极产生的碳酸根离子通过电解质基体，与阳极的氢气混合，完成了电化学反应。这一过程通常利用煤气气化所产生的氢气或天然气转化出的氢气作为燃料。

尽管 MCFC 在技术上取得了显著进展，但在实际应用过程中仍面临一些挑战。早期的研究装置在长时间运行过程中出现了电解质衰减和结构变化等问题，如基体裂缝和密封失效等。此外，电解质和电极的老化也是影响电池寿命的关键因素。为了克服这些问题，研究人员不断探索新的材料和工艺，以提高 MCFC 的稳定性和可靠性。

在电解质方面，研究人员发现使用 α 型的 $LiAlO_2$ 而不是传统的 γ 型可以在一定程度上降低老化速率。同时，优化电解质基体的制备工艺和配方，也可以提高其稳定性和耐久性。在电极方面，通过改进材料的组成和微观结构，可以减少镍的腐蚀和氧化镍的溶解，从而提高阴极的稳定性和性能。此外，针对腐蚀问题，研究人员提出了多种解决方案，例如将 CO_2 和 O_2 分别通入不同的管道，以减少腐蚀气体的直接接触。同时，开发新型耐腐蚀材料和涂层技术，也可以有效延长 MCFC 的使用寿命。

6.6.2 熔融碳酸盐燃料电池的特点

MCFC 作为一种高温燃料电池，具有一系列独特而显著的特点，这些特点使其在能源领域具有广泛的应用潜力和前景。

① 高温操作：MCFC 在 600～700℃的高温下运行，这一特点使得其内部化学反应更为活跃，从而提高了能量转换效率和燃料利用率。同时，高温也促进了电解质的熔化和碳酸根离子的流动，使得电池能够持续稳定地输出电能。

② 高能量密度：由于 MCFC 的高温操作，其能够使用多种燃料，包括天然气、煤气等，这些燃料具有较高的能量密度。此外，MCFC 的发电效率通常达到 50%以上，远高于传统火力发电的效率，因此能够更有效地利用能源。

③ 环保无污染：MCFC 在发电过程中产生的排放物主要是二氧化碳和水蒸气，相对于传统的化石燃料发电，其排放的污染物如硫氧化物、氮氧化物等大大减少，对环境的污染程度极低。此外，MCFC 还可以利用废气中的二氧化碳进行内部重整，进一步降低温室气体排放量。

④ 低噪音：MCFC 在发电过程中产生的噪声较低，这使得其更适合在需要安静环境的场所使用，如医院、学校等。

⑤ 系统简单：MCFC 的结构相对简单，由多孔陶瓷阴极、多孔陶瓷电解质隔膜、多孔金属阳极和金属极板构成。这种简单的结构使得 MCFC 的制造成本相对较低，同时也降低了维护难度和成本。

⑥ 余热利用：MCFC 在发电过程中会产生大量的余热，这些余热可以用于供热、供蒸汽等，实现能量的综合利用，进一步提高能源利用效率。

⑦ 原料气种类广泛：MCFC 对原料气的要求较低，可以使用天然气、煤气等多种燃料，这使得其在实际应用中具有更大的灵活性和适应性。

⑧ 成本降低潜力：随着技术的不断进步和大规模生产的应用，MCFC 的制造成本有望进一步降低，从而使其更加具有市场竞争力。

6.6.3 熔融碳酸盐燃料电池性能的影响因素

① 气体工作压力：虽然提高气体工作压力可以增强电池性能，但过高的压力可能导致氧化镍阴极溶解，从而缩短电池寿命。因此，需要在性能和寿命之间找到平衡，将气体工作压力控制在适宜范围内。

② 工作温度：根据化学反应动力学原理，温度上升会加快反应速度，提升电池性能。然而，高温环境会加剧材料腐蚀，影响电池长期稳定性。因此，工作温度需控制在 650℃ 左右，以确保电池性能和寿命的平衡。

③ 反应气体组分与利用率：当氧化剂中 $[CO_2]$ 与 $[O_2]$ 的比例为 2 时，阴极性能最佳。燃料气体中各组分的比例也会影响电池性能。为了提高电压，应在低反应物气体利用率下工作，但须注意燃料利用率，通常设定在 $75\%\sim85\%$ 之间，氧化剂利用率为 50%，以实现整体性能的优化。

④ 燃料杂质：尘埃颗粒、硫化物、卤化物和氮化物等杂质会吸附在多孔体表面，与电解质反应并导致腐蚀，从而降低电池性能。因此，需在燃料进入电池前进行除杂处理，以保证电池性能和寿命。

⑤ 电解质结构与成分：电解质板的厚度和组分对电池性能有显著影响。较薄的电解质板能减小欧姆阻抗，提升单体电池性能。同时，电解质组分的选择也会影响电池性能，如富锂电解质具有高离子导电性，但可能加速腐蚀过程。因此，在工艺要求允许的范围内，应优化电解质板结构和成分。

⑥ 电流密度：电流密度的增大会导致欧姆电阻、极化和浓度损失的增加，从而降低电池电压。在控制电流密度的变化范围时，应关注线性欧姆损失的影响，并采取措施减小线性欧姆阻抗，以维持电池性能的稳定。

6.7 固体氧化物燃料电池

固体氧化物燃料电池（SOFC）是利用金属锆的氧化物作为电解质层来传递在正电极上形成的氧离子。反应通常在固体状态下的电解质中发生，反应温度为 $600\sim1000℃$。在所有的燃料电池中，SOFC 的工作温度最高，属于高温燃料电池，主要由固体氧化物电解质、阳极（燃料气电极）、阴极（空气电极）和材料组成。氧分子在阴极得到电子，被还原成氧离子，在阴阳极氧的化学位差作用下，氧离子（通常以氧空位的形式）通过固态电解质传输到阳极，并在阳极同燃料（H_2、CH_4 或 CO 等）发生反应生成水和电子，电子通过外电路形成回路发电。常压运行的小型 SOFC 的发电效率可达 $45\%\sim50\%$。高压 SOFC 与燃气轮机结合，发电效率可达 70%。

6.7.1 固体氧化物燃料电池工作原理

燃料以氢气为例，SOFC 的工作原理如图 6-6 所示，电极反应为：

阳极： $$H_2 + O^{2-} \longrightarrow H_2O + 2e^- \tag{6-22}$$

$$阴极：\qquad \frac{1}{2}O_2+2e^- \longrightarrow O^{2-} \qquad\qquad (6\text{-}23)$$

$$总反应：\qquad H_2+\frac{1}{2}O_2 \longrightarrow H_2O \qquad\qquad (6\text{-}24)$$

电解质的核心功能是传导氧离子，但其特殊性质决定了它不能允许氢气和氧气透过。基于这一特性，固体的膜结构成为了电解质的理想选择。这种固体氧化物电解质，主要由二氧化锆掺杂 $3\%\sim8\%$（摩尔分数）的三氧化二钇或三氧化二钪组成，其独特的分子结构确保了功能的实现。在实际应用中，大约 $10\mu m$ 厚的陶瓷粉电解质材料被精心喷涂到阳极上，以确保其效能。然而，当考虑自支撑结构时，厚度需求增加至 $100\mu m$。这里，电解质的厚度与极化损失之间存在一个微妙的平衡。通常，随着电解质厚度的增加，极化损失也会相应增加。因此，在不引发短路和气体渗透的前提下，更薄的电解质意味着更小的损失。

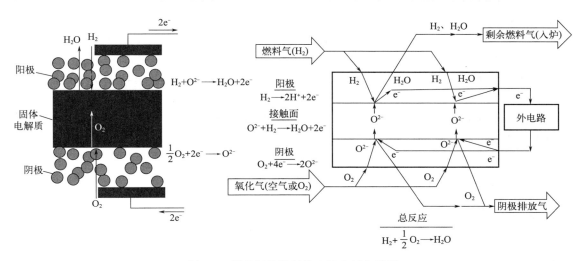

图 6-6　以氢气为燃料的 SOFC 工作原理

对于低温电池，追求高电导率成为关键。金属钇掺杂的二氧化铈等电解质材料因高电导率而备受关注，它们被广泛应用于直接碳氢化合物的 SOFC 或双层电解质的电池中。第二层电解质，如镓酸镧（$La_{1-x}Sr_xGa_{1-y}Mg_yO_3$），虽然拥有极高的氧离子电导率，但其稳定性较差且镓的成本偏高，在实际应用中需要综合考虑。

电极在电池中的作用不容忽视，它负责催化相关反应，确保电池的高效运行。如果燃料非氢气，电极还需额外助力燃料进行转化反应。因此，电极需要具有大的有效表面积，以保证充分的反应接触。同时，在高温环境下，电极的稳定性和寿命成为考验其性能的重要因素。电极通常设计为允许反应气体通过外部流动，同时确保气体具有一定的渗透性。

满足 SOFC 运行温度的电极材料，通常以稀土金属的氧化物为主。阴极材料，如 $La_{1-x}Sr_xGa_{1-y}Mn_yO_3$（有时用 Fe 替代 Mn，用 Ca 替代 Sr）以及 $LaCoO_3$ 等，都是经过精心设计和选择的。通过调整其中 La 原子和 Co_y 的含量（如 La 原子约有 20% 被 Sr 取代，y 值控制 Co 的量），可以实现对材料电导率和热膨胀系数的精确调控。

负极材料方面，镍基化合物如 NiO 与钇掺杂陶瓷混合物，以及 $Ce_{1-x}Gd_xO_{1.95}$（x 约为 0.1）和 RuO_2 催化剂（在 $600℃$ 下）等，都是常用的选择。这些材料在 $600℃$ 左右的温度下，能够有效地处理碳氢燃料。同样，金属有机化合物的使用进一步增加了电解质与电极之间的接触表面积，为提高电池的性能提供了有力支持。

6.7.2 固体氧化物燃料电池的特点

相对于其他燃料电池，因 SOFC 采用全固态电池结构，从而避免了使用液态电解质带来的腐蚀和电解液流失等问题。高温工作拓宽了燃料的选择范围，对燃料的适应性广，氢气、天然气、煤气及液化石油气等气体以及甲醇、乙醇都可以作为燃料，几乎没有颗粒物、NO_x、SO_x 的排放。同时采用价格相对低廉的烷烃类燃料可以在电池内部重整和氧化产生电能，避免了使用价格相对昂贵的氢气作为燃料。超过 800℃ 的工作温度，工作时产生大量的余热，可以实现热电联用，提高发电系统的效率，如配合热汽轮机将热废气进行有效利用，可以使能量转换率至少达到 60%，甚至可达 80%。高温工作提高了电化学反应速率，降低了活化极化电势，无需铂等贵金属作为催化剂，而代之以廉价的氧化物电极材料即可。高温工作还大大提高了电池对硫化物的耐受能力，其耐受能力比其他燃料电池至少高两个数量级。全固态结构还有利于电池的模块化设计，提高电池体积比容量，降低设计和制作成本。以燃气机、燃气涡轮机和组合循环装置等有竞争力的系统设定的经济和技术的规格为基准，SOFC 组合系统在电效率、部分负荷效率和排放方面都比现有的技术具有更明显的优势。

SOFC 发电系统有着广泛的应用，目前已确定能使用 SOFC 的市场包括家居、商业和工业热电联供、分布式发电、运输领域的辅助电源装置及轻便电源。SOFC 作为移动式电源，可以为大型车辆提供辅助动力源。但是由于工作温度高，对电池材料和各种连接件要求高，生产成本一直居高不下也阻碍了其大力发展和推广。

6.7.3 固体氧化物燃料电池性能的影响因素

SOFC 作为一种高效、环境友好的能源转换技术，尽管理论效率可能略低于熔融碳酸盐燃料电池和磷酸燃料电池，但其独特的性能和优势仍然使其成为能源领域的研究热点。以下是 SOFC 特性以及影响其性能的各种因素：

（1）压力的影响

与熔融碳酸盐燃料电池和磷酸燃料电池相似，SOFC 的性能也会受到压力的影响。提高反应气体的压力可以增大气体的浓度，进而提高气体在电极上的反应速率，从而提高 SOFC 的性能。这种影响在高压条件下尤为显著，因为高压条件下气体分子的碰撞频率增加，促进了反应的进行。

（2）温度的影响

温度是影响 SOFC 性能的关键因素之一。在 800℃ 时，由于电解质离子电导率的显著降低，欧姆极化升高，电压-电流密度曲线的斜率增大。这意味着电池在较低温度下的性能会受到限制。然而，当温度提高到 1050℃ 时，欧姆极化降低，电池性能得到显著提升。这是因为高温下电解质的离子电导率增加，有利于离子在电解质中的传输。但值得注意的是，过高的温度也可能导致电池材料的热稳定性下降，因此需要在保证性能的同时控制温度。

（3）气体组成及利用率的影响

燃料气体组成对 SOFC 的理论开路电压有重要影响。具体来说，O∶C（原子比）和

H：C（原子比）决定了燃料气体中氧和氢的含量，进而影响了电池的性能。使用纯氧代替空气可以提高氧分压，从而提高电池的性能。此外，燃料气体的利用率也是影响 SOFC 性能的重要因素。提高燃料利用率可以减少未反应的燃料损失，提高能源转换效率。

（4）其他影响因素

① 杂质影响：煤气中常见的杂质如 H_2S、HCl 和 NH_3 等可能对 SOFC 的性能产生影响。其中，H_2S 对 SOFC 的性能有显著影响，而 NH_3 和 HCl 在较低浓度下对性能影响较小。因此，在使用煤气作为燃料时，需要对燃料进行净化处理，以去除这些有害杂质。

② 电流密度的影响：SOFC 的电压损失主要由欧姆损失、活化损失和浓度损失构成。这些损失都随电流密度的增加而增大。因此，在设计 SOFC 时需要考虑电流密度的优化问题，以平衡性能和经济性。

（5）中温 SOFC

中温 SOFC 是指工作温度为 $600 \sim 800$℃ 的 SOFC。与高温 SOFC 相比，中温 SOFC 具有许多优势。首先，降低运行温度可以使用价格更为低廉的材料，从而降低生产成本。其次，配套设备的要求和成本也随之降低，有利于 SOFC 的商业化应用。此外，低温可以消除电极和电解质界面组分的相互扩散现象，延长 SOFC 的寿命。因此，中温 SOFC 是当前研究的热点之一。

综上所述，尽管 SOFC 在理论效率上可能略低于其他类型的燃料电池，但高温操作、全固态结构、燃料适应性强等独特优势仍然使其具有广阔的应用前景。通过深入研究影响 SOFC 性能的各种因素并采取相应的优化措施，可以进一步提高性能和经济性，推动其商业化应用的进程。

6.8 直接甲醇燃料电池

直接甲醇燃料电池（DMFC）与 PEMFC 相近，只是不用氢做燃料，而是直接用醇类和其他有机分子做燃料。作为低温燃料电池领域的一员，其独特之处在于采用质子交换膜作为固体电解质，并直接使用液态甲醇作为阳极燃料。这种燃料电池不仅归类于质子交换膜燃料电池（PEMFC）的范畴，更因其独特的燃料使用方式和潜在的应用前景，逐渐被视为一种独立的燃料电池类型。

相较于其他燃料电池，DMFC 的显著优势在于直接使用液态甲醇，无需额外的氢气制备过程。这一特点使得 DMFC 在安全性、便携性和质量轻便性方面具有显著优势。甲醇是一种简单的液体有机化合物，其来源广泛，可通过石油、天然气、煤等多种方式制得，保证了 DMFC 在能源供应上的稳定性和可持续性。此外，甲醇的储存和运输也相对简便，为 DMFC 在便携式电源和电动汽车等领域的应用提供了便利。

DMFC 的研究历史可追溯至 20 世纪 60 年代，当时主要采用酸性或碱性液体电解质，电池性能较为有限。然而，随着技术的进步，特别是全氟磺酸膜（如 DuPont 公司的 Nafion 膜）作为电解质的引入，DMFC 的性能得到了显著提升。这种电解质膜具有优异的质子传导性能和化学稳定性，使得 DMFC 能够在室温至 100℃ 的温度范围内稳定运行，且性能优于早期的 DMFC。在中国，DMFC 的研究起步较晚，始于 20 世纪 90 年代末期。尽管起步较晚，但随着国家对新能源领域的重视和投入，中国 DMFC 的研究已经取得了一定的进展。然而，与国际先进水平相比，中国 DMFC 的研究仍处于基础研究阶段，需要进一步加强技术创新和人才培养。

尽管 DMFC 具有诸多优势，但其发展仍面临诸多挑战。其中，最主要的是其效率低的问题。甲醇的电化学活性相对较低，电化学氧化速率较慢，导致 DMFC 的效率低于其他类型的燃料电池。此外，甲醇在催化重整反应中的温度较低，这使得在短期内使用甲醇重整燃料电池可能更具优势。然而，从长远来看，直接应用甲醇作为阳极反应物将是理想的燃料电池发展方向。为了克服这些挑战，DMFC 的研究需要在多个方面取得突破：首先，需要开发高效、稳定、长寿命的阳极电催化剂和耐甲醇阴极电催化剂材料，以提高甲醇的电化学氧化速率和降低催化剂的毒化风险；其次，需要开发具有高质子电导率、低甲醇渗透率、良好化学稳定性和机械强度的电解质膜材料，以提高 DMFC 的性能和稳定性；此外，还需要开发高性能、长寿命的电极、MEA（膜电极组件）和电池堆制备技术，以满足 DMFC 在实际应用中的需求。

6.8.1 直接甲醇燃料电池工作原理

甲醇从阳极进入，并在催化剂的作用下经历一个复杂的解离过程。具体来说，甲醇分子在阳极催化剂的作用下被解离为质子（即氢离子）和电子。这些质子通过质子交换膜（PEM）高效、选择性地传输至阴极，而在阴极，它们与氧气结合生成水。同时，产生的电子则通过外电路传输至阴极，形成了电流，进而带动负载工作（图 6-7）。

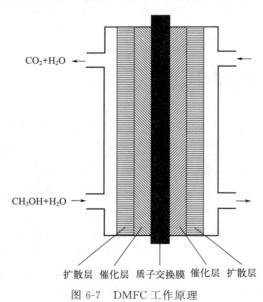

$CO_2 + H_2O$ ←

$CH_3OH + H_2O$ →

扩散层 催化层 质子交换膜 催化层 扩散层

图 6-7   DMFC 工作原理

电极和电池反应为：

阳极： $$CH_3OH + H_2O \longrightarrow CO_2 + 6H^+ + 6e^-$$ (6-25)

阴极： $$\frac{3}{2}O_2 + 6H^+ + 6e^- \longrightarrow 3H_2O$$ (6-26)

电池反应: $$CH_3OH + \frac{3}{2}O_2 \longrightarrow CO_2 + 2H_2O \qquad (6\text{-}27)$$

与传统的化学电池不同,DMFC 不是一个能量储存设备,而是一个高效的能量转换系统。理论上,只要不断向燃料电池供应甲醇燃料和氧气,它就能够持续地为外电路负载提供电能。这种特性使得 DMFC 在便携式电源、电动汽车和分布式发电系统等领域展现出巨大的应用潜力。

DMFC 单电池的结构相对复杂,由质子交换膜、电极、极板和电流收集板等多个部件组成。其中,电极是电化学反应发生的关键部位,通常由扩散层和催化层组成。扩散层的主要功能是传导反应物、支撑催化层,并允许气体和电解质通过。这一层通常由导电的多孔材料制成,如碳纸或碳布,以确保良好的气体扩散和电解质渗透性。催化层则是电化学反应的核心场所。在这里,甲醇在阳极催化剂(如 Pt-Ru/C)的作用下解离为质子和电子,而氧气则在阴极催化剂(如 Pt/C)的作用下与质子结合生成水。目前,常用的催化剂为炭载贵金属催化剂,这些催化剂具有高活性和稳定性,能够有效地促进电化学反应的进行。

质子交换膜在 DMFC 中起着至关重要的作用。它不仅能够允许质子通过,还能够有效地阻止电子和甲醇分子的渗透。目前,常用的质子交换膜为全氟磺酸高分子膜,如 Nafion 膜。这种膜具有高质子传导率、低甲醇渗透率以及良好的化学稳定性和机械强度,能够满足 DMFC 对电解质膜的高要求。

虽然 DMFC 的总反应相当于甲醇燃烧生成二氧化碳和水,但其实际运行过程中却涉及许多复杂的电化学反应和物理过程。一个甲醇分子完全氧化成二氧化碳会放出 6 个电子,但在实际电极过程中,甲醇的氧化可能不完全,会产生一些中间产物如 CO、HCHO、CHOOH 等低碳化合物。这些中间产物会吸附在电极表面,降低催化剂的活性,从而影响燃料电池的性能。此外,电极上存在的活化过电位、欧姆过电位和浓差过电位也会使燃料电池的工作电压降低。活化过电位是由于电化学反应需要一定的能量来克服反应能垒而产生的;欧姆过电位是由于电解质膜和电极材料的电阻而产生的;浓差过电位是由于反应物在电极表面的浓度变化而产生的。这些过电位的存在使得燃料电池的实际工作电压低于其理论值,从而降低了能量转换效率。因此,在 DMFC 的设计和运行过程中,需要综合考虑各种因素,以优化其性能和提高能量转换效率。

6.8.2 直接甲醇燃料电池的特点

DMFC 作为一种清洁、高效的能源转换技术,具有如下多个显著的特点。

① 燃料多样性:DMFC 可以直接使用液态醇类作为燃料,无需额外的氢气制备过程。这种燃料多样性使得 DMFC 在能源供应上更加灵活和可持续。

② 能量转换效率高:理论上,只要不断向燃料电池供应燃料和氧气,DMFC 就能持续为外电路负载提供电能。与燃烧发电相比,DMFC 的能量转换效率更高,且排放物主要是水,环境友好。

③ 安全性高:与传统的氢气燃料电池相比,DMFC 使用的液态醇类燃料更加安全、易于储存和运输。这降低了燃料泄漏和爆炸的风险,使得 DMFC 在移动设备和分布式发电系统中具有更高的应用潜力。

④ 操作温度低:DMFC 可以在较低的温度下运行,通常在室温至 100℃ 之间。这使得 DMFC 的启动和运行更加快速,且对材料的要求相对较低,降低了制造成本。

⑤ 响应速度快：DMFC 的功率输出可以快速响应负载的变化。当负载增加时，DMFC 可以迅速增加输出功率以满足需求；当负载减少时，DMFC 可以迅速降低输出功率以节省能源。

⑥ 模块化设计：DMFC 可以采用模块化设计，将多个单电池组合成电池堆，以满足不同功率需求。这种模块化设计使得 DMFC 在制造、安装和维护方面更加灵活和方便。

⑦ 环境友好：DMFC 的排放物主要是水，几乎不产生有害物质，对环境友好。此外，DMFC 的燃料（如甲醇）可以通过多种途径获得，如生物质发酵、天然气重整等，有助于推动可再生能源的发展。

然而，尽管 DMFC 具有上述优点，但在实际应用中还面临一些挑战，如催化剂成本高、甲醇渗透率高等问题。因此，未来的研究需要进一步优化催化剂性能、降低制造成本以及提高系统的稳定性和可靠性。

6.9 燃料电池应用

6.9.1 燃料电池汽车

燃料电池汽车（fuel cell vehicle，FCV）是一种使用燃料电池装置产生的电力作为动力的汽车。其核心部件是燃料电池，这是一种不燃烧燃料而直接以电化学反应方式将燃料的化学能转变为电能的高效发电装置。燃料电池汽车的工作原理是，作为燃料的氢（或其他燃料如甲醇）在汽车搭载的燃料电池中，与大气中的氧气发生氧化还原化学反应，产生出电能来带动电动机工作，进而驱动汽车行驶。其动力系统可以分为以下几种：①全燃料电池；②燃料电池＋电池（或超级电容器或飞轮）混合系统；③燃料电池＋内燃机混合系统。

燃料电池汽车的主要优点有以下几点。①环保：燃料电池汽车的化学反应过程不会产生有害产物，因此是无污染汽车。②高效：燃料电池的能量转换效率比内燃机要高 2～3 倍，提高了燃油经济性。③快速加注：燃料电池汽车可以在几分钟内完成燃料加注，相比电动车需要数小时充电更为便捷。

燃料电池车和电动汽车确实在许多方面相似，因为它们都是依赖电力来驱动车辆，但两者在动力源上存在着显著的差异。燃料电池车通过燃料电池发动机产生电力，而电动汽车则使用动力电池组。以下是对燃料电池车中特别部件的详细介绍：

（1）燃料电池发动机

燃料电池发动机是燃料电池车的核心部件，它将氢气和氧气（通常来自空气）结合产生电能。燃料电池发动机主要由燃料电池堆、供气系统和水处理系统组成。

① 燃料电池堆：是燃料电池发动机的心脏，包含多个燃料电池单体，每个单体都通过电化学反应产生电力。

② 供气系统：负责将氢气（存储在储氢瓶中）和空气（通过空气压缩机）输送到燃料电池堆中。氢气经过减压、增湿等处理，而空气则直接供给。

③ 水处理系统：燃料电池在发电过程中会产生水，这部分水需要被回收和处理，以防止燃料电池堆内部短路或损坏。水处理系统通常包括气液分离器、热交换器和冷却水系统。

（2）动力系统

燃料电池汽车的动力系统结构多种多样，其中大客车领域主要有两种主流设计：纯燃料电池（PFC）和燃料电池与辅助动力源的混合驱动系统。

纯燃料电池汽车以单一的燃料电池作为唯一的能量源，承担车辆的所有功率需求。然而，这种配置要求燃料电池具有较大的额定功率，以满足车辆在不同工况下的动力需求。这不仅增加了成本，还对燃料电池的冷启动性能、耐启动循环次数以及负荷变化的响应能力提出了严苛的要求。相比之下，燃料电池与辅助电池（或电容器、飞轮等）的混合驱动系统更为流行。这种双动力源结构的设计主要基于以下几个原因：

① 燃料电池的动态性能尚未达到理想水平，而汽车的工作状态往往会在较大范围内动态变化。因此，单一的燃料电池可能无法满足汽车在某些时刻的功率需求。辅助电池的存在可以迅速补充这部分功率，保证汽车的动力性能。

② 燃料电池的最佳工作效率通常在其额定功率范围内。为了优化整车的能量效率，辅助电池可以调节燃料电池的功率输出，使其始终工作在效率最佳的区域内。

③ 从成本角度考虑，燃料电池的制造成本仍然较高。通过适当减小燃料电池的额定功率，并用辅助电池来弥补功率不足，可以在一定程度上降低整车的制造成本，提高经济性。这种混合驱动系统的设计不仅提高了燃料电池汽车的动力性能和能源利用效率，还降低了成本，使其更加符合市场需求。

（3）燃料系统

燃料电池车的供氢系统一直是研发的重点，目前主要分为车载制氢和车载纯氢两大类。每种系统都有其独特的优缺点，需要根据实际应用场景进行权衡。

① 车载制氢系统：车载制氢系统利用燃料处理器，通过重整或部分氧化等化学过程从碳氢燃料中获取氢气。这类系统的主要燃料包括醇类（如甲醇、乙醇、二甲醚等）和烃类（如柴油、汽油、LPG、甲烷等）。从技术角度来看，醇类燃料因较低的制氢温度和相对容易的制氢过程而备受青睐。特别是甲醇，常被视为最适宜的车载制氢燃料。然而，烃类燃料在制氢过程中面临较大挑战，主要包括重整温度高和硫的脱除难度大。尽管选用汽油作为重整原料可以利用现有的加油站进行加注，但从长远来看，这种方法并不具有可持续发展性。此外，重整制氢系统需要极高的动态响应特性，以应对车辆行驶过程中的功率需求变化，这对于重整器而言是一个巨大的挑战。

目前，燃料电池大多采用质子交换膜燃料电池（PEMFC），其对燃料氢的纯度要求极高。这使得原本在地面上已经工业化的醇类重整制氢技术在车载应用中遇到难题。例如，著名的戴克公司在其 Necar 系列燃料电池车的发展过程中，虽然曾尝试使用甲醇重整系统（Necar 3），但很快就转向了液氢燃料（Necar 4），这反映出甲醇重整系统在燃料供应方面的不足。国内可以从国外车载甲醇制氢的燃料电池发展历程中吸取教训，避免在研发过程中走弯路，同时，应关注其他制氢方法的可能性，如氨和金属氢化物等。然而，这些方法由于成本高、腐蚀性强或裂解温度高等问题，并不适合作为车载制氢燃料。

② 车载纯氢系统：车载纯氢系统主要包括高压氢气储存和液态氢储存两种方式。高压氢气储存是目前最简单、最常用的车载纯氢储存方法。通过耐高压的储氢压力容器，可以确保氢气的质量和安全性。这种方法的优点在于动态响应特性好，加注方便，与现有加油站类

似。然而，使用高压容器可能会对公众接受度产生一定影响，并且压缩氢气也需要消耗一定的能量。液态氢储存从理论上具有较高的体积密度和质量密度，但其在实际应用中面临诸多挑战。首先，液氢的温度极低（−253℃），需要采用特殊的保温技术来减少热损失。其次，液氢的生产、储存、运输和加注过程都需要消耗大量能量，并且存在安全隐患。因此，液态氢更适合于特定场景（如航天领域）或连续使用的交通工具（如大型公交车），而不适合家用轿车等间断使用的交通工具。

（4）安全系统

燃料电池车氢安全系统涵盖了多个关键组成部分，以确保氢气的安全供应与使用。以下是这些系统的详细阐述：

① 氢供应安全系统：这一系统在储氢瓶的出口处配备了过流保护装置，旨在预防因管路或阀件泄漏导致的氢气过量供应。一旦检测到氢气流量超过燃料电池发动机所需最大流量的20%，过流保护装置将自动切断氢气供应。此外，系统还设计了一个电磁阀，当整车氢报警系统的任意一个探头检测到车内氢浓度达到预设阈值时，该电磁阀将迅速切断氢气供应，确保安全。

② 整车氢安全电气控制系统：这一系统包括氢泄漏监测及报警处理系统。通过安装在车辆不同区域的催化燃烧型传感器，系统能够实时检测氢浓度。当检测到氢浓度超过氢爆炸下限（空气中氢浓度为4%体积浓度）的10%、30%和50%时，系统将分别发出不同级别的声光报警信号，并通知安全报警处理系统采取相应措施。

③ 氢气传感器：氢气传感器在燃料电池车中扮演着至关重要的角色。它们负责监测进入燃料电池的氢气流的氢含量和纯度，确保燃料电池的稳定运行。这些传感器必须适用于不同来源的氢气，并具备对燃料电池负荷变化的快速响应能力。此外，它们还需具备在高纯度氢水平下和有压力的情况下的检测能力。日本NGK火花塞公司开发的传感器就是一个典型的例子，其传感元件为质子交换膜，工作温度与燃料电池相近，能够在潮湿环境里工作，并具备较宽的氢浓度测量范围。

④ 燃料电池车安全试验：为了确保燃料电池车的安全性，世界各地的大学、研究机构和公司都在进行深入的试验研究。其中，迈阿密大学的Dr. Michael Swain于2001年发表的研究工作就是一个典型例子。该研究旨在比较氢燃料汽车与汽油燃料汽车在燃料泄漏并点燃后的着火情形，并探讨氢火焰为何如此显眼。通过试验录像，研究人员发现氢火焰呈现黄色，这与纯氢火焰的颜色不符，推测可能存在未知的不纯物质。这一研究为燃料电池车的安全设计和改进提供了重要参考。

6.9.2 家庭用燃料电池

家庭用燃料电池是一种专为家庭环境设计的先进能源设备。它利用电化学反应将氢气等燃料与氧气结合，直接转化为电能，同时产生水作为唯一的副产品，实现了能源的清洁转化与利用。这种燃料电池的工作原理简单而高效，通过催化剂的作用，氢气和氧气在电池内部发生反应，产生电能。与传统的发电方式相比，家庭用燃料电池不需要燃烧过程，因此不会产生任何有害的排放物，如二氧化碳、硫化物或氮氧化物，对环境极为友好。

家庭用燃料电池的优点众多。首先，它提供了高效、稳定的电力供应。燃料电池的电能转化效率远高于传统的内燃机，且运行平稳，几乎无噪音，极大地提升了家庭生活的舒适度。其次，燃料电池的能源来源广泛，不仅可以使用氢气，还可以使用天然气、甲醇等常见燃料，保证了家庭能源的多样性。再次，燃料电池的副产品仅为水，无需处理废弃物，大大降低了家庭使用成本。此外，家庭用燃料电池还具备高度的安全性和可靠性。其反应过程在封闭的环境中进行，有效避免了燃料的泄漏和燃烧风险。最后，燃料电池的寿命长，维护简单，为家庭用户提供了长期的能源保障。

在当前的能源供应体系下，家庭用燃料电池系统的选择往往取决于特定地区的能源供给基础设施。鉴于燃气、液化石油气（LPG）以及煤油在不同地区的普及程度和应用便利性，这些燃料类型成为了家庭用燃料电池系统的主要选择。随着技术的进步和市场需求的增长，针对各种燃料的燃料电池系统正在持续研发中，以满足不同地区的能源需求和环保标准。

家庭用燃料电池系统通常由固体高分子型燃料电池发电装置和热水装置两大核心部分组成。其中，固体高分子型燃料电池发电装置是系统的关键，它包括一系列用于生成氢气的燃料改质设备，如脱硫器、改质器、CO 生成器、CO 去除器和水箱。这些设备协同工作，将输入的燃料（如燃气、LPG 或煤油）转化为氢气，然后供给电池层组进行电化学反应，产生电能。

除了发电装置，排热回收设备和电气设备也是燃料电池系统的重要组成部分。排热回收设备用于收集并有效利用燃料电池产生的热能；而电气设备则包括换流器和控制装置，用于将产生的直流电转换为家庭常用的交流电，并控制整个系统的运行。

在热水装置方面，燃料电池产生的热能（包括改质器燃烧排气、电池层组的冷却水和阴极排气）通过热交换器进行加热，然后存入储热水箱中。这些水箱的容量通常在 $150 \sim 300L$ 之间，足够满足一般家庭的热水需求。然而，由于燃料电池产生的水温相对较低，通常只有约 $60\,^{\circ}\mathrm{C}$，因此在实际使用时可能需要配置再次加热系统，以确保热水的温度符合用户需求。

6.9.3　社区用热电联供燃料电池电站

社区用热电联供燃料电池电站是一种新型的能源解决方案，它结合了燃料电池的发电技术和热电联供的高效利用方式，为社区提供清洁、高效、稳定的电力和热能。

社区用热电联供燃料电池电站主要由燃料电池发电装置和热电联供系统组成。燃料电池发电装置通过电化学反应将氢气等燃料转化为电能，同时产生热能。热电联供系统则将这些热能回收利用，为社区提供热水、供暖等热能需求。这种能源解决方案不仅具有高效、环保的特点，而且能够实现能源的梯级利用，提高能源的综合利用效率。目前，社区用热电联供燃料电池电站正处于快速发展阶段。随着环保意识的提高和新能源政策的推动，越来越多的社区开始关注并尝试采用这种能源解决方案。在国内，一些先进地区已经建立了示范项目，并取得了显著的成效。同时，随着技术的进步和成本的降低，社区用热电联供燃料电池电站的推广和应用也将更加广泛。

6.9.4　微型燃料电池电源

微型燃料电池定义为几瓦功率的电池，用于日常微电器上。微型燃料电池可以是直接甲醇燃料电池，也可以是改性的质子交换膜燃料电池。燃料电池的燃料多样性为微型燃料电池的发展提供了广阔的空间。微型燃料电池作为一种便携、高效且环保的能源解决方案，正受到越来越多领域的关注。下面将详细介绍几种常用的微型燃料电池燃料及其特点。

① 甲醇：甲醇是微型燃料电池的燃料之一，其因价格低廉、易于获取而备受青睐。佐

治亚理工学院、麻省理工学院、斯坦福大学以及桑迪亚国家实验室等机构都在积极研究基于甲醇的微型燃料电池。甲醇的缺点是具有较强的毒性，这在使用和储存过程中需要特别注意。尽管如此，通过精心设计燃料处理系统和安全措施，甲醇依然是一种具有潜力的微型燃料电池燃料。

② 天然气（甲烷）：摩托罗拉公司另辟蹊径，成功开发出一种以甲烷气体为原料的燃料电池原型。这种燃料电池可以直接作为手机电源或手机电池的充电器，提供长达一个月的稳定电力。甲烷作为燃料的优点是储量丰富、价格适中，且燃烧过程中产生的二氧化碳排放相对较低。然而，如何在微型燃料电池中高效、安全地利用甲烷仍是一个需要持续研究的课题。

③ 氢气：氢气作为燃料电池的理想燃料，具有能量密度高、排放清洁等优点。然而，将燃料电池的尺寸压缩到芯片大小，并直接使用氢气作为原料，需要解决氢气储存和释放的技术难题。碳纳米管等纳米材料因其独特的物理和化学性质，被视为解决这一难题的关键。通过利用碳纳米管等纳米材料储存和释放氢气，研究人员正努力推动微型燃料电池向更高性能和更广泛应用方向发展。

④ 无机化合物：美国凯斯西（部）保留地大学的 Savinell 研究小组成功制备了一种基于无机化合物的微型燃料电池原型。该燃料电池使用硼氢化钠（或氢化硼钠）作为氢源，通过铂催化剂释放氢气进行发电。这种无机化合物燃料具有易于储存和运输的优点，同时其反应过程也相对稳定和安全。然而，如何进一步提高该燃料电池的能量密度和功率密度，仍是未来研究的重要方向。

⑤ 其他燃料：除了上述几种常见的燃料外，还有许多其他类型的燃料也在被研究和应用于微型燃料电池中。例如，CASIO 公司成功利用半导体技术将汽车用的氢重整器改造为微型重整器，并制造出一种改性的 PEFC 燃料电池。这种电池具有轻量化和高能量密度的特点，适用于各种便携式电子设备。此外，还有一些研究机构正在探索使用生物质等可再生能源作为微型燃料电池的燃料，以实现更加环保和可持续的能源利用。

微型燃料电池作为一种潜在的未来能源解决方案，其面临的挑战与难度不容忽视。尽管许多分析家都预见到燃料电池最终可能取代锂电池，但在实现这一目标的过程中，微型燃料电池面临着多重技术和经济上的挑战。

为了克服这些挑战，科研人员和企业需要不断探索新的材料、工艺和技术，提高微型燃料电池的性能和可靠性，同时降低其制造成本。此外，还需要加强国际合作和交流，共同推动微型燃料电池技术的发展和应用。只有这样，微型燃料电池才能在未来能源领域发挥更大的作用，为人类社会的可持续发展作出更大的贡献。

6.10 未来燃料电池发展趋势

在未来，燃料电池技术将迎来前所未有的飞跃与革新，成为推动能源转型和绿色出行的关键力量。随着材料科学、电化学以及工程技术的不断进步，燃料电池的性能将得到显著提升，成本将进一步降低，从而加速其在各个领域的普及与应用。

首先，燃料电池的能量密度将大幅提升，使得单次充电或加氢的续航里程显著增加，满足长途旅行和重型运输的需求。这一突破将极大拓展燃料电池汽车的市场潜力，从私家车到商用车，再到特种车辆，燃料电池技术都将展现出独特的优势。其次，燃料电池系统的耐久性和可靠性将得到显著提升。通过优化电极材料、催化剂以及电解质等关键组件，燃料电池的使用寿命将延长，维护成本降低，为用户带来更加经济、便捷的使用体验。这将进一步增强消费者对燃料电池技术的信心和接受度。再次，燃料电池的燃料来源将更加多元化和可持续。除了传统的氢气外，生物燃料、合成燃料等新型燃料也将被广泛应用于燃料电池系统，为燃料电池提供更加清洁、低碳的能源支持。这种多元化的燃料策略将有助于缓解能源供应压力，促进能源结构的优化和升级。最后，燃料电池技术的智能化和网联化趋势也将日益明显。通过与智能网联汽车技术的深度融合，燃料电池汽车将实现更高效的能源管理、更精准的故障诊断以及更便捷的充电或加氢服务。这将为用户带来更加智能、便捷、舒适的出行体验，进一步推动燃料电池技术的普及和应用。

综上所述，未来燃料电池技术将在性能提升、成本降低、燃料多元化、智能化和网联化等方面实现全面发展。随着全球对清洁能源和绿色出行的需求不断增长，燃料电池技术有望成为未来能源体系中的重要组成部分，为实现可持续发展目标作出重要贡献。

思政研学

做国家的一枚燃料电池，发光发热

当谈到国内在燃料电池技术领域的著名人物时，衣宝廉院士的故事尤为引人注目。衣宝廉，1938 年出生于辽宁省辽阳市，中国工程院院士，中国科学院大连化学物理研究所研究员、博士生导师。他被誉为中国现代燃料电池研究、应用及产业化的主要奠基人之一。

二十世纪六七十年代，美国和苏联掀起了人类第一次探月高潮，氢氧燃料电池技术成为航天电源研发的热点。当时，衣宝廉所在的中国科学院大连化学物理研究所接到了研制燃料电池的任务。那一年，衣宝廉年仅 28 岁，面对的是一片空白的研究领域，没有外国资料可以参考，没有现成的技术可以借鉴。他和他的团队只能从零开始，摸着石头过河。

在接下来的十年里，衣宝廉和他的团队经历了无数次失败，但他们从未放弃。他们昼夜颠倒地工作，无暇顾及家庭，只为了一个目标：让中国拥有自己的燃料电池技术。1978 年年底，中国科学院大连化学物理研究所终于研制出我国第一台自主设计的碱性燃料电池，并一举摘得国防科工委（现为中华人民共和国工业和信息化部）科技进步奖。

如今，衣宝廉院士已经年过八旬，但他仍然活跃在燃料电池领域的前沿。他见证了燃料电池技术从实验室走向产业化的过程，也见证了燃料电池在交通、电力等领域的广泛应用。他的故事激励着后来者不断追求科技创新，为国家的繁荣富强贡献自己的力量。

思考题

1.简述燃料电池的基本工作原理，包括阳极、阴极和电解质在电化学反应中的角色。

2.比较不同类型的燃料电池（如质子交换膜燃料电池、固体氧化物燃料电池等）在工作原理上的主要差异。

3.讨论如何提高燃料电池的能源效率和整体性能。

4. 燃料电池与传统化石燃料相比，在排放和环境污染方面有哪些优势？

5. 燃料电池的制造和废弃过程中可能产生哪些环境问题？如何减少这些影响？

6. 目前燃料电池技术面临哪些主要挑战（如成本、耐久性、氢气存储和运输等）？

7. 预测燃料电池在未来能源结构中的地位和作用。

8. 讨论燃料电池与可再生能源（如太阳能、风能）结合的潜力和前景，以及如何实现这种协同作用。

参考文献

[1] 刘旭，白焰，刘鹤. 质子交换膜燃料电池系统（PEMFC）的控制策略综述[J]. 化工自动化及仪表，2012, 39(4)：439-443.

[2] 刘洁，王菊香，邢志娜，等. 燃料电池研究进展及发展探析[J]. 节能技术，2010, 28(4)：364-368.

[3] 张爽. 氢能与燃料电池的发展现状分析及展望[J]. 当代化工研究，2022(11)：9-11.

[4] 杜华，解磊. 氢氧燃料电池的研究进展[J]. 化学工程师，2002(04)：41-42.

[5] 姜义田. 碱性燃料电池铂、钯基催化剂的制备及性能研究[D]. 哈尔滨：哈尔滨工业大学，2012.

[6] 郝苗青. 直接生物质碱性燃料电池性能及机理研究[D]. 天津：天津大学，2014.

[7] 隋升，顾军. 磷酸燃料电池（PAFC）进展[J]. 电源技术，2000, 24(1)：49-52.

[8] 吴博文，黎燕荣. 熔融盐模板法制备燃料电池氧还原催化剂的研究[J]. 山东化工，2018, 47(05)：53-54.

[9] 熊家祚，曾庆山，孔金生. 熔融碳酸盐燃料电池建模及控制的综述[J]. 矿山机械，2007(06)：90-94.

[10] 刘少名，邓占锋，徐桂芝，等. 欧洲固体氧化物燃料电池（SOFC）产业化现状[J]. 工程科学学报，2020, 42(03)：278-288.

太阳能电池材料及技术

7.1 太阳能

太阳由太阳核心、辐射层、对流层、太阳大气四部分组成,如图 7-1 所示。太阳核心的温度高达 1500 万摄氏度,氢原子在超高温度下发生聚变,释放出巨大的核能。太阳能(solar energy)是一种可再生能源,是指太阳的热辐射能,主要表现就是常说的太阳光线。太阳能具有取之不尽、用之不竭,可以就地使用,安全清洁等优点,属于友好型能源。太阳能的有效利用方式有光-电转换、光-热转换和光-化学转换三种方式,太阳能的光电利用是近些年来发展最快、最具活力的研究领域。

图 7-1 太阳组成

7.1.1 利用太阳能的技术原理

太阳能是太阳内部连续不断的核聚变反应过程产生的能量。地球获得的能量可达 173000TW/s。在海平面上的标准峰值强度为 $1kW/m^2$,地球表面某一点 24h 的年平均辐射强度为 $0.20kW/m^2$,相当于有 102000TW 的能量。

尽管太阳辐射到地球大气层的能量仅为其总辐射能量的 22 亿分之一,但已高达 173000TW,也就是说太阳每秒照射到地球上的能量就相当于 500 万吨煤所释放的能量,照射到地球的能量则为 $1.465 \times 10^{14}J/s$。地球上的风能、水能、海洋温差能、波浪能和生物质能都是来源于太阳的。即使是地球上的化石燃料(如煤、石油、天然气等)从根本上说也是远古以来贮存下来的太阳能,所以广义的太阳能所包括的范围非常大,狭义的太阳能则限于太阳辐射能的光热、光电和光化学的直接转换。

7.1.2 太阳能的主要分类

① 光伏:光伏板组件是一种暴露在阳光下便会产生直流电的发电装置,几乎全部由半导体材料(例如硅)制成的固体光伏电池组成。简单的光伏电池可为手表以及计算机提供能源,较复杂的光伏系统可为房屋提供照明以及交通信号灯和监控系统,并入电网供电。光伏板组件可以制成不同形状,而组件又可连接,以产生更多电能。天台及建筑物表面均可使用光伏板组件,甚至被用作窗户、天窗或遮蔽装置的一部分,这些光伏设施通常被称为附设于建筑物的光伏系统。

② 热伏：现代的太阳热能科技将阳光聚合，并运用其能量产生热水、蒸气和电力。除了运用适当的科技来收集太阳能外，建筑物亦可利用太阳的光和热能，方法是在设计时加入合适的装备，例如巨型的向南窗户或使用能吸收及慢慢释放太阳热力的建筑材料。

7.1.3　太阳能的基本特点

太阳能的优点显著，有以下几点。

① 普遍：太阳光普照大地，没有地域的限制，无论陆地或海洋，无论高山或岛屿，都处处皆有，可直接开发和利用，便于采集，且无须开采和运输。

② 无害：开发利用太阳能不会污染环境，它是最清洁能源之一，在环境污染越来越严重的今天，这一点是极其宝贵的。

③ 巨大：每年到达地球表面上的太阳辐射能约相当于130万亿吨煤释放的能量，是现今世界上可以开发的最大能源。

④ 长久：根据太阳产生的核能速率估算，氢的储量足够维持上百亿年，而地球的寿命也约为几十亿年，从这个意义上讲，可以说太阳的能量是用之不竭的。

但是太阳能还具有如下的不足之处：

① 分散性：到达地球表面的太阳辐射的总量尽管很大，但是受到季节地区天气等因素的影响，总体利用率很低。

② 不稳定性：由于受到昼夜、季节、地理纬度和海拔高度等自然条件的限制以及晴、阴、云、雨等随机因素的影响，所以到达某一地面的太阳辐照度既是间断的，又是极不稳定的，这给太阳能的大规模应用增加了难度。

③ 效率低和成本高：太阳能利用的发展水平，有些方面在理论上是可行的，技术上也是成熟的。但有的太阳能利用装置，因为效率偏低，成本较高，现在的实验室利用效率也不超过30%。总的来说，经济性还不能与常规能源相竞争。

④ 太阳能板污染：现阶段，太阳能板是有一定寿命的，一般最多3~5年就需要换一次太阳能板，而换下来的太阳能板非常难被大自然分解，从而造成相当大的污染。

7.2　太阳能电池概述

太阳能电池，是一种利用太阳光直接发电的光电半导体薄片，又称为太阳能芯片或光电池。它只要被满足一定强度条件的光照度，瞬间就可输出电压及在有回路的情况下产生电流，在物理学上称为太阳能光伏（photovoltaic，PV），简称光伏。太阳能电池是通过光电效应或者光化学效应直接把光能转化成电能的装置，以光伏效应工作的晶硅太阳能电池为主流，而以光化学效应工作的薄膜电池则还处于萌芽阶段。

7.2.1　太阳能电池的发展概况

1839年，光生伏特效应第一次由法国物理学家 A. E. Becquerel 发现。1849年术语"光伏"出现在英语中。1883年，第一块太阳能电池由 Charles Fritts 制备成功。Charles 在硒半导体上覆上一层极薄的金层形成半导体金属结，器件只有1%的效率。到了20世纪30年代，照相机的曝光计广泛地使用光起电力行为原理。1946年，Russell Ohl 申请了现代太阳能电池的制造专利。到了 20 世纪 50 年代，随着对半导体物性的逐渐了解，以及加工技术的进步，1954 年贝尔实验室在用半导体做实验时发现，硅中掺入一定量的杂质后对光更加敏感这一现象后，第一个太阳能电池就此诞生，太阳能电池技术的时代终于到来。自 20 世纪 50 年代起，美国发射的人造卫星就已经利用太阳能电池作为能量的来源。20 世纪 70 年代的能源危机，让世界各国察觉到能源开发的重要性。1973 年，发生了石油危机，人们开始把太阳能电池的应用转移到一般的民生用途上。在美国、日本和以色列等国家，已经大量使用太阳能装置，更朝商业化的目标前进。

我国的太阳能电池发展历程从 20 世纪 80 年代初实现了产业化，从太阳能电池的发展历程来分析，共历经了三个阶段。第一个阶段是晶体硅电池，其中分为单晶硅与多晶硅两种，历经几十年的不断努力与研究，晶体硅太阳能电池的生产成本得到了有效控制，并且对光能的转换能力在逐渐提升。第二个阶段为薄膜电池，目前实现产业化的薄膜电池包含：硅基薄膜电池、铜铟硒化物薄膜电池和碲化镉薄膜电池。薄膜电池在太阳照射不强、多云、早晚等弱光的时候，依然能够制造电能，但在高温情况下会减少电能的制造，特性要高于晶体硅电池。但是晶体硅电池的专业技术更趋向于成熟，转化光能的能力要比薄膜电池好，稳定性能也比薄膜电池佳。第三个阶段有鉴于前两种太阳能电池的特性，从而研究创造转化光能效率更高、更加环保、使用寿命更长和价格更低廉的太阳能电池。这种全新的太阳能电池最大的优势在于转换光能的效率上，当今世界无论哪个国家只要能够有效解决提高转换光能效率的问题，就能成为当今世界太阳能电池研究领导的前列。

7.2.2　半导体材料和太阳能光电材料

太阳能光电转化是利用太阳能光电材料组成太阳能光电电池，将太阳光的光能转化为电能。而太阳能光电材料是一类重要的半导体材料，具有半导体材料的性质。虽然半导体种类很多，但由于材料物理和材料制备等方面的原因，实际应用于太阳能光电研究和开发的半导体材料并不多。

作为半导体材料，太阳能光电材料需要高纯材料，可以分为电子导电的 N 型和空穴导电的 P 型，具有一定宽度的禁带，载流子的分布符合费米分布。在光照等作用下，价带中的电子能够吸收能量，跃迁到导带，产生非平衡的载流子，在一定时间后，合并产生扩散和漂移。如果将 N 型半导体和 P 型半导体相连，将组成 P-N 结，具有整流性。在太阳光的作用下，P-N 结与其他类似结构，可以产生电子和空穴，给外加电路提电流，形成太阳能光电电池。

（1）半导体材料

固体材料按照导电性能，可分为绝缘体、导体和半导体。绝缘体的电阻率很高，如水泥、玻璃等，电阻率达到 $10^{10}\Omega \cdot cm$ 以上；导体的电阻率很低，一般在 $10^{-6} \sim 10^{-5}\Omega \cdot cm$ 及以下；而半导体材料的电阻率一般在 $10^{-5} \sim 10^{8}\Omega \cdot cm$。半导体材料具有许多独特的性能，它能够制成晶体管和集成电路，也能制成探测器和微波器件。半导体材料的电阻率对温度、光照、磁场、压力、湿度、杂质浓度等因素非常敏感，能够制成发光、光电、磁敏、压敏、气敏、湿敏、热电转换等器件，有广泛用途。

半导体材料的种类很多，其中硅材料是最重要的半导体材料。按照成分范围分，半导体材料可分为有机半导体和无机半导体，而无机半导体又可分为元素半导体（Si、Ge、Se、C

等）和化合物半导体（GaAS、InP、GaAlAs、GaN 等）。按晶体结构分，半导体材料又分为晶体半导体和非晶体半导体。还可以按照半导体的特性和功能将其分为微电子材料、光电子材料、光电转换（光伏）材料、微波材料、传感器材料等。因此要简单地对半导体材料进行分类是困难的，一般都按半导体材料的成分和结构来分类。

元素半导体有 12 种，包括硅、锗、硼、碳、灰锡、磷、灰砷、灰锑、硫、硒、碲和碘，其中锡、锑和砷只有在特定的固相时才显示半导体性质。由于高纯、单晶元素半导体制备较困难等原因，到目前为止，只有硅、锗和硒在实际产业中得到应用。化合物半导体种类众多，又可分为：Ⅲ-Ⅴ族半导体、Ⅱ-Ⅴ族半导体、Ⅳ-Ⅵ族半导体、Ⅴ-Ⅵ族半导体、氧化物半导体、硫化物半导体、稀土化合物半导体。不同的化合物半导体，具有不同的电学性能，如不同的电子迁移率、不同的禁带宽度和不同的光吸收系数等，从而应用于微波、光电等不同领域。

尽管半导体材料的种类众多，但是都具有相同的基本特征：

① 电阻率特性：电阻率在杂质、光、电、磁等因素的作用下，可以产生大范围的波动，从而使其电学性能可以被调控。

② 导电特性：其有两种导电的载流子，一种是电子，为带负电荷的载流子；另一种是空穴，为带正电荷的载流子。而在普通的金属导体中，仅仅是电子作为载流子导电。

③ 负的电阻率温度系数：随温度的升高，其电阻率下降。而金属则相反，随温度升高，电阻率也增大。

④ 整流特性：可以由电子导电的 N 型半导体和以空穴导电的 P 型半导体组成 P-N 结实现单向导电。

⑤ 光电特性：能在太阳光照射下产生光生电荷载流子效应。

半导体材料的研究始于 19 世纪初，最早被研究的半导体材料是硒、碲、氧化物和硫化物。20 世纪初，人们开始利用氧化亚铜和硒制备整流器、曝光计，利用半导体硅材料制备高频无线电检波器。到了 1948 年，锗晶体管的发明，使得锗半导体成为主要的半导体，但是随着温度的升高，锗晶体管的漏电流增大；而且氧化锗会溶于水，不能作为器件的绝缘层。因此，在 20 世纪 60 年代以后，硅半导体材料成为最主要的半导体材料，广泛地应用于各种电子器件、微电子器件和太阳能光电器件等领域，而同时发展的许多Ⅲ-Ⅴ和Ⅱ-Ⅵ化合物半导体材料，尽管有着比硅材料更好的电学和光学性能，但是由于成本等原因，主要应用于微波和光电子领域。另外，在 20 世纪，有机半导体材料也得到了广泛关注，但是由于有机材料的稳定性差等原因，还没有大规模应用。

（2）太阳能光电材料

从原则上讲，所有的半导体材料都有光伏效应，都可以用作太阳电池的基础材料。因此，所有的半导体材料都应该是太阳能光电材料。太阳能光电材料是应用光伏特性制备太阳电池的半导体材料，是半导体材料的一种应用，具有半导体材料所有的基本物理性质。本章所提及的太阳能光电材料的物理性质实际上就是半导体材料的物理性质。

但是，由于三方面的原因，并不是所有半导体材料都能用于实际太阳能光电材料：一是材料物理性质的限制，如禁带宽度、载流子迁移率和光吸收系数等，使得一些材料制得的太阳电池的理论转换效率很低，没有开发和应用价值；二是材料提纯、制备困难，在目前的技术条件下，并不是所有的半导体材料都能够制备成太阳电池所需的高纯度；三是材料和电池制备的成本问题，如果相关的成本过高，也就失去了开发和应用意义。

因此，虽然半导体材料的种类很多，真正实际应用于太阳电池产业的半导体材料并不多。早在19世纪，研究者就发现了硒半导体的光伏效应，即在太阳光的照射下，半导体材料会出现电流，但是一直没有被广泛研究和应用。直到20世纪50年代，由于锗、硅的发明，太阳能光电转换的应用有了可能。1954年单晶硅太阳电池被开发，其光转换效率很快达到10%以上，在卫星等空间飞行器上有了实际应用。随后，非晶硅、晶硅、薄膜多晶硅都被作为太阳能光电材料而广泛研究和应用。同时，GaAs基系Ⅲ-Ⅴ化合物半导体材料，包括在GaAs上外延GaAs、$Al_xGa_{1-x}As$、$Ga_xIn_{1-x}P$或者在Ge衬底、GaSb衬底上外延GaAs薄膜，作为高效太阳能光电材料而受到关注。另外，Ⅱ-Ⅵ化合物半导体中的CdTe、$CuInSe_2$（$CuInGaSe_2$）、CuInS和CdS薄膜材料，由于合适的禁带宽度和光吸收系数，作为重要的太阳能光电材料而被广泛研究。

7.2.3 太阳能电池的分类

太阳能电池多为半导体材料制造，发展到今天，已经有不少于10种制备技术。国内对于太阳能电池的种类有相当一部分人认识比较含糊，分类标准不同，分类情况也不同。

7.2.3.1 按照基体材料分类

（1）晶体硅太阳能电池

晶体硅太阳能电池是以晶体硅为基体材料的太阳能电池。晶体硅是目前太阳能电池应用最多的材料，包括单晶硅电池、多晶硅电池及准单晶硅电池等。

晶体硅材料是间接带隙半导体材料，它的带隙宽度（1.12eV）与1.4eV有较大的差值，严格来说，不是最理想的太阳能电池材料。但是，硅是地壳表层除了氧以外丰度排在第二位的元素，本身无毒，主要是以沙子和石英状态存在，易于开采提炼，特别是借助于半导体器件工业的发展，晶体硅生长、加工技术日益成熟，因此晶体硅成了太阳能电池的主要材料。

① 单晶硅太阳能电池。单晶硅太阳能电池是采用单晶硅片制造的太阳能电池，这类太阳能电池发展最早，技术也最成熟。与其他种类的电池相比，单晶硅太阳能电池的性能稳定，转换效率高，目前规模化生产的商品电池效率已达19.5%～23%。技术的进步使得价格不断下降，曾经长时期占领最大的市场份额，但由于生产成本较高，年产量在1998年后已逐步被多晶硅电池超过。不过在以后的若干年内，单晶硅太阳能电池仍会继续发展，通过大规模生产和向超薄、高效发展，有望进一步降低成本，并保持较高的市场份额。

② 多晶硅太阳能电池。在制作多晶硅太阳能电池时，作为原料的高纯硅不是拉成单晶，而是熔化后浇铸成正方形的硅锭，然后使用切割机切成薄片，再加工成电池。由于硅片由多个不同大小、不同取向的晶粒构成，因而多晶硅电池的转换效率要比单晶硅电池低，规模化生产的多晶硅电池的转换效率已达到18.5%～20.5%。由于其制造成本比较低，所以近年来发展很快，已成为产量和市场占有率最高的太阳能电池。

③ 准单晶硅太阳能电池。准单晶技术又称类单晶，它结合直拉单晶硅和铸造多晶硅的技术优点，借助底部籽晶和铸造技术，是近几年发展起来的硅晶体生长技术。其具有形状方正、单晶、氧浓度低、光衰减小、结构缺陷密度低等特点。相较于多晶，准单晶硅片晶界少，位错密度低，太阳能电池转换效率比普通多晶高0.7%～1%。准单晶技术并不能生长

全单晶硅锭，只有中间接近 90％面积为单晶，该区域的单晶品质不如普通单晶，由于冷却热应力的作用，单晶中存在大量位错缺陷，比普通单晶效率低 0.5％。多晶区域占 10％、品质不如普通多晶，电池效率低。虽然准单晶具有各项优势，但仍存在很多技术难点，还需要更多的技术突破以实现长远发展。

（2）硅基薄膜太阳能电池

硅基薄膜太阳能电池以刚性或柔性材料为衬底，采用化学气相沉积的方法，通过掺 P 或者 B 得到 N 型 α-Si 或 P 型 α-Si。硅基薄膜太阳电池具有沉积温度低（约 200℃）、便于大面积生产、可制成柔性电池等优点。与晶体硅太阳能电池相比，硅基薄膜太阳能电池应用范围更广泛，但是低转换效率仍是其最大的弱点。如何提高硅基薄膜太阳能电池的转换效率、稳定性和性价比是近年来研究的热点。

① 非晶硅太阳能电池。非晶硅的禁带宽度为 1.7eV，在太阳光谱的可见光范围内，非晶硅的吸收系数比晶体硅高近一个数量级。非晶硅太阳能电池光谱响应的峰值与太阳光谱的峰值很接近。非晶硅材料的本征吸收系数很大，$1\mu m$ 厚度就能充分吸收太阳光，厚度不足晶体硅的 1/100，因此非晶硅电池在弱光下发电能力远高于晶体硅电池。在 1980 年非晶硅太阳能电池实现商品化后，三洋电器公司率先利用其制成计算器电源，此后应用范围逐渐从多种电子消费产品如手表、计算器、玩具等，扩展到户用电源、光伏电站等。非晶硅太阳能电池成本低，便于大规模生产，易于实现与建筑一体化，有着巨大的市场潜力。

但是非晶硅太阳能电池效率比较低，规模化生产的商品非晶硅电池的转换效率多在 6％～10％。材料引发的光致衰减效应，特别是单结的非晶硅太阳能电池，使得其稳定性不高。经近 10 年来的研发，非晶硅单结电池和叠层电池的最高转换效率都已显著提高，稳定性问题也有所改善，但尚未彻底解决问题，所以作为电力电源，还未能大量推广。

② 微晶硅（μc-Si）太阳能电池。为了获得具有高效率、高稳定性的硅基薄膜太阳能电池，近年来又出现了微晶薄膜硅电池，微晶硅可以在接近室温的条件下制备，特别是使用大量氢气稀释的硅烷，可以生成晶粒尺寸 10nm 的微晶硅薄膜，薄膜厚度一般在 $2\sim3\mu m$。到 20 世纪 90 年代中期，微晶硅电池的最高效率已经超过非晶硅，达到 10％以上，而且光致衰退效应比较小，然而至今还未达到大规模工业化生产的水平。现在已投入实际应用的是以非晶硅太阳电池为顶层、微晶硅太阳能电池板为底层的（sipe-S5）叠层太阳能电池板。目前微晶硅（$E_g=1.$ leV）和非晶硅（$E_g=1.7$eV）的叠层太阳能电池，转换效率已经超过 14％，显示出良好的应用前景。然而，因为微晶硅薄膜中含有大量的非晶硅，缺陷密度较高，所以不能像单晶硅那样直接形成 P-N 结，而必须做成 P-N 结。因此，如何制备获得缺陷密度很低的本征层，以及在温度比较低的工艺条件下制备非晶硅含量很少的微晶硅薄膜，是今后进一步提高微晶硅太阳能电池转换效率的关键。

（3）化合物太阳能电池

化合物太阳能电池是指以化合物半导体材料制成的太阳能电池，目前应用的主要有以下几种。

① 单晶化合物太阳能电池。单晶化合物太阳能电池主要有砷化镓（GaAs）太阳能电池。砷化镓的能隙为 1.4eV，是很理想的电池材料。这是单结电池中效率最高的电池，多结聚光砷化镓电池的转换效率已经超 40％。由于效率高，所以早期在空间站得到了应用。但

是砷化镓电池价格昂贵，且砷是有毒元素，所以极少在地面上应用。

② 多晶化合物太阳能电池。多晶化合物太阳能电池的类型很多，目前已经实际应用的主要有硫化镉（CdTe）太阳能电池、铜铟镓硒（CIGS）太阳能电池等。

7.2.3.2 按照电池结构分类

（1）同质结太阳能电池

由同一种半导体材料形成的 P-N 结称为同质结，用同质结构成的太阳能电池称为同质结太阳能电池。

（2）异质结太阳能电池

由两种禁带宽度不同的半导体材料形成的结称为异质结，用异质结构成的太阳能电池称为异质结太阳能电池。

（3）肖特基结太阳能电池

利用金属-半导体界面上的肖特基势垒而构成的太阳能电池称为肖特基结太阳能电池，简称 MS 电池。目前已发展为金属-氧化物-半导体（MOS）、金属-绝缘体-半导体（MIS）太阳能电池等。

（4）复合结太阳能电池

由两个或多个 P-N 结形成的太阳能电池称为复合结太阳能电池，又可分为垂直多结太阳能电池和水平多结太阳能电池，如由一个（MIS）太阳能电池和一个 P-N 结硅电池叠合而形成的高效 MISNP 复合结硅太阳能电池，效率已达 22%。复合结太阳能电池往往做成级联型，把宽禁带材料放在顶区，吸收阳光中的高能光子；用窄禁带材料吸收低能光子，使整个电池的光谱响应拓宽。研制的砷化铝镓-砷化镓-硅太阳能电池的效率已高达 31%。

7.2.3.3 按照用途分类

（1）空间太阳能电池

空间太阳能电池是指在人造卫星、宇宙飞船等航天器上应用的太阳能电池。由于使用环境特殊，要求太阳能电池具有效率高、质量轻、耐高低温冲击、抗高能粒子辐射能力强等性能，而且制作精细，价格也较高。

（2）地面太阳能电池

地面太阳能电池是指用于地面光伏发电系统的太阳能电池。这是目前应用最广泛的太阳能电池，要求耐风霜雨雪的侵袭，有较高的功率价格比，具有大规模生产的工艺可行性和充裕的原材料来源。

7.3 硅太阳能电池

最早的硅太阳能电池是由于人们对将硅用于点接触整流器产生兴趣而出现的。锋利的金属接触对各种晶体的整流特性早在 1874 年就被发现。在无线电技术的早期，这种晶体整流器在无线电接收设备中被广泛地用作检波器。但是随着热离子管的发展，这种晶体整流器除在超高频领域仍被使用外，已经被热离子管所代替。这种整流器最典型的例子是钨在硅表面的点接触。这项技术促进了对硅纯度的改良，并且使得人们希望更进一步了解硅的性质。虽然硅太阳能电池的历史能够追溯到 50 多年前硅双极性器件出现的时期，但是实验室电池的性能和电池理论在最近 10 年才取得巨大进步。在过去几年中，太阳能电池的性能已经达到一度被认为不可能再提高的水平。

硅太阳能电池和其他大多数硅电子器件相比，有特殊的设计和材料要求。为了获得高能量转换效率，硅太阳能电池不仅需要几乎理想的硅表面钝化，而且晶体材料特性也必须具有均匀的高品质。这是因为一些波长的光必须在硅中传播几百微米才能被吸收，其产生的载流子还必须仍能够被电池收集。

7.3.1 硅太阳能电池的工作原理

太阳能电池发电的原理主要是半导体的光电效应，硅材料是一种半导体材料，太阳能电池发电的原理主要就是利用这种半导体的光电效应。在硅晶体中掺入其他的杂质，如硼、磷等。当掺入硼时，硼元素能够俘获电子，硅晶体中就会存在一个空穴，这个空穴因为没有电子而变得很不稳定，容易吸收电子而中和，它就成为空穴型半导体，称为 P 型半导体（在半导体材料硅或锗晶体中掺入三价元素杂质可构成缺壳粒的 P 型半导体，掺入五价元素杂质可构成多余壳粒的 N 型半导体）。同样，掺入磷原子以后，因为磷原子有五个电子，所以就会有一个电子变得非常活跃，形成电子型半导体，称为 N 型半导体。P 型半导体中含有较多的空穴，而 N 型半导体中含有较多的电子，这样，当 P 型和 N 型半导体结合在一起时，在两种半导体的交界面区域里会形成一个特殊的薄层，界面的 P 型一侧带负电，N 型一侧带正电，出现了浓度差。N 区的电子会扩散到 P 区，P 区的空穴会扩散到 N 区，一旦扩散就形成了一个由 N 指向 P 的 "内电场"，从而阻止扩散进行。达到平衡后，就形成了这种特殊的薄层产生电势差，从而形成 P-N 结。当晶片受光后，P-N 结中，N 型半导体的空穴往 P 型区移动，而 P 型区中的电子往 N 型区移动，从而形成从 N 型区到 P 型区的电流，然后在 P-N 结中形成电势差，这就形成了电源。

由于半导体不是电的良导体，电子在通过 P-N 结后如果在半导体中流动，电阻非常大，损耗也就非常大。但如果在上层全部涂上金属，阳光就不能通过，电流就不能产生，因此一般用金属网格覆盖 P-N 结，以增加入射光的面积。另外硅表面非常光亮，会反射掉大量的太阳光，不能被电池利用。为此，科学家们给它涂上了一层反射系数非常小的保护膜（减反射膜），实际工业生产基本都是用化学气相沉积一层氮化硅膜，厚度在 100nm 左右，将反射损失减小到 5％甚至更小；或者采用制备绒面的方法，即用碱溶液（一般为 NaOH 溶液）对硅片进行各向异性腐蚀，在硅片表面制备绒面，入射光在这种表面经过多次反射和折射，降低了光的反射，增加了光的吸收，提高了太阳能电池的短路电流和转换效率。一个电池所能提供的电流和电压毕竟有限，于是人们又将很多电池（通常是 36 个）并联或串联起来使用，形成太阳能光电板。

（1）半导体的光电效应

当光照射到半导体表面时，半导体中的电子吸收了光子的能量，使电子从半导体表面逸出至周围空间的现象叫外光电效应，利用这种现象可以制成阴极射线管、光电倍增管和摄像管的光阴极等。

半导体材料的价带与导带间有一个带隙，其能量间隔为 E_g。一般情况下，价带中的电子不会自发地跃迁到导带，所以半导体材料的导电性远不如导体，但如果通过某种方式给价带中的电子提供能量，就可以将其激发到导带中，形成载流子，增加导电性，光照就是一种激励方式。当入射光的能量 $h\nu \geq E_g$（E_g 为带隙间隔）时，价带中的电子就会吸收光子的能量，跃迁到导带，而在价带中留下一个空穴，形成一对可以导电的电子-空穴对（如图 7-2 所示）。这里的电子并未逸出形成光电子，但显然存在着由于光照而产生的电效应。因此，这种光电效应就是一种内光电效应。

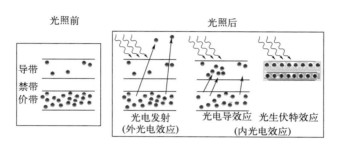

图 7-2　光电效应

（2）光生伏特效应

太阳能电池能量转换的基础是 P-N 结的光生伏特效应。当光照射到 P-N 结上时，产生电子-空穴对，在半导体内部 P-N 结附近生成的载流子没有被复合而到达空间电荷区，受内建电场的吸引，电子流入 N 区，空穴流入 P 区，结果使 N 区储存了过剩的电子，P 区有过剩的空穴。它们在 P-N 结附近形成与势垒方向相反的光生电场。光生电场除了部分抵消势垒电场的作用外，还使 P 区带正电，N 区带负电，在 N 区和 P 区之间的薄层产生电动势，这就是光生伏特效应（如图 7-3 所示）。

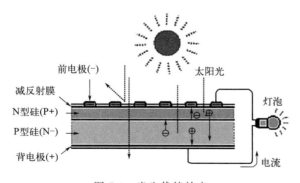

图 7-3　光生伏特效应

太阳能电池是一种由于光生伏特效应而将太阳光能直接转化为电能的器件，是一个半导体光电二极管，当太阳光照到光电二极管上时，光电二极管就会把太阳的光能变成电能，产生电流。

硅光电池是一个大面积的光电二极管，可把入射到它表面的光能转化为电能。当有光照时，入射光子将把处于价带中的束缚电子激发到导带（光生伏特效应），激发出的电子空穴对在内电场作用下分别漂移到 N 型区和 P 型区，当在 P-N 结两端加负载时就有光生电流流过负载。

7.3.2　提高硅太阳能电池效率的途径

（1）背散射结构

其特点是两个金属电极全部位于电池的背面，窗口层不存在遮光效应，消除了遮光效应和串联电阻之间的矛盾。电池的背场为点接触，既保持了背场，同时减小了电极接触点与电池的接触面积，大大降低了背表面复合、发射区复合和接触电阻，提高了开路电压 V_{oc} 和短路电流密度 J_{sc}，这样电池的正反面可独立优化设计。研究结果显示：背面点接触型单晶硅电池在聚光条件下已达 28.3％ 的实验效率。

（2）双面陷光

经过腐蚀锯痕损伤后的硅片表面十分光滑，大于 35％ 的入射光被电池表面反射，进入电池没有被吸收的光会通过电池背面离开电池。光反射和光通过对硅电池效率造成严重影响，特别是在设计很薄的聚光硅电池时，陷光性能就很重要了。目前工业界一般对电池窗口层进行陷光，电池背面采用钝化的措施来减少光子损失，而没有采取陷光措施，不利于提高电池效率。在常规太阳能电池中，分析接近边带的内量子效率表明，对长波段光，有效的吸收需要约 30 次来回反射，而双面陷光可以使光在硅片中达到 50 次左右的来回反射，可显著提高电池对光的吸收率。工业上常采用各向异性化学腐蚀法和机械刻槽等织构化方法进行陷光。化学腐蚀法是采用 NaOH 或 KOH 溶液制备倒金字塔绒面；机械刻槽法是利用 V 形刀在硅表面摩擦来形成 V 形槽，从而形成规则的、反射率低的表面织构。随着工艺的发展，改良的激光刻槽法将是以后表面织构的一个发展方向。

① 双面钝化　单晶硅电池表面复合和体内 SRH 复合（陷阱辅助复合）主要是由晶体表面的悬挂健、晶体缺陷和晶格畸变及电池表面吸附的正负电荷等外来杂质造成；少子复合将会使光生载流子损失严重，导致电池效率下降。实验研究表明：表面态密度越高，表面复合效率也越大，要提高表面光生载流子的收集率，就要降低表面态的复合。双面钝化可有效地减少表面态的复合，而且会改善电池的陷光性能。

② 减小电池几何尺寸　在聚光条件下，随着太阳辐射能流密度的大幅增加，电流拥挤问题更加突出，这间接地增加了电池的串联电阻。为了减小电流拥挤，必须减小电池的几何尺寸，而金属化及金属间绝缘体的制造工艺阻碍了电池单元尺寸的进一步缩小。为了将电池单元尺寸从 $140\mu m$ 降到 $40\mu m$ 甚至 $25\mu m$，就要采用先进的等离子刻蚀法去刻金属，这也对当前的工艺提出了更高的要求。

7.3.3　高效晶体硅太阳能电池材料

（1）钝化发射极太阳能电池

钝化发射极太阳能电池（passivated-emitter solar cell，PESC）是第一个转换效率超过 20％ 的晶体硅太阳能电池。PESC 太阳能电池效率的提升得益于微型槽技术，也就是选择性刻蚀暴露晶面的表面纹理技术。微型槽能够减少光线在电池表面的反射；垂直光线首先到达微型槽表面，经表面折射后进入硅片内部，使光生载流子更接近太阳能电池的发射结，因而提高了光生载流子的收集效率，还使得发射极横向电阻降低到原来的 $\frac{1}{3}$，降低发射结电阻可提高电池的填充因子。

（2）钝化发射极、背面局部扩散太阳能电池

钝化发射极、背面局部扩散（passivated-emitter and rear-locally diffused，PERL）太阳能电池是转换效率的保持者，其转换效率高达 25%。PERL 太阳能电池的特色设计是采用逆金字塔绒面结构，绒面上沉积 MgF_2 与 ZnS 双层抗反射膜，该结构使太阳光在第一次到达金字塔的一侧时就有机会进入太阳能电池内部。反射的部分太阳光经另一个金字塔侧面反射又能有机会进入电池内部，从而增加太阳光进入太阳能电池内部的机会。

（3）埋栅太阳能电池

埋栅太阳能电池（buried-contact solar cell，BCSC）制作过程是先去除损伤层和制绒，再在整个硅片表面进行浅扩散和氧化。埋栅太阳能电池电极位于电池内部，减少了电极的遮蔽面积，不仅增加了入射光的吸收，改善了开路电压，也改善了串联电阻效应，降低了电极的载流子复合速率，使得填充因子增加，所以整体而言太阳能电池效率提高了很多，达到了 19.9%。

（4）背面点接触太阳能电池

背面点接触（interdigitated back-contact）太阳能电池利用了点接触及丝网印刷技术。背面电极与硅片之间通过二氧化硅钝化层中的接触孔实现了局部性的背面点接触，减少了金属电极与硅片的接触面积，进一步降低了载流子在电极表面的复合速率，提高了电池的开路电压，也使得电池效率最高达到了 23%。后来为了降低成本，已逐步采用 N 型直拉单晶硅材料作为衬底材料，太阳能电池效率也可达到 19% 以上。

（5）异质结太阳能电池

异质结太阳能电池（heterojunction with intrinsic thin layer，HIT）采用异质结结构，其结构的特色是在非晶硅和晶体硅之间夹有一层本征非晶硅层。结构的实现是基于在制备高质量低损伤非晶硅薄膜和非晶硅太阳能电池时采用的等离子体薄膜沉积技术。

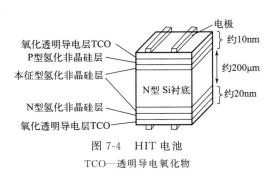

图 7-4　HIT 电池
TCO—透明导电氧化物

HIT 太阳能电池的高效率，是由太阳能电池的短路电流、开路电压和填充因子优化得到的。使用优化的绒面增强对太阳光的俘获，采用高质量宽禁带宽度的合金窗口材料以减少窗口层的光吸收，开发具有高载流子迁移率的透明导电膜，优化电池的背面场设计，制备优良的栅线电极等都有利于获得高短路电流，HIT电池示意图如图 7-4。

7.4 化合物半导体太阳能电池

它是指以化合物半导体为基体制成的太阳能电池。在种类繁多的化合物半导体材料中，不乏兼备优良光电特性、高稳定性、宜于加工制造的太阳能电池材料。化合物可构成同质结太阳能电池、异质结太阳能电池和肖特基结太阳能电池。它既可制成高效或超高效太阳能电池，又可制成低成本大面积薄膜太阳能电池，从而拓宽了光电材料的研究范围，也极大地丰富了太阳能电池家族。世界上光电转换效率最高的是化合物半导体太阳能电池（如砷化镓太阳能电池效率 $\eta = 24\% \sim 28\%$），或者是以化合物作为重要组分的太阳能电池（如砷化镓和硅叠合聚光太阳能电池效率 $\eta = 32\% \sim 37\%$，薄膜硒铟铜/非晶硅太阳能电池效率 $\eta = 14\% \sim 17\%$）。下面对几种代表性化合物半导体太阳能电池进行介绍。具有代表性的化合物半导体太阳能电池有砷化镓太阳能电池、碲化镉太阳能电池和铜铟镓硒太阳能电池。

7.4.1 砷化镓太阳能电池

想要从技术上解决硅材料紧缺这一困难的途径有两条：一是采用薄膜太阳能电池；二是采用聚光太阳能电池，减小对原料在量上的依赖程度。常用薄膜电池转化率较低，因此新型的高倍聚光电池系统受到研究者的重视。聚光太阳能电池是用凸透镜或抛物面镜把太阳光聚焦到几倍、几十倍，或几百倍甚至上千倍，然后投射到太阳能电池上。这时太阳能电池可能产生出相应倍数的电功率。它们具有转化率高，电池占地面积小和耗材少的优点。高倍聚光电池具有代表性的是砷化镓（GaAs）太阳能电池。GaAs 属于 III-V 族化合物半导体材料，其能隙与太阳光谱的匹配较适合，且能耐高温。与硅太阳能电池相比，GaAs 太阳能电池具有较好的性能。

（1）砷化镓太阳能电池工作原理

砷化镓太阳能电池是一种基于光伏效应的器件，其原理是利用半导体材料对光的吸收而产生光生电子-空穴对，进而将光能转化为电能。在砷化镓太阳能电池中，采用的是砷化镓等复合半导体材料作为光吸收层，能够高效地将太阳能转化为电能。

（2）砷化镓太阳能电池的结构

砷化镓太阳能电池的结构经历了由单结向多结的转变。常用的单结砷化镓太阳能电池有 GaAs/GaAs 和 GaAs/Ge 电池。单结 GaAs 电池只能吸收特定光谱的太阳光，转换效率不高。不同禁带宽度的 III-V 族材料制备的多结 GaAs 电池，按照禁带宽度大小重叠，分别选择性吸收和转换太阳能光谱中不同波长的光，可大幅度提高太阳能电池的光电转换效率。理论计算表明（AM0 光谱和 1 个太阳常数）：双结 GaAs 电池的极限效率为 30%，三结 GaAs 电池的极限效率为 38%，四结 GaAs 电池的极限效率为 41%。

（3）砷化镓太阳能电池的制备方法

制造砷化镓太阳能电池所用的主要技术包括：液相外延（LPE）技术、金属有机物化学气相沉积（MOCVD）技术及分子束外延（MBE）技术。

（4）砷化镓太阳能电池的优势

① 光电转化率：砷化镓的禁带比硅要宽，使得它的光谱响应性和空间太阳光谱匹配能力比硅好。单结的砷化镓电池理论效率达到30%，而多结的砷化镓电池理论效率更超过50%。

② 耐温性：常规上，砷化镓电池的耐温性要好于硅光电池，有实验数据表明，砷化镓电池在250℃的条件下仍可以正常工作，但是硅光电池在200℃就已经无法正常运行。

③ 机械强度和比重：砷化镓较硅质在物理性质上要更脆，这一点使得其加工时比较容易碎裂，所以，常把其制成薄膜，并使用衬底（常为锗［Ge］），来对抗其在这一方面的不利，但是也增加了技术的复杂度。

（5）砷化镓太阳能电池的技术发展现状

GaAs太阳能电池的发展是从20世纪50年代开始的，至今已有几十年的历史。1954年世界上首次发现GaAs材料具有光伏效应。在1956年，J. J. Loferski和他的团队探讨了制造太阳能电池的最佳材料的物性，指出E_g在1.2~1.6eV范围内的材料具有最高的转换效率（GaAs材料的E_g＝1.43eV，在上述高效率范围内，理论上估算，GaAs单结太阳能电池的效率可达27%）。20世纪60年代，Gobat等研制了首次掺锌GaAs太阳能电池，不过转化率不高，仅为9%~10%，远低于27%的理论值。20世纪70年代，IBM公司和苏联技术物理所等为代表的研究单位，采用LPE（液相外延）技术引入GaAlAs异质窗口层，降低了GaAs表面的复合速率，使GaAs太阳能电池的效率达16%。不久，美国的HRL（Hughes Research Lab）及Spectrolab改进了LPE技术使得电池的平均效率达到18%，并实现了批量生产，开创了高效率砷化镓太阳能电池的新时代。从20世纪80年代后，GaAs太阳能电池技术经历了从LPE到MOCVD，从同质外延到异质外延，从单结到多结叠层结构的几个发展阶段，发展速度日益加快，效率也不断提高，目前实验室最高效率已达到50%，产业生产转化率可达30%以上。

7.4.2 碲化镉太阳能电池

碲化镉（CdTe）太阳能电池价格低廉，尽管转换效率不及晶体硅电池，但是要比非晶硅电池高，性能也比较稳定。虽然碲化镉太阳能电池很早就开始研究，但以前人们因为镉元素有毒性，顾虑到安全问题，不敢贸然大量应用。后来证明，无论是在生产还是使用CdTe太阳能电池的过程中，只要处理得当，不会产生特殊的安全问题。在美国First solar公司的推动下，碲化镉太阳能电池近年来已经成为发展最快的薄膜电池，目前在薄膜电池中产量最多，应用最广，受到了广泛关注。

1963年，研究人员制成了第一个异质结碲化镉薄膜电池，结构为N-CdTe/P-Cu$_{2-x}$Te，效率为7%，但此种结构P-N结匹配较差。1969年，Adirovich首先在透明导电玻璃上沉积CdS、CdTe薄膜，发展了现在普遍使用的CdTe电池结构。1972年，Bonnet等报道了转换效率为5%~6%的渐变带隙CdSTe$_{1-x}$薄膜作为吸收层的太阳能电池。1991年，T. L. Ch等人报道了转换效率为13.4%的N-CdS/P-CdT太阳能电池。2001年，X. Wu等人报道了效率为16.5%的N-CdS/P-CdTe太阳能电池。2011年7月，First solar公司宣布获得了17.3%最高效率的CdTe电池。近年来通过不断地研发投入，2016年，First solar公司宣布创造了新纪录，制成了转换效率为 21.0% 的 CdTe 电池。

（1）碲化镉太阳能电池工作原理

CdTe 太阳能电池的典型结构和工作原理如图 7-5 所示，在玻璃基板上依次镀上透明电极 TCO、CdS、CdTe 以及背电极。TCO 是前电极，具备高透过率、高电导率、性能稳定的特性。CdS 是窗口层，属于 N 型半导体，一般厚度为 50～100nm，禁带宽度 2.42eV，允许绝大部分光子穿过。CdTe 是吸收层，属于 P 型半导体，一般厚度为 2～5μm。电池的工作原理为：太阳光经过玻璃、TCO 和 CdS 层，被 CdTe 层吸收，使价带中的电子获得足够能量，跃迁到导带，同时在价带中产生空穴，形成了电子-空穴对，它们在内建电场作用下发生分离。电子反向漂移，经过 CdS 层运输到 TCO 前电极；空穴在 CdTe 层向背电极运输，形成光生电流。

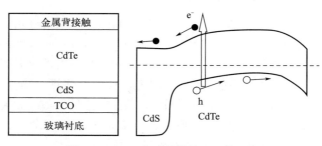

图 7-5　CdTe 电池的结构和工作原理

（2）碲化镉层制备工艺

总体来说，CdTe 薄膜的制备方法，主要有物理气相沉积法、近空间升华法、气相传输沉积法、溅射法、电化学沉积法、金属-有机物化学气相沉积法、丝网印刷法和喷涂热分解法 8 种方法。下面着重介绍前 4 种取得广泛应用的规模化沉积方法。

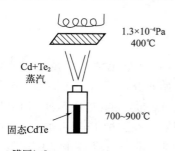

膜厚1~5μm
沉积速度0.01~0.5μm/min

图 7-6　物理气相沉积法

① 物理气相沉积法（PVD）　物理气相沉积法利用 Cd + 1/2Te₂ ⟶ CdTe 的热平衡原理，直接升华 CdTe 源，经过低压区到达衬底，冷凝成薄膜。同时蒸发单质 Te，生成富 Te 的 P 型 CdTe 薄膜。该法既可在真空中进行，也可将 He 作为载气（如图 7-6）。该法可以控制沉积速率、组分以及掺杂浓度，但成本较高，工艺较难。

② 近空间升华法（CSS）　与 VTD（气相传输沉积法）技术相比，CSS 可以做到更快速的薄膜沉积。Cd 和 Te 在 CdTe 衬底上的沉积限制了在高于 400℃ 的衬底上沉积 CdTe 的速率和利用率。这可以通过在更高的气压中（从源到衬底的物质迁移受扩散限制控制，所以源和衬底必须十分接近）将 CdTe 源材料盛在一个舟里，源舟和衬底盖起了辐射加热器的作用，将热量传递到 CdTe 源和衬底的方式来改善。舟和衬底之间的隔热片起了绝热作用，因此可以在沉积中维持舟与衬底之间的温度梯度。

该技术的缺点是：通常不易控制 CdTe 薄膜的厚度，从而容易出现厚度达到 10nm 左右的结果，远大于实际需要的 1nm 用量；制备薄膜的颗粒大（5～10nm），不易用于制备超薄器件；高效电池制备的工艺需要使用酸腐蚀的工艺，获得富 Te 的表面层，并形成 Cu、Te

过渡背电极层，降低了半导体原料的利用率，增加了工艺复杂性。要达到良好的大面积均匀性，每次填料时对源表面的平整性和大面积源舟的加热均匀性都有一定工艺要求。由于原材料消耗快，源与基板之间的距离很近，需要频繁打开真空设备更换或添加原料，增加了维护的时间和成本。

③ 气相传输沉积法（VTD）　First Solar 公司的核心技术是气相输运沉积（VTD）的工艺，其原理是将半导体粉末通计预热的惰性气体载入真空室，并在滚筒式蒸发室中充分气化，成为饱和气体，然后通过蒸发室的开口喷涂到较冷的玻璃基板上，形成过饱和气体并凝结薄膜（如图 7-7）。其优点如下：a.不需要打开真空室添加或更换原料，生产时由载气从真空室外送入，生产维护的时间和成本少；b.沉积速度快，既可满足快速生产的要求，又节省半导体原料，原料利用率目前已达到将近 90%；c.容易实现大面积的均匀生长，获得高成品率。其缺点是这种技术对于饱和蒸气压随温度变化大、化学成分和结构随温度变化小的材料才能适用。该技术的专利被 First Solar 公司严密保护，一些公司也在进行自主研发，如在美国俄亥俄州 Toledo 地区的一些离开 First Solar 的工程师们，以 VTD 原理为基础，成功发展出了常压气相输运沉积（atmospheric pressure VTD）技术，可以节省真空设备方面的硬件成本。也有公司开发出同时向竖立放置的两块平行玻璃板进行 VTD 镀膜的技术，应用同样设备可以使产能倍增。

④ 溅射法（sputter deposition）　溅射法通过在 Ar 气氛中对 CdTe 靶材进行磁控溅射得到 Cd 和 Te，进行沉积（如图 7-8）。所需温度低于 300℃，且晶粒尺寸在 300nm 左右，取向随机。该法设备投入少、易调控、产品成本低、集成程度好，适合商业化大规模生产。

图 7-7　气相传输沉积法　　　　　图 7-8　溅射法

（3）CdTe 层的产业现状

目前，国内外从事 CdTe 薄膜电池生产的公司中 First Solar 公司一枝独秀，其前身 Solar Cell Inc. 于 1986 年成立，在研究机构的支持下，积极开展 CdTe 薄膜电池的研发，1999 年被收购后更名为 First Solar 公司，生产厂位于美国的 Perrysburg 和马来西亚的 Kulim。2005 年时公司的产能只有 25MW/a；2006 年上市融资后公司开始快速扩张；2009 年生产 CdTe 薄膜电池组件 1.11GW，其成为全球十大光伏公司之一；2010 年产量又增加了 26%，达到 1.4GW；2015 年产量为 2.52GW。目前该公司在全球光伏市场占有率已达到 5%左右，其产品已经在全球各地多个大型光伏电站中使用。2016 年第二季度其产品光电平均转换效率达 16.2%，最高转换效率达 18.6%，与多晶硅组件转换效率相当。

7.4.3　铜铟镓硒太阳能电池

薄膜太阳能电池的转换效率不如晶体硅太阳能电池，而且由于近年来后者的生产成本大幅度下降，薄膜太阳能电池的发展受到了很大影响。目前在薄膜太阳能电池中效率最高的是铜铟镓硒太阳能电池（CIGS），其性能稳定，可制成柔性太阳能电池，在建筑一体化、便携式电源等领域具有广阔的发展前景，业界有人认为 CIGS 太阳能电池是未来最有发展潜力的薄膜电池。

CIGS 太阳能电池的发展起源于 1974 年的贝尔实验室，Wagner 等人首先研制出单晶 $CuInSe_2$（CIS）/CdS 异质结的太阳能电池，1975 年将其效率提升至 12％。Bng 公司采用三元共蒸法制备出转换效率高于 10％的 CIS 多晶薄膜太阳能电池，从而使得薄膜型 CIS 太阳能电池备受瞩目。1987 年 ARCO 公司在该领域取得重大进展，通过溅射 Cu、In 预制层后，采用硒化工艺，制备出转换效率为 14.1％的 CIS 薄膜电池。1989 年，Boeing 公司引入 Ga 元素，制备出 CIGS 薄膜太阳能电池，使开路电压显著提高。1994 年，可再生能源实验室采用三步共蒸发工艺，制备的 CIGS 薄膜的效率一直处于领先地位，在 2008 年又制备出转化效率高达 19.9％的薄膜电池。该纪录在 2010 年由德国巴登-符腾堡州太阳能和氢能研究中心（ZSW）刷新为 20.3％，2016 年 5 月，德国 ZSW 宣布在玻璃衬底实现 CIGS 电池 22.6％的转换效率，创造了新纪录。为提高薄膜太阳能电池的效率，来自德国、瑞士、法国、意大利、比利时、卢森堡等欧洲 8 国的 11 个科研团队组成了研究联盟，并宣布实施"Sharc25"计划，目的是将 CIGS 薄膜太阳能电池的转换效率提高到 25％。

（1）CIGS 的工作原理

N 型 CdS 缓冲层（E_g 约 2.4eV）透过小于 2.4eV 的光子到吸收层，从而在吸收层中产生电子-空穴对。然而，高能光子（≥2.4eV）被 CdS 薄膜吸收，对光电流没有贡献，这就是异质结的"窗口效应"。如果 CdS 和 i-ZnO 很薄，会有部分高能光子穿过这些薄膜进入到 CIGS 吸收层中，在 CIGS 太阳能电池中起到窗口作用。由于 P-N 结界面（在 CIGS/CDS 之间）贯穿内置电场中，扩散长度区域内的电子从 P 型吸收层漂移到 N 型缓冲层，并被 N 型电极收集。同样地，空穴从 N 型层漂移到 P 型层，并被 P 型电极收集。通过调节 Ga 梯度（靠近 Mo 背电极）在 CIGS 层中产生的背表面电场是一种额外的机制，它将电子漂移向 P-N 结处，最终由 N 型电极收集。背表面电场减少了电池器件背面的少数载流子复合。

（2）CIGS 的典型结构

CIGS 太阳能电池器件的第一层为底电极 Mo 层，然后往上依次是 CIGS 吸收层、CdS 缓冲层（或其他无镉材料）、i-ZnO 和 N-ZnO 窗口层、MgF_2 减反射层及顶电极 Ni-Al 等多层薄膜材料（图 7-9）。CIGS 薄膜作为吸收层是 CIGS 太阳能电池的关键材料，但是由于四种元素组成，对元素配比敏感；由于多元晶格结构、多层界面结构、缺陷及杂质等，增加了制备技术的难度。薄膜太阳能电池生产对设备的精度和稳定性要求较高，且设备复杂昂贵，尤其是关键设备，更是高达上千万美元。国内产业化瓶颈较为明显，其大规模工业化生产制备技术仍有待突破。

（3）CIGS 的特点

① 适合薄膜化。它的光吸收系数极高，薄膜的厚度可以降低到 $2\mu m$ 左右，可以大大降低原材料的消耗。同时，由于这类太阳能电池涉及的薄膜材料的制备方法主要为溅射法和化学浴法，均可获得大面积的均匀薄膜，又为电池的低成本奠定了基础。

② 在 CuInSez 中加入 Ga，可以使半导体的禁带宽度在 1.04～1.67eV 间变化，非常适

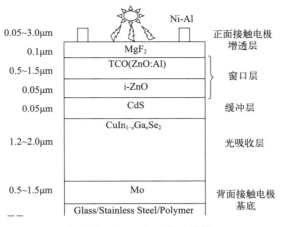

0.05~3.0μm	Ni-Al	正面接触电极 增透层
0.1μm	MgF₂	
0.5~1.5μm	TCO(ZnO:Al)	窗口层
0.05μm	i-ZnO	
0.05μm	CdS	缓冲层
1.2~2.0μm	CuIn₁₋ₓGaₓSe₂	光吸收层
0.5~1.5μm	Mo	背面接触电极
——	Glass/Stainless Steel/Polymer	基底

图 7-9　CIGS 电池典型结构

合于调整和优化禁带宽度。如在膜厚方向调整 Ga 的含量，形成梯度带隙半导体，会产生背表面场效应，可获得更多的电流输出，使 P-N 结附近的带隙提高，形成 V 字形带隙分布。能进行这种带隙裁剪是 CIGS 系电池相对于 Si 系和 CdTe 系太阳能电池的最大优势。

③ CIGS 可以在玻璃基板上形成缺陷很少、晶粒巨大的高品质结晶，而这种晶粒尺寸是其他多晶薄膜无法达到的。

④ CIGS 是已知半导体材料中光吸收系数最高的。

⑤ CIGS 是没有光致衰退效应（SWE）的半导体材料，光照甚至会提高其转换效率，因此此类太阳能电池的工作寿命长，有实验结果表明比单晶硅电池的寿命还长。

⑥ CIGS 的 Na 效应。对于 Si 系半导体，Na 等碱金属元素是要极力避免的，而在 CIGS 系中，微量的 Na 会提高转换效率和成品率。因此使用钠钙玻璃作为 CIGS 的基板，除了成本低、膨胀系数相近以外，还有 Na 掺杂的考虑。

（4）CIGS 薄膜电池的制备方法

CIGS 薄膜在 450～600℃之间生长，以获得高质量的吸收层。尽管沉积方法种类繁多，但在实验室小面积和大规模生产中占主导地位的方法很少。这些沉积方法可分为三大类，即共蒸发、磁控溅射金属预制层后硒化/硫化和非真空沉积技术。对于实验室和大规模生产，不同沉积技术的选择标准可能不同。对于实验室小面积电池，重点是精确控制 CIGS 薄膜成分和电池效率。对于工业生产来说，除了效率之外，低成本、重现性、高产出和工艺兼容度都是非常重要的。接下来重点介绍共蒸发和磁控溅射金属预制层后硒化工艺。

用多元共蒸发法成功地制备了高效率 CIGS 太阳能电池。Cu、In、Ga 和 Se 蒸发源提供成膜时需要的四种元素。原子吸收谱和 X 射线荧光等技术分别用来实时在线监测蒸发源的蒸发速率及薄膜成分等，对薄膜生长进行精确控制。高效 CIGS 太阳能电池的吸收层沉积时生长温度高于 530℃，最终沉积的薄膜稍微贫 Cu，Ga：（In＋Ga）接近 0.3。沉积过程中 In：Ga 蒸发流量的比值对 CIGS 薄膜生长动力学影响不大，而 Cu 蒸发速率的变化强烈影响薄膜的生长机制。根据 Cu 的蒸发过程，共蒸发工艺可分为"一步法""两步法""三步法"。因为 Cu 在薄膜中的扩散速度足够快，所以无论采用哪种工艺，在薄膜的厚度方向上，Cu 基本呈均匀分布。相反 In、Ga 的扩散较慢，In：Ga 的变化会使薄膜中Ⅲ族元素存在梯度分布。在三种方法中，Se 的蒸发总是过量的，以避免薄膜缺 Se。过量的 Se 并不化合到吸收层中，而是在薄膜表面再次挥发掉。

"一步法"就是在沉积过程中，保持 Cu、In、Ga、Se 四蒸发源的流量不变，沉积过程中衬底温度和蒸发源流量变化。这种工艺控制相对简单，适合大面积生产。不足之处是所制备的薄膜晶粒尺寸小且不形成梯度带隙。

"两步法"工艺又叫双层工艺。首先在衬底温度 400～450℃时，沉积第一层富 Cu（Cu/In+Ga>1）的预制层薄膜，薄膜具有小的晶粒尺寸和低的电阻率。第二层预制层薄膜是在高衬底温度 500～550℃下沉积的贫 Cu 的 CIGS 薄膜，这层薄膜具有大的晶粒尺寸和高的电阻率。两步法工艺最终制备的薄膜是贫 Cu 的。与一步法比较，双层工艺能得到更大的晶粒尺寸。Klenk 等人认为液相辅助再结晶是得到大晶粒的原因：只要薄膜的成分富 Cu，CIGS 薄膜表面就被 Cu_xSe 覆盖，在温度高于 523℃时，Cu_xSe 以液相的形式存在，这种液相存在下的晶粒生长将增大组成原子的迁移率，最终获得大晶粒尺寸的薄膜。

"三步法"工艺：第一步，在衬底温度 250～300℃时共蒸发 90% 的 In、Ga 和 Se 元素形成 $(In_{0.7}Ga_{0.3})_2Se_3$ 预制层，Se：(In+Ga) 流量比大于 3；第二步在衬底温度为 550～580℃时蒸发 Cu、Se，直到薄膜稍微富 Cu 时结束第二步；第三步，保持第二步的衬底温度，在稍微富 Cu 的薄膜上共蒸发剩余 10% 的 In、Ga、Se，在薄膜表面形成富 In 的薄层，并最终得到接近化学计量比的 $Cu(In_{0.7}Ga_{0.3})Se_2$ 薄膜。三步法工艺是目前制备高效率 CIGS 太阳能电池最有效的工艺，所制备的薄膜表面光滑、晶粒致密、尺寸大且存在 Ga 的双梯度分布。

进一步展望 CIGS 太阳能电池的未来，需要对材料和界面性能的优化进行研究，以提高效率。对于大面积、商业化生产，需要标准化多源蒸发设备和两阶段硒化/硫化工艺。目前，高效 CIGS 太阳能电池中使用的吸收层厚度约为 $3\mu m$，沉积时间约为 60min。工业生产中，需要 10min 左右的沉积时间，才能保证高产出，同时又不降低器件性能。此外，对于两阶硒化/硫化技术，需要更快的硒化过程。为了降低生产成本，CIGS 薄膜厚度应该降低到 $1\mu m$ 左右，同时不降低器件性能，特别是长波区域的 J_{sc} 损耗。高 J_{sc} 要求更高带隙无镉缓冲层（比 CdS 高）。为使 CIGS 吸收层获得理想的带隙（1.4eV），应该在不影响器件性能的前提下增加 CIGS 中 Ga 的量。

7.5 染料敏化太阳能电池

染料敏化太阳能电池（dye sensitized solar cell，DSC）主要是模仿光合作用原理，研制出来的一种新型太阳能电池。染料敏化太阳能电池是以低成本的纳米二氧化钛和光敏染料为主要原料，模拟自然界中植物利用太阳能进行光合作用，将太阳能转化为电能。其主要优势是：原材料丰富、成本低、工艺技术相对简单，在大面积工业化生产中具有较大的优势，同时所有原材料和生产工艺都是无毒、无污染的，部分材料可以得到充分的回收，对保护人类环境具有重要的意义。自从 1991 年瑞士洛桑高工（EPEL）M. Gratzel 教授领导的研究小组在该技术上取得突破以来，欧、美、日等发达国家和地区投入大量资金研发。

经过 20 多年的发展，DSC 太阳能电池的技术和产业化水平取得了长足进步，但其发展仍面临一些瓶颈：首先，传统的 DSC 只能吸收波长小于 650nm 的可见光部分，而对太阳光中其他部分的光几乎没有利用，迫切需要开发出具有全光谱吸收特征的太阳能电池；其次，DSC 的阳极大多使用 TiO_2 纳米晶薄膜，由于其晶界位阻大、孔道空间狭窄等缺点，严重阻碍了电子的传输和电解液的渗透，需要进一步完善阳极薄膜的结构，发展适合大面积生产的薄膜制备技术；最后，大面积 DSC 制备技术不成熟和电池稳定性不高，需要开发出高效、低成本，且适用于大面积电池的制备技术，如固态电池和柔性电池等。因此，设计新型长激子寿命染料和电解质，提高电池效率和稳定性，发展全固态和柔性器件是 DSC 进一步走向实用化的主要任务。

7.5.1 染料敏化太阳能电池的工作原理

染料敏化太阳能电池机理如下：

① 染料分子受太阳光照射后由基态跃迁至激发态（D^*）；

② 处于激发态的染料分子将电子注入到半导体的导带中，电子扩散至导电基底，后流入外电路中；

③ 处于氧化态的染料被还原态的电解质还原再生；

④ 氧化态的电解质在对电极接受电子后被还原，从而完成一个循环。

研究结果表明：只有非常靠近 TiO_2 表面的敏化剂分子才能顺利把电子注入到 TiO_2 导带中去，多层敏化剂的吸附反而会阻碍电子运输；染料色激发态寿命很短，必须与电极紧密结合，最好能化学吸附到电极上；染料分子的光谱响应范围和量子产率是影响 DSC 光子俘获量的关键因素。到目前为止，电子在染料敏化 TiO_2 纳米晶电极中的传输机理还不十分清楚，有 Weller 等的隧穿机理、Lindquist 等的扩散模型等，有待于进一步研究。

7.5.2 染料敏化太阳能电池的结构

该电池主要由纳米多孔半导体薄膜、染料敏化剂、氧化还原电解质、对电极和导电基底等几部分组成（图 7-10）。纳米多孔半导体薄膜通常为金属氧化物（TiO_2、SnO_2、ZnO 等），聚集在有透明导电膜的玻璃板上作为 DSC 的阴极。对电极作为还原催化剂，通常在带有透明导电膜的玻璃上镀上铂。敏化染料吸附在纳米多孔 TiO_2 膜面上。测试电极和对电极间填充的是含有氧化还原电对的电解质，最常用的是 KCl（氯化钾）。

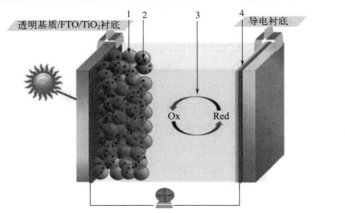

图 7-10　染料敏化太阳能电池的结构组成

1—纳米晶 TiO_2 薄膜；2—染料敏化剂；3—氧化还原电解质；4—对电极；FTO—氟掺杂的氧化锡

7.5.3 染料敏化太阳能电池的特点

DSC 与传统的太阳能电池相比有以下一些优势：①寿命长，使用寿命可达 15～20 年；②结构简单、易于制造，生产工艺简单，易于大规模工业化生产；③制备电池耗能较少，能源回收周期短；④生产成本较低，仅为硅太阳能电池的 1/10～1/5，预计每峰瓦的电池的成本在 10 元以内；⑤ 生产过程中无毒无污染。经过短短十几年时间，染料敏化太阳能电池研究在染料、电极、电解质等各方面取得了很大进展，同时其在高效率、稳定性、耐久性、等方面还有很大的发展空间。但真正使之走向产业化，服务于人类，还需要全世界各国科研工作者的共同努力。

这一新型太阳能电池有着比硅电池更为广泛的用途：如可用塑料或金属薄板使之轻量化，薄膜化；可使用各种色彩鲜艳的染料使之多彩化；另外，还可设计成各种形状的太阳能电池使之多样化。总之染料敏化纳米晶太阳能电池有着十分广阔的产业化前景，是具有相当广泛应用前景的新型太阳能电池。相信在不久的将来，染料敏化太阳能电池将会走进人们的生活。

7.6 钙钛矿太阳能电池

钙钛矿材料是一类有着与钛酸钙（$CaTiO_3$）相同晶体结构的材料，是 GustavRose 在 1839 年发现，后来由俄罗斯矿物学家 L. A. Perovski 命名的。钙钛矿材料结构式一般为 ABX 形式，典型的钙钛矿晶体具有一种特殊的立方结构。在钙钛矿晶体的立方结构中 A 元素是一个大体积的阳离子，居于立方体的中央；B 元素是一个较小的阳离子，居于立方体的 8 个顶点；X 元素是阴离子，居于立方体的 12 条边的中点。如某种材料的晶体结构与此相符，则此类材料就可被称为钙钛矿材料。

钙钛矿太阳能电池的材料成本低、制造便宜、具有柔韧性，可以通过改变原料的成分来调节其带隙宽度，还可以将带隙宽度不同的钙钛矿层叠加在一起变成叠层钙钛矿太阳能电池，因此钙钛矿太阳能电池在效率上超越硅电池是可能的。

7.6.1 钙钛矿太阳能电池的工作原理

钙钛矿太阳能电池与染料敏化太阳能电池的机理类似，主要分为：①吸收光子；②产生激子；③收集载流子；④形成闭合回路；⑤载流子复合。对于正型钙钛矿太阳能电池而言，当光照射在电池器件上时，钙钛矿材料作为直接带隙半导体具有优良的光吸收系数。由于钙钛矿材料的激子束缚能很小，室温下激子很容易分离，这也是钙钛矿材料具有优良性能的原因所在。激子分离后形成电子和空穴两种载流子，受电子传输材料和空穴传输材料能级影响，电子向电子传输层移动，空穴向空穴传输层移动，之后由外电路实现导通，对外做功。但是，激子分离为载流子后，载流子也会部分重合，而且载流子在传输过程中由于材料存在的缺陷，能真正传递到外电路的载流子变少，影响电池器件的光电性能。

7.6.2 钙钛矿太阳能电池的结构

典型的钙钛矿太阳能电池结构从上到下依次是：透明导电玻璃（光阳极）、N 型半导体材料（电子传输层）、钙钛矿型材料（光吸收层）、P型半导体材料（空穴传输层）、对电极（光阴极）。

其中，钙钛矿吸收材料捕获光子产生光生载流子，光生载流子在钙钛矿与N型和P型材料的交界处被选择性分离，电子进入N型电子传输层，空穴进入P型空穴传输层，最后被背电极收集，实现光到电的转换。

7.6.3 钙钛矿太阳能电池的特点

① $CH_3NH_3PbI_3$ 类型的钙钛矿材料是直接带隙材料，意味着钙钛矿具有很强的吸光能力。晶体硅是间接带隙材料，硅片必须达到 $150\mu m$ 以上才能实现对入射光的饱和吸收。而钙钛矿仅需 $0.2\mu m$ 就能实现饱和吸收，与硅的厚度相差近千倍，因此钙钛矿太阳能电池对活性材料的消耗远远小于晶体硅太阳能电池。

② 钙钛矿材料具有很高的载流子迁移率。载流子迁移率反映的是光照下在材料中产生的正负电荷的移动速度，较高的迁移率意味着光照产生的电荷可以以更快的速度移动到电极上。

③ 钙钛矿材料的载流子迁移率近乎完全平衡，也就是说，钙钛矿材料中电子和空穴的迁移率基本相同。作为对比，晶体硅的载流子迁移率是不平衡的，它的电子迁移率远远大于空穴迁移率，结果就是当入射光的光强高到一定程度时，电流的输出就会饱和，从而限制了硅太阳能电池在高光强下的光电转换效率。

④ 钙钛矿晶体中的载流子复合几乎完全是辐射型复合。这是钙钛矿材料的一个极其重要的优点。当钙钛矿中的电子和空穴发生复合时，会释放出一个新的光子，这个光子又会被附近的钙钛矿晶体重新吸收。因此，钙钛矿对入射的光子有极高的利用率，而且在光照下发热量很低。而晶体硅中的载流子复合则几乎完全是非辐射型复合，当晶体硅中的电子和空穴发生复合时，它们所携带的能量就会转化成热，不能被重新利用。因此，钙钛矿的光电转换效率理论上限显著高于硅材料。继2017年日本公司创造单结晶硅电池效率纪录26.7%以来，时隔五年诞生的最新世界纪录是隆基绿能自主研发的硅异质结电池，转换效率达到26.81%，这也是光伏史上第一次由中国太阳能科技企业创造的硅电池效率世界纪录。钙钛矿的辐射型复合特性则使其完全有潜力达到和砷化镓太阳能电池一样高的效率水平，甚至突破29%。

⑤ 钙钛矿材料可溶解，从而可以配制成溶液，像涂料一样涂布在玻璃基板上。对于高效率太阳能电池来说，钙钛矿的溶解性是一个前所未有的优势，在效率超过20%的电池材料中只有钙钛矿是可溶的。几年前Nanosolar公司曾经用涂布法生产过CIGS太阳能电池，但CIGS材料并不可溶，而是将CIGS粉末颗粒分散到液体中，所以这样的涂布方法并不能促进晶体的生长。而真正可溶的钙钛矿材料，通过涂布法成膜并从溶液中析出的过程就是一个自发结晶的过程，这为高性能太阳能电池的制作提供了巨大便利。

7.6.4 钙钛矿光伏产业化进展和面临的问题

2013年以来，随着钙钛矿光伏技术的快速发展，此项技术已经成为光伏学术界的重要热点，全世界很多大学和研究机构都在从事钙钛矿光伏技术的研发。在国内，已经启动钙钛矿技术开发的大企业有华能集团、常州天合公司、神华集团等，小型或者初创型企业则有惟华光能、黑金热工等企业。然而，实验室效率与组件效率的较大差距说明，钙钛矿技术从实验室到生产线的转化道路上仍有许多需要解决的问题。钙钛矿太阳能电池要真正取代硅太阳能电池还有很长的路要走，需要克服很多技术和非技术困难。

① 电池的稳定性不高，材料对空气和水的耐受性较差。目前使用的钙钛矿材料存在遇空气分解、在水和有机溶剂中溶解的问题，导致器件寿命短。

② 电池效率的可重现性差。尽管目前报道的不少钙钛矿电池的效率较高，但是重现性差，表现为同一条件下制备出的一组电池，效率数据存在很大的统计偏差，可见制造工艺还不是很成熟。

③ 电池材料有毒。目前的高效率钙钛矿电池中的吸光材料普遍含有铅，如果大规模使用将会带来环境问题，因此需要研发出光电转换效率高的无铅型钙钛矿材料。

④ 急需商业化器件开发。由于大面积薄膜难以保持均匀性，目前报道的高效率钙钛矿电池的工作面积只有 $0.1cm^2$ 左右，离实用化还存在相当远的距离，因此需要发展出从实验室 cm^2 量级到规模化应用 m^2 量级、性能稳定的钙钛矿太阳能电池器件制备技术。

⑤ 还需要经过长时间实际应用的考验。迄今为止，钙钛矿太阳能电池组件还没有大量商业化生产，更没有规模化实际应用，要成为成熟、可靠的太阳能电源，还要经过长期的实践检验。

综上所述，钙钛矿太阳能电池具有巨大的潜力，可望同时实现和砷化镓电池一样高的性能以及比多晶硅电池还低的制造成本。近年的技术进展已经显示，钙钛矿光伏技术并没有难以逾越的原理性问题，钙钛矿太阳能电池技术实现商业化生产指日可待。

7.7 太阳能电池的发展现状和趋势

（1）世界光伏发电技术发展现状

大力发展可再生能源已成为全球能源革命和应对气候变化的主导方向和一致行动。近年来，光伏发电作为重要的可再生能源发电技术取得了快速发展，在很多国家已成为清洁、低碳并具有价格竞争力的能源形式。2020 年全球新增光伏发电装机 $1.27 \times 10^8 kW$，累计装机规模达到 $7.07 \times 10^8 kW$。

晶体硅电池仍是光伏电池产业化主流技术，新型电池发展迅速。近年来，PERC（发射极钝化和背面接触）技术的广泛应用，进一步推动晶体硅电池转换效率的提高。同时以钙钛矿电池为代表的新型电池成为世界范围内的研究热点，转换效率快速提升，实验室最高转换效率已接近晶体硅电池，产业化进程逐步推进，但其在大面积应用、器件稳定性等方面仍面临挑战。

光伏系统精细化水平不断提升，应用模式多样化。光伏系统子阵容量不断增大，1500V 光伏系统应用比例已经逐步超过 1000V 系统，并网安全性、可靠性标准不断提高，光伏电站发电能力与电能质量不断提升。"光伏＋农业""光伏＋畜牧业""光伏＋建筑""光伏＋渔业"等复合应用形式规模不断扩大，微电网、智能电网等光伏发电与电网的深入融合逐步成为电力行业新业态。

（2）我国光伏发电技术发展现状

"十三五"期间，在产业规模快速扩大的带动下，我国光伏发电技术取得快速发展，光伏电池、组件等关键部件产业化量产技术达到世界领先水平；生产设备技术不断升级，基本实现国产化；光伏发电系统成套技术不断优化完善，智能化水平显著提升。

光伏电池组件技术快速迭代，产业化制造水平世界领先。到"十三五"末，我国光伏电池制造环节基本实现了从传统"多晶铝背场"技术到"单晶PERC"技术的更新换代，主流规模化量产晶体硅电池平均转换效率从"十三五"初期的18.5％提升至22.8％，实现跨越式发展。

TOPCon（隧穿氧化层钝化接触）、HJT（异质结）、IBC（背电极接触）等新型晶体硅高效电池与组件技术产业化水平不断提高，头部企业多次刷新产业化生产转换效率世界纪录，已具备规模化生产能力与较强的国际竞争力。钙钛矿等新一代高效电池技术保持与世界齐头并进，研究机构多次创造钙钛矿电池实验室转换效率世界纪录，部分企业已开展产业化生产研究，并多次刷新产业化生产组件转换效率纪录。

光伏发电制造设备水平明显提升，基本实现国产化。我国光伏设备实现了从低端向高端发展，产品定制化程度不断提高，高产能与高效自动化能力不断提升，自动化、数字化、网络化程度的提升推动光伏制造向光伏智造转变。多晶硅硅片、电池片、组件各环节生产装备已基本实现国产化。

光伏发电系统技术不断优化，智能化运维助力发电能力提升。大量新技术被应用于光伏电站整体设计以及系统级优化。光伏支架跟踪系统、1500V电压的采用有效提高了光伏发电系统的实际发电能力；智能机器人、无人机、大数据、远程监控、先进通信技术等已在电站运行中使用。

（3）我国光伏发电技术发展趋势

作为全球最大的光伏发电应用市场，我国已成为各类新型光伏电池技术产业化转化与应用的孵化地。未来我国将继续聚焦国际光伏发电技术发展重点方向，引领全球光伏发电产业化技术持续创新发展。

晶体硅电池仍将在一段时间内保持主导地位，并以PERC技术为主。采用TOPCon或HJT技术的N型晶体硅电池在综合考虑效率、成本、规模，并具备较好的市场竞争力后，有望成为下一个主流光伏电池技术。钙钛矿电池等基于新材料体系的高效光伏电池以及叠层电池作为研究热点，待产业化技术逐步成熟后有望带来下一个光伏电池转换效率的阶跃式提升。

半片技术、叠瓦技术、多主栅等组件技术将进一步广泛应用，双面组件将逐步成为市场主流，提升组件效率与发电能力。新型封装技术与封装材料进一步提升组件可靠性。

逆变器将向大功率单体机、高电压接入、智能化方向发展，不断深化与储能技术的融合，智能运行与维护技术水平不断提高，光伏建筑一体化等新场景应用技术不断完善，拓展应用光伏发电开发空间。

思政研学

碳达峰，碳中和——大国担当

太阳能是一种清洁、绿色、可持续利用的新能源。为了支持新能源的发展，解决能源危机，实现可持续发展，我国提出了许多策略。例如近期向全世界宣布，我国力争在 2030 年达到碳达峰，在 2060 年实现碳中和，发展高效的太阳能电池，减少有害气体和温室气体的排放。实现双碳目标，对人类的可持续发展有着重要意义。为了促进发展，我国也积极吸纳人才，鼓励海外科学家归国，提高我国的科研实力和水平。他们主动放弃国外优渥的生活条件和先进的科研条件，回到祖国，从头开始，凭借自己的聪明才智，带领本土的科研力量，独立自主地发表了一系列 Nature/Science 的顶级成果，将我国在钙钛矿太阳能电池的科研水平提升到国际一流水平，有效增加了我国科研人员在科技界的话语权。据统计，在钙钛矿太阳能电池领域发表顶级期刊论文的单位中，来自我国科研院所和高校的论文数量已经超过了很多西方科技强国。即使是在 Nature/Science 上有关钙钛矿研究的论文，几乎每篇文章都有中国人的参与和贡献。这些充分反映了我国在光伏领域的科研实力和地位。

思考题

1. 简述太阳能电池的分类。
2. 太阳能电池的优缺点是什么？
3. 什么是 N 型半导体，什么是 P 型半导体，它们是如何形成的？
4. 简述 P-N 结的形成原理。
5. 硅太阳能电池的工作原理是什么？
6. 与晶体硅太阳能电池相比较，化合物半导体太阳能电池的优缺点有哪些？
7. 简述钙钛矿太阳能电池的特点及发展前景。
8. 简述染料敏化太阳能电池的结构组成和特点。
9. 简述碲化镉（CdTe）太阳能电池的优缺点。
10. CIGS 薄膜电池的制备方法是什么？

参考文献

[1] 段晓菲，王金亮. 有机太阳能电池材料的研究进展[J]. 大学化学，2005，20(3)：1-8.
[2] 倪萌，Leung M K，Sumathy K. 太阳能电池研究的新进展[J]. 可再生能源，2004(2)：9-11.
[3] 梁宗存，沈辉，李戬洪. 太阳能电池及材料研究[J]. 材料导报，2000，14(8)：38-40.
[4] 王彦青，王秀峰，江红涛，等. 硅太阳能电池减反射膜的研究进展[J]. 材料导报，2012，26(19)：151-156.
[5] 吕勇军，鞠振河. 太阳能应用检测与控制技术[M]. 北京：人民邮电出版社，2013.
[6] 李钟实. 太阳能光伏发电系统设计施工与应用[M]. 北京：人民邮电出版社，2019.
[7] 张抒阳，张沛，刘珊珊. 太阳能技术及其并网特性综述[J]. 南方电网技术，2009(04)：64-67.
[8] 王丽华，韩春蕾，张婷，等. 太阳能电池用晶体硅标准现状分析[J]. 中国标准化，2022(11)：89-92.
[9] 毛建儒. 太阳能的优点及开发[J]. 中共山西省委党校学报，1996(04)：49-50.

第 8 章

超级电容器材料及技术

8.1 概述

8.1.1 超级电容器的发展历程

18 世纪中叶，马森布罗克首次提出了莱顿瓶的概念，被认为是当代电容器的鼻祖。1879 年，德国物理学家亥姆霍兹（Helmholtz）发现了电化学界面的双电层电容性质，提出了双电层（electric double layer）理论，标志着电容器的诞生有了理论依据。亥姆霍兹双电层模型认为，在电极-溶液界面通过电子和离子或偶极子的定向排列产生双电层，如图 8-1 所示，双电层具有储存电能的作用。

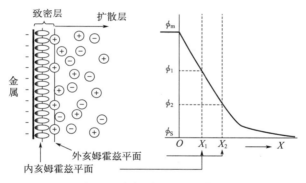

图 8-1 亥姆霍兹双电层模型

超级电容器的历史可以追溯到 20 世纪初期。1957 年，美国人 Becker 申请了第一个由高比表面积活性炭作电极材料的电化学电容器方面的专利，为超级电容器的发展奠定了基础。1962 年，标准石油公司（SOHIO）生产了一种以活性炭（AC）作为电极材料、以硫酸水溶液作为电解质的 6V 超级电容器。1969 年，该公司首先实现了碳材料超级电容器的商业化。NEC 公司在 1979 年开始生产超级电容，推动了超级电容器技术的发展和应用。此后，超级电容器的技术不断发展，并在许多领域得到应用，如能源存储、交通运输、电子设备等。

8.1.2 超级电容器简介

超级电容器（supercapacitor 或 ultracapacitor）是一种介于电池和传统电容器之间的新型储能装置。它既具有电容器可以快速充放电的特点，又具有电池的储能特性。其功率密度是锂离子电池的 10 倍，能量密度为传统电容器的 10～100 倍。

超级电容器具备如下特点：①功率密度高，可达 $10^2 \sim 10^4 \, \text{kW/kg}$，远高于蓄电池的功率密度水平；②循环寿命长，在几秒的高速深度充放电循环 50 万～100 万次后，超级电容器的特性变化很小，容量和内阻仅降低 10%～20%；③工作温限宽，由于在低温状态下超级电容器中离子的吸附和脱附速度变化不大，因此其容量变化远小于蓄电池，商业化超级电容器的工作温度范围可达 $-40 \sim 80 \, ^\circ\text{C}$；④免维护，超级电容器充放电效率高，对过充电和过放电有一定的承受能力，可稳定地反复充放电，在理论上是不需要进行维护的；⑤绿色环保，超级电容器在生产过程中不使用重金属和其他有害的化学物质，且自身寿命较长，因而是一种新型的绿色环保电源。表 8-1 针对几种能量存储装置的性能进行了对比。与传统电容器相比，超级电容器具有较大的容量、较高的能量、较宽的工作温度范围和极长的使用寿命；而与充电电池相比，超级电容器又具有较高的比功率。因此可以说超级电容器是一种高效、实用、环保的能量存储装置。

表 8-1　储能设备性能对比

元器件	比能量/(W·h/kg)	比功率/(W/kg)	充放电次数/次
普通电容器	<0.2	$10^4 \sim 10^6$	>10^6
超级电容器	0.2～20	$10^2 \sim 10^4$	>10^5
充电电池	20～200	<500	<10^4

8.1.3　超级电容器结构

超级电容器的结构简单，主要由电极、电解液、隔膜三部分组成，如图 8-2 所示。其中，电极包括集流体和电极材料。集流体主要起收集电流的作用。电极材料通常由活性物质、导电剂、黏合剂组成。电解液的作用是提供电化学过程中所需要的阴阳离子。电解液要求具备高电导率、高分解电压、较宽的工作温度范围、安全无毒性和良好的化学稳定性，以及不与电极材料发生反应等优点。超级电容器使用的电解液根据物理状态可分为固态电解液和液态电解液，其中液态电解液可再次细分为水系电解液和有机系电解液。电解液的作用是提供离子，在充放电过程中离子能够在电解质和电极之间迁移，形成双电层或参与氧化还原反应。隔膜位于两个电极之间，通常由绝缘材料制成，如聚丙烯或聚乙烯等。隔膜的作用是防止正负极之间直接接触而发生短路，但允许电解液离子自由通过，保证超级电容器的正常工作。

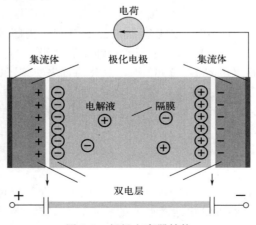

图 8-2　超级电容器结构

8.2 超级电容器分类及工作原理

8.2.1 超级电容器的分类

根据不同的标准，超级电容器有多种分类。

① 根据电解液的不同可分为：水系电容器、有机电容器以及固态电容器。

② 根据超级电容器的结构可分为：对称型电容器和非对称型电容器。对称型电容器的正负极采用相同的材料，一般为碳材料；非对称型电容器的负极采用碳材料，正极采用金属化合物、导电聚合物或者是上述材料与碳材料的复合材料。

③ 按照储能机理的不同可分为：双电层电容器和赝电容器。双电层电容器具有功率密度高、循环寿命长的优势，在未来的储能系统中极具发展潜力。然而，它的能量密度低。赝电容器具有更高的比电容，但是倍率性能以及循环稳定性较差。

8.2.2 双电层电容器的工作原理

双电层电容器（electric double layer capacitor，EDLC）是一种利用电极和电解液之间形成的界面双电层电容来存储能量的装置，其储能机理是双电层理论。双电层理论最初在19世纪末由德国物理学家亥姆霍兹（Helmholtz）提出，后经古依（Gouy）、查普曼（Chapman）和斯特恩（Stern）根据粒子热运动的影响对其进行修正和完善，逐步形成了一套完整的理论，为双电层电容器奠定了理论基础。双电层理论认为，当电极插入电解液中时，电极表面上的净电荷将从溶液中吸引部分不规则分配的带异种电荷的离子，使它们在电极-溶液界面的溶液一侧离电极一定距离排列，形成一个电荷数量与电极表面剩余电荷数量相等而符号相反的界面层，如图8-3所示。

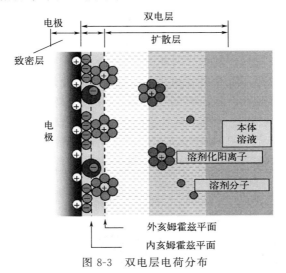

图 8-3 双电层电荷分布

双电层电容器是利用双电层机理实现电荷的存储和释放，从而完成充放电的过程，如图8-4所示。由于正负离子在固体电极和电解液之间的表面上分别吸附，造成两固体电极之间的电势差，从而实现能量的存储，因此一个电容器器件相当于两个电极表面双电层电容的串联。

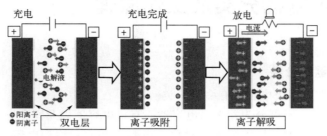

图 8-4 双电层电容器充放电过程

当超级电容器充电时，电子受到外界作用通过外部电路从正极流向负极。因此，电解液中的阳离子聚集在负极上，阴离子聚集在正极上，形成一个补偿外部电荷不平衡的双电层，实现能量存储；在放电过程中，随着两极板间的电位差降低，正负离子电荷返回到电解液中，电子流入外电路的负载，实现能量的释放。得益于双电层电容的储能机理，其可逆性良好和功率密度高的优点显著，目前已经成功商业化。

8.2.3 赝电容器的工作原理

法拉第电容器又称为赝电容器，是指在电极表面或体相中的二维或准二维空间上，电极活性物质进行欠电位沉积，发生高度可逆的化学吸附脱附或氧化还原反应，产生与电极充电电位有关的电容。

赝电容是介于传统电容器和电池之间的一种中间状态，虽然电极活性物质因电子传递发生了法拉第反应，但其充放电行为更接近于电容器而非普通电池，因为其充放电行为存在以下特征：

① 电容器的电压随存储或释放的电荷量近似线性的变化。

② 当电容器的电压随时间线性变化时，所观察到的电流或电容接近于一个常数。

③ 被吸附的离子不会与电极上的原子发生化学反应，不断裂化学键，因此这个过程是可逆且非常迅速的，电极材料不发生任何相变。

在赝电容器中，同时存在着赝电容和双电层电容两种存储机制。其中赝电容占据主导地位，在电极面积相同的情况下，赝电容的比容量是双电层电容的 10～100 倍。2014 年，加利福尼亚大学的 Dunn 教授和法国图卢兹大学的 Simon 教授根据赝电容的储能机理，将其分为三种类型（如图 8-5 所示）：①欠电位沉积；②氧化还原赝电容；③插层型赝电容。

欠电位沉积　　　　　氧化还原赝电容　　　　　插层型赝电容

图 8-5 不同类型赝电容储能机理

当金属离子在表面远高于其氧化还原电位的不同的金属上形成吸附单层时，就会发生欠电位沉积，但是只能发生 Cu、Pb 这种功函数较小的金属向 Au、Pt 这种功函数较大的金属进行沉积。氧化还原赝电容是离子被电化学吸附在具有法拉第电荷转移的材料表面时形成的。而当离子嵌入到氧化还原活性物质的层间，同时有法拉第电荷转移但无晶体相变时，就会形成插层型赝电容。插层型赝电容是一种新型的赝电容形式，它不同于锂离子电池的插层，材料在反应过程中并没有相变产生。典型的赝电容材料，包括过渡金属氧化物、氢氧化物、硫化物、导电聚合物等材料。三种不同类型的赝电容是由不同的物理过程和不同类型的材料而导致的。

8.2.4　超级电容器的主要参数

① 寿命：影响寿命的是电解液干涸、内阻加大，当超级电容器存储电能能力下降至 63.2% 被称为寿命终结。

② 电压：超级电容器有一个推荐电压和一个最佳工作电压。如果使用电压高于推荐电压，将缩短电容器的寿命。如果连续在这种状态下工作，电容器内部的活性炭将分解形成气体，造成超级电容器的损坏。

③ 温度：超级电容器的正常操作温度是 $-40 \sim 80℃$。温度与电压是影响超级电容器寿命的重要因素。超过电容器的使用温度后，温度每升高 $5℃$，电容器的寿命将下降 10%。

④ 放电：在脉冲充电技术里，电容内阻是重要因素；而在小电流放电中，容量又是重要因素。

⑤ 充电：电容充电有多种方式，如恒流充电、恒压充电、脉冲充电等。在充电过程中，在电容回路串接一只电阻，将降低充电电流，提高其使用寿命。

8.3　超级电容器电极材料

电极材料是超级电容器中最重要的组成部分，决定超级电容器的能量存储行为和性能。早期的超级电容器电极材料使用具有高比表面积的活性炭材料，而随着赝电容理论的发展，具有高电容值的金属氧化物和导电聚合物等得到了快速的开发利用。目前常用的电极材料主要有碳材料、金属氧化物和导电聚合物。

8.3.1　碳材料

碳材料是最早使用的超级电容器电极材料，碳材料具有高比表面积、丰富的孔道结构、优良的导电性、强化学耐蚀性以及低廉的价格。用于超级电容器的碳材料主要有：活性炭、石墨烯、碳纳米管和碳气凝胶。

（1）活性炭

活性炭（activated carbon）是由木质、煤质和石油焦等含碳的原料经热解、活化加工制备而成，具有发达的孔隙结构、较大的比表面积和丰富的表面化学基团，是特异性吸附能力较强的碳材料的统称。

活性炭由石墨微晶、单一平面网状碳和无定形碳三部分组成，其中石墨微晶是构成活性炭的主体部分。石墨型结构的微晶排列较有规则，可经处理后转化为石墨。活性炭的微晶结构不同于石墨的微晶结构，其微晶结构的层间距在 0.34～0.35nm 之间，间隙大，即使温度高达 2000℃以上也难以转化为石墨。这种微晶结构称为非石墨微晶，绝大部分活性炭都属于非石墨结构。非石墨状微晶结构使活性炭具有发达的孔隙结构，孔隙结构可由孔径分布表征。活性炭的孔径分布范围很宽，从小于 1nm 到数千纳米。

根据活性炭的外形，通常将其分为粉状和粒状两大类。粒状活性炭又分为圆柱形、球形、空心圆柱形和空心球形以及不规则形状的破碎炭等。随着现代工业和科学技术的发展，出现了许多活性炭新品种，如碳分子筛、微球炭、活性炭纳米管、活性炭纤维等。

活性炭电极材料具备多种优势，如成本低、比表面积高、实用性强、生产制备工艺成熟的特点，比容量也很高，最高能达到 500F/g，一般为 200F/g。

① 孔隙结构：活性炭中的微孔比表面积占活性炭比表面积的 95％以上，在很大程度上决定了活性炭的吸附容量。中孔比表面积占活性炭比表面积的 5％左右，是不能进入微孔的较大分子的吸附位，在相对较高的压力下产生毛细管凝聚。大孔比表面积一般不超过 0.5m²/g，它仅仅是吸附质分子到达微孔和中孔的通道，对吸附过程影响不大。

② 表面化学性质：在活性炭制备过程中，炭化阶段形成的芳香片的边缘化学键断裂，形成具有未成对电子的边缘碳原子。这些边缘碳原子具有不饱和化学键，能与诸如氧、氢、氮和硫等原子反应形成不同的表面基团，影响活性炭的吸附性能。活性炭表面基团可分为酸性、碱性和中性 3 种。酸性表面官能团有羰基、羧基、内酯基、羟基、醚、苯酚等，可促进活性炭对碱性物质的吸附；碱性表面官能团主要有吡喃酮（环酮）及其衍生物，可促进活性炭对酸性物质的吸附。

③ 吸附机理：活性炭的吸附能力与活性炭的孔隙大小和结构有关。一般来说，颗粒越小，孔隙扩散速度越快，活性炭的吸附能力就越强。活性炭发生的主要是物理吸附，大多数是单层分子吸附，其吸附量与被吸附物的浓度服从朗格缪尔单分子层吸附等温方程：

$$a = k\theta = \frac{kbp}{1+kbp} \tag{8-1}$$

式中，k 表示与最大吸附量有关的常数；θ 为一定温度下，吸附分子在固体表面上所占的面积占表面总面积（覆盖度）的分数；p 为吸附质在气相的分压；$b = k_1/k_2$ 为吸附与脱附的速度之比；a 为气体在固体表面上的吸附量。

活性炭的原料来源可以是所有富含碳的有机材料，如煤、木材、果壳等。制备方法包括化学活化法、物理活化法、物理-化学活化法、微波辅助化学活化法以及催化活化法。

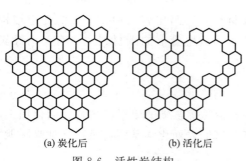

(a) 炭化后　　(b) 活化后

图 8-6　活性炭结构

化学活化法就是通过将各种含碳原料与化学药品均匀地混合后，在一定温度下，经历炭化、活化、回收化学药品、漂洗、烘干等过程制备活性炭。磷酸、氯化锌、氢氧化钾、氢氧化钠、硫酸、碳酸钾、多聚磷酸和磷酸酯等都可作为活化试剂，其中最常用的活化剂为磷酸、氯化锌和氢氧化钾。化学活化剂具有侵蚀溶解纤维素的作用，并且能够使原料中的碳氢化合物所含有的氢和氧分解脱离，以 H_2O、CH_4 等小分子形式逸出，从而产生大量孔隙，如图 8-6 所示。此外，化学活化剂能够抑制焦油副产物的形成，避免焦油堵塞热解过程中生成的细孔，从而可以提高活性炭的收率。

物理活化法通常又称气体活化法，是将已炭化处理的原料在 $800\sim1000℃$ 的高温下与水蒸气、烟道气（水蒸气、CO_2、N_2 等的混合气）、CO 或空气等活化气体接触，从而进行活化反应的过程。物理活化法的基本工艺过程主要包括炭化、活化、除杂、破碎（球磨）、精制等工艺，制备过程清洁，液相污染少。

物理-化学活化法顾名思义就是结合物理活化和化学活化的方法，即先经化学法处理，随后再进一步用物理法（水蒸气或 CO_2）活化。国外研究人员通过 H_3PO_4 和 CO_2 联合活化法制得了比表面积高达 $3700m^2/g$ 的超级活性炭，具体步骤是在 $85℃$ 下先用 H_3PO_4 浸泡木质原料，经 $450℃$ 炭化 4h 后再用 CO_2 活化。将物理法和化学法联合，可利用物理法的炭化尾气为化学法生产供热，实现生产过程无燃煤消耗，同时得到物理法活性炭和化学法活性炭。

传统的炉膛加热存在耗工、耗时且物料受热不均的缺点，微波的引入可以实现物料内部均匀加热，同时可方便快速地启动和停止，耗时比传统工艺短得多。因此，微波辅助化学活化可以显著缩短生产时间，从而极大地提高生产效率，亦可减少环境污染。常用的磷酸法、氯化锌法和氢氧化钾活化法均可采用微波加热，而且研究表明微波加热法亦可得到高性能的活性炭，尤其适用于氢氧化钾活化法制备超级电容活性炭。

金属类催化剂在含碳原料表面可形成活性点，降低碳与水或 CO_2 的反应活化能，从而降低活化温度，提高反应速率，形成发达的孔隙，同时，金属颗粒移动时也会产生孔道。催化剂在制备超级活性炭时可以降低活化温度，大幅提高反应的速率，还可使制得的活性炭孔径分布均匀。虽然催化活化法制备活性炭具有上述诸多优势，但反应速度过快可能会烧穿微孔壁面，从而破坏微孔结构。

超级电容器用活性炭电极材料的性质取决于前驱体和特定的活化工艺，所制备活性炭的孔隙、比表面积、表面活性官能团等因素都会影响材料的电化学性能，其中高比表面积和发达的孔径结构是产生具有高比容量和快速电荷传递双电层结构的关键。

（2）石墨烯

石墨烯（graphene）是一种以 sp^2 杂化连接的碳原子紧密堆积成单层二维蜂窝状晶格结构的新材料。在石墨烯中，碳原子以六元环形式周期性排列于石墨烯平面内，具有 $120°$ 的键角，赋予石墨烯极高的力学性能；p 轨道上剩余的电子形成大 π 键，离域的 π 电子赋予了石墨烯良好的导电性，如图 8-7 所示。石墨烯独特的结构赋予其优异的力学、电学、热学和光学性能。它是所有"石墨状"材料的基本构建单元，包括富勒烯（零维）、碳纳米管（一维）和石墨（三维）。

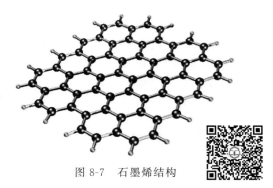

图 8-7　石墨烯结构

实际上，由于二维晶体热力学不稳定的特性，理论上预测像石墨烯这样的二维晶体不应该存在。然而，2004 年曼彻斯特大学的盖姆及其同事首次通过剥离法从石墨中分离出单层二维晶体。这引发了人们对石墨烯的浓厚兴趣，并开展了大量关于其结构和性质表征的研究。表 8-2 列出了石墨烯与其他碳材料的一些不同寻常的性质。

表 8-2　碳材料的性质

性能	富勒烯	碳纳米管	活性炭	石墨	石墨烯
比表面积/(m^2/g)	5	1315	1200	约 10	2630
热导率/$[W/(m \cdot K)]$	0.4	＞3000	0.15～0.5	约 3000	约 5000
本征迁移率/$[cm^2/(V \cdot s)]$	0.56	约 100000	—	13000	约 15000
杨氏模量/TPa	0.01	0.64	0.138	1.06	约 1.0
透光率/%	—	—	—	—	约 97.7

由表 8-2 可以看出，石墨烯具有较大的比表面积、良好的热导率和电导率，高比表面积提供了电活性位点，良好的电导率可以降低电子传输的电阻。此外，石墨烯的理论双电层电容约为 $21\mu F/cm^2$。因此，石墨烯在超级电容器方面的应用具有良好的前景。

石墨烯的性质在很大程度上取决于制备方法，因此选取合适的制备方法很重要。常见的制备方法通常可分为两大类："自上而下"法和"自下而上"法。"自下而上"法是指从有机前体（如甲烷和其他烃源）直接生长石墨烯，包括外延生长法和化学气相沉积法。"自下而上"法能够获得高质量大面积石墨烯，尤其是化学气相沉积法生长的石墨烯可作为透明电极。然而，"自下而上"法合成成本较高，难以大规模推广。"自上而下"方法的含义是将天然或合成石墨剥离成单层或几层石墨烯片层的混合物。将石墨转化为石墨氧化物（graphite oxide）是"自上而下"方法最典型的例子。此外，液相剥离、插入化合物和电化学剥离也都属于"自上而下"方法。这种方法对于化学气相沉积法来说相对简单，易于大规模生产。然而，采用该方法生产的石墨烯质量不高，在还原过程中石墨烯片层容易堆叠。石墨烯片层堆叠严重、有效比表面积低和离子迁移电阻大等问题，严重限制了其应用，为了解决这些问题，目前已经提出了多种解决策略，包括官能团或表面活性剂修饰石墨烯、将石墨烯与导电高分子或与金属氧化物/氢氧化物复合、KOH 活化以及制备具有中孔结构的弯曲石墨烯等策略。Meng 等人使用水热法通过葡萄糖和氨系统中的自组装过程以及随后的冷冻干燥制备了具有三维结构的石墨烯水凝胶（graphene hydrogel，GH），然后将 GH 浸入一定浓度的 $KMnO_4$ 溶液中热处理得到 $\delta\text{-}MnO_2/GH$ 复合材料。由赝电容纳米片状 $\delta\text{-}MnO_2/GH$ 作为正极和双电层电容 GH 作为负极组成的不对称超级电容器，在 1.0kW/kg 的功率密度下可达到 34.7W · h/kg 的高能量密度。Kumar 等人开发了基于氧化石墨烯-聚苯胺复合材料电极的超级电容器，比电容约为 100F/g，库仑效率超过 90%，能量和功率密度值分别达到了 14W · h/kg 和 72kW/kg，循环 1000 次以后，电容衰减仅为 10%。Arkhipova 等人对石墨烯纳米薄片进行氮掺杂，使其比电容从 88F/g 增加到 180F/g。低电容的增加是氮掺杂石墨烯层与电解液离子的相互作用增强所导致的。

（3）碳纳米管

碳纳米管（carbon nanotubes，CNT）是一种纳米尺寸管状结构的碳材料，如图 8-8 所示，是由单层或多层石墨烯片卷曲而成的无缝一维中空管，因此具有独特的中空结构、良好的导电性、大的比表面积、适合电解液离子迁移的孔隙（孔径一般为 2nm），以及交互缠绕可形成纳米尺度的网络结构等优点，决定了其作为电极材料可以显著提高超级电容器的功率特性和频率响应特性，因而被认为是理想的超级电容器电极材料。碳纳米管虽然电导率和比功率高，但成本高且比表面积小，一般作为添加剂来使用。

碳纳米管中碳原子以 sp^2 杂化为主，同时六角形网格结构存在一定程度的弯曲，形成空间拓扑结构，其中可形成一定的 sp^3 杂化键，即形成的化学键同时具有 sp^2 和 sp^3 混合杂化状态。碳纳米管具有多种分类。例如，按照层数可分为单壁碳纳米管（或称单层碳纳米管，single-walled carbon nanotubes）和多壁碳纳米管（或多层碳纳米管，multi-walled carbon nanotubes），多壁管在开始形成的时候，层与层之间很容易成为陷阱中心而捕获各种缺陷，因而多壁管的管壁上通常布满小洞样的缺陷；按照结构特性可分为扶手椅形碳纳米管（armchair carbon nanotubes）、锯齿形碳纳米管（zigzag carbon nanotubes）和手性碳纳米管（chiral carbon nanotubes）；按照是否含有管壁缺陷可分为

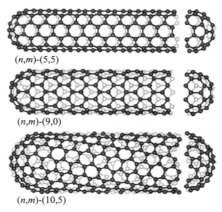

图 8-8　碳纳米管结构
[碳纳米管的手性指数（n，m）与其螺旋度和电学性能等有直接关系]

完善碳纳米管和含缺陷碳纳米管；按照外形的均匀性和整体形态，可分为直管形、管束形、Y 形、蛇形等。

碳纳米管作为超级电容器电极材料的研究主要分为如下几个部分：①碳纳米管直接用作超级电容器电极材料；②碳纳米管活化后用作超级电容器电极材料；③碳纳米管与金属氧化物复合用作超级电容器电极材料；④碳纳米管与导电聚合物复合用作超级电容器电极材料。Zhang 等人将 CNT 通过 $KMnO_4$ 处理以负载 MnO_2，得到功能化纤维，并对其在形态、表面和力学性能方面进行了系统的表征和电化学性能测试。所得的 MnO_2-CNT 纤维电极在 Na_2SO_4 电解液中显示出高比电容（231.3F/g），是单纯 CNT 的 23 倍。由 MnO_2-CNT 纤维电极和 PVA/H_3PO_4 电解质组成的对称超级电容器具有 86W·h/cm 的能量密度和良好的循环性能。Wang 等人设计了聚苯胺（PANI）-碳纳米管（CNT）@沸石咪唑酯骨架-67（ZIF-67）碳布（CC）（PANI-CNT@ZIF-67-CC）材料作为超级电容器电极。多孔的 ZIF-67 被大量的 CNT 包围，部分 CNT 穿过 ZIF-67，大大提高了纳米复合材料的导电性。CNT@ZIF-67 纳米复合材料被大量 PANI 覆盖。源于 PANI（优异的电化学活性、良好的赝电容特性）和 CNT@ZIF67-CC（高比表面积、分级多孔纳米结构和良好的导电性）的协同效应，得到的 PANI-CNT@ ZIF-67-CC 超级电容器电极表现出良好的性能。在 10mV/s 的扫描速率下，电极的比电容达到了 $3511mF/cm^2$。在 $0.5mA/cm^2$ 的电流密度下，比电容在 1000 次充放电循环后仍能保持在 83%。

（4）活性炭纤维

活性炭纤维（activated carbon fiber，ACF）是 20 世纪 70 年代发展起来的一种新型、高效、多功能吸附材料，是继粉状活性炭和粒状活性炭之后的第三代产品，如图 8-9。活性炭纤维是经过活化的含碳纤维，将某种含碳纤维（如酚醛基纤维、PAN 基纤维、黏胶基纤维、沥青基纤维等）经过高温活化（不同的活化方法活化温度不一样），使其表面产生纳米级的孔径，增加比表面积，从而改变其物化特性。活性炭纤维具有大比表面积（1000～$3000m^2/g$）和丰富的微孔，微孔体积占总孔体积的 90% 以上，具有比粒状活性炭更大的吸附容量和更快的吸附动力学性能，在液相、气相中对有机物和阴、阳离子吸附效率高，吸、

图 8-9 活性炭纤维

脱附速度快，可再生循环使用，同时耐酸、碱、耐高温，适应性强，导电性和化学稳定性好，是一种具有潜力的超级电容器电极材料。

活性炭纤维的纤维直径为 $5\sim20\mu m$，比表面积平均在 $1000\sim1500m^2/g$，平均孔径在 $1.0\sim4.0nm$，微孔均匀分布于纤维表面。与活性炭相比，活性炭纤维微孔孔径小而均匀，结构简单，对于吸附小分子物质吸附速率快，吸附速度高，容易解吸附；与被吸附物的接触面积大，且可以均匀接触与吸附，使吸附材料得以充分利用。由于活性炭纤维的密度（约 $0.1g/cm^3$）低于活性炭的密度（约 $0.5g/cm^3$），应用于双电层电容器有质量比容量高的优势；并且以活性炭纤维为双电层电容器的电极材料，可以不使用黏结剂，成为自支撑材料，增加了活性物质利用率。活性炭纤维的容量不局限于双电层电容，其表面的活性基团如—COOH、C=O、—OH 等也可能发生氧化还原反应而产生赝电容。因此，可以通过液相氧化法、气相氧化法、等离子体处理等手段，增加材料的表面积和孔隙率，或增加官能团浓度、提高润湿性能等来提高比容量。Zhao 等人采用绿色环保的室温硫化法，成功制备了以活性炭纤维为基底、蜂窝状 $NiCo_2S_4$ 的电极材料（ACF/NCS-HL）。在三电极体系中，优化的 ACF/NCS-HL 在 2mol/L KOH 中表现出 1682F/g 的比电容（电流密度为 1A/g）。以 ACF/NCS-HL 为正极、ACF 为负极的非对称超级电容器器件在 800W/kg 的功率密度下表现出 49.38W·h/kg 的高能量密度和循环 5000 次高达 82.88% 的循环稳定性。Ruan 等人通过对硫脲键合的富羟基炭纤维进行热处理制备硫/氮共掺杂活性炭纤维（S/N-ACF），通过合理的策略提高炭纤维的掺杂度，S/N-ACF 显示出比 S/N-CF［1.25%N 和 0.61%S（原子分数）］更高的 S/N 掺杂量［4.56%N 和 3.16%S（原子分数）］。具有高 S/N 掺杂水平的 S/N-ACF 涉及高活性位点以提高电容性能，与普通的 S/N 共掺杂炭纤维（S/N-CF）相比，高离域电子提高了电导率和倍率性能。因此，在 $1mA/cm^2$ 时，比电容从 S/N-CF 的 $1196mF/cm^2$ 增加到 S/N-ACF 的 $2704mF/cm^2$。基于此组装的全固态柔性超级电容器具有 $184.7\mu W·h/cm^2$ 的能量密度。

（5）碳气凝胶

碳气凝胶（carbon aerogels）是一种具有高比表面积、高孔隙率、中等孔径的网状结构的轻质非晶固态材料。碳气凝胶是继活性炭和活性炭纤维之后的又一理想电容器电极材料。它导电性能好、隔热性能优异、吸附能力强、化学性质稳定，其连续的三维网络结构可在纳米尺度控制和剪裁。它是一种新型的气凝胶，孔隙率高达 $80\%\sim98\%$，典型的孔隙尺寸小于 50nm，网络胶体颗粒直径 $3\sim20nm$，比表面积高达 $600\sim1100m^2/g$。

碳气凝胶是由小间隙孔（<50nm）互连的纳米尺寸颗粒（$3\sim30nm$）组成的独特的多孔材料。这种单片（连续）结构导致其具有非常大的表面积和高电导率（$25\sim100S/cm$）。碳气凝胶的化学成分、微结构和物理性能可以实现纳米尺度控制，产生独特的光学、热学、声学、力学和电学性能。

目前碳气凝胶的制备方法主要为溶胶-凝胶法：以甲醛和间苯二酚为原料，Na_2CO_3 为催化剂催化热凝形成凝胶，随后通过丙酮置换得到无水凝胶，再通过液体 CO_2 置换进行超临界干燥制得有机气凝胶，最后将有机气凝胶高温炭化得到碳气凝胶。在制备过程中，通过改变催化剂种类、调整反应物与催化剂配比等改性方法，可以制备出结构和电容性能各异的碳气凝胶，但其孔结构基本上还是中孔。

碳气凝胶与传统的无机气凝胶（如硅气凝胶）相比，具有许多优异的性能和更加广阔的应用前景。碳气凝胶具有导电性好、比表面积大、密度变化范围广等特点，是制备双电层电容器理想的电极材料。虽然碳气凝胶性能较好，但超临界干燥过程所需时间长、设备昂贵而复杂，难以实现规模化生产，因此各国研究者都在努力探讨采用其他廉价原料和干燥方法替代超临界干燥的可行性。目前虽已取得了一定的成功，但产品性能还有待改善。

8.3.2 金属氧化物

金属氧化物来源丰富、形态结构多样，并且具有较高的比表面积和导电性，这使得它们成为高能量和高功率超级电容器的理想电极材料。用于超级电容器的金属氧化物材料有多种，如二氧化钌（RuO_2）、二氧化锰（MnO_2）、氧化镍（NiO）、四氧化三钴（Co_3O_4）或钼氧化物等，其中研究最多的是二氧化钌和二氧化锰。

（1）二氧化钌（RuO_2）

RuO_2是目前最为常用的金属氧化物电极材料，具有导电性高、循环稳定性好、工作电压范围宽、氧化还原反应高度可逆和理论容量高（$1300\sim2200F/g$）的优势。RuO_2的储能机理主要以赝电容为主，在酸性和碱性溶液中涉及不同的反应。在酸性电解质溶液中，钌的氧化态从（Ⅱ）变为（Ⅳ），伴随快速可逆的电子转移，如公式（8-2）所示：

$$RuO_2 + xH^+ + xe^- \rightleftharpoons RuO_{2-x}(OH)_x \qquad (8-2)$$

式中，$x \in [0,2]$，在质子嵌入/脱嵌过程中，x的变化发生在1.2V电势窗内，并且离子吸附遵循弗鲁姆金等温线。在碱性溶液中，有研究认为钌在充电时氧化为RuO_4^{2-}、RuO_4^-和RuO_4，在放电过程中还原为RuO_2。

表8-3为部分RuO_2电极材料的性能。用热分解氧化法制得的RuO_2不含结晶水，仅有颗粒外层的Ru^{4+}和H^+作用，因此，电极比表面积的大小对电容的影响较大，所得电极比容量比理论值小得多；而用溶胶-凝胶法制得的无定形的$RuO_2 \cdot xH_2O$，H^+很容易在体相中传输，体相中的Ru^{4+}也能起作用，因此，其比容量比用热分解氧化法制得的要大。

表 8-3　常用二氧化钌电极性能

电极材料	电解液	工作电压/V	比容量/(F/g)	能量密度/(W·h/kg)
RuO_2晶膜	H_2SO_4	1.4	380	13.2
RuO_2/碳气凝胶	H_2SO_4	1.0	250	8.9
RuO_2/碳干凝胶	H_2SO_4	1.0	256	8.9
$RuO_2 \cdot xH_2O$/Ti	H_2SO_4	1.13	103.5	3.6
$RuO_2 \cdot xH_2O$	H_2SO_4	1.0	766	26.4

目前，RuO_2受限于自身的毒性大和较高的成本，难以实现商业化。此外，其循环寿命差并且实际比电容量与理论容量相差大。为解决这些问题，目前提出了以下几种策略：晶态调控、形貌调控、与碳材料复合、与氧化物复合、与导电聚合物复合。RuO_2价格昂贵并且在制备过程中污染严重，因而不适合大规模工业生产。为了进一步提高性能和降低成本，国

内外均在积极寻找其他价格较为低廉的金属氧化物电极材料，如 MnO_2、Co_3O_4、NiO、V_2O_5，其中 MnO_2 的研究最为广泛。Ahuja 等人报道了 3d-4d 过渡金属混合氧化物的相互作用，因为同时存在 M（3d）和 M（4d），有望提高所得复合材料的电化学性能。MnO_2-RuO_2 纳米薄片还原氧化石墨烯纳米带复合材料（MnO_2-RuO_2@GNR）的电化学性能在对称和非对称超级电容器组装中得到了深入研究。在合成过程中原位掺入氧化石墨烯纳米带（GONR），其表面功能为 MnO_2-RuO_2 纳米薄片的生长提供了有效的结合位点。通过 GNR 互连的 MnO_2-RuO_2 纳米薄片形成具有增强扩散动力学的网络，从而表现出高效的电化学性能。组装的不对称超级电容器在功率密度为 $14kW/kg$ 时能量密度达到了 $60W \cdot h/kg$。Cho 等人通过电镀技术在石墨烯（Gr）涂层铜（Cu）箔上生长 RuO_2，复合电极在 $5mV/s$ 的扫描速率下具有 $1561F/g$ 的比电容，由于 RuO_2 和集流体之间的接触增强，电极在弯曲条件下仍然能够保持较好的电化学性能。

（2）二氧化锰（MnO_2）

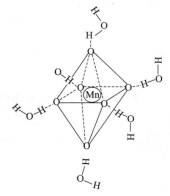

图 8-10　MnO_2 骨架结构

MnO_2 的化学结构较复杂，结构如图 8-10 所示。化学配比并不一定恰好由一个 Mn^{4+} 和两个 O^{2-} 相结合，故其化学式应表示为 MnO_x，x 表示氧含量，数值小于 2。目前，公认的 MnO_2 微结构是 Mn^{4+} 与氧配位成八面体 $[MnO_6]$ 而形成立方密堆积，氧原子位于八面体顶上，锰原子在八面体中心，形成空隙或隧道结构。

MnO_2 晶体以 $[MnO_6]$ 八面体为基础，形成各种晶体结构，常见的有 α、β、γ、λ、δ、ε 型。α-MnO_2 结构具有 $[2 \times 2]$ 隧道，且此隧道具有较大的孔道间距，电解质离子能够方便地在 α-MnO_2 里迁移，提高了电极材料的利用率，增加了电极材料的比电容值，因此此种晶体结构是较为理想的超级电容器电极材料。β-MnO_2 具有金红石结构，是以锰原子为中心的畸变了的八面体，角顶由 6 个氧原子占据；$[MnO_6]$ 八面体共用棱形成八面体单链，沿着 c 晶轴伸展，所有八面体都是等同的。γ-MnO_2 是由 $[1 \times 1]$ 和 $[2 \times 2]$ 隧道交错生长而成的一种密排六方结构。

MnO_2 电极材料的储能机理主要是基于赝电容储能机制与电解液之间的可逆氧化还原反应，涉及质子或离子交换以及不同氧化态之间的转换，如 Mn(Ⅲ)/Mn(Ⅱ)、Mn(Ⅳ)/Mn(Ⅲ) 和 Mn(Ⅵ)/Mn(Ⅳ)，如下列公式所示：

$$MnO_\alpha(OC)_\beta + \delta C^+ + \delta e^- \rightleftharpoons MnO_{\alpha-\delta}(OC)_{\beta+\delta} \tag{8-3}$$

式中，C^+ 表示质子和碱金属阳离子（Li^+、Na^+、K^+），$MnO_\alpha(OC)_\beta$ 和 $MnO_{\alpha-\delta}(OC)_{\beta+\delta}$ 分别表示高氧化态和低氧化态的二氧化锰水合物。

MnO_x 的形态和结构通常取决于制备条件，并且会影响材料的赝电容性能。在 $0.1mol/L$ Na_2SO_4 水溶液中，α-MnO_2 的比电容为 $265 \sim 320F/g$（电压窗口为 $0 \sim 1V$）；在 $2mol/L$ KCl 溶液中，α-MnO_2 的比电容为 $195 \sim 275F/g$；在 $2mol/L$（NH_4）$_2SO_4$ 水溶液中，α-MnO_2 的比电容为 $310F/g$。对于 γ-MnO_2 电极材料来说，比电容通常在 $20 \sim 30F/g$。δ-MnO_2 在 $0.1mol/L$ Na_2SO_4 电解液中，比电容可达 $236F/g$。

通常情况下，由于二氧化锰具有低导电性，其比容量会相应下降。为了增强 MnO_2 性能，Zhang 等人开发了一种超声辅助剪切剥离机械方法，大量制备 MnO_2 纳米晶，然后通过简单的磁控溅射沉积 MoS_2 复合材料，形成 MnO_2/MoS_2 异质结构，其比表面积高而表现出优异的电化学可逆性、高倍率容量、高比电容（接近 $224mF/cm^2$）和良好的导电性；基于 MnO_2/MoS_2 的对称全固态超级电容器，经过 3000 次充放电循环后，比电容仍能保持90%。Zhu 等人通过水热和原位电化学聚合反应合成了一种低成本的三元杂化材料聚苯胺包覆的 γ-MnO_2/碳布复合电极材料（PANI@γ-MnO_2/CC），在具有三维层次结构的 γ-MnO_2@CC 表面涂覆 PANI 层提供高电活性表面积并加速离子扩散和电子转移。由于各组分之间的协同效应，柔性 PANI@γ-MnO_2/CC 在 $1mA/cm^2$ 的电流密度下经 2000 次循环的长循环稳定性为 86.35%，在 $1\sim10mA\ cm^2$ 电流密度范围内能够保持良好的倍率性能，电容保持率为 72.3%。此外，他们还组装了基于 PANI@γ-MnO_2/CC 和 PVA-H_2SO_4 凝胶电解质的柔性非对称超级电容器（FASC），能量密度达到了 $1.5mW \cdot h/cm^3$。

（3）四氧化三钴（Co_3O_4）

Co_3O_4 是一种过渡金属氧化物，灰黑色或黑色粉末，磁性 P 型半导体。其间接带隙为1.5eV，属于尖晶石族，会发生以下法拉第氧化还原反应：

$$Co_3O_4 + H_2O + OH^- \rightleftharpoons 3CoOOH + e^- \tag{8-4}$$

$$CoOOH + OH^- \rightleftharpoons CoO_2 + H_2O + e^- \tag{8-5}$$

Co_3O_4 理论比容量较高（3560F/g），且成本低廉，是一种有潜力的电极材料。就其供应链而言，全球约 70% 的钴（1.3×10^5 t）来自刚果民主共和国。它在许多不同的应用领域中都有潜力，例如超级电容器、锂离子电池、气体传感器、催化剂等。Co_3O_4 可以通过多种方法合成，如水热法、溶剂热法和共沉淀法等。通过调整合成参数，如前驱体浓度、温度和 pH，可以调控 Co_3O_4 的形貌和晶体结构。在超级电容器中，Co_3O_4 可以与电解液中的离子发生可逆的氧化还原反应，从而储存电荷。然而，其较低的导电性、体积膨胀收缩和粒子团聚限制了电子传输，从而导致在用作超级电容器电极材料时，实际比电容往往与理论比电容相差甚远，限制了其电化学性能，因此人们提出了不同的方法来应对这一挑战。

Gao 等人合成了一维多孔 ZnO/Co_3O_4 异质结复合材料，得益于异质结构促进电荷转移和保护 Co_3O_4 免受腐蚀，以及一维多孔结构改善离子扩散并防止充放电过程中的结构坍塌，所制备的 ZnO/Co_3O_4 复合材料表现出优异的电容性能和良好的循环稳定性。ZnO/Co_3O_4-450（在 1A/g 的电流密度下电容值达到了 1135F/g）的比电容值是 Co_3O_4（814F/g）的 1.4倍。此外，在 10A/g 下循环 5000 次后，比电容能够保留 83%。采用 ZnO/Co_3O_4-450 正极和活性炭负极组装的不对称超级电容器，可提供 $47.7W \cdot h/kg$ 的能量密度和 7500W/kg 的功率密度。Li 等人通过金属有机骨架（CoNiMn-MOF）煅烧制备银耳状 $Co_3O_4/NiO/Mn_2O_3$。$Co_3O_4/NiO/Mn_2O_3$ 拥有较大的比表面积（$123.9m^2/g$）和丰富的中孔，在电流密度为 $1mA/cm^2$ 时，表现出 $3652mF/cm^2$ 的优异比电容，并且 $Co_3O_4/NiO/Mn_2O_3$ 的倍率特性远优于同类材料（Co_3O_4/NiO 和 Co_3O_4/Mn_2O_3）。Sivakumar 等人通过溶剂热以及后续的煅烧，合成了一种简单且可控的 Co_3O_4，所制备的 Co_3O_4 电极材料表现出接近101F/g 的高比电容和 80.5% 的倍率性能。

（4）金属硫化物

过渡金属硫化物的晶体结构如图 8-11 所示，通过层与层之间的范德瓦耳斯力，形成

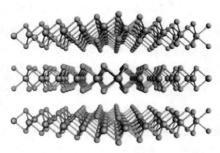

图 8-11 MX₂ 结构

X—M—X（MX₂）层堆叠结构。例如二硫化钼（MoS₂）、二硫化钨（WS₂）、硫化锡（SnS₂）等二维过渡金属层状材料，可以沿其层间方向剥离成单层。

由于很难突破单一相过渡金属硫化物的理论容量上限，人们把目光转向双过渡金属硫化物材料。这方面的研究集中在构建不同微观结构和其他活性材料复合两个方面，相比于单过渡金属硫化物，双过渡金属硫化物材料更能满足超级电容器储能的需求，因此被广泛应用于超级电容器电极材料。

除了双过渡金属硫化物电极材料外，将过渡金属硫化物与其他材料复合也是一种解决策略。例如，与碳纳米管复合，过渡金属硫化物与碳纳米管的有效结合，可制备出高性能超级电容器。

8.3.3 导电聚合物

导电聚合物又称导电高分子，它因具有理论比电容大、导电性好、成本低、易于大规模生产等优点，受到广泛关注。导电聚合物因具有较高的灵活性和易制造性，被认为是在柔性超级电容器应用中最有发展前景的电极材料之一。

导电聚合物作为超级电容器的电极材料，在聚合物中主要发生快速可逆的 N 型或 P 型掺杂或者脱掺杂的氧化还原反应。常见的导电聚合物材料有聚苯胺、聚吡咯、聚噻吩、聚乙炔、聚对苯等。相对于传统的电容器电极，导电聚合物具有在电解液中稳定性好、毒性低、电导率高和比电容高等性能，但其机械强度差，电化学稳定性弱，在电化学测试达到一定的循环次数后，比电容会出现明显的下降。为克服这一缺陷，尽可能提高导电聚合物的比电容，现多采用掺杂和复合的方法，例如进行染料掺杂、金属离子掺杂等，也可与碳纳米管、活性炭、石墨烯等材料进行复合。

聚吡咯（PPy）电导率高、充放电快、可加工性强、空气稳定性好、合成方法简单、氧化还原稳定性好，但缺点在于循环稳定性差。目前合成聚吡咯的方法包括化学法和电化学法。Lu 等人设计并通过原位化学氧化聚合合成了中空碳微球@聚吡咯（HCS@PPy）复合材料，并将其用作超级电容器的活性电极材料。HCS@PPy 复合材料在 1A/g 时具有 508F/g 的高比电容，使用 HCS@PPy 复合材料作为活性材料的超级电容器具有出色的倍率性能和出色的循环稳定性。此外，基于 HCS@PPy 复合材料的非对称超级电容器在 350W/kg 的功率密度下达到 46W·h/kg 的高能量密度。

聚苯胺（PANI）具有易加工、导电性高、化学活性强、空气稳定性强、理论比容量高（750F/g）的优点，但是较大的毒性限制了其工业生产。合成聚苯胺的方法包括化学氧化聚合法、乳液聚合法、微乳聚合法、分散聚合法、电化学合成法。Cho 等人通过加入由溶液处理的聚苯胺制备了多孔导电聚合物薄膜，可以提高超级电容器电极的电化学性能，这种由聚苯胺-樟脑磺酸（PANI-CSA）溶液得到的电极比传统的 PANI 纳米材料所制备的电极具有更高的孔隙率和电化学活性。这些改进归因于 PANI 电极-电解液界面处更快的离子扩散。用多孔聚苯胺复合电极制备的超级电容器在 0.25A/g 电流密度下比电容达到了 361F/g，远高于单纯的聚苯胺电极。

聚噻吩（PTh）具有易加工、热稳定性高、导电性优良、空气稳定性高、良好的力学性能等优点，然而很高的自放电和低的循环寿命导致其不适合直接作为 N 型电极。Rahman 等人通过原位化学聚合合成了可用于超级电容器的稳定、导电和高活性石墨烯纳米片（GNPL）富集的聚噻吩。循环伏安法测试表明，50% 含量的 GNPLs/PTh 电极在 10mV/s 的扫描速率下表现出 960.71F/g 的最大比电容。质量电容在 0.25A/g 的电流密度下达到了 673F/g，对应的能量密度为 2.25W·h/kg，功率密度为 23.55W/kg，基于 50%GNPLs/PTh 的超级电容器经过 1500 次循环后可以保持 84.9% 的初始电容。

8.3.4 复合电极材料

复合电极材料是一种新型的超级电容器电极材料，可以实现材料性能和成本的合理平衡，具有单一电极材料所不具备的优良性能，如比容量大、工作电压范围宽、循环寿命长、稳定性好和价格适中等优势，但也面临活性物质与基体材料匹配性、电极电导率的控制、电解液的优化和成本等问题。目前复合电极材料的体系包括碳材料与金属氧化物复合电极材料、碳材料与导电聚合物复合电极材料、金属氧化物与导电聚合物复合电极材料、碳材料/金属氧化物/导电聚合物三元复合电极材料等。

碳材料与金属化合物复合是一种经典策略。例如，将石墨烯和 MnO_2 复合可以改善 MnO_2 导电性差和等效串联电阻高的缺点，提升其导电性和稳定性，提高比电容。Reddy 等人和 Shaijumon 等人利用氧化铝模板依次沉积 Au、MnO_2 管，再利用化学气相沉积法在 MnO_2 管中生长出 CNT，制备出了多段 Au-MnO_2/CNT 同轴阵列。依次沉积的 Au-MnO_2/CNT 比电容提升至 68F/g，功率密度提高至 33kW/kg。$Ni(OH)_2$ 由于价格低廉且电化学性能优良，常被用于与碳材料进行复合。Wang 等人采用水热晶法在石墨烯上制备出 $Ni(OH)_2$ 纳米片。在 1mol/L KOH 电解液中，当电流密度为 2.8A/g 时，基于整个复合材料质量的比电容可达 935F/g，而基于 $Ni(OH)_2$ 质量的比电容则高达 1335F/g。

碳材料除了与金属化合物复合以外，与导电聚合物材料复合也是一种常用的策略。研究表明，将 PANI 沉积在具有高表面积的基材上可以增大表面积，进而提高比电容。Yu 等人利用原位聚合法将垂直聚苯胺（PANI）纳米线均匀地沉积在层状多孔石墨烯泡沫（fRGO-F）上，制得了 fRGO-F/PANI 电极材料。制得的超级电容器的能量密度和功率密度分别达到了 20.9W·h/kg 和 103.2k·W/kg，该电容器经过 5000 次充放电循环后的电容保持率为 88.7%，表现出优异的循环稳定性。

除了与碳材料复合以外，导电聚合物与金属化合物复合也能有效改善电容器性能。导电聚合物良好的导电性、高度稳定性及力学柔韧性使得 MnO_2 基聚合物复合电极具有良好的电化学性能。

近年来，有研究表明用石墨烯、过渡金属氧化物、导电聚合物制备三元纳米复合材料，在三种材料的协同作用下，可提升超级电容器电极的电化学性能。Song 等人以印刷纸为柔性基体，采用原位聚合法得到聚苯胺/石墨烯复合纸，然后通过逐层原位生长法，制得具有三维结构的柔性聚苯胺/石墨烯/二氧化锰（PANI/GH/MnO_2）纸电极。将纸电极与 H_2SO_4/PVA 凝胶电解质组装成全固态超级电容器，测得该电容器的面积比电容为 3.5F/cm^2，最大的能量密度和功率密度分别可达 5.2mW·h/cm^3 和 8.4m·W/cm^3。

8.4 超级电容器电解液

电解液是超级电容器的重要组成部分，它是由酸、碱或盐与特定溶剂的溶液，通过传输离子来帮助导电并保持正负电极（正极和负极）之间的电子绝缘。通常，理想的电解液需要满足一些基本要求：宽电位窗口和温度范围、高电化学稳定性、高离子导电性、环保和低成本。目前超级电容器电解液主要分为水系电解液、有机电解液、离子液体电解液。

8.4.1 水系电解液

水系电解液在导电性、热容量和环保方面具有很大的优势。水系电解液具有高电导率，能够有效降低等效串联电阻，更好地进行功率输出，所以，直到现在水系电解液在超级电容器的应用中占比依然很大。水系电解液可分为酸性水体系电解液、碱性水体系电解液和中性水体系电解液。

在酸性水溶液中最常用的是 H_2SO_4 水溶液，具有电导率及离子浓度高、内阻低的优点。但是以 H_2SO_4 水溶液为电解液，腐蚀性大，集流体不能使用金属材料，电容器受到挤压破坏后，会导致硫酸的泄漏，造成更大的腐蚀，而且工作电压低，如果使用更高的电压需要串联更多的单电容器。

对于碱性电解液，最常用的是 KOH 水溶液，其中以碳材料为电极材料时用高浓度的 KOH 电解液（如 6mol/L），以金属氧化物为电容器电极材时用低浓度的 KOH 电解液（如 1mol/L）。碱性电解液目前存在爬碱问题，导致难以密封。

中性电解液的突出优点是对电极材料以及集流体不会造成太大的腐蚀，目前中性电解液中主要是锂、钠、钾盐的水溶液，当前研究较多的是锂盐水溶液，尤其在以过渡金属氧化物为电极材料的赝电容体系中，除了充当电解液的支持电解质以外，由于锂离子离子半径小，可以"嵌入"氧化物中，增大了电容器的容量。由图 8-12 可以看出，以比表面积 1400m^2/g 的活性炭为电极材料，1mol/L 的 Li_2SO_4 水溶液为电解液，工作电压可以达到 2.2V，而且循环 15000 次后容量值没有显著下降。

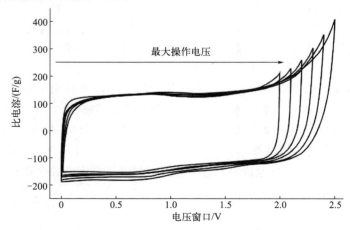

图 8-12　活性炭电极在 1mol/L Li_2SO_4 溶液中的循环伏安图

8.4.2　有机电解液

由于水的分解电压约为 1.23V，因此，通常基于水系电解液超级电容器的电压限制在 1V 左右，而基于有机电解液超级电容器的电压可以达到 2.7V。然而，有机电解液的电阻较大，至少是水系电解液的 20 倍。有机电解液体系主要由有机溶剂和电解质构成，常用的有机溶剂包括碳酸丙烯酯（PC）、环丁砜（SL）、碳酸二甲酯（DMC）、碳酸乙烯酯（EC）、乙腈（AN）。由于 AN 和 PC 具有较低的闪点、较好的电化学和化学稳定性以及对有机季铵盐类有较好的溶解性，因此被广泛应用。AN 虽然比 PC 在内阻上要低很多，但 AN 有毒，因此使用碳酸丙烯酯（PC）作为超级电容器电解液成为主流。

有机系超级电容器具有较高的分解电压、较高的能量密度、较高的电化学稳定性、耐高压、产品使用寿命长和工作电压范围宽的优点。但是电容器的过充会导致有毒的挥发性物质产生，同时也会使电容器的储能性能显著下降甚至消失。有机电解质应尽量避免水的存在，水的存在会导致电容器性能的下降，自放电加剧。在商业化领域，生产过程中需要对水含量进行严格控制，因此有机电解液的价格较高，水含量应保持在 $(3 \sim 5) \times 10^{-6}$ 以下。

8.4.3　离子液体电解液

在室温或室温附近温度时仅仅由离子组成的液态物质叫作室温离子液体。室温离子液体（room temperature ionic liquids，RTILs）被定义为室温熔盐，在室温或较低的温度下表现为熔融盐，熔点一般低于 100℃，离子液体通常由一个大的不对称有机阳离子和无机或有机阴离子结合而成。

离子液体电解液作为超级电容器电解液受到广泛关注，相比应用水系电解液而言，离子液体电解液具备更宽的电化学电位窗口，可以显著提高超级电容器的能量密度。此外，大多数纯离子液体电解质具有高热稳定性和不易燃的特性，因此它们可以在高温（＞100℃）下运行。此外，离子液体在很宽的温度范围内呈液态，蒸气压可忽略不计，热稳定性高，较高的电化学稳定性和热稳定性使其适合开发高电压和高温超级电容器。

离子液体是由阳离子和阴离子组成的有机盐。通常，阳离子半径大且体积大，这会阻碍离子在晶格中的有效堆积，并导致熔点低。阴离子可以是有机的或无机的，它们的性质在很大程度上决定了离子液体的整体特性。由于离子液体不含溶剂，没有溶剂化壳层，因此离子的大小更容易确定，可以避免溶剂化的影响。离子液体的物理化学和电化学性质也可以根据实际情况选择阳离子/阴离子，根据具体要求在离子上引入所需的官能团，这种灵活性使离子液体被视为可设计溶剂的潜在候选者。

Shim 等人对碳纳米管（CNT）和电解液［EMIm］BF_4（1-乙基-3-甲基咪唑四氟硼酸盐离子液体）组成的超级电容器模型进行了模拟，发现微孔尺寸的大小会影响离子液体离子在微孔中的分布，碳纳米管的微孔尺寸大小为 0.77nm 时，碳纳米管的比电容达到最大。Zhu 等人以离子液体［BMIm］BF_4/乙腈为电解液，以高比表面积石墨烯为电极活性材料组装成高性能电容器，工作电压可以达到 3.5V，比电容可以达到 160F/g。

尽管如此，离子液体在超级电容器领域的应用仍需克服一些挑战。离子液体比电容还是比水系电解液体系低很多，同时黏度较高，容易导致较大的传输电阻；离子液体作为电解液时，与超级电容器性能之间的构效关系不明确；对于提高器件传输特性和电化学性能的离子液体的设计策略也缺乏明确的解释。在商业化领域，成本和纯化问题是离子液体在商业化进程中存在的主要问题。离子液体的纯化至关重要，因为即使是微量杂质（水/卤化物）也会降低工作电位窗口并增加自放电。因此，需要探索开发简单的合成后纯化步骤（或无纯化步骤）和使用低成本原材料，以使离子液体成为有机电解液的替代品。由于对可穿戴设备需求的巨大增长，"离子凝胶"电解质（具有聚合物骨架的纯离子液体）因离子电导率高和离子扩散快，能够提供足够的机械稳定性改进，在柔性器件上具有良好的应用前景。

8.4.4 聚合物电解质

液体电解液电容器存在容易漏液、溶剂挥发及适用温度范围窄等缺点，使用凝胶聚合物电解质和固态聚合物电解质来提高电容器的稳定性、避免漏液的研究越来越多。目前主要的基体材料包括聚氧化乙烯（PEO）、聚偏氟乙烯（PVDF）-六氟丙烯（HFP）［P（VDF-HFP）］、聚甲基丙烯酸甲酯（PMMA）、聚丙烯腈（PAN）和聚吡咯（PPy）

Hashmi 等人研究了由 PVA-H_3PO_4/PMMA/EC＋PC/（TEAClO$_4$）组成的体系，制备了全固态超级电容器，室温离子电导率为 $10^{-4} \sim 10^{-3}$S/cm，机械强度高，电容密度达 $3.7 \sim 5.4$mF/cm^2，能满足比能量为 $92 \sim 135$W·h/kg 体系的需要。

用质子型 PVA-H_3PO_4 和锂离子型 PEO-LiFSO$_3$（聚乙二醇为增塑剂）分别为聚合物电解质时，两种聚合物电解质都表现出很高的电容密度，为 $1.5 \sim 5.0$mF/cm^2，在 $0 \sim 1.0$V 电压范围内可稳定地循环 1000 次。

除了上述聚合物电解质以外，目前也开发了其他种类的聚合物电解质。Lufrano 等人将用于燃料电池质子交换膜的 Nafion 膜用作超级电容器的聚合物电解质。用质子交换膜 Nafion115 膜作隔膜和电解质的超级电容器，比传统的用硫酸作电解质的电容器的性能好。Latham 等人研究了用聚氨酯（PU）/EC-PC/LiClO$_4$ 聚合物电解质［n（PU）：n（EC）：n（PC）：n（Li$^+$）＝1：2：2：0.1］的双层超级电容器的性能。以高比表面积碳布和碳复合材料作电极，电容器的比电容高达 35F/g，1000 次循环后，电容保持率为 80％。

8.5 超级电容器发展及应用

超级电容器由于具有功率密度高、充电速度快和可靠性高等优点，在能源集成、峰值负荷转移、电力质量保证和电力系统低频振荡抑制等方面得到广泛应用。中国在微电网、光伏电站逆变器和储能系统等领域进行了许多研究。从国内消费结构来说，超级电容器广泛应用于新能源、风能、电动汽车、太阳能、交通、电力储能、国防和运动控制系统等领域。如图 8-13 所示，交通和工业领域的超级电容器消费分别占 38.2％和 30.8％，新能源领域的消费占 21.8％，设备和其他应用领域的消费占 9.2％。2022 年中国超级电容器市场规模为 31.4 亿元，随着新能源汽车、智能穿戴等设备的普及，未来中国超级电容器市场规模有望进一步扩张。

在交通领域，城市轨道交通系统具有高运载能力和低站间距的特点。频繁的启动和制动会产生能量损失。超级电容器满足了大容量、长寿命和高功率密度的能量管理需求，在不同城市轨道交通系统车辆中的应用具有综合价值。地铁列车频繁制动时会产生大量再生制动能量，造成直流牵引网电压的抬升，当直流牵引网电压严重过高时，会导致再生制动失效，从而整个轨道交通网络的供电都会受到影响。能量回收可以采用储能的方式进行解决，对于地

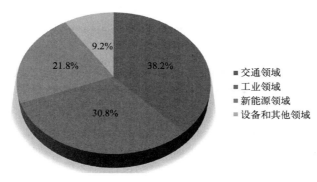

图 8-13　2020 年中国超级电容器市场消费结构占比

铁节能有很大意义。国外研究超级电容能量回收系统比较早，如韩国宇进株式会社、德国西门子、加拿大庞巴迪等，其中韩国的制动能量回馈系统在韩国 11 条地铁线上实现了应用，西门子公司的 Sitras SES 静态储能系统已在里斯本、波鸿、科隆、德累斯顿、马德里运行。西班牙 CAF 公司采用 2.7V/3000F 超级电容单体为基础储能部件，配置成 8.2kW·h 的储能系统，研制出了电网/超级电容混合牵引型有轨电车，并于 2011 年在西班牙塞维利亚运营。该车在无网区段全部采用超级电容牵引，平均每天无网运行 130km，首次实现了有轨电车在无电网区的电力牵引，起到了调控道路交通资源的作用，取得了良好的社会效益。我国第一条超级电容器储能系统线为 2007 年北京地铁 5 号线，其采用了西门子公司的 Sitras SES 系统。胡敏等人研制了一套锂离子电容器能量回收装置，其系统电压范围为 DC（直流）500～820V，充放电电流可达 400A。该系统已安装至上海地铁某线路列车中，最大能量为 5.7kW·h。地铁每次制动的总能量可达到 10kW·h，当地铁启动时，锂离子电容器可实现完全放电，回收的能量大约占 70%，预计每年至少回收 68.4×10⁴kW·h。超级电容器在电动汽车（EV）中也得到了广泛应用。当车辆启动、加速时提供大功率辅助动力，提高电机的启动速度，改善电池状态。当车辆制动时，超级电容器可以轻松实现能量回收和循环利用。同样，作为电动汽车的辅助电源，超级电容器可以有效延长电池的使用寿命。

就企业来说，宁波中车新能源科技有限公司是中国超级电容器领域内头部企业，轨道交通用动力性超级电容器已达到国际领先水平，产能超过 150 万支/a，于 2020 年底实现了"亚太第一，世界第二"的目标。在超级电容器材料领域，中车新能源开发了石墨烯基多孔炭储能材料，首次实现了石墨烯在超级电容领域的规模化应用，可在诸多领域实现节能省电，提升产品使用效率，例如以该产品为主动力源的储能式有轨电车相较于有网运行节电约30%；搭载该产品的地铁制动能量回收装置电源可节能约 20%；以该产品为内燃机启动的电源系统可在－40℃条件下频繁启动，有效减少空载待机时间。

超级电容器还常用于电网领域中，是微电网储能的重要装置。当今社会对能源和电力供应的质量以及安全可靠性的要求越来越高，传统的大电网供电方式由于其本身的缺陷已经不能满足这种要求。能够集成分布式发电的新型电网——微电网应运而生，它能够节省投资、降低能耗、提高系统安全性和灵活性，是未来的发展方向。电容作为微电网中必不可少的储能系统，发挥着十分重要的作用。超级电容器作为一种新型的储能器件，以无可替代的优越性，成为微电网储能的首选装置之一。为了满足峰值负荷供电，必须使用燃油、燃气的调峰电厂进行高峰负荷调整，这种方式的运行费用太昂贵。超级电容器储能系统可以有效地解决这个问题，它可以在负荷低谷时储存电源的多余电能，而在负荷高峰时回馈给微电网以调整功率需求，从而减少瞬态能源供应问题对微电网的影响。研究人员模拟并分析了有无超级电容器的微电网电压，他们发现在系统中运行超级电容器后，供电电压的稳定性得到了显著提高。对于我国来说，已经在人口稀少的青海、西藏地区实现了光伏发电、风能、小型水电和混合储能，一些地级市和县距离电网有近 1000km。研究人员克服了一系列关键技术难题，建立了具有供电质量良好、抗干扰能力强、自动化程度高、施工和调试方便等特点的可再生能源供电系统，有效地解决了区域的供电问题。此外，微电网技术已从实验室技术转变为岛屿应用模式。牛山岛距离连云港超过 60km，已改造为微电网，其中包括 30kW 屋顶光伏发电、30kW 柴油发电机和铅炭电池储能系统，以满足通信设备、海水淡化系统、空调、冰箱和日常照明的用电负荷需求。另一座名为南露岛的岛屿采用了风能、太阳能、柴油发电和电池储能相结合的风能储能分布式发电系统。它通过四个锂电池包和两个超级电容器利用太阳能和风能进行储能，以确保稳定的电力供应，同时实现低碳排放。

在移动通信基站、卫星通信系统、无线电通信系统中，都需要有较大的脉冲放电功率，而超级电容器所具有的高功率输出特性，可以满足这些系统对功率的要求。另外，激光武器也需要大功率脉冲电源，若为移动式的，就必须有大功率的发电机组或大容量的蓄电池，其质量和体积会使激光武器的机动性大大降低。超级电容器可以高功率输出并可在很短时间内充足电，是用于激光武器的最佳电源。另外，超级电容器还可以用于战术性武器（电磁炸弹）中，作为炸弹发电机（FCC）的核心部件。

思政研学

我国的"电动汽车之父"——陈清泉院士

电动汽车的从无到有，离不开一个重要的人，那就是被誉为"电动汽车之父"的陈清泉院士。陈清泉院士从小就对汽车有着浓厚的兴趣，大学时就产生了用电动机驱动汽车的想法。1976 年，正值中东石油危机，全球陷入经济危机，世界范围内都掀起了一股电动车研发的潮流。陈清泉一跃走在了潮流的最前端。从 1978 年开始，陈清泉将自己对电动车的研究陆续发表在国际权威学术刊物上。在文章中，他第一次系统提出电动汽车电机应用规律和原理。文章很快引起外界关注，现在各国电动汽车的设计都要参考这篇文章，把电机应用到电动汽车的规律，就是陈院士研究归纳出来的。陈院士甚至还促成国际电动车研究中心的成立，这是当时世界上第一个电动车研发的国际合作中心。耄耋之年的他，生活不仅没有放慢节奏，反而越来越快。为了电动汽车的开发，他倾注了自己的全部心血，在失败中找寻成功的希望，在压力中获得研究的动力，在挫折中一步步走向成功，在电动汽车领域取得了突出贡献。

思考题

1. 简述双电层电容器的储能机理。
2. 简述中国超级电容器产业现状。

3. 简述赝电容工作原理及电极材料分类。

4. 思考超级电容器能否替代电池。

5. 思考离子电容器是否可行。

6. 简述碳材料作为超级电容器的电极材料应该具有什么样的特性。

7. 简述影响超级电容器性能的关键技术指标有哪些。

参考文献

[1] Yadav A A, Lokhande A C, Kim J H, et al. High electrochemical performance asymmetric supercapacitor based on $La_2O_3//Co_3O_4$ electrodes[J]. Journal of industrial and engineering chemistry, 2017(56): 90-98.

[2] Lu Q, Liu J, Wang X, et al. Construction and characterizations of hollow carbon microsphere@ polypyrrole composite for the high-performance supercapacitor[J]. Journal of Energy Storage, 2018 (18): 62-71.

[3] Wang L, Yang H, Pan G, et al. Polyaniline-carbon nanotubes@ zeolite imidazolate framework67-carbon cloth hierarchical nanostructures for supercapacitor electrode[J]. Electrochimica Acta, 2017(240): 16-23.

[4] Zhao S, Yang Z, Xu W, et al. ACF/NiCo$_2$S$_4$ honeycomb-like heterostructure material: Room-temperature sulfurization and its performance in asymmetric supercapacitors[J]. Electrochimica Acta, 2019(297): 334-343.

[5] Zhu Y, Xu H, Chen P, et al. Electrochemical performance of polyaniline-coated γ-MnO$_2$ on carbon cloth as flexible electrode for supercapacitor[J]. Electrochimica Acta, 2022(413): 140146.

[6] Zhang H, Wei J, Yan Y, et al. Facile and scalable fabrication of MnO$_2$ nanocrystallines and enhanced electrochemical performance of MnO$_2$/MoS$_2$ inner heterojunction structure for supercapacitor application [J]. Journal of Power Sources, 2020(450): 227616.

[7] Ahuja P, Ujjain S K, Kanojia R. Electrochemical behaviour of manganese & ruthenium mixed oxide@ reduced graphene oxide nanoribbon composite in symmetric and asymmetric supercapacitor[J]. Applied Surface Science, 2018(427): 102-111.

[8] Li S, Duan Y, Teng Y, et al. MOF-derived tremelliform Co$_3$O$_4$/NiO/Mn$_2$O$_3$ with excellent capacitive performance[J]. Applied Surface Science, 2019(478): 247-254.

[9] Sivakumar P, Jana M, Kota M, et al. Controllable synthesis of nanohorn-like architectured cobalt oxide for hybrid supercapacitor application[J]. Journal of Power Sources, 2018(402): 147-156.

[10] Cho S, Kim J, Jo Y, et al. Bendable RuO$_2$/graphene thin film for fully flexible supercapacitor electrodes with superior stability[J]. Journal of Alloys and Compounds, 2017(725): 108-114.

[11] Zhang J, Chen G, Zhang Q, et al. Self-assembly synthesis of N-doped carbon aerogels for supercapacitor and electrocatalytic oxygen reduction[J]. ACSapplied materials & interfaces, 2015, 7(23): 12760-12766.

[12] Meng X, Lu L, Sun C. Green synthesis of three-dimensional MnO$_2$/graphene hydrogel composites as a high-performance electrode material for supercapacitors[J]. ACS applied materials & interfaces, 2018, 10(19): 16474-16481.

[13] Cho S, Shin K H, Jang J. Enhanced electrochemical performance of highly porous supercapacitor electrodes based on solution processed polyaniline thin films[J]. ACSapplied materials & interfaces, 2013, 5(18): 9186-9193.

［14］ Ruan C，Xie Y. Electrochemical performance of activated carbon fiber with hydrogen bond-induced high sulfur/nitrogen doping［J］. RSC advances，2020，10(62)：37631-37643.

［15］ Rahman A，Noreen H，Nawaz Z，et al. Synthesis of graphene nanoplatelets/polythiophene as a high-performance supercapacitor electrode material［J］. New Journal of Chemistry，2021，45（35）：16187-16195.

［16］ Zhang L，Zhang X，Wang J，et al. Carbon nanotube fibers decorated with MnO_2 for wire-shaped supercapacitor［J］. Molecules，2021，26(11)：3479.

［17］ Kumar D，Banerjee A，Patil S，et al. A 1 V supercapacitor device with nanostructured graphene oxide/polyaniline composite materials［J］. Bulletin of Materials Science，2015，38(6)：1507-1517.

［18］ Arkhipova E A，Ivanov A S，Savilov S V，et al. Effect of nitrogen doping of graphene nanoflakes on their efficiency in supercapacitor applications ［J］. Functional Materials Letters，2018，11（06）：1840005.

［19］ 乔志军，阮殿波. 超级电容在城市轨道交通车辆中的应用进展［J］. 铁道机车车辆，2019，39(2)：83-86，90.

［20］ 张婕. 浅谈超级电容器储能系统在微电网中的应用［J］. 建材与装饰，2017(9)：236-237.

［21］ 胡振伟. WO_3 基超级电容器的研究进展［J］. 广州化学，2022，47(4)：15-25.

［22］ 陈雪丹，陈硕翼，乔志军，等. 超级电容器的应用［J］. 储能科学与技术，2016，5(6)：799-805.

［23］ 吴彩燕，李成金，赵承良. 神秘的超级电容器［J］. 物理通报，2015(9)：117-119.

［24］ 方晓佳，蔡英鹏，陈锦活. 超级电容器的研究进展及发展趋势［J］. 农村电气化，2022(6)：90-92.

第 9 章

风能技术

9.1 概述

　　风是空气的流动，是一种广泛存在于大气中的自然现象。由于太阳辐射与地球自转的双重影响，地球表面大气压分布不均，并直接引起了这种大气流动。太阳辐射在地球表面随着纬度的增加向南北逐渐减弱，赤道表面的平均太阳辐射最强，空气受热上升，导致地球表面形成了相对于两极的低气压；由于地球的自转，大气的运动同时也受科里奥利力的作用，由此引起了盛行风。在更小的地理尺度上，风的大小与方向则受到当地地理因素的影响。常见的地理形态引起的风有：由于海水与陆地比热容差异而形成的海陆风、海拔变化引起的山地风和谷地风等。上述小尺度的大气流动具有随地理位置变化和在一日内随时间变化的特点，因此也使得地球表面风能分布的不稳定性更为显著。风能资源作为一种安全无污染的可再生能源，对风能资源的有效利用和开发、能源结构的调整有极其重要的作用。随着风电技术的成熟、风电行业的不断发展与进步，风力发电在世界范围内得到广泛的重视与应用，并且已经成为装机容量仅次于水电的第二大可再生能源。地球上风资源总量丰富，估计全球风能资源约为 $2.74 \times 10^9 \mathrm{MW}$，其中约 $1 \times 10^7 \mathrm{MW}$ 可被利用。

　　风电具有丰富、清洁、安全的特点，加快风电产业发展对于增加清洁能源供应、实现可持续发展具有重要意义。人类历史上第一台将风能转化为电能的风车由英国学者 James Blyth 建造于 1887 年，并用于其自家房屋的供电。在 1900~1960 年期间，丹麦研究制造出 10~200kW 的各种类型的风力发电机，很多大型的风力发电机已经并入国家电网之中，承担着国家电能的使用。美国则在 1941 年设计制造了 1250kW 风力发电机，风轮直径为 53.3m，安装在佛蒙特州，于同年 10 月作为常规电站并入电网。另外，法国和苏联也研制过百瓦、千瓦级的机组。1973 年发生石油危机以后，世界各个大国投入大量的经费改变国家能源结构，尤以美国、西欧等发达国家和地区为主，研究新的能源，减少对矿物燃料的依赖，国家的大量投入推动了科技各个领域之间的合作，找到了储藏量丰富及利用率高的能源。在这样的背景下，计算机技术、空气动力学、结构力学和材料科学相结合，改变传统发电机组，人们研制出了新的风力发电技术。风力发电技术在 20 世纪得到了长足的发展，并主要应用于两种供电模式：大型风力发电机并入国家或地区级别电网的模式已经得以实现，并与一些用于独立设施供电的中小型风力发电装置并存。进入 21 世纪以来，随着传统化石能源的消耗，其带来的气候变化、环境污染等诸多不利因素加速了可再生能源技术的发展。风能作为典型的清洁可再生能源开始得到世界各国的重视。风能来源于太阳辐射，是一种清洁能源。相对于传统化石能源，风力发电对大气温室气体的排放少，如表 9-1 所示。根据法国环境与能源管理局的统计数据，陆上风电设备平均发电的单位二氧化碳排放量约为

$12.7g/[g/(kW \cdot h)]$ [克等效（二氧化碳每千瓦时），海上风力发电的单位二氧化碳排放量约为 $14.8g/[g/(kW \cdot h)]$。发展风力发电对于构建绿色、环保、可持续的能源与生态体系有着不可低估的作用。

表 9-1   不同发电方式对应的单位发电量二氧化碳排放量

发电种类	单位发电量二氧化碳排放量/$[g/(kW \cdot h)]$
核电	6
陆上风电	12.7
海上风电	14.8
光伏发电	55
燃气发电	406
燃煤发电	1038

9.2　风能资源

　　风能的最早利用可追溯到 5000 年以前的帆船驱动，用来发电始于 19 世纪晚期，自 20 世纪 90 年代以来，风力发电是全球发展最快的能源，几乎呈指数级增长。地球上蕴藏着丰富的风能资源，尤其是海上风能资源更为丰富，大约是陆地上的 10 倍，按照世界气象组织（WMO）估计，全球风能储量约为 2.74×10^9 MW，其中可开发利用的风能总量为 2×10^7 MW，比地球上可利用的水能总量还要大 10 倍。

9.2.1　风能资源的评估

（1）风能资源评估标准

　　虽然风能资源评估在风电开发中占据极为重要的地位，但至今国际尚未形成一套有效完备的标准体系。目前，国际上风能资源评估相关的标准规范主要由国际电工委员会、国际风能检测合作组织、国际能源署、世界气象组织和世界标准化组织等机构制定。国际电工委员会是为所有电气、电子和相关技术准备及出版国际标准的世界领先组织。为了改善不同机构设定的标准各异使得评估结果无法直接比较的情况，国际风能检测合作组织应运而生，旨在促使各方的标准和建议达成共识，以形成高质量的测试和评估方法。目前制定了 "Anemometer Calibration Procedure" 和 "Evaluation of Site Specific Wind Conditions" 等风能资源评估相关标准。国际能源署是一家自治政府间组织，在促进可替代能源、制定合理的能源政策以及跨国能源技术合作方面发挥着广泛的作用。国际能源署针对风电制定了一系列的推荐方法，其中的第 11 卷 "Recommended Practice 11：Wind Speed Measurement and Use of Cup Anemometry" 主要根据实际使用经验，对如何选择三杯风速计、观测参数和安装环境设计给出许多实用建议，同时也列出了几种其他类型风速计的优点和缺点，以及三杯风速计的标定流程和方法。我国现行主要风能资源评估的标准如表 9-2 所示，国内风能资源评估的相关标准 GB/T 18709—2002《风电场风能资源测量方法》规定了风电场进行风能资源测量的方法，包括测量位置、测量参数、测量仪器及其安装、测量数据采集。GB/T 18710—2002《风电场风能资源评估方法》在总结我国风电场选址中风能资源评估的经验基础上，规定了评估风能资源气象数据、测风数据的处理及主要参数的计算方法、风功率密度的分级、评估风能资源的参考判据、风能资源评估报告的主要内容和格式。GB/T 37523—2019 主要规定了风电场气象观测资料的数据审核、短期观测数据插补，以及代表年数据订正技术。QX/T 559—2020 规定了测风塔系统组成、塔体技术要求、数据测量采集系统要求、测风塔观测站系统传感器检定、环境适应性及可靠性要求、观测数据处理要求。

表 9-2　现行主要风能资源评估的相关国家标准和行业标准

标准类型	标准名称	发布时间	介绍
国家推荐	GB/T 18709—2002《风电场风能资源测量方法》	2002 年 4 月 28 日	是中国最早关于风电场风能资源测量和评估方法的国家标准，为风能资源评估奠定了重要基础
国家推荐	GB/T 18710—2002《风电场风能资源评估方法》	2002 年 4 月 2 日	—
行业推荐	NB/T 31029—2019《海上风电场风能资源测量及海洋水文观测规范》	2019 年 11 月 4 日	关于海上风电场风能资源测量及海洋水文观测的规范
国家推荐	GB/T 37523—2019《风电场气象观测资料审核、插补与订正技术规范》	2019 年 6 月 4 日	—
行业规范	QX/T 559—2020《风能资源观测系统测风塔观测技术要求》	2020 年 6 月 16 日	—

（2）风能资源评估的必要性

为了充分利用风能资源，使其在碳中和目标上作出应有贡献，提升风能资源评估的准确性至关重要。风能资源评估主要通过对当地的风速、风向、气温、气压和空气密度等观测参数的分析处理，估算出风功率密度和有效年利用小时数等量化参数，结合测风塔观测数据和中尺度数值气象模式，利用计算机仿真技术实现近地层风能资源评估，从而为区域的风能资源储量估计、风电场选址、风电机组选型、机组排布方案的确定和发电量计算提供参考依据。

由于风能资源评估主要服务于国家或地方风电发展规划的制定，因此需重点考虑风能资源禀赋、现阶段风能利用技术水平、自然地理条件、生态环境国家保护区和城市等限制风能资源的开发。风能资源评估的关键问题：一是如何快速提高风资源分布图谱的时空分辨率；二是如何快速计算得到 20～30 年的长期平均风速分布以及相关风资源统计参数，制作高空间分辨率的风能资源图谱。在风能资源评估技术发展历史上，各国都经历了由气象站历史观测数据统计评估方法转换为中小尺度数值模拟评估方法的历程。例如美国可再生能源中心（NREL）采用中尺度数值模式制作了 2.5km×2.5km 的风能资源图谱，中国气象局采用中尺度数值模式 WRF 与复杂地形运动降尺度模式 CALMET 结合制作了水平分辨率 1km×1km 的全国风能资源图谱，丹麦科技大学风能系将中尺度模式与丹麦科技大学小尺度风能资源评估系统 WAsP 结合，针对风电场宏观选址开展了水平分辨率 250m×250m 或 100m×100m 的区域风能资源评估。

（3）风能资源利用条件

风能资源的开发利用受风能利用技术水平、自然地理条件、土地资源、交通、电网或地方发展规划等诸多因素的制约，对风能资源储量的评估必须综合考虑各种限制因素。中国地形复杂，高原、山地和丘陵占国土总面积的 65%，中国风能开发利用很大程度上受到地形条件的制约，不能简单采用 5MW/km² 的标准进行估算，通常按 GIS（地理信息系统）分析原则进行风能资源评估，如表 9-3 所示。

表 9-3　风能资源可开发利用条件的 GIS 分析原则

	限制条件	土地可利用率
地形坡度	$\alpha \leqslant 3\%$	1.0
	$3\% < \alpha \leqslant 6\%$	0.5
	$6\% < \alpha \leqslant 30\%$	0.3
	$\alpha > 30\%$	0.0
土地利用类型	自然保护区	0
	水体	0
	草地	0.80
	灌木	0.65
	森林	0.2
	城市及周边 3km 范围	0

9.2.2　风能利用关键参数

中国复杂的地形环境，同一地区空气密度随高度变化波动较大，导致风电机组输出功率达不到设计时的最优输出功率，因此风电机组在装机运作前，应该根据风电场随全年空气密度变化的实际情况，分析不同布局对功率产出的影响，调整并优化风电机组排列，确保风电机组尽可能多地捕获风能。根据风资源数据提供的近 20 年平均气压、温度和水汽压强计算，方法如下：

$$\rho = \frac{1.276}{1 + 0.00366t} \times \frac{p - 0.378e}{1000} \tag{9-1}$$

式中，ρ 为空气密度；p 为平均气压；t 为平均温度；e 为平均水汽压强。

平均风速是指测量出的风速之和除以测量次数。它可以最直接地看出该地风能资源的优劣。在风能资源评估时，平均风速数学表达式如下：

$$V_E = \frac{1}{n} \sum_{Z=1}^{n} V_Z, Z = 1, 2, \cdots \tag{9-2}$$

式中，n 为研究时间内平均风速的采样数量；V_Z 为风速采样序列 Z 的风速。

风功率密度是指一段时间内单位面积上以一定的速度流动过后捕获到的能量，对其取时间积分后再求取平均值，如下式所示：

$$\overline{W} = \frac{1}{2} \rho \int_0^\infty v^3 f(v) \mathrm{d}v \tag{9-3}$$

式中，$\overline{W}$ 为平均风功率密度；ρ 为空气密度；v 为来流风速。

风切变指数是一个综合性参数，它反映了地表粗糙度、大气稳定度以及风速随高度变化而变化的规律，风速一般随高度的增加而增大。如下式所示：

$$u_2 = u_1 \left(\frac{z_2}{z_1} \right)^\alpha \tag{9-4}$$

式中，u_2 为 z_2 高度处的风速；u_1 为 z_1 高度处的风速；α 为风切变指数。

$$\alpha = \ln(u_1/u_2)/\ln(z_2/z_1) \tag{9-5}$$

α 的大小与近地面的粗糙度有着直接的关系。近地面的粗糙度一般按照地貌内容分为四类，如表 9-4 所示。

表 9-4　在不同粗糙度地貌下的风切变指数

地貌分类	地貌内容	风切变指数
A	近海海面、海岸、湖岸、沙漠地区	0.12
B	田野、乡村、丛林、丘陵及房屋稀疏的城镇及城市郊区	0.16
C	有密集建筑的城市市区	0.2
D	高层建筑密集的城市市区	0.3

风速是指单位时间内风在水平方向上移动的快慢。在风电场项目准备工作中，需要测量不同高度处的风速，以便比较不同轮毂高度风力发电机的发电量。另外风存在盛行风向和非盛行风向，通常将风向分为 12 个扇区，每个扇区 30°，风力发电机工作时，稳定的盛行风向才能确保风力发电机的正常工作，盛行风向的风速一般大于非盛行风向。因此，需要了解选址处风速、风向特征。对于地势平坦的地区，风电机一般会按垂直于主风向的方向排列，所以尽早得知该地的风向图可以更好地安排风机的排列。风场的风资源潜力与该区域常年平均风功率密度的大小密切相关，通过分析平均风功率密度可以为风电场选址提供理论依据。

9.2.3　风能资源的等级

根据划分标准，风能潜力区可分为丰富区、较丰富区、可利用区和贫乏区，如表 9-5 所示。我国风能资源主要有两大风带：一是包括东北、华北北部和西北的"三北地区"，其大部分地区年均风功率密度可达 $200 \sim 300 \mathrm{W/m^2}$，甚至有一些特别地区高达 $500 \mathrm{W/m^2}$，$3\mathrm{m/s}$ 风速每年累计超过 5000h，一些地区甚至超过 7000h；二是东南沿海陆地、岛屿及近岸海域等地区，其年均风功率密度在 $200\mathrm{W/m^2}$ 以上，$3\mathrm{m/s}$ 风速每年累计在 $7000 \sim 8000$h 之间不等。我国的海上风能资源也非常丰富，海上风能资源很大程度取决于离海岸线的距离，离海岸线距离越远，风能资源越丰富。通常按照离海岸线的距离分为几个区：10km 以内区、$10 \sim 30$km 区、$30 \sim 60$km 区和 60km 以上区。我国的海上风能资源在水深 10m 处、20m 处、30m 处分别大约为 100GW、300GW、490GW，总的海上风能资源是陆上的 3 倍，具有很好的开发和利用前景。根据全球能源互联网发展合作组织预测，到 2060 年，中国海上风电装机规模将达到约 1.6 亿千瓦。

表 9-5　风能资源划分标准

风能潜力区	丰富区	较丰富区	可利用区	贫乏区
年均风功率密度/（W/m²）	>200	$200 \sim 150$	$150 \sim 50$	<50
3m/s 风速年累计时间/h	>5000	$5000 \sim 4000$	$4000 \sim 2000$	<2000
6m/s 风速年累计时间/h	>2200	$2200 \sim 1500$	$1500 \sim 350$	<350

近地层大气运动受大气环流、太阳辐射日变化周期及地形阻挡等作用，使近地层风速具有时间变化快且空间分布不均匀的自然属性。风能资源储量评估的基本原则是，首先确定可

利用风能资源的区域分布和面积，再根据现阶段主流风电机组的额定功率、叶轮直径和其利用风速等级计算装机容量，最后根据区域年平均风速和风能可利用面积比对可利用风能等级进行划分，给出可利用风能资源划分。通过地理信息系统扣除不可开发风电场的区域，计算受到上述制约因素影响区域内的风能开发土地可利用率。将不可用于开发风电区域的土地可利用率设置为零，如自然保护区、水体、城镇等，不同的地形坡度和植被覆盖类型设置不同的土地可利用率。在可利用风能资源等级划分标准中（表 9-6），将土地可利用率从 0 到 1 等间距划分为 5 个区，将 80m 高度年平均风速划分为 5 档：4.8~5.8m/s，5.8~6.5m/s，6.5~7.0m/s，7.0~7.5m/s，$\geqslant$7.5m/s。年平均风速在 4.8~5.8m/s 的风能资源为低风速风能资源，近年来由于低风速风电机组的研制成功，使原本被认为无价值的低风速资源也可以开发利用。可利用风能资源划分为 5 个等级：非常丰富、丰富、较丰富、一般和低风速。可利用风能资源等级为丰富和非常丰富的含义是年平均风速大且土地可利用率高，适合大规模风电开发，可利用风能资源等级为一般则表明年平均风速刚好达到可利用水平或由于地形复杂等原因导致土地可利用率较低。低风速区年平均风速较小，需选择高轮毂、长叶片的低风速风电机组。海上风电开发远比陆上复杂，制约因素多，如航道、军事、石油开采、水产养殖，因此海上可利用风能资源等级仅根据年平均风速划分为 4 级：非常丰富、丰富、较丰富和一般，如表 9-7 所示。

表 9-6　陆上可利用风能资源等级划分标准

土地可利用率	陆上 80m 高度年平均风速/m/s				
	$V \geqslant 7.5$	$7.0 \leqslant V < 7.5$	$6.5 \leqslant V < 7.0$	$5.8 \leqslant V < 6.5$	$4.8 \leqslant V < 5.8$
0.8~1.0	非常丰富	非常丰富	丰富	丰富	低风速
0.6~0.8	非常丰富	丰富	较丰富	较丰富	低风速
0.4~0.6	丰富	较丰富	较丰富	一般	低风速
0.2~0.4	较丰富	一般	一般	一般	低风速
0.0~0.2	一般	—	—	—	—

表 9-7　海上可利用风能资源等级划分标准

海域可利用率	海上年平均风速/(m/s)			
0.2	$V \geqslant 7.5$	$7.0 \leqslant V < 7.5$	$6.5 \leqslant V < 7.0$	$5.8 \leqslant V < 6.5$
	非常丰富	丰富	较丰富	一般

9.2.4　风能资源的开发

风能资源技术开发量与年平均风速、地形坡度、土地利用性质及水体、城市和自然保护区等因素有关。中国高原、山地、丘陵占国土总面积的 65%，地形和坡度对风能开发的土地利用率影响最大。与陆上风资源相比，海上风资源具有风切变小、湍流强度小和各干扰因素少等优点。2021 年我国海上风电新增装机 1690 万千瓦，累计装机规模达到 2638 万千瓦，跃居世界第一，目前我国主流海上风电产业还在近海海域，远海风电产业仍处于起步阶段，但远景可观。

中国陆地 80m、100m、120m 和 140m 高度的风能资源技术开发总量分别为 3.2×10^9kW、3.9×10^9kW、4.9×10^9kW 和 5.1×10^9kW，如表 9-8 所示，其中包含 19 个省

（市、自治区）的低风速风能资源技术开发量分别为 $4.9\times10^9\mathrm{kW}$、$5.0\times10^9\mathrm{kW}$、$4.6\times10^9\mathrm{kW}$ 和 $4.1\times10^9\mathrm{kW}$，如表 9-8 所示。

表 9-8　中国陆地风能资源开发量

高度/m	技术开发总量/$\times10^9\mathrm{kW}$	低风速资源技术开发量/$\times10^9\mathrm{kW}$
80	3.2	4.9
100	3.9	5.0
120	4.6	4.6
140	5.1	4.1

注：技术开发总量中包括低风速资源技术开发量。

中国近海风能资源按水深和离岸距离两种方式进行评估，水深 $0\sim5\mathrm{m}$ 范围属于潮间带，不计入近海风能资源评估的范围。水深 $5\sim50\mathrm{m}$ 海域风能资源技术开发量为 4.0 亿千瓦，其中水深 $5\sim25\mathrm{m}$ 海域风能资源技术开发量 $2.1\times10^9\mathrm{kW}$，水深 $25\sim50\mathrm{m}$ 海域技术开发量 $1.9\times10^9\mathrm{kW}$。离岸距离 $50\mathrm{km}$ 以内海域风能资源技术开发量为 $3.6\times10^9\mathrm{kW}$，其中离岸距离 $25\mathrm{km}$ 海域以内风能资源技术开发量 $1.9\times10^9\mathrm{kW}$，离岸距离 $25\sim50\mathrm{km}$ 海域技术开发量 $1.7\times10^9\mathrm{kW}$，如表 9-9 所示。

表 9-9　中国近海 100m 高度风能资源技术开发量

等深线/m	技术开发总量/$\times10^9\mathrm{kW}$	离岸距离/km	技术开发总量/$\times10^9\mathrm{kW}$
$5\sim25$	2.1	<25	1.9
$25\sim50$	1.9	$25\sim50$	1.7

9.3　风力发电机组的基本结构

将风能转化为电能是风能利用中最基本的一种形式，风力发电机组是将风能转化为电能的装置，按其容量划分可分为小型风力发电机组（10kW 以下）、中型风力发电机组（10～100kW）以及大型风力发电机组（100kW 以上）。风力发电机组主要是由风轮、机舱、塔筒以及基础底座组合而成的，风轮部分包括叶片和轮毂，叶片本身具备空气动力的外部形态，当受到气流冲击的时候形成一定的作用力使风轮开始转动，通过轮毂将转矩传动系统。机舱部分主要包括底盘、整流罩以及机舱罩等部件，内部结构复杂且耦合性较强。风力发电机组将风能转化为电能的能量转换过程（如图 9-1 所示），总体上经过风轮、齿轮箱、发电机三个环节，其中风轮用于实现由风能向机械能的转换。

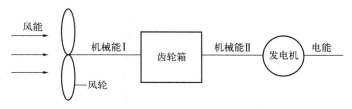

图 9-1　风电机组转化

由流体力学可知，风能与风速的三次方成正比，则风轮吸收率可表达为：

$$P_{wind} = \frac{1}{8}\rho_1 \pi D^2 v^3 C_p \tag{9-6}$$

式中，ρ_1 为空气密度（kg/m³）；D 为风轮直径（m）；v 为风速（m/s）；C_p 为风能利用系数，为风轮输入功率与风功率的比值。1919 年德国物理学家 Betz 提出，在理想情况下，C_p 的极限值为 59.3%。

9.3.1　风力发电机组分类

　　风力发电机组按其主轴与地面的相对位置可以分为水平轴风力发电机组（主轴中心线与地面平行）和垂直轴风力发电机组（主轴中心线与地面垂直），如图 9-2 所示。目前商业运行的风电机组以水平轴风力发电机组为主流机型。

　　水平轴风力发电机（horizontal-axis wind turbine，HAWT）的转动轴与风向平行，其中三叶片的水平轴风机是目前全球占据主流地位的机型。水平轴风机迎面朝向来风方向，叶片在风的作用下受升力旋转，通过齿轮组与变速箱驱动发电机转动。水平轴风力发电机组由叶片、轮毂、传动系统、塔筒、基础等主要部件组成。风电机组叶片在风力的作用下旋转，将风的动能转换为传动系统的机械能，进而带动发电机发电。

图 9-2　水平轴风力发电机（a）垂直轴风力发电机（b）

　　垂直轴风力发电机（vertical-axis wind turbine，VAWT）的转动轴垂直于风的来向，主要有阻力型和升力型两种。阻力型垂直轴风机的风轮有一侧所受阻力始终高于另一侧，从而获得扭矩并旋转。Savonius 风机即是一种较为常见的阻力型垂直轴风机。阻力型垂直轴风机一般造价低，能够在低流速下自启动，但风功率较低。升力型垂直轴风机的叶片水平截面是经过空气动力学优化的翼型，在来流中受到升力，并驱动整个风轮旋转。根据叶片结构的不同，升力型垂直轴风机又分为 Darrieus 型和 H 型两类：Darrieus 型风机使用弯曲的叶片，各个叶片在风轮的首尾连接至垂直的转轴，以减少叶片所受的离心力；H 型垂直轴风机与 Darrieus 型风机的动力学原理类似，但使用了互相平行的直叶片，用水平的支撑杆与中心的旋转轴相连。与飞机机翼主要用来获取升力不同，垂直轴风机主要用来获取切向力以获得扭矩。两者都与叶片两侧的压强分布有关，而压强分布则与叶形密切相关。由于目的不同，对叶形的要求显然也应不同。

影响垂直轴风机效率的主要机械因素有叶片翼型、风轮适度、叶片安装攻角等。机械因素有特定的最佳组合，偏离越多则风机效率的衰减越明显。即使风轮的机械因素处于最佳状态，风力发电机也并不一定能获得最佳的发电效率。只有在发电机的功率扭矩曲线与风轮的最佳功率扭矩曲线一致时，才能达到最佳的发电效率。此外，风轮的旋转可以在任意转速下旋转，要达到最佳功率输出效果则必须通过控制，使其工作在最佳功率的转速上。因此，垂直轴风机所涉及的技术关键较多，难点在于获取最佳效率。

垂直轴风力机发展起步较晚，一直未能真正实现大型化和规模化应用，主要原因如下：首先，垂直轴风力机虽然较水平轴风力机相比受尾流效应影响较小，但是其在风场布置中依然会受到周围风机的影响，降低风轮出力效果，进一步影响风能利用率；其次，按照风力机大型化发展趋势，为了吸收更多的风能，风力机塔架越来越高，风力机主轴长度越来越长，极易引起主轴偏振，降低主轴寿命。

9.3.2　叶片

叶片是将风能转化为动能的机构，它捕捉和吸收风能，将风能转化为机械能，实物如图 9-3 所示。随着全球风电市场转向低风速和海上风电场的风能开发，叶片不断增长，随着叶片的大型化，叶片的运行雷诺数、载荷和质量不断增加，设计高效、低载以及轻质的叶片成为叶片厂商和研究者们不断追求的目标，因此，一些新的翼型、材料、叶片结构、制造工艺以及设计方法不断出现，并逐步应用到工程实践中。风电机组通常有 3 片叶片，叶尖速度 50～70m/s。叶片是风力发电机组的关键部件，其良好的设计、可靠的质量和优越的性能是保证机组正常运行的决定因素。但风力发电机与航空飞行器在运行环境以及流场特征方面存在差异，如较低的运行雷诺数、高湍流强度、多工况运行及表面易污染等特点，20 世纪 80 年代各国开始研究风力发电机专用翼型

图 9-3　风机叶片实物

并取得一系列成果，如美国国家可再生能源实验室提出的 S 系列翼型、瑞典航空研究院设计的 FFA 系列翼型。近年来国内多所研究机构也对风力发电机专用翼型进行了研发，如中国科学院工程热物理研究所研发的 CAS 系列翼型，翼型最大相对厚度达到了 60%，且采用钝尾缘设计，具有较好的结构性能和气动特性，对提高叶片过渡段附近的气动性能有重要意义；西北工业大学研发的 NPU-WA 系列翼型，设计雷诺数达到了 5×10^6，且在此雷诺数下具有较好的气动性能，对开发大型叶片有重要价值；汕头大学和重庆大学分别将噪声要求引入翼型设计，获得吊绳的风电机组翼型。

材料是叶片结构设计的基础，同时对叶片的气弹响应特性以及结构性能具有非常重要的作用。风电叶片材料在经历了木材、布蒙皮、金属蒙皮以及铝合金后，目前已经基本被玻璃钢复合材料取代，这主要是因为其具有以下优点：①可根据风电叶片的受力特点设计强度与刚度，最大限度地减轻叶片质量；②容易成型；③缺口敏感性低、疲劳性能好；④内阻尼大、抗震性能好；⑤耐腐蚀性、耐候性好；⑥维修方便、易于修补。随着人们对环保的要求越来越高，废弃叶片的处理已经逐渐成为一个严重问题，目前大多数叶片采用聚酯树脂、乙烯基脂以及环氧树脂等热固性树脂基体制成，这类叶片难降解，占用大量土地。研究低成本、可回收利用的绿色环保复合材料已成为目前重要的研究方向，其中热塑性复合材料受到

了科研人员和叶片厂商的广泛关注。热塑性材料有以下优点：①可以回收；②成型工艺简单，可以焊接；③比强度高；④力学性能好，如比刚度、延伸率、破坏容许极限均较高、延展性好；⑤耐腐蚀性好；⑥固化周期短。目前，大型风电叶片主要由壳体、大梁、腹板、叶根增强、前尾缘增强以及防雷系统等部件组成。叶片的结构设计需要考虑的因素众多，如模态、刚度、强度、疲劳。模态分析要求叶片的固有频率掰开整机的共振区间；刚度分析主要控制叶片变形，满足叶尖与塔筒间隙的设计要求；强度分析要求叶片满足在一定载荷下，材料满足极限强度和稳定性要求；疲劳分析要求叶片满足使用年限要求。

9.3.3 轮毂

轮毂是风机叶轮的重要组成部分（图 9-4），承载叶片的重力以及叶片传来的各种交变载荷。再加上叶片自身庞大的质量，轮毂的体积以及质量都相应设计得很大，并且轮毂的安装高度也很高，一般都在七八十米的高处，这给装配与维修带来了很大的困难。目前风电都是朝着大功率方向发展，随着我国科研的投入以及专业开发设计能力的提高，现已经可以实现大于 10MW 的大容量风电建设，随着风机功率的增大轮毂质量也随之增大。

图 9-4　风电轮毂实物

风力发电机的叶轮由三片叶片对称安装在风电轮毂上，每两片叶片间为 120° 的夹角。叶片与轮毂依靠轴承连接，并用螺栓分别紧固在轴承的内外圈上。叶片产生的气动载荷以及机舱、风轮旋转引起的离心力、惯性力和重力通过叶片传递到轮毂上，这些载荷和轮毂自身的重力构成了轮毂载荷。作为叶片和转轴间的连接部件，轮毂的几何形状和尺寸由叶片和轴决定。特别是叶片法兰边的直径以及叶片变桨轴承的直径决定了轮毂的大小。

轮毂通常为铸件，是风电机组的关键零件，属于大断面铸件，尤其是主轴孔部位厚度超过 200mm。随着风电大型化，其关键铸件质量越来越大。风电铸铁运用地区跨度大，运行工况复杂，条件恶劣，如我国"三北"地区属于高寒地区，我国长江以南海上为代表的高盐高湿高腐蚀等极端气候条件区，都对铸件提出了更高的要求。轮毂通常重约 10～60t，风电运行时，叶片法兰孔、主轴孔承受巨大、复杂的交变载荷，必须要有良好的力学性能。风机工作环境特殊（高空、部分时间工作于低温下），因此维修极其困难，且代价甚高，故对铸件质量、力学性能要求极为严格，还要求铸件耐疲劳强度高，保证 10～20 年安全运行不维修。风电球铁件要求使用铸态 QT350-22LT 或者 QT400-18LT 制造，这是由于球墨铸铁有其自身的优点：第一，球墨铸铁有着非常好的机械加工性能；第二，球墨铸铁有着良好的减震和耐磨的性能；第三，球墨铸铁铸件有着合适的质量，并且比较廉价。电机组的工作环境通常都比较恶劣，而且常常在风力比较大的地区工作，风向相对比较不稳定，为了克服叶片转动所带来的偏航作用，避免对风机轮毂造成较大的损害，要使风机轮毂自身拥有一定的质量，但是过重又会对产品的设计带来困难，国内外通常选择球墨铸铁为材质。另外，由于风能发电机组通常要在高原，较寒冷以及海上等条件非常恶劣的环境中工作，要克服大温差、湿度高和低温环境，因此在风电发电机组上使用的球墨铸铁要有很好的低温冲击性能，以适应恶劣的工作环境。

9.3.4　传动系统

传动系统（传动链）是风电机组重要的组成部分，如图 9-5 所示，内部包含大量旋转运动的零部件。在机组运行过程中，由于风载的随机变化、电网的不稳定波动及内部各零部件柔性变形等因素的影响，传动链经常受到振荡扭矩的作用，极易出现剧烈的共振现象，导致风电机组停机或破坏。

风力发电机组分为水平轴式和竖直轴式两种类型，其中又以水平轴式风电机组为主。水平轴风电

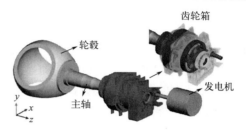

图 9-5　传动系统

机组的共同点为从叶片到主轴，再到齿轮箱的整个风机传动链都是利用主轴轴承以及齿轮箱的左右扭力臂作为支撑，最后安装在风机塔架的顶端。由于塔架较高柔性较大，在风场复杂多变的风载下，传动链的受载必定导致塔架的变形，而风机塔架的变形又会使得风机传动链受力变形更为复杂，进而导致传动链故障高发，成为了风电机组的薄弱环节。

传动链布局形式一般是两点支撑，有双排独立的滚珠轴承、只承受扭矩的独立齿轮箱和与机座相连接的独立的发电机，发电机座不传递转子负载，转子负载对齿轮箱只具有很小的冲击作用。其他的传动链布局形式包括三点式支撑，三点式支撑中单主轴轴承成本低，传动链缩短，齿轮箱前轴承承受转矩和径向负载，所以故障率会比较高；还包括主轴齿轮箱集成式，布局优点是结构紧凑、质量轻，缺点是齿轮箱可靠性要求高，维护不方便。

9.3.5　塔筒

风力发电机塔筒是风力发电机组的重要组成部分之一，最常见的是由钢结构制成的圆筒形结构，它的主要作用是支撑风力发电机组，以确保其能够稳定地工作。塔筒还具有一定的结构稳定性和耐久性，可以承受风力发电机组运行时产生的应力和振动。风机支撑结构作为典型的高耸结构，具有柔性大、自振频率低、阻尼小等特点，当风机运行时，塔筒受力情况非常复杂，这些载荷通常包括机组自重、风载荷以及由机组重心偏移引起的偏心力矩等。圆锥筒形风机塔筒是一种常用的风机塔筒形式，它具有以下优点：①强度高，圆锥筒形风机塔筒的结构比较坚固，能够承受更大的荷载；②质量轻，圆锥筒形风机塔筒与同高度其他类型的塔筒相比，质量也较轻；③耐久性好，圆锥筒形风机塔筒的结构比较稳定，具有良好的耐久性；④热稳定性好，圆锥筒形风塔在环境温度变化时具有较好的稳定性；⑤使用范围广，圆锥筒形风机塔筒可以承受不同高度和功率的风力机，应用范围广泛；⑥圆锥筒形风机塔筒在环境保护方面也具有一定的优点，因为它可以有效地吸收能量，减少风力机和环境之间的

冲击和摩擦。

风能行业的迅猛发展伴随着许多风力发电机的倒塌事故。在这些事故中，结构性损坏的比例高达12%，而疲劳损坏则是造成这种情况的主要原因。当结构受到外力的影响，经过一定的循环负荷，就会出现局部裂缝，随着负荷的增加，这些裂缝会不断扩大，最终导致永久性的结构变形和完全断裂，这一过程被称为疲劳，而疲劳寿命则是指结构在这一过程中所需要的时间和负荷的循环次数。疲劳损伤通常会经历三个主要阶段：产生、扩大和破坏。这些阶段都表现出明显的局部性，即损伤通常发生在结构承受较大应力或较大应变的区域。因此，在进行疲劳研究时，必须特别关注那些由几何形状或材料缺陷导致的应力集中的区域。

许多风机的安全事故源自于它们的零件受到的疲劳损伤，其中，焊接处的疲劳损伤占据了重要的比例。因为焊缝金属具有良好的合金化特征，所以在理论上焊缝金属的物理性能和力学性能比焊接母材更好。然而，在实际应用中，焊接过程中可能出现一些焊接缺陷，例如气孔、凹坑、未焊透等，导致焊接结构比焊接母材更容易受到疲劳损伤，从而影响最终的使用寿命。为了提高效率，风力发电机的塔筒部件都是焊接而成的，例如，风机的塔筒是由一系列的钢板组装而成，钢板之间的连接是通过焊接来实现的。风电场的地理环境通常非常恶劣，因此风电塔筒必须承受各种复杂的外部荷载，如风力、地震、雨雪和波浪等。作为风力发电机的核心支撑结构，塔筒在这些荷载的持续作用下容易出现疲劳损伤。虽然风电塔筒结构具有良好的抗风荷载能力，其外形特征使得它能够有效地抵抗风荷载，从而保证风力发电机的正常运行，但是，在长期的工作条件下，风力发电机的焊缝连接处极易受到疲劳损伤，若损伤累积至极限，将会引起塔筒的破坏。因此，在设计风电塔筒的结构时，应当重视焊缝的抗疲劳强度，以确保塔筒的安全性、可靠性和使用寿命。

9.3.6　基础结构

塔筒以下部分为风机基础结构，陆地风机基础主要承担由塔筒传递而来的风轮荷载；而海上风机基础不仅受到风轮荷载，还会经受环境荷载（如波浪荷载、潮汐荷载、海流荷载、冰荷载、船舶荷载等）的作用。由于风向的随机性且主要以水平力作用于风机，加之风荷载、波浪荷载、潮汐荷载等都具有重复加载的特征，因此风机基础受力状态十分复杂。对于海上风电机组而言，因其在盐雾、海水、干湿交替的环境中，风机结构还面临着比较严重的防腐蚀、耐久性问题，故海上风机基础工作环境更加复杂。此外，就建造成本而言，陆地风机基础投资大约占风电场总投资的3%～4%，而海上风电基础成本可以占到总投资的15%～40%。

当下国内陆上风力发电机的基础主要有重力式基础、桩基础、梁板式基础、预应力基础和岩石锚杆基础这几种基础形式。重力式基础是陆上风机最常用的基础形式，根据塔筒与基础连接形式的不同将重力式基础分为基础环式基础和锚栓式基础。其中，基础环式重力基础的基础环是连接上部塔筒和下部基础混凝土的钢构件，基础环预埋在混凝土基础中，基础环由基础环圆形筒壁、基础环上法兰和基础环下法兰组成，风机基础混凝土现场施工完成后再利用高强度圆形螺栓将基础环上法兰和风机塔筒下法兰连接起来。基础环式基础具有高刚度、相对容易安装和加速施工等特点。

海上风电场采用的风机基础主要包括单桩基础、重力式基础、导管架基础、三脚架基础、多桩基础、漂浮式基础及其他形式基础。重力式基础以自重抵抗倾覆力矩，使支撑结构直立在海床上。重力式基础作为一种钢筋混凝土沉箱结构，施工简单，但承载力较低。因为重力式基础需要足够的承载能力来支持自重、工作荷载和作用于基础结构的环境荷载，所以重力式基础适用于由压实黏土、沙土和岩石组成的海床，通常位于水深小于 10m 的地方。在海上风电开发早期阶段，大多数海上风电机组采用重力式基础。

海上风机桩基础通常直径在 3～7m，主要适用于水深不超过 30m 且海床浅层土体较好的场地。单桩基础为目前应用最广泛的海上风机基础形式。单桩基础运输安装方便且施工速度更快。多桩基础主要包括三桩基础、多桩承台基础。三桩基础可以采用比单桩基础更小的桩径，并且结构整体刚度更大，可用于水深 20～40m 的场地。海上多桩承台基础与陆地类似，技术较成熟，但在海上进行斜桩作业的难度比陆地更大，并且承台尺寸较大易受到潮汐、波浪的作用。三脚架基础是一种相对轻质的三脚钢管架基础结构，如图 9-6 所示，由中心钢管柱、支撑钢管及桩套管组成。三脚架下部通常采用桩基础来承担上部荷载。三脚架基础具有较好的稳定性和结构刚度，适用于 50m 水深范围内的场地。此外，还有四脚架、不对称三脚架等多脚架基础形式。

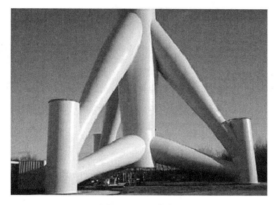

图 9-6　三脚架

导管架基础是一种常见的海上石油平台结构形式，后来应用于风电场建设中。现在常用的导管架基础是在传统导管架基础上发展来的扭曲型导管架基础，如图 9-7 所示。导管架基础可用于位于水深 30～50m 海上风机的支撑结构，相比其他基础形式，在建造水深超过 30m 的大容量风机时具有较高的经济性。

图 9-7　导架

（a）传统导管架基础；（b）扭曲导管架基础

海上风电场可分为近海和远海两种类型，二者在基础支撑结构形式的区别在于前者是固定式基础风电机组，后者是漂浮式基础风电机组，而漂浮式风电机组的平台浮动将会导致其较固定式风电机组多出额外的六个自由度，因此漂浮式风电机组各部件产生位移，尤其是漂浮式平台的位移更是直接导致了漂浮式风电机组的尾流区域的亏损速度恢复与尾流轨迹都发生改变。

随着风电场不断由近海区域向深海区域发展，风电基础也需要随着水深而不断改进，如图 9-8 所示，以上介绍的固定式基础结构不能满足设计要求或建造成本大幅度提高。相比而言，漂浮式基础在深海区域具有更低的建造成本和更简便的安装流程，同时还利于拆除，因而近年来开始引起中外的广泛关注。目前，主流的漂浮式基础有三类，分别为张力腿式、半潜式和立柱式基础，如图 9-9 所示。

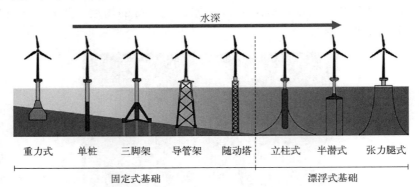

图 9-8　海上风电基础

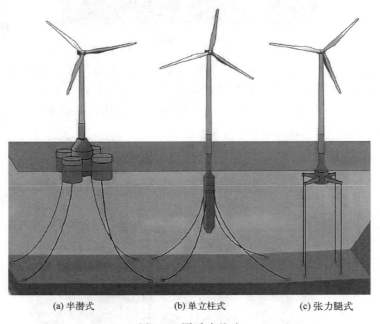

(a) 半潜式　　　　　　　(b) 单立柱式　　　　　　(c) 张力腿式

图 9-9　漂浮式基础

张力腿式机组的受力原理为当平台在水平载荷的影响下产生倾斜时，一侧张力腱所受张力增加，另一侧张力腱张力减小，导致张力差的出现，从而对结构重心产生回复力矩。这种张力腿式的风电机组更适合安装在海域水深大于 40m 的区域内，并且具有较高的稳定性，具有张力腱的结构成本价格较高，安装操作也更为复杂。

半潜式基础的风电机组受到水平方向上的载荷作用使其出现倾斜时，一侧的短立柱所受浮力增加，另一侧短立柱所受浮力减小，导致二者之间将产生浮力差，从而在结构重心处产生回复力矩，使其保持稳定。目前半潜式的漂浮式风电机组应用的海域范围较为广泛，通常安装在水深大于 40m 的地点，其运输以及安装技术发展都较为成熟。

单立柱式的机组结构重心要低于浮式平台的中心，水平方向上的载荷使其发生倾斜，从而导致水面浮力产生的力矩较大。此外，单立柱式的风电机组结构最为简单，其垂直方向上承受的波浪载荷较小，并且具有较高稳定性的特点。其安装环境通常选择在水深 100m 左右的地点。

21 世纪以来，欧洲、美国和日本等国家和地区对漂浮式风电机组开始进行深入研究，以 Hywind 和 Windfloat 为代表的较为成熟的漂浮式风电场已经实现商业化运行。目前为止，坐落于欧洲北海区域 Hywind Tampen 的风电场是在全球范围内装机容量规模最大的漂浮式风电场，挪威国家能源公司于 2022 年宣布该风电场首次成功实现供电，这意味着距离大规模应用漂浮式风电场供电的目标更近一步。

我国发展漂浮式风电场的前景十分广阔，但目前依然处于初级阶段。2021 年 12 月，三峡集团在广东省阳江市建成我国首台漂浮式海上风电机组，推动我国在深远海海上风电开发中获得重大技术突破。目前，我国海上风电已由滩涂、潮间带、近海、远海到深远海依次推进，已规划的距离最远海上风电项目中心离岸 100km，最深超 100m。随着技术进步和浅海资源的逐渐匮乏，未来漂浮式风电在我国将会迎来巨大的发展。

9.4 风力发电机组基础理论

9.4.1 风模型

在风力发电机组的运行过程中，风速的随机不确定会直接影响风电机组的气动载荷，从而导致发电机输出功率出现较大的波动。因此，对风电机组风速模型的真实模拟尤为重要。常见的风模型有以下几类。

① 常风：常风的风速和风向不随时间变化。

② 湍流风：是指风速在相对较快的时间和空间尺度上的波动风。湍流风主要由两种原因产生，一是与地球表面的摩擦，这可以被认为是延伸到丘陵和山脉等地形引起的流动扰动；二是热效应，这些效应会导致气团由于温度的变化而垂直移动，从而导致空气密度的变化。描述湍流风通常需要参考高度处扰动风的平均风速，还有平均风速的高度、湍流强度、风倾角等参数。

③ 阵风：主要分为全波、半波和 IEC-2 波形三种波形。

除了以上几种常见的风模型，真实的风速还会受到风切变和塔影效应的影响。由于与地球表面的摩擦，风速随高度而变化，这种变化称为风切变。通常风切变模型采用指数模型来表示：

$$V_z = V_h \left(\frac{z}{h} \right)^\alpha \qquad (9-7)$$

式中，z 为距离地面的高度；h 为轮毂距离地面的高度；V_h 为轮毂处的风速；α 为风切变指数，其取值与地形有关。

$$z = r\cos\theta + h \qquad (9-8)$$

式中，r 为距轮毂中心的距离；θ 为方位角。最终可得：

$$V_z(r,\theta) = V_h \left(\frac{r\cos\theta + h}{h} \right)^\alpha \qquad (9-9)$$

不同地形下风切变指数 α 值，如表 9-10 所示。

表 9-10　不同地形下风切变指数值

地表类型	风切变指数值
沙地	0.10
短草	0.13
长草	0.19
郊外	0.32

9.4.2　塔影效应

风力发电机组叶片在不同的位置，遇到的风速不同，且当叶素距轮毂中心的距离增大，风速随着方位角变化的幅度越来越大。此外，叶片竖直向上时，遇到的风速最大；竖直向下时，遇到的风速最小，每个叶片旋转一个完整的周期时，由于不同的风力条件，转矩会周期性振荡。在每次旋转期间，由于每个叶片都会通过最大风速和最小风速，转矩会振荡三次。塔筒的存在改变了风的分布。对于上风向风力发电机，在塔前的风直接被改变方向，减少了在塔前每个叶片的转矩；同样，下风向风力发电机塔筒及障碍物的存在导致塔后风速降低，这种导致转矩变化的现象称为塔影效应。在考虑塔影效应的情况下，风速被定义为：

$$V(y,x) = V_h + V_{tow}(y,x) \qquad (9-10)$$

式中，$V_{tow}(y,x)$ 为在风速中观测到的扰动，这是由于塔影效应被添加到轮毂高度风速中。采用潜流理论可表示为：

$$V_{tow}(y,x) = V_0 a^2 \frac{y^2 - x^2}{(x^2 + y^2)^2} \qquad (9-11)$$

式中，V_0 为空间平均风速；a 为塔筒半径；x 为叶片旋转平面到塔筒中线的水平距离；y 为叶片微元到塔筒中线的水平距离。

为了便于后续计算，空间平均转速 V_0 可用轮毂处的风速 V_h 表示：

$$V_0 = V_h \left(1 + \frac{\alpha(\alpha-1)R^2}{8h^2} \right) = mV_h \qquad (9-12)$$

式中，R 为叶片半径；α 的取值范围为 $0.1 < \alpha \leqslant 1$。

塔影效应下的风速可表示为：

$$V(r,\theta)=V_h\left[1+ma^2\frac{r^2=\sin^2\theta-x^2}{(x^2+r^2\sin^2\theta)^2}\right] \tag{9-13}$$

需要注意的是，在叶片旋转平面的上半部分，不存在塔影效应。因此在此区域的风速只考虑风切变的影响。在叶片旋转平面的下半部分，应考虑风切变和塔影效应的共同影响

$$V(r,\theta)=V_h\left(\frac{r\cos\theta+h}{h}\right)^\alpha\left[1+ma^2\frac{r^2\sin^2\theta-x^2}{(x^2+r^2\sin^2\theta)^2}\right] \tag{9-14}$$

9.4.3 贝兹理论

按照贝兹（Betz）理论，由于流经风轮后的风速不可能为零，因此风所拥有的能量不可能完全被利用，也就是说只有一部分能量被吸收，变成桨叶的机械能。贝兹假设了一种理想的风轮，即假定风轮是一个平面桨盘，通过风轮的气流没有阻力，且整个风轮扫掠面上的气流是均匀的；气流速度的方向在通过风轮前后都是沿着风轮轴向的。由于风轮在旋转，使气流产生落差，在靠近风轮处及在风轮后某一距离处的气流速度均有所降低。与此同时，靠近风轮处的空气压力增高，通过风轮后压力急剧下降，形成某种程度的真空，随后真空程度逐渐减弱，直到恢复原来的压力。根据贝兹理论，风轮吸收的最大风能为：

$$E_{\max}=\frac{8}{27}\rho AV^3 \tag{9-15}$$

式中，ρ 为空气密度；A 为风轮扫掠面积。这个最大能量只有在工作中毫无损失的风轮即理想风轮中才能得到。取单位时间内风轮所吸收的风能 E 与通过风轮旋转面的全部风能 E_{in} 之比称为风能利用系数 C_p，即：

$$C_p=\frac{E}{E_{\text{in}}} \tag{9-16}$$

根据贝兹理论：

$$C_{\text{pmax}}=\frac{16}{27}\approx0.593 \tag{9-17}$$

C_{pmax} 为理论风轮的最大理论效率即贝兹极限，它表示，即使毫无损失地吸收风的全部能量，也只有约 59% 的能量可以为风机所用。但贝兹理论中，没有考虑不可避免的涡流损失，当叶尖速比 $\lambda>3$ 时，叶片翼型优化，涡流损失很小。风轮的叶尖速比 λ 是风轮叶片的叶尖速度与风速之比，是风力机的一个重要设计参数。

$$\lambda=\frac{\omega R}{V} \tag{9-18}$$

式中，ω 为风轮旋转角速度，rad/s；R 为叶轮半径，m；V 为风速，m/s。

叶尖速比 λ 直接影响叶片的能量捕获，影响风能利用系数 C_p，风能利用系数 C_p 只有在叶尖速比 λ 为某一定值时最大，不同类型、容量的风机设计，此 λ 值也不一样。在恒速运行的风力机中，由于叶轮转速不变，而风速经常在变化，因此 λ 不可能经常保持在最佳值，C_p 值往往与其最大值相差很多，使风力机常常运行在低效状态。而变速运行的风力机，使风力机在叶尖速比恒定的情况下运转，风能利用系数在很大的风速变化范围内均能保持最大

值，提高了效率。对于变速变距运行的风力发电机来说，风能利用系数是叶尖速比和桨距角的函数。

风机的功率捕获主要取决于三方面的主要因素：可利用的风能源的功率、系统的功率曲线以及系统对风的震荡响应能力，对于一台实际的风力机，风力机的机械输入功率为：

$$P_m = \frac{1}{2}\rho A v^3 C_p \tag{9-19}$$

式中，ρ 为空气密度，kg/m^3；v 为上游风速，m/s；A 为风轮扫掠面积，m^2。

9.4.4 动量理论

风力发电机组空气动力学包括了翼型空气动力学特性、风力机气动性能预测、风力机空气动力载荷计算以及叶片空气动力设计等方面。经典的动量理论可用来描述作用在风轮上的力与来流速度之间的关系，可分为不考虑风轮尾流旋转时的动量理论（理想情况）和考虑风轮尾流旋转时的动量理论（实际情况）。理论风轮动量理论作了如下假设：来流为不可压缩的均匀定常流，风轮简化为一个桨盘，风轮推力沿桨盘均匀分布；风轮前方和后方无穷远处的气流静压相等，风轮流动模型简化为一个单元流管，如图 9-10 所示。

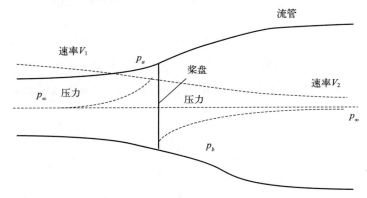

图 9-10　风轮流动的单元管模型

根据一维动量方程可知，风轮推力 T 为：

$$T = \dot{m}(V_1 - V_2) \tag{9-20}$$

$$\dot{m} = \rho V_t A \tag{9-21}$$

式中，V_1 为风轮前方无穷远处的来流速度；V_2 为风轮后无穷远处的尾流速度；m 为单位时间流经风轮的空气质量流量；ρ 为空气密度；A 为风轮扫掠面积；V_t 为流过风轮平面处的来流速度。风轮轴向推力 T 表示为：

$$T = A(p_a - p_b) \tag{9-22}$$

根据伯努利方程可知：

$$\frac{1}{2}\rho V_1^2 + p_1 = \frac{1}{2}\rho V_t^2 + p_a \tag{9-23}$$

$$\frac{1}{2}\rho V_2^2 + p_2 = \frac{1}{2}\rho V_t^2 + p_b \qquad (9-24)$$

且 $p_1 = p_2$，综合上式可得：

$$p_a - p_b = \frac{1}{2}\rho (V_1^2 - V_2^2) \qquad (9-25)$$

进一步得到：

$$T = \frac{1}{2}\rho A (V_1^2 - V_2^2) \qquad (9-26)$$

$$V_t = \frac{V_1 + V_2}{2} \qquad (9-27)$$

即流过风轮平面处的来流速度是风轮前来流风速和风轮后尾流速度的平均值。定义 V_a 为风轮处的轴向诱导速度，则风轮轴向诱导因子 a 为：

$$a = V_a / V_1 \qquad (9-28)$$

可得：

$$V_t = V_1 (1 - a) \qquad (9-29)$$

$$V_2 = V_1 (1 - 2a) \qquad (9-30)$$

由上式可得：

$$T = \frac{1}{2}\rho A V_1^2 4a (1 - a) \qquad (9-31)$$

风轮轴向推力系数定义如下：

$$C_T = \frac{T}{\frac{1}{2}\rho A V_1^2} = 4a (1 - a) \qquad (9-32)$$

根据能量守恒，风轮所吸收的能量等于风轮前后流动动能之差，即：

$$P = \frac{1}{2}\rho A V_t (V_1^2 - V_2^2) \qquad (9-33)$$

$$P = 2\rho A V_1^3 a (1 - a)^2 \qquad (9-34)$$

对上式进行求导可得：

$$\frac{dP}{da} = 2\rho A V_1^3 (1 - 4a + 3a^2) = 0 \qquad (9-35)$$

当 $a = 1/3$ 时风轮功率取最大值，即：

$$P_{\max} = \frac{8}{27}\rho A V_1^3 \qquad (9-36)$$

此时，风轮功率系数 $C_p = 4a(1-a)^2$ 取得最大值，$C_{pmax} \approx \dfrac{16}{27} = 0.593$，该值称为 Betz 极限，即在理想情况下风轮最多能够吸收 59.3% 的风动能。

9.4.5 叶素理论

叶素理论假设叶片上的流动为二维工况，将叶片沿半径方向划分成若干个叶元素，如图 9-11 所示，作用在叶片上总的力和力矩即可通过将每个叶素上的力和力矩进行积分而得到。

当考虑风轮后尾流旋转时，由前述动量定理可知叶素处的合成速度：

$$V_0 = \sqrt{V_{x0}^2 + V_{y0}^2} = \sqrt{(1-a)^2 V_1^2 + (1+b)^2 (\Omega r)^2} \tag{9-37}$$

根据叶素速度三角形（图 9-12），叶素处的入流角 ϕ 和攻角 α 分别表示为：

$$\phi = \arctan \dfrac{(1-a)V_1}{(1+b)\Omega r} \tag{9-38}$$

$$\alpha = \phi - \theta \tag{9-39}$$

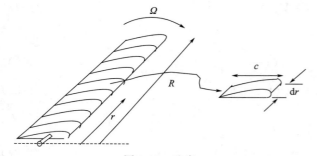

图 9-11 叶素

Ω—叶片旋转速度；R—叶片半径；
r—长度为 dr 微元段半径；c—叶素弦长

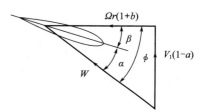

图 9-12 叶素速度三角形

进而得到叶素上的法向力 dF_n 和切线力 dF_t

$$dF_n = \dfrac{1}{2}\rho c V_0^2 C_n dr \tag{9-40}$$

$$dF_t = \dfrac{1}{2}\rho c V_0^2 C_t dr \tag{9-41}$$

式中，c 为叶切面弦长；C_n 和 C_t 分别为叶切面翼型法向力系数和切线力系数。

$$C_n = C_l \cos\phi + C_d \cos\phi \tag{9-42}$$

$$C_t = C_l \sin\phi - C_d \cos\phi \tag{9-43}$$

式中，C_l 为翼型升力系数；C_d 为翼型阻力系数。综上可得作用在风轮平面 dr 圆环上的轴向推力 dT 和转矩 dM（B 为风轮叶片数）为：

$$dT = \dfrac{1}{2}B\rho c V_0^2 C_n dr \tag{9-44}$$

$$dM = \frac{1}{2} B\rho c V_0^2 C_t r \, dr \tag{9-45}$$

9.4.6　动量-叶素理论

动量-叶素理论将动量理论和叶素理论相结合,具有原理相对简单且计算方便等优点,目前仍然广泛应用于风力机气动力性能预测和风力机优化设计等方面。通过不断地发展,大量修正模型相继提出(如叶尖和叶根损失模型、重载诱导因子修正模型以及动态失速和动态入流模型等),完善和发展了动量-叶素理论。

经典的动量-叶素理论仍然是目前风力机空气动力性能计算时主要采用的计算方法。动量-叶素理论核心是求得轴向诱导因子 a 和周向诱导因子 b,然后再根据诱导因子计算得到叶元素上的气流速度三角形以及作用在该叶元素的法向力 dF_n 和切向力 dF_t,最后即可根据积分求得风轮推力、转矩和功率。轴向和周向诱导因子 a 和 b 计算方法如下:

$$a(1-a) = \frac{\sigma}{4} \times \frac{V_0^2}{V_1^2} C_n \tag{9-46}$$

式中:

$$\sigma = \frac{Bc}{2\pi r} \tag{9-47}$$

$$b(1-a) = \frac{\sigma}{4} \times \frac{V_0^2}{V_1 \Omega r} C_t \tag{9-48}$$

考虑普朗特叶尖损失修正因子最终得到:

$$\frac{a}{1-a} = \frac{\sigma C_n}{4F\sin^2\phi} \tag{9-49}$$

$$\frac{b}{1+b} = \frac{\sigma C_t}{4F\sin\phi\cos\phi} \tag{9-50}$$

9.5　风电并网

(1)风电并网存在的问题

风能是一种过程性的能源,风的方向和速度都不能被控制,具有一定的多变性和不可控性,另外风力发电机不容易调控出力,所以利用风电新能源所产生的电能也具有波动性。此外连接风能发电机的电网系统不具备任何蓄电能力,仅仅只能调节收纳电量,以此来控制输出电量。风力发电对电网的调度基本为零,人为因素不能控制风能,所以风力发电调节也就不能根据负荷率的大小而实现,这无疑为电网调度增加了较多困难。风电接入电网方式主要有两种,一种是将风电能机组与电网直接并网,另一种是建立风电基地,将电能存储起来再统一传输出去。在风电接入电网的时候会产生一系列的问题，主要包括以下几个方面。一是降低电能品质。根据以往经验，风电装机容量较低，风电通常是通过异步发电机的方法，将风电与电网连接，这样就能把电能输入到配电网络中。采用这种方法的原因是它操作简单，且成本较低，但是由于传送设备综合性较差，很容易被外界因素影响，导致谐波污染等现象的发生，降低了电能的品质。二是当风电场运行时，会消耗一定量的无功功率。并网后，容量的增加会导致无功功率的损失，电压会发生波动。三是受风力发电存在的发电不稳定特点的影响，当失去输入时，会降低电网的频率，风电所占比例越高，这种现象越显著。

（2）风电并网技术提升路径

为提升风电并网性能，针对我国当前风电并网技术存在的不足，需要对风电并网技术完善，建立统一的风电并网标准和技术规范，完善风电并网设计方案，提高其设计水平和质量。第一，提高风电机组设计水平，可在以下三个方面进行加强：一是加强对风电机组性能的研究，并结合我国具体情况，针对不同区域的电网电压特点和风力资源情况制定合理的风电场设计方案；二是加强对风机运行特性的研究，为设计合理的风机控制系统提供必要的数据支撑；三是在风力资源丰富的区域进行大规模风机建设时，应充分考虑当地电网特性和风电机组特性，使风机接入电网后可以保持稳定运行。第二，积极推广应用风电并网标准，完善现有的风力发电并网技术，提升风电并网技术完备性；加强对风机并网控制系统的研究工作，在提高风电场设计水平和风机性能的基础上，积极推进相关配套系统和控制策略的研究工作；加强对风电机组设计技术和控制技术的研究工作。第三，提升风电并网性能，应该对以下两个方面进行加强：一是对风电场接入电网后运行情况进行分析研究，建立风电场接入电网后运行情况评价体系；二是加强对风电机组设计、运行、控制技术等方面技术人才培养力度。

（3）"弃风"消纳存在的问题

风电并不像水电那样，风电只能够提供电量，并不能提供容量。因此，风能发电的过程中存在着很多风险，而这些风险是随机的、不断波动的，有的甚至还是不可控的。除了并网时会出现的问题，对电能更大的浪费是发生"弃电"现象。据全国新能源消纳监测预警中心统计，2020 年我国弃风电量为 166.1 亿千瓦时，弃风率为 3.5%，我国的重要风电产区新疆的弃风率更是高达 11.2%。弃风消纳存在的问题主要有：风电发展速度太快，基础建设难以跟上进度，大大影响风电的消纳能力；在风电发展的规划初期，没有考虑风电消纳的问题，风电项目建成之后，产生的电能无处消耗，导致了产能过剩；风电场产地本地消纳空间受到限制，跨区域输送电力的能力不足。风电发展与电网建设不同步，国家为了促进风电产业的发展，出台了一些有利的政策，虽然使风电建设突飞猛进，但是风电大规模的集中增加，造成了大量的风力发电项目建成投产后，所产生的电难以并入国家电网。同时系统面临的调峰压力越来越大，因为不同地区在不同的季节对电量的使用有着不同的要求。

（4）储能技术解决风电并网问题的应用前景

受制于风速的不稳定性、电网消纳能力弱，以及电力调度策略不完善，风电新能源的消纳效率有待提高。特别是在强风和弱风情况下，风电新能源的消纳效率会出现较大的波动，导致风电新能源的利用率低下。而储能技术在提升风电新能源消纳效率方面具有重要作用，诸如抽水蓄能、压缩空气储能、电化学储能等。

① 解决短时电力的问题　风电并网期间的稳定性、间歇性与波动性容易使得电力系统的备用电容大幅度增加，成本提升，经济效益不稳定。储能技术能够调整短时电力，通过储能基础设施的输出功率调节发电系统的功率，例如在风电并网期间，如若系统运行功率比输出功率高，可以使用储能设施针对功率进行吸收处理，在系统运行功率比输出功率低的情况下，储能设施就可以输出功率，从而在一定程度上起到调节作用。

② 解决风电机组的应用问题　储能技术的最高功率点跟踪技术能够有效增强风电机组的应用效果，最大限度上采集风能。蓄能的相关系统可以提升风电并网的穿透功率效果，提升机组的运行效率，在电能通道处于拥挤状态的状况下，就可以将风场中的多余功率存储下来，之后补给到风力较弱的系统，形成能量替换作用，预防出现电能浪费的问题，解决风电并网过程中的风电机组应用问题。此外，储能技术还可以确保机组运行的低压穿透性。在风电机组的直流母线中设置储能设施，在直流链中电压很高的情况下，就可以在直流母线中吸收功率，在电压过低的时候，就可以释放功率。这样可以确保风电机组运行过程中的稳定性，预防出现故障问题与功率不平衡的问题，规避电容过度出现充电危害性的问题，消除机组的低压穿越的功率问题，有效进行调节处理，提升供电的稳定性，保证电容基础设施的应用寿命，保证经济效益。

③ 解决电能质量的问题　风电并网发展的过程中，风电属于清洁性、可再生的能源，将其应用在电网发电的领域中，在大范围、大规模使用之后，会导致输出功率增加，很容易诱发电压波动问题与其他问题。在此情况下，采用先进的储能技术能够有效解决电能质量问题，例如使用超导蓄能基础设施与技术提升风机设备输出稳定性，保证发电的效果，减少响应的时间，形成系统功率的快速补偿作用，平衡功率输出状态。

④ 解决电源的电网扰动问题　采用储能技术能够有效解决电源的电网扰动问题，改善动态响应的特征，提升抗干扰能力、稳定性能，确保风电并网工作的高效化实施。传统的电力生产与传输方式已经无法满足当前的系统运行需求，因此，利用先进的储能技术将大规模风电集中接入到相关电力系统之内，明确其中有无电源不适应的现象；在储能系统的支持下，设置具有时间尺度灵活响应特点的电源结构，提升电力系统的柔性，即通过调控储能设备的充电和放电周期，增强扰动的"穿越"性能。此外，使用储能技术还可以对风电场、风电场群进行小范围的规划处理，改善当前的风电抗扰性与稳定性，增强应用效果。

9.6　风力发电的发展现状和趋势

风能是一种清洁、无污染且储量巨大的可再生能源，其开发利用途径得到世界各国的广泛关注。我国地域广阔，地形多样，从整体来看风能储量巨大、分布广泛，这就为风电新能源的应用创造了有利条件。"十四五"规划和2035年远景目标纲要提出，大力发展风力发电规模、有序发展海上风电。党的十八大以来，我国可再生能源实现跨越式发展，装机规模已突破10亿千瓦大关，占全国发电总装机容量的比重超过40%，其中风电连续12年稳居全球首位，光伏、风电等产业链国际竞争优势凸显。因此，随着我国加快构建清洁低碳能源体系，清洁能源和非化石能源消费比重逐步提高，风电作为清洁能源必将在我国能源结构调整中扮演着越来越重要的角色。根据国家中长期发展规划，预计到2030年，中国海上风电装机规模将达到4500万千瓦，到2050年，风机总装机容量将超过1000GW。

（1）风能利用关键材料及技术的发展现状和趋势

我国能源新技术研发和应用推广与实现碳中和目标仍有差距。一是研发领域，我国能源科技水平在全球部分领先、部分先进，整体质量与国际先进水平仍有差距。二是仍未掌握新能源产业尖端技术，部分核心装备、工艺、材料仍受制于人，特别是海上风电领域重大能源工程依赖进口设备的现象仍较为突出，如国产大兆瓦风机中的关键部件主轴承多采用国外产品。三是技术创新应用和考验时间不足恐带来稳定和质量风险，如我国风电领域大容量机组技术的研发，高塔筒、长叶片、新材料的技术应用，生产线的升级革新等都需要一定的时间验证，而我国风电电价水平下调速度过快，未能与技术进步和造价下降速度相协调，将会带来机组技术和质量的风险。风能的能量密度较小，要想开发和利用风能，获取同等的能量，只能加大风力发电机的风轮尺寸。风力发电机组的传动效率较低，在实际应用的过程中，风力发电机的发电效率与理论发电效率有较大偏差。我国风力发电的技术发展趋势为：单机容量继续快速逐步上升，变桨距调节方式将取代定桨距失速调节方式。定桨距失速调节型风力发电机技术是利用桨叶翼型本身的失速特性，即风速高于额定风速时，气流的攻角增大到失速条件，使桨叶表面产生涡流，降低效率，从而达到限制功率的目的。其优点是调节可靠、控制简单，缺点是桨叶等主要部件受力大，输出功率随风速的变化而变化。这种技术主要应用在中小型风力发电机组上。变桨距调节型风力发电机技术是通过调节变距调节器，使风轮叶片的安装角随风速的变化而变化，以达到控制风能吸收的目的。在额定风速以下时，它等同于定桨距风电机。当在额定风速以上时，变桨距机构发生作用，调节叶片功角，保证发电机的输出功率在允许的范围之内，变桨距风力机的起动风速较定桨距风力机低，停机时传动机械的冲击应力相对缓和。从目前风机单容量快速上升的趋势看，变桨距调节方式将迅速取代定桨距调节方式；变速运行方式将迅速取代恒速运行方式。恒速运行的风电机组一般采用双绕组结构的异步发电机，双速运行。其优点是风力机控制简单，可靠性好，缺点是由于转速基本恒定，而风速经常变化，因此风力机经常在风能利用系数较低的点上，风能得不到充分利用。变速运行的风电机组一般采用双馈异步发电机或多极同步发电机。双馈发电机的转子侧通过功率变换器连接到电网。该功率变换器的容量仅为电机容量的1/3，并且能量可以双向流动；无齿轮箱系统的市场份额迅速扩大。目前从风轮到发电机的驱动方式主要有两种：一种是通过齿轮箱多级变速驱动双馈异步发电机，简称为双馈式；另一种是风轮直接驱动多级同步发电机，简称为直驱式，具有节约投资，减少传动链损失和停机时间，以及维护费用低、可靠性好等优点。

我国是全球最大的风电装备制造基地。我国生产的风电机组（包括国际品牌在中国的产量）占全球市场的三分之二以上，铸锻件及关键零部件产量占全球市场70%以上。风电设备在满足国内市场的同时，出口到49个国家和地区。截至2022年底，风电机组累计出口容量达1193万千瓦，遍布五大洲。除风电机组外，我国制造的叶片、齿轮箱、发电机、塔架等关键部件出口至美洲、非洲、欧洲、东南亚等地区。风电设备和服务正成为带动我国出口贸易的重要新生力量。国内风电制造企业形成的丰富风电机组产品谱系，能够满足沙漠、海洋、低温、高海拔、低风速、台风等全球各种环境气候区域的开发需求。由于叠加价格优势明显，我国风电企业可以为全球提供极具技术、质量、价格竞争力的机组产品组合，帮助更多地区以经济高效的方式利用风能资源。

（2）风电用软件开发现状和趋势

国内外厂商开发了许多以数值模拟为基础的风能资源评估和风电场设计软件，能够支撑从测风塔位置选择和风资源评估到风机排布和经济效益评估等选址工作，大大提高了风电场选址的数字化、智能化水平。传统选址软件有国外基于线性理论的风图谱分析及应用程序（wind atlas analysis and application program，WAsP）、风场（WindFarmer）等，可根据风场测风数据进行 3D 风况建模，以风电场最大发电量和风机安全为原则进行分机优化排布。国内大多采用基于 CFD 模拟计算的 meteodyn WT 与 WindSim 软件，能够进行复杂地形、复杂环境的风资源评估和风流场模拟，适合海上风电场选址。目前用于风电场选址的商业软件和互联网技术已广泛应用到风电场选址中，实现了风资源大数据计算、风机排布和经济效益计算等，但仍然存在各软件互相割裂，数据标准不一且数据及信息不贯通等问题，因此提高风电场选址过程中各信息数据的融合贯通，提高各信息使用的便捷性及价值也将是各软件未来升级及开发的方向。

思政研学

搭全球首台塔架解决陆上风资源利用难题

2023 年 3 月，全球首台 165m 级预应力钢管混凝土格构式塔架在山东省乐陵市成功完成安装，扎根于齐鲁大地，送电至千户万家。该塔架的风电机组预计年产生超过 1240 万千瓦时的清洁电力，节约标煤约 0.4 万吨，减少碳排放约 1.2 万吨。该新型高塔结构凝聚了重庆大学周绪红院士和王宇航教授团队 5 年的心血，解决了我国陆上低风速区风资源开发中的"卡脖子"问题，打破了国外在风电机组高塔结构领域的垄断，促进了我国陆上风资源的高效利用，推动了我国风电工程技术发展。

正如周绪红院士所说："所有光鲜亮丽的背后，都熬过了无数个不为人知的黑夜"。项目团队成员勇担重任、迎难而上、密切协作，发扬拼搏精神，最终成功完成了这件"大国重器"。未来，团队将进一步开展海上风电固定式支撑结构与漂浮式基础结构体系研发，并建立一体化分析理论与设计方法，突破关键理论与技术瓶颈，进一步推动钢-混凝土组合结构与混合结构在风电工程中的应用，助力我国风电产业从陆地走向海洋、从近浅海迈向深远海，为我国清洁能源发展与"双碳"目标的实现作出贡献。

思考题

1. 简述风力发电机组主要包括哪些主要部件以及各部件功能。
2. 简述叶片的作用，材质的发展，及其玻璃钢和热塑性叶片的优点。
3. 简述轮毂的作用及其球墨铸铁轮毂的优点。
4. 简述传动系统的类型及其各自的特点。
5. 简述圆锥筒形风机塔筒的优点。
6. 简述风资源评估的主要方法有哪些。

7. 简述海上风电场的优势。

8. 简述风力发电机组的塔影效应。

9. 简述动量-叶素理论。

10. 浅淡风力发电的技术发展对经济和环境的影响。

参考文献

[1] 郭文. 建筑节能与建筑设计新能源利用[J]. 科技视界，2021(23)：107-108.

[2] 葛文彪. 基于水-能源-粮食关联性的区域可持续发展研究[D]. 保定：华北电力大学，2021.

[3] 翁昊森. H 型垂直轴风机气动特性研究[D]. 上海：上海交通大学，2019.

[4] 王明. 中国气象局风能太阳能预报系统(CMA-WSP)在风资源短期预报中的检验评估[J]. 南方能源建设，2024(1)：73-84.

[5] 赵骞. 1.5MW 风电机组气动效率优化及控制策略研究[D]. 沈阳：沈阳工业大学，2018.

[6] 朱哲蕾. 海上风电场选址技术发展现状及趋势[J]. 船舶工程，2023，45(S1)：7-11.

[7] 胡阔亮. 大型 H 型垂直轴风电机组排布方式及其气动载荷分析[D]. 青岛：中国石油大学(华东)，2021.

[8] 徐宇. 大型风电叶片设计制造技术发展趋势[J]. 中国科学：物理学力学天文学，2016，46(12)：8-17.

[9] 王良英. 2MW 风机轮毂的轻量化结构设计与有限元分析[D]. 乌鲁木齐：新疆大学，2017.

[10] 刘佳. MW 级风机轮毂球铁 QT350-22LT 高周疲劳性能研究[D]. 沈阳：沈阳工业大学，2012.

[11] 赵悦光. 风电轮毂铸件铸造工艺设计研究[J]. 铸造技术，2022，43(03)：229-232.

[12] 杨扬. 风电机组传动链的动力学仿真研究[J]. 机电工程，2017，34(07)：702-707，735.

[13] 张盛林. 基于柔性支撑的风机传动链动态特性研究[J]. 振动与冲击，2016，35(17)：44-51.

[14] 张永正. 风电机组传动链综合状态监测与故障诊断技术探讨[J]. 产业与科技论坛，2021，20(18)：37-39.

[15] 胡克腾. 兆瓦级风电机组塔筒 MTMD 振动控制研究[D]. 沈阳：沈阳工业大学，2023.

[16] 杨昊. 风电塔筒的可靠性分析与检测技术研究[D]. 沈阳：沈阳工业大学，2023.

[17] 邓友生，李卫超，王倩，等. 风电机组基础结构形式及计算方法[J]. 科学技术与工程，2020，20(21)：8429-8439.

[18] 邢广志. 风荷载作用下风机支撑结构劣化分析研究[D]. 镇江：江苏科技大学，2023.

[19] 王鸿鑫. 考虑荷载组合的导管架风机下部支撑结构拓扑优化分析[D]. 重庆：重庆大学，2022.

[20] 朱若男. 考虑漂浮式基础位移的风电场尾流优化控制策略研究[D]. 沈阳：沈阳工业大学，2023.

[21] 凌禹. 大型双馈风电机组故障穿越关键技术研究[D]. 上海：上海交通大学，2014.

[22] 方雨豪. 风能弃电的利用与电解制氢能量转化分析[J]. 当代化工研究，2023(19)：61-63.

[23] 蔡继峰. 国内外风能资源评估标准研究综述[J]. 风能，2021(12)：56-63.

[24] 姜飞. 储能技术在解决大规模风电并网问题中的应用前景[J]. 电力系统装备，2021(16)：22-23.

[25] 潘楠. 风电新能源及风电并网性能增强路径[J]. 2024(11)：64-66.

[26] 段利军. 储能技术在解决大规模风电并网问题中的应用前景分析[J]. 电力应用，2018(11)：311.

第 10 章

核能技术

10.1 概述

铀元素最早是由德国化学家克拉普罗特在 1789 年发现的，52 年后法国化学家佩利戈特首次制得了金属铀，在 1898 年由居里夫人证明了铀具有放射性。地壳平均每吨物质中含有 2.7g 铀。铀元素化学性质活泼，在自然界中常以化合态存在，目前发现的含铀矿物多达 200 余种，具有工业开采价值的主要只有：沥青铀矿、晶质铀矿、铀石、铀黑等。自然界中，铀矿的富集过程十分复杂，要形成具有工业开发利用价值的铀矿床需要经历漫长的地质演化。在地球形成之初，铀元素进入地球表层，在特定地质环境下——温度、压力、氧逸度等多种因素共同作用，经历了活化、迁移、沉淀和富集，形成各种矿石矿物集合体，也就是"铀矿体"，累积到一定规模就形成了铀矿床。现今开采的铀主要用于核能发电，小部分用于国防、医用、农业等。在电力上，核能是一种高效清洁的能源，同样百万级别的发电站，一年需要消耗 300 万吨原煤，天然铀只需要 175 吨。核电站也不会向空气中排放二氧化碳、二氧化硫等物质，可以有效缓解当前的雾霾、温室效应等环境问题，是实现我国碳减排目标最重要的"角色"之一。

核能的主要特点：发电稳定性强、可靠性高，可以大规模替代化石能源作为基荷能源，在能源转型中发挥基石作用，进而为我国新型电力系统的安全稳定运行提供有力保障；通过以核电的稳定供应能力作为基础支撑，实现核电与风电、水电、太阳能等可再生能源互为补充、协同发展，在提升电网对可再生能源发电消纳能力的同时，可以有效保障电网安全稳定运行；核电站布局在用电负荷中心和电网关键节点，有利于减少电力大规模、长距离输送，有助于电网平衡和调度，并减少电网储能设施，降低电力系统的转型成本；核电可作为特高压电力输送通道送端的支撑电源，支撑高比例风电和光伏发电的上网消纳，实现对大型风光电基地周边煤电机组的有序减量替代。核能多用途利用可以为其他能源密集型产业提供更清洁的能源替代方案，有利于构建多能互补、多能联供的区域综合能源系统。

核电作为清洁低碳高密度能源，在保障全球能源供应、促进经济发展、应对气候变化、实现"双碳"目标、造福国计民生等方面发挥了不可替代的作用。国际能源署（IEA）提出，核能是世界发达经济体最大的低碳能源选项。2023 年 12 月 2 日，在第 28 届联合国气候变化大会上，22 个国家联合发布《三倍核能宣言》，指出核能在实现 2050 年全球温室气体净零排放和保持 1.5℃ 目标方面具有重要作用，需要国际各国共同推动核能发展。该宣言提出了"五个"承诺，包括：推动 2050 年核能装机容量增至 2020 年的 3 倍；承诺负责任地运营并符合安全、可持续性、安保和防扩散的最高标准；承诺支持核反应堆的开发和建设，以及更广泛的脱碳工业应用；承诺支持负责任的国家在安全、可持续性、安保和防扩散最高标准下探索新的民用核部署；承诺全面动员对核能的投资，同时呼吁世界银行等金融机构为核能提供政策贷款，以后每届气候变化大会将审议宣言进展并呼吁更多国家加入宣言。核能产业是我国高科技战略新兴产业，中国坚持安全发展、创新发展，不断提升核能利用的安全水平和技术水平。核能将作为新型电力系统的有力支撑。随着新时期中国能源电力发展更加注重清洁低碳和安全高效，核能作为生命周期碳排放最小且具有稳定高效特征的能源形式，既可给电网供应基本负荷电力，亦可供应可调度电力，参与调峰响应电能需求，对可再生能源形成很好的补充和支撑，为传统化石能源转型，实现多种能源形式互补，支撑电力系统的安全稳定运行。目前中国核能行业已基本建立可持续发展的整体工业体系，配套产业基础、自主技术能力和工程建造水平等也均具备国际竞争力。

10.2 核能利用方式

核电在我国实现碳达峰碳中和目标过程中发挥着不可或缺的重要作用：一是助力我国能源低碳转型加速，核能生产过程中不排放温室气体，碳减排效益显著，可以较大规模地替代燃煤发电以及开展供暖、供气和制冷等综合利用，并具有可再生清洁能源类似属性；二是有助于保障国家能源安全，在全面建设社会主义现代化国家进程中，我国能源电力需求将持续维持刚性增长，核电安全高效，基本不受自然条件约束，能够持续稳定地提供高品质电量，核燃料能量密度大，易于较大规模长期储存，具有本土资源属性，有助于提高我国能源安全的保障能力；三是有效支撑新型电力系统安全稳定运行，核电适于承担电网的基本负荷及负荷跟踪，为风电、太阳能发电等新能源消纳提供支撑。我国核电建设已从"适度发展"进入到"积极发展"的历史阶段。

10.2.1 核能发电

与常规火力发电站利用煤和石油发电不同，核电站是利用原子核内部蕴藏的能量产生电能的新型发电站。核反应堆是核电站发电的能量来源锅炉。核电站与火电站最大的区别在于核电站的蒸汽供应系统是由核燃料在反应堆内发生链式裂变反应放出原子核能来产生蒸汽而火电站的蒸汽供应系统是由煤或石油在锅炉内燃烧放出化学能来产生蒸汽。核能发电类似于火力发电，是利用核反应堆中核裂变释放出热能进行发电的一种方式，核反应堆内的核燃料在核裂变过程中，会产生大量的热能，借助蒸汽发生器进行发电，如图 10-1 所示。核反应堆内铀 235 核裂变时释放出来的核能迅速转化为热量，热量通过热传导传递到燃料棒表面。然后，通过对流放热，将热量传递给快速流动的冷却水（冷却剂），使水温升高，从而由冷却水将热量带出反应堆，再通过一套动力回路将热能转变为电能。由此看出，压水堆核电站中的能量转换可分为三个阶段：核能转换为热能、热能转换为机械能、机械能转换为电能。自 1991 年我国第一座核电站秦山核电站建成投运，截至 2023 年 4 月，我国运行装机容量为 5699 万千瓦，在建总装机容量约为 2409 万千瓦，核电累计发电量超过 3 万亿千瓦时，核电安全运行业绩始终保持国际先进水平，减少燃烧标准煤约 10 亿吨，减排二氧化碳约 25 亿吨。中国核电核能发电为保障电力供应安全和推动降碳减排作出了突出的贡献。

核能发电具有经济、安全、无污染等特性，发电成本十分稳定，燃料价格波动小，核电产业发电成本低廉，燃料来源广泛，保证了能源供应的安全。在污染方面，核能发电不会释

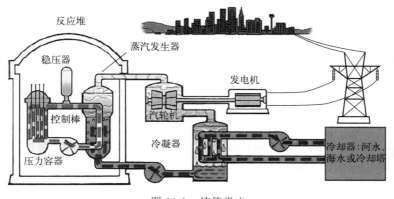

图 10-1   核能发电

放 CO_2、SO_2 以及 CO，不会和其他燃料一样造成大气污染和全球暖化，是满足可持续发展的优异能源，可以有效缓解由于燃料问题带来的环境污染。核电可以提供电力系统安全稳定运行所需的转动惯量，保障电网供电的安全性和可靠性；作为基本负荷并具备一定的调峰功能，配合新型储能技术的推广应用，可以满足不断扩张的新型电力系统在充分利用可再生能源的基础上电网调度的更高要求。

10.2.2   核能供暖

核能供暖是从核电机组二回路汽轮机高压缸排汽管道、再热蒸汽管道、中压缸排汽管道上抽取适量蒸汽作为加热汽源至供热首站，对热网回水进行加热，与核电站外换热站进行多次换热，再通过供热管网传递到千家万户。核能供汽是从核岛二回路的主蒸汽联箱抽取适量蒸汽作为加热汽源，通过蒸汽转换器生产三回路饱和蒸汽，再通过蒸汽再热用主蒸汽将其加热到过热蒸汽外供，加热蒸汽的疏水排入相应给水加热器或除氧器。二回路抽取的蒸汽经过多级换热，通过工业用汽管线将热量传递至石油化工或工业园区用户端。

核能供热有利于取消散煤燃烧和小型燃煤锅炉。以核能作为北方供暖的主要清洁热源之一，对缓解热源紧缺、优化供热能源结构具有重要意义。核电供热后，还有利于调和北方地区冬季热电比矛盾，通过热电协同等方式帮助电网灵活调峰，增强供电灵活性、提高能源利用效率。

10.2.3   核能制氢

氢能，具有质量轻、环保的优点，被广泛认定为清洁能源。化石燃料重整制氢方式是最广泛的工业应用，因在生产过程中会有二氧化碳等排放，产生的氢气被称为灰氢。将天然气通过蒸汽甲烷重整或自热蒸汽重整，在生产过程中使用碳捕集、利用与封存等技术捕获温室气体，这种方式制成的氢气被称为蓝氢。使用可再生能源（例如太阳能、风能）电解水制成的氢气则称为绿氢。核反应堆与先进制氢工艺耦合生产得到的氢气称为粉氢，在此过程中无碳排放，因而受到青睐。超高温气冷堆是第四代先进核能系统技术，具有固有安全性高、出口温度高等特点，被认为是最适合用于核能制氢的堆型。

10.2.4   核能海水淡化

核能海水淡化主要采用低温多效热法，将核反应堆的直接蒸汽或者是二回路汽轮机抽汽作为热源，串联多组水平管喷淋降膜蒸发器，海水在蒸汽管内冷凝，释放出潜热，后组的蒸发温度低于前组，然后进行多次的蒸发和冷凝，最终得到淡化的蒸馏水。

10.2.5　核能综合利用

核能对能源清洁低碳转型和科技转型变革具有战略性带动作用，在未来中国现代化能源体系中将发挥更加重要的作用。多功能小型堆的开发可为矿区、油田、海洋平台、海岛、封闭海湾、边远地区提供电力、蒸汽、热源。开发面向多种用途的小型堆或微堆，可以用于海洋开发的浮动核电站、海洋平台、破冰船等，还可以用于沙漠和边远地区开发的移动核电站，以及用于城镇供热的低温供热堆等。

10.3　核电站结构

核电站系统主要包括两大部分：核岛（核的系统和设备，一回路系统）和常规岛（常规的系统和设备，二回路系统）。常规岛是一个庞大且复杂的热力系统，各设备之间具有高度耦合性。常规岛与普通电站没有明显区别，都是由汽轮机和发电机组组成，汽轮机带动发电机发电。核岛是整个核电站的核心部分，由堆芯、稳压器、蒸汽发生器和主循环泵等组成。在核岛内，反应堆堆芯内核裂变产生的能量经热传导和热对流传递给一回路冷却剂，并在蒸汽发生器内加热二回路的水，产生蒸汽，然后常规岛（与火电厂类似）使用该高温高压蒸汽驱动汽轮机发电，如图 10-2 所示。

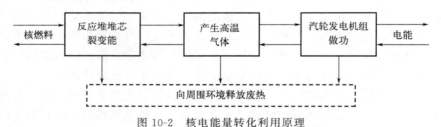

图 10-2　核电能量转化利用原理

10.3.1　核反应堆

核反应堆是一种用可控方式实现自续链式核反应的装置。根据原子核产生能量的方式，将其分为聚变反应堆和裂变反应堆两种。当今世界上已建成并且投入使用的反应堆都是裂变反应堆。裂变反应堆的原理是通过把一个重核裂变为两个中等质量核而释放能量。它是由核燃料、冷却剂、慢化剂、结构材料和吸收剂等材料组成的，不同类型的反应堆组成不同，如表 10-1 所示。压水堆是核反应堆中的一种，是世界上最早开发的动力堆堆型，也是目前世界上应用最广泛的反应堆堆型，在已建成的核电站中，60％以上都是压水堆，我国除秦山三期核电站采用加拿大 CANDU 6 型重水堆外，其余核电站均采用压水堆。

核电站又称核电厂，它用铀等燃料，将其在裂变中产生的能量转换为电能。核电厂主要以反应堆的种类相区别，按照冷却剂和慢化剂来分有压水堆核电厂、沸水堆核电厂、重水堆核电厂、石墨冷水堆核电厂、石墨气冷堆电厂、高温气冷堆核电厂和快中子增殖堆核电厂等。

表 10-1　反应堆分类

堆型	燃料	冷冻剂	慢化剂
压水堆	浓缩铀	水	水
沸水堆	浓缩铀	水	水
气冷堆	天然铀	CO_2	石墨
重水堆	天然铀	重水	重水
石墨冷水堆	浓缩铀	水	石墨
快堆	铀、钚	液化钠	无

10.3.2　压水堆

压水堆的核心部件是包容了核燃料的压力容器，运行期间处于高温高压状态，简称压水堆。压水堆核电站核岛由蒸汽发生器、稳压器、主泵和堆芯构成。在核岛中的系统设备主要有压水堆本体、一回路系统，以及为支持一回路系统正常运行和保证反应堆安全而设置的辅助系统。压水堆是目前运营核电站的主流堆型，大约占 60%，也是比较成熟的商业反应堆。

国外目前最先进的第三代压水堆型号为：AP1000（美国）、EPR（法国）、VVER-1200（俄罗斯）。EPR 是法国法玛通公司与德国西门子公司联合设计的新一代核电机组，其中结合了法国的大主回路设计与布置，德国 Konvoi 的堆芯测量技术与导向管、控制棒的设计原则。EPR 是基于能动设计思路的改进型第三代先进压水堆，被称为欧洲压水反应堆。EPR 较前面几代反应堆单位发电量所用的 U02 燃料减少了 17%，因此可以更为高效地发挥燃料棒的能量。AP1000 是美国西屋公司在原有 AP600 的基础上开发的先进非能动性压水堆，由于需要持续降低能源发电的成本，进而将电功率提高至 1000MW 级容量，目前是压水堆中平均线密度功率最大的。

10.3.3　沸水堆

沸水堆是以沸腾的轻水为慢化剂和冷却剂。冷却剂（水）从堆芯下部流进，在沿堆芯上升的过程中，从燃料棒获得热量，变为蒸汽和水的混合物，经过汽水分离器和蒸汽干燥器，分离出来的蒸汽推动汽轮机组发电。剩余蒸汽经过冷凝器后转化为水，再通过加热器后进入反应堆芯，完成整个回路。堆芯两边的循环泵使得堆内形成强迫循环流，其进水取自环形空间底部，升压后再送入反应堆容器内，成为喷射泵的驱动流。沸水堆与压水堆同属轻水堆，都具有结构紧凑、安全可靠、建造费用低和负荷跟随能力强等优点。

沸水堆和压水堆同属轻水堆。不同之处在于，沸水堆在堆芯中产生的蒸汽直接进入汽轮机发电，而无需经过蒸汽发生器，也没有一回路与二回路之分，系统特别简单。其次，通过冷却剂的热量在压水堆中仅使水温升高，而在沸水堆中主要使水汽化。对于同样的热功率，通过沸水堆堆芯的冷却剂流量小于压水堆。然而，沸水堆的蒸汽带有放射性，需将蒸汽-给水系统的设备加以屏蔽和把汽轮机大厅划入放射性控制区。这增加了检查和维修的困难，并需采取措施减少放射性气体的逸出和防止凝汽器渗漏。

10.3.4　重水堆

重水堆是以重水做慢化剂的反应堆，因此简称为重水堆，它可以直接利用天然铀作为核燃料。重水堆可用轻水或重水做冷却剂。重水堆分压力容器式和压力管式两类。重水堆的主要特点是由重水的核特性决定的，重水的慢化能力比轻水低，吸收热中子概率低。重水的核性能与轻水的差别导致重水堆与轻水堆在技术上、经济上的反差大。首先，重水堆中可以直接用天然铀作为核燃料，不需要花巨资建造浓缩铀厂。其次，由于重水吸收的中子少，所以重水慢化的反应堆，中子除了维持链式反应外，还有较多的剩余可以用来使铀238转化为钚239，使得重水堆不但能用天然铀实现链式反应，而且比轻水堆节约天然铀20%。使用天然铀作燃料，其后备反应性小，因此重水堆需要在不停堆的条件下经常补充新燃料，并将烧透了的燃料原件卸出堆外。由于重水慢化能力比轻水低，为了使裂变产生的快中子得到充分的慢化，堆内慢化剂的需求量很大，再加上重水堆使用天然铀等原因，重水堆的堆芯体积比压水堆大十倍左右。

与现有轻水堆核电站相比，重水堆多了两道防止和缓解严重事故的热阱，即重水慢化剂系统和屏蔽冷却水系统。高温高压的冷却剂与低温低压的慢化剂在实体上是相互隔离的。这样就避免了采用高强度、大尺寸的压力容器，使设备制造变得相对容易。反应性控制装置插在低温低压接近大气压的慢化剂中，不会受到高压、高流速的水流冲击，不会发生压水堆担心的弹棒事故。天然铀装料的平衡堆芯后备反应性小，因为不停堆换料方式可大大减小为补偿燃料燃耗而需储备的全堆后备反应性。

10.3.5　气冷堆

气冷堆是以气体（二氧化碳或氦气）作为冷却剂的反应堆。这种堆经历了三个发展阶段，有天然铀石墨气冷堆、改进型气冷堆和高温气冷堆三种堆型。天然铀石墨气冷堆实际上是天然铀作为燃料、石墨做慢化剂、二氧化碳做冷却剂的反应堆。这种核反应堆的最大优势是可以使用成本低廉的天然铀作燃料，缺点是核反应堆体积较大、造价较高，因此已被淘汰。改进型气冷堆具有以下优势：第一，由于石墨中子俘获截面较小，慢化性能好，能够利用天然铀作为燃料，这对没有分离铀同位素能力的国家较为重要；第二，与水冷堆相比，气体冷却剂能够在不高的压力条件下得到较高的出口温度，并可以提高电厂的工质参数，从而提高热效率；第三，可以在运行时连续更换核燃料，提高电厂利用率；第四，作为冷却剂，CO_2易于获得，且成本较低。

高温气冷堆是在改进型气冷堆的基础上发展得到的。其本体主要由燃料元件、堆芯、反射层、堆芯支撑系统、控制棒驱动机构及燃料操作设备组成，与压水堆总体相同。但高温气冷堆适当调整了堆芯中的燃料分布，以适应工质温升小、流量大的工况，从而确保燃料颗粒的工作温度。高温气冷堆有两个特点：第一，采用氦气作为冷却剂；第二，利用陶瓷包壳燃料替代金属包壳核燃料，而慢化剂仍然是石墨。这种核反应堆采用低浓度铀或高浓度铀加钍作为燃料，先做成碳化铀小球，再在外面包裹石墨和碳化硅涂层，形成具有包覆层的颗粒形核燃料。将这些颗粒形核燃料装进六角形石墨块的轴向空腔，与组合燃料元件和慢化剂一起被装入核反应堆。氦气通过燃料和慢化剂间的轴向通道向下流入堆芯，并参与循环。高温气冷堆具有如下优势：第一，采用中间冷却和回热等技术可以显著提升热效率；第二，可以采用干式（气冷）冷却塔，以减轻对环境的热污染；第三，可以实现热电联产，核能所产生热能的利用率达到80%，不进行热电联产时不必使用水。

10.3.6　快中子增殖堆

快中子增殖堆以液态钠作冷却剂，没有慢化剂，是主要以平均中子能量0.08~0.1MeV

的快中子引起裂变链式反应的反应堆。世界上所运行的核反应堆绝大多数是热中子堆，热中子堆利用的只是铀235。天然铀中将近99.3%是难裂变的铀238，铀238可以在快中子增殖堆中通过核反应转换成易裂变的钚239；快中子增殖堆所生成的易裂变材料（钚239）比消耗的易裂变材料（铀235）来得多，所以称为快中子增殖堆，快中子增殖堆裂变可使铀资源的利用率提高60～70倍。快中子增殖堆还可消耗热中子堆所产生的长寿命锕系元素，减轻了地质处置核废料的负担。

10.4 核反应及基本原理

核能的理论基础是由著名科学家爱因斯坦建立的相对论。爱因斯坦相对论用方程式 $E = MC^2$ 表示，该方程式表明，质量（M）和能量（E）是成正比的，其比例常数是光速（C）的平方。从1905爱因斯坦的相对论公开发表起，世界各国的科学家对核能进行了多方面的探索。在1939年，科学家们首次尝试用中子轰击较大的原子核（重原子核），将其变成了两个中等大小的原子核，这个过程称为原子核的裂变，原子核的裂变会释放出巨大的能量，这一能量叫作核裂变能。接下来科学家又尝试用中子轰击铀235的原子核，这一过程不仅获得了巨大的能量，同时还产生几个新的中子。科学家们发现产生的中子会继续轰击其他的铀核，从而导致一系列铀核持续发生裂变，不断释放巨大能量。这一过程称之为链式反应，但是链式反应在瞬间发生，需要加以控制才能继续利用。1942年科学家利用核反应堆第一次实现了可控制的铀核裂变，标志着人类从此进入了真正意义上的核能时代。除了将重核裂变获得核能之外，也可以将质量很小的原子核（轻原子核）结合在一起，这个过程也会释放出巨大的能量，也就是核聚变能，主要包括氢的同位素氘（^2H，重氢）和氚（^3H，超重氢）聚合的反应，叫作核聚变。氘核（由一个质子和一个中子构成）与氚核（由一个质子和两个中子构成）在超高温下结合成氦核，会释放出更大的核能，而大量氢核的聚变，可以在瞬间释放出惊人的能量。目前为止，核裂变能和核聚变能是人类利用的主要核能类型，其中核裂变的核燃料主要是铀。众所周知，核能主要有裂变能和聚变能两种，是重元素（如铀、钚、钍等）的原子核在分裂成质量较轻的原子核过程中所释放的能量。人类已经掌握了可以控制这个分裂过程的技术，因此目前世界上所有核电站都是利用可控裂变过程产生的裂变能进行发电的。其优点是少量原料就可产生巨大的电能、环境污染少且不存在对石化燃料的依赖。缺点是总是存在发生核事故的风险，所产生的核废料有放射性，处置不当对环境会造成污染；同时铀、钚等资源有限。

铀235的原子核在吸收一个中子以后能分裂，同时放出2～3个中子，并释放出约200MeV的能量，放出的能量比化学反应中释放出的能量大得多，这就是核裂变能，也就是核能。如果有一个新产生的中子，再去轰击另一个铀235原子核，便引起新的裂变，以此类推，这样就使裂变反应不断地持续下去，这就是裂变链式反应。在链式反应中，核能连续不断地释放出来。核反应堆是一个能维持和控制核裂变链式反应，从而实现核能-热能转换的装置。核电站就是利用一座或若干座核动力反应堆产生的热能来发电或发电兼供热的动力设施。核反应堆是核电厂的心脏，核裂变链式反应在其中进行。1942年美国芝加哥大学建成了世界上第一座链式反应装置，从此开辟了核能利用的新纪元。核裂变能是一种安全性高、温室气体排放少且经济性良好的能源，核电通过核裂变反应，经由核能-热能-机械能-电能转换过程进行发电，是低碳发电的重要手段，在国际能源转型的重要阶段受到了越来越多的关注。核能可持续发展有两大制约因素：核燃料的稳定供给和长寿命核废料的处理。目前商业化运行核电站使用铀钼合金或铀的化合物等作为核燃料。铀是自然界中能够找到的最重元素，在自然界中存在三种同位素（^{234}U 丰度为 0.005%，^{235}U 丰度为 0.072%，^{238}U 丰度为 99.275%）。其中只有 ^{235}U 可以进行链式反应释放能量。在核能发电过程中，需要对 ^{235}U 进行浓缩，一般核电站浓缩铀核燃料中 ^{235}U 含量在 $3\%\sim5\%$。铀在天然矿石中的含量很低，只要矿石中含铀率在 0.05% 以上就值得开采。铀矿开采冶炼过程中会产生废气、废水和废渣等"三废"物质，具有一定的放射性，影响和破坏周围生态环境。铀转化是核燃料循环系统的重要环节，目的是把天然铀等铀化物转化为六氟化铀，以便进行铀浓缩。国内目前以 5% 左右的碳酸钠溶液对铀转化过程中的含铀、氟尾气进行淋洗净化处理。贫铀是核燃料加工产业链中铀浓缩生产环节的主要副产品，其初级形态主要是贫化六氟化铀（DUF_6）。从天然铀原料生产 1t 丰度为 3% 的浓缩铀，会产生约 4.5t 的 DUF_6。浓缩铀丰度越高，产生的 DUF_6 越多。核化工转化是核燃料元件制造过程中产生废物的主要环节，目前核化工转化主要采用 ADU（ammonium diuranate）湿法生产和 IDR（interrated dry reactor）干法生产等工艺。核反应堆是可控的链式裂变反应装置，其运行时会产生各种放射性物质，主要包括：核裂变产物、感生放射性物质和未反应的核装料等。而核废料难以循环再利用且具有长期危害性，特别是半衰期长的核废料危害持续时间长，处理困难。

核反应是指原子核之间或原子核与其他粒子之间发生的相互作用所引起的各种变化，发生核反应的前提是二者距离小于核力作用范围（10^{-14}m 数量级）。通常的核反应是由具有一定能量的粒子轰击目标靶原子核从而相互作用引起的。核反应一般可表示为：$A+a \Longrightarrow B+b$，这类反应是二体反应，可以简写为 A（a，b）B。A 是靶核，a 是入射粒子，B 是剩余核，b 是出射粒子。此外，在入射粒子能量更高时，出射粒子可以产生三个或者更多。带电粒子引起的反应属于核反应中的一类。当带电粒子轰击目标靶核时，受到靶物质核电场的影响，主要通过电离以及激发过程造成能量损失，即带电粒子与靶物质原子壳层发生非弹性散射，因此，带电粒子需要克服目标靶原子核的库仑位垒才能引起核反应。

从根本上来说，原子核和核外电子组成原子，其中原子核是由质子和中子形成的。当原子核受到外来的中子冲击时，一个铀 235 原子核就会吸收一个中子从而分裂成两个质量相对较小的原子核，与此同时，裂变释放出 2～3 个中子。而释放出来的中子又继续冲击另外的原子核产生新的裂变。如此循环往复就是裂变的链式反应，该反应能够释放出大量的热能，只有通过水或者其他的物质才能够将热量带走并规避反应堆过热出现烧毁的现象。裂变反应释放的热量可以将二回路蒸汽发生器中的水转化为水蒸气，从而推动汽轮发电机组可持续性发电。用铀做成的核燃料在压水反应堆中发生裂变并释放出大量的热能，再利用反应堆冷却剂泵等设备将处于高压下的水导出带走热能，在蒸汽发生器二次侧产生蒸汽，推动汽轮机发电机组做功，产生源源不断的电源，并通过高压电网传输到千家万户。

入射粒子与靶核碰撞可能发生复杂的核反应，可以用三阶段描述法概括整个过程，如图 10-3 所示。第一阶段是独立粒子阶段，入射粒子首先在光学势中运动，这时可能发生两种情况：一是被光学势散射，称为势散射或形状弹性散射；二是被光学势吸收引发核反应，广义上这两种情况均被称为核反应。第二阶段是复合核系统阶段，入射粒子被靶核吸收后不能视作独立粒子，可认为入射粒子与靶核形成一个复合体系，因而被称为复合核系统阶段。第三阶段为核反应的最后阶段，在这一阶段，复合核系统分解为剩余核以及出射粒子。

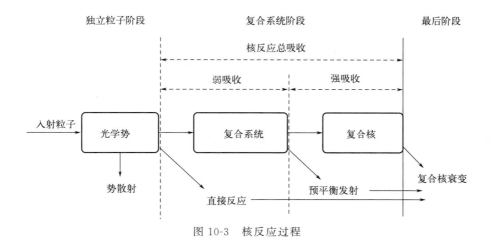

图 10-3　核反应过程

10.5　核燃料

核燃料既是核电厂反应堆的能量源泉，也是放射性裂变产物的来源，所以核燃料的服役性能直接影响核电厂反应堆运行的安全性和经济性。作为理想的核动力反应堆的核燃料的要求是具有良好的核物理特性、抗辐照能力强与高温稳定性好、熔点高、良好的热导率与低热膨胀系数、化学性能稳定性、足够的机械强度、良好的蠕变强度和韧性。核燃料分为固体燃料和流体燃料。流体燃料是将燃料、冷却剂和慢化剂融合在一起的液体燃料，流体核燃料尚处于实验开发阶段，还没有形成大规模生产。固体燃料是目前常用的核燃料，按照堆型形式的不同可分为金属型、陶瓷型和弥散型。二氧化铀是铀-氧体系中的热力学稳定态之一，属于立方晶系，CaF_2 型面心立方结构，空间群 $225\text{-}Fm3m$，晶格常数 $0.547nm$，四个铀原子占据立方体各顶点，八个氧原子占据由一个顶点铀原子和三个面心处铀原子所围成的四面体的间隙位置。在铀工艺中，二氧化铀是一种重要的中间产物，通常用来制作二氧化铀陶瓷燃料棒。二氧化铀作为商用压水堆燃料迄今已有 60 年历史，其主要优点是：具有 2800℃的高熔点，扩大了反应堆可选用的工作强度；面心立方结构，在熔点以下只有一种结晶形态；各向同性，没有金属铀各向异性带来的缺陷；在熔点以下没有晶型转变，热膨胀系数较小，高温条件和辐照情况下尺寸稳定性好，高温条件下不与水反应；与包壳有很好的相容性，化学性能稳定，裂变原子密度适中以及易于制造等优点。二氧化铀密度较低、导热效果差，容易引起较大的温度梯度，在较大温度梯度下容易发生开裂，但其优良特性占主导地位，仍然是广泛采用的核燃料。高铀密度燃料以硅化物燃料和碳化物燃料为主，它们与二氧化铀的性能差异如表 10-2 所示，由表可知高铀密度燃料在铀密度和热导率方面优于二氧化铀，但硅化物燃料的熔点、热膨胀系数方面不及二氧化铀。较高的铀密度意味着相同体积下铀装量更多，有利于提升功率、延长换料周期或降低燃料富集度。

表 10-2　高铀密度燃料与二氧化铀燃料的主要物理性能对比

燃料	U_3Si_2	UC	UO_2
理论密度/(g/cm³)	12.2	13.6	10.96

燃料	U_3Si_2	UC	UO_2
铀密度/(g/cm^3)	13.3	12.95	9.66
熔点/K	1665	2670~2880	约3133
热膨胀系数/($10^{-6}K^{-1}$)	14.6~15.2 (273~1223K)	11.2(300~1273K)、12.4(1273~2273K)	7.8(373K)、12.83(298~2273K)
热导率/[W/(m·K)]	13.0~22.3 (673~1473K)	21~19(1000~2500K)	6~2.5(673~1473K)

陶瓷包覆燃料颗粒的研发开始于20世纪60年代，后改进为三元结构各向同性包覆核燃料颗粒（TRISO），在20世纪80年代成功应用于高温气冷堆，至今已有数十年的成熟应用经验。TRISO由燃料核芯和四层包覆层构成，燃料核芯一般是碳化物、氧化物以及混合碳氧化物核芯等。碳化物燃料核芯的优点是与接触的碳包覆层有很好的相容性，因此最初包覆颗粒燃料核芯的组分选用的是碳化物。与碳化物核芯相比，氧化物核芯的制造工艺简单、耐高温、滞留固态裂变产物和阻挡气态裂变产物的扩散能力强。金属铀一直是核反应堆的燃料。在20世纪80年代后期国际上又面向快堆应用重新启动了金属燃料研发计划。目前金属燃料主要采用粉末冶金或电弧熔炼制备，且必须在氩或氦加压的腔室中进行以确保没有气体杂质，国际上已具备实验室规模的制造能力。与陶瓷燃料相比，金属燃料的优势主要有：无其他寄生吸收中子的原子（如氧原子），中子经济性更好；热导率高，大幅度提高了燃料的安全裕量和堆芯功率。但金属燃料也存在显著缺点：熔点较低，易与包壳形成固相线温度低的物质；金属燃料的辐照肿胀严重，从低燃耗开始就出现大量肿胀，主要受裂变气体、中子辐照损伤、燃料成分和高温的影响。

10.6 核废料

核废料（nuclear waste），泛指在核燃料生产、加工和核反应堆用过的不再需要的并具有放射性的废料，也专指核反应堆用过的乏燃料经后处理回收钚239等可利用的核材料后，余下的不再需要的并具有放射性的废料。核废料按物理状态可以分为固体、液体和气体三种；按比活度又可分为高水平（高放）、中水平（中放）和低水平（低放）三种。高放废料是指从核电站反应堆芯中换下来的燃烧后的核燃料。中放和低放主要指核电站在发电过程中产生的具有放射性的废液、废物，占到了所有核废料的99%。按半衰期不同，将放射性核素分为长寿命（或长半衰期）放射性核素、中等寿命（或中等半衰期）放射性核素和短寿命（或短半衰期）放射性核素。目前，已有较成熟的技术对低、中放废物进行最终安全处置。而对于高放废物，由于其含有毒性极大、半衰期很长的放射性核素，对其安全处置是一个世界性难题。核废料是核能在使用过程中不可避免的一种产物，特点是放射性强、半衰期长、毒性及放热量大，它所含的多种高放射性元素对人体危害极大。根据《核电中长期发展规划》，到2035年，我国核电在运装机规模将达到$2×10^8$kW，发电量约占全国发电量的10%。核电快速发展必然会产生更多的高放射性核废料，预计在2030年前后，每年将产生新的高放射性核废料3200t。世界各国已将高效处理高放射性核废料视为核能工业发展所面临的重要挑战。各国的科学家们曾提出过多种处置方案，包括"冰冻处置""太空处置"及"深地质处置"等。

处理核废料有两个必需条件：首先要安全、永久地将核废料封闭在一个容器里，并保证数万年内不泄漏出放射性物质；其次要寻找一处安全、永久存放核废料的地点，这个地点要求物理环境特别稳定，长久地不受水和空气的侵蚀，并能经受住地震、火山、爆炸的冲击。核废料的特征：①放射性，核废料的放射性不能用一般的物理、化学和生物方法消除只能靠放射性核素自身的衰变而减少；②射线危害，核废料放出的射线通过物质时，发生电离和激发作用，对生物体会引起辐射损伤；③热能释放，核废料中放射性核素通过衰变放出能量，当放射性核素含量较高时释放的热能会导致核废料的温度不断上升甚至使溶液自行沸腾、固体自行熔融。随着中国核能发电事业的快速发展，具有高放射性的核废料不断累积，核废料的安全处置引起了社会的广泛关注，也是科学、技术和工程界所面临的挑战性问题。"深地质处置"是国际上公认的最佳处置方法，主要包括核废料固化体、废物罐、缓冲材料和天然地质体等。在国际原子能机构的支持下，有关国家之间签订了针对放射性废物处置的《乏燃料安全管理与放射性废物安全联合公约》；国际辐射防护委员会出版了固体放射性废物处置的辐射防护原则（ICRP-64）和放射性废物处置的辐射防护政策（ICRP-77）；国际原子能机构也颁发了一系列国际认同的非强制性放射性废物安全标准（RAWASS）。"深地质处置"已成为公认的高放废物永久处置方法。尽管早期探讨过海床处置、深钻孔处置和太空处置等方案，但就费用、风险和法规要求而言，这些方案实施的可能性不大。英、法、德、日、俄和印度等国采取对乏燃料进行后处理、玻璃固化、暂存和最终处置的技术路线，而加拿大、瑞典、芬兰和瑞士则对乏燃料直接进行处置。地质处置所必需的技术（废物整备、处置库设计和工程技术）已经具备，但某些技术及其施工经验尚缺乏。鉴于处置技术的难度，地质处置库的设计越来越趋向于考虑核废物的可回取性。基于场址特性评价在天然系统研究、场址评价方法、现场测试方法和技术、数据测量技术、准确判断系统的不确定性和不均一性，针对不同的处置概念，提出不同的工程屏障设计，并对其在处置库条件下的性能及其与天然屏障的作用进行了解。处置系统总性能评价方法和技术日渐成熟，天然和人工类似物研究为提高地质处置的置信度发挥重要作用，大部分国家均完成阶段性的处置系统性能评价报告。

美国共有 104 个民用反应堆正在运行，据预测，到 2030 年，美国将积累 9.0×10^3 t 国防高放废物和 8.5×10^4 t 从商用反应堆中卸出的乏燃料。美国的高放废物地质处置计划由能源部负责执行，其下属的民用放射性废物管理办公室以及尤卡山场址特性评价办公室具体负责实施，包括运输、容器开发、处置库设计、场址评价以及申请许可证和建造、运行等。瑞典有 4 个核电站，共 12 个机组（包括已退役的 2 个机组），核电占总发电量的 51.6%。目前，乏燃料存放在 Simpevarp 核电站附近的乏燃料中间储存设施（CLAB）之中，并由核电站出资成立的瑞典核燃料与废物管理公司（SKB）负责高放废物地质处置工作，采取的技术路线是用"深地质处置"方法在结晶岩（花岗岩）中处置乏燃料。德国的第 1 个核电站于 1961 年建成发电。目前有 20 个核电机组（其中 1 个已经关闭），核电占总发电量的 39%。德国将采取对乏燃料直接处置的技术方案，处置库围岩为岩盐（盐丘），除把放射性废物划分为高放、中放和低放废物外，还按废物的发热情况把废物分为发热废物和非发热废物。德国目前有 $7.6 \times 10^4 m^3$ 非发热废物、$8.4 \times 10^3 m^3$ 发热废物。据预测，到 2040 年，将有 $2.97 \times 10^5 m^3$ 非发热废物、$2.4 \times 10^4 m^3$ 发热废物。发热废物中，$908 m^3$ 为高放废液玻璃固化体，$2.814 \times 10^3 m^3$ 为中放废物，其余为乏燃料。瑞士有 5 个核电机组，核电占总发电量的 40.6%，其乏燃料总量将达到 $3.0 \times 10^3 t$，先运到英国和法国进行处理，制成玻璃固化体（约 $500 m^3$）后，再运回国内进行处置，相关工作由瑞士核废物处置合作机构（Nagra）负责，采用"深地质处置"方式，处置库围岩为花岗岩或黏土岩。法国是核电大国，共有 59 个机组，核电占总发电量的 78.2%。预计到 2040 年将有 $5.0 \times 10^3 m^3$ 的高放废物玻璃固化体和 $8.3 \times 10^4 m^3$ 的超铀废物需要处置。法国国家放射性废物处置机构（ANDRA）负责法国境内高放及中低放废物的处理及处置工作。加拿大有 16 台核电机组，核电占总发电量的 14.2%。加拿大原子能有限公司（AECL）负责有关高放废物处置研究工作，预计将被处置的废物量为 $6.0 \times 10^3 t$ 乏燃料，处置库将位于深 $500 \sim 1000 m$ 的花岗岩中。日本目前有 17 座核电站（53 个机组），核电占总发电量的 35.2%。目前这些核电站退役后，将总共产生 $5.3 \times 10^4 t$ 的乏燃料。经后处理、玻璃固化之后，将被最终处置。为实施高放废物地质处置，日本 2000 年成立了高放废物地质处置实施机构（NUMO），负责具体的选址和建库工作。芬兰目前有 2 座核电站，按核电站运行 40 年计算，芬兰需处置的乏燃料为 $2.6 \times 10^3 t$；若按运行 60 年计算，则有 $4.0 \times 10^3 t$。中国从 1985 年开始开展了高放废物地质处置跟踪性研究，已初步提出处置库开发"三步曲"式的技术路线，开展了高放废物地质处置研究工作，包括选址和场址评价研究、处置库概念设计调研、缓冲/回填材料（主要是膨润土）性能研究、核素迁移和核素水溶液化学研究、天然类比研究、普通地下实验室场址初选、性能评价调研和计算机模拟等工作。目前已初步确定甘肃北山为高放废物处置库的重点预选区，并正在该区的旧井、野马泉和向阳山地段开展场址评价方法学研究，并已确定内蒙古高庙子钠基膨润土为处置库候选回填材料，其他工作也取得了一定的进展。1999～2003 年，核工业北京地质研究院开展了"甘肃北山深部地质环境研究"，施工了首批 4 个深钻孔，初步建立了一些场址评价方法。

核废物存在的主要问题有以下几点。

① 处置库场址演化的精确预测：由于高放废物含有长半衰期的放射性核素，这就要求处置库要有 $(1 \sim 10) \times 10^5$ 年，甚至更长的安全期，这是目前任何一个工程所没有的要求，因此，也就需要对处置库场址的演化作出预测，尤其是对处置库建成后 $(1 \sim 10) \times 10^5$ 年场址的演化作出精确预测，包括地质稳定性的预测、区域地质条件的预测、区域和局部地下水流场和水化学的预测、未来气候变化的预测、地面形变和升降的预测、地质灾害（火山、地震、断裂、底辟作用等）的预测等。

② 深部地质环境特征：地质处置库一般位于 $300 \sim 1000 m$ 深的地质体中，这一深度地质体的环境特征为高温、高地应力还原环境、地下水作用、深部气体作用，还由于放射性废物的存在，处置库中存在强的辐射环境。目前，人们对深部地质环境知之甚少，并且研究方法和手段也极其缺乏。

③ 深部岩体的工程性状及其在多场耦合条件下岩体的行为：与浅部岩体不同，深部岩体结构具有非均匀、非连续特点。深部岩体结构变形具有非协调、非连续特点；深部岩体结构不是仅处于一般高应力状态，而是一些区域处于由稳定向不稳定发展的临界高应力状态，即不稳定的临界平衡状态。

④ 多场耦合条件下工程材料的行为：高放废物处置库的工程材料包括玻璃固化体、废物罐（通常用碳钢、不锈钢等建造）和缓冲回填材料（包括膨润土及其与砂的混合物），这些材料起着阻滞放射性核素向外迁移、阻止地下水侵入处置库的重要作用。

⑤ 放射性核素的地球化学行为及其随地下水的迁移行为：从高放废物处置库中释放出

来的放射性核素，将随地下水迁移，从而影响处置库的性能。

⑥ 处置系统的安全评价：地质处置库是一项处置高放废物的高科技环保工程，必须确保安全，且安全期要达到上万年，但如何对处置系统进行安全评价却是难题。处置系统是一个复杂的系统，包含大量的子系统，如废物体子系统、废物罐子系统、缓冲材料子系统、回填材料子系统、近场子系统、远场子系统、地下水子系统、生物圈子系统和环境子系统等。

10.7 核安全

2023年，习近平总书记在全国生态环境保护大会上强调，要守牢美丽中国建设底线，贯彻总体国家安全观，积极有效应对各种风险挑战，切实维护生态安全、核与辐射安全，为进一步做好核与辐射安全监管工作提供了方向指引和根本遵循。党的十八大以来，以习近平同志为核心的党中央将核安全纳入国家总体安全体系，建立国家核安全工作协调机制，颁布实施核安全法，编制发布核安全规划。核安全是全国人民心之所系，须把核安全摆在最高优先级位置，加快建设同我国核事业发展相适应的现代化核安全监管体系，加大力度推进核安全科研攻关，进一步加强业务培训，扎实推进核保险、核安全法治建设，以高水平核安全保障核事业高质量发展。

地球环境本身就是一个天然辐射场，人们的日常生活无时无刻不在接受着各种各样的辐射，包括天然本底照射和人工照射。根据联合国原子辐射效应科学委员会的报告，全球人均辐射剂量为2.8mSv/a，其中天然辐射为2.4mSv/a，人工照射为0.4mSv/a（主要是医疗照射）。我国标准规定人类核活动对公众所造成的附加剂量限值为1mSv/a。我国早在核电发展之初就开始建立辐射环境监测体系，包括辐射环境质量监测、核设施外围环境监测和核事故应急监测。核设施在建造运行前，相关部门组织对核设施所在厂址进行放射性天然本底调查，积累数据。核设施运行过程中，营运单位开展环境监测活动，并报告监测结果，环保部门对核设施实施监督性监测。多年的监测结果表明，我国核设施周边辐射剂量及放射性排放远低于国家标准限值，核电厂放射性废气、废液排放不到排放限值的1%，放射性固体废物产生量仅为设计值的几分之一。核电厂正常运行期间对周围公众个人最大年有效剂量是国家标准的万分之几，不到天然本底辐射水平的万分之一，核设施周围环境辐射水平始终保持在天然本底涨落范围之内。福岛核事故在全球核能发展史上是一次特别重大的事件，对核能发展以及核安全带来深远影响，教训十分深刻。福岛核事故警示人们必须进一步深刻认识核安全的极端重要性和基本规律，提升核安全文化素养和水平；进一步提高核安全标准要求和设施固有安全水平；进一步完善事故应急响应机制，提升应急响应能力；进一步增强营运单位自身的管理、技术能力及资源支撑能力；进一步提升核安全监管部门的独立性、权威性、有效性；进一步加强核安全技术研发工作，依靠科技创新推动核安全水平持续提高和进步；进一步加强核安全经验和能力的共享；进一步强化公共宣传、信息公开工作。还应进一步加强核设施应对各种极端自然灾害的能力，加强严重事故的预防和缓解能力。政府各部门、各相关企事业单位必须以更强的责任感、使命感和紧迫感，加强核安全与放射性污染防治工作，朝着更高的目标持续努力。

核安全已经被纳入国家总体安全体系，上升为国家安全战略。《国民经济和社会发展第十三个五年规划纲要》明确提出，推进核设施安全改进和放射性污染防治，强化核与辐射安全监管体系和能力建设。中央其他文件中也多次提出编制核安全规划。我国核能和核技术发展快，量大面广，自国家核安全局成立以来，我国核能与核技术利用事业始终保持良好安全业绩。我国核安全工作，既接受国内公众的监督，也接受国际同行和专家的评议。据世界核电运营者协会（WANO）的统计，我国核电机组的运行指标中80%处于世界中值水平以上，70%指标处于国际先进值之上，因此，我国核与辐射安全监管是有效和可靠的。

10.8 核电的发展现状和趋势

当前和今后一个时期，在国家双碳目标的战略指引下，发展核电将是保障国家能源安全、推动清洁低碳转型、实现高质量发展的重要战略举措。中国核能行业协会在京发布的《中国核能发展报告（2024）》中公布的数据显示，2023年我国新增商运核电机组2台，额定装机容量5703万千瓦，位列全球第三；全年核电设备平均利用小时数为7661h，核电发电量4334亿千瓦时，位居全球第二。2023年我国在建核电工程稳步推进，全年新开工核电机组5台，核电工程建设投资完成949亿元，创近五年最高水平。截至2023年底，在建核电机组26台，总装机容量3030万千瓦，位居全球第一。2023年上半年，中国广核集团有限公司（以下简称中广核）"华龙一号"示范项目防城港核电站3号机组高质量投产，这是我国核电产业链不断协同奋进、持续做优做强的重要标志性成果，标志着中广核"华龙一号"三代核电技术自主化研发成功开花结果、落地应用。2023年我国商运核电机组数量达到55台，共有33台机组在世界核电运营者协会的综合指数达到满分，满分比例和综合指数平均值位居世界前列。中国已形成了自主化三代压水堆"华龙一号""国和一号"国产化品牌，自主化三代核电技术已全面进入批量化建设阶段，"华龙一号"在国内外已有5台机组投入商运、在建机组共13台，国家重大科技专项高温气冷堆示范工程已于2023年底投入商运，"国和一号"示范工程建设稳步推进。根据中国工程院、国家发展和改革委员会能源研究所、国网能源研究院、清华大学气候变化与可持续发展研究院等多家研究机构的预测，2035年中国核能发电装机规模预计可达1.2亿～1.5亿千瓦，到2060年，核能装机规模将有望提升到4亿千瓦以上。

我国拥有完整的核工业体系，但目前仍有部分核电关键设备、材料存在短板和弱项，应发挥新型举国体制优势，加强核能基础性关键技术研究、工业软件开发，补齐短板，保障核电产业链安全；健全天然铀供应保障体系，加大国内铀资源勘查开发力度，增强境外资源获取能力；推进乏燃料后处理技术攻关、一体化闭式循环快堆等战略性先进核能技术研发，解决铀资源供应瓶颈及放射性废物环境制约问题。目前我国山东海阳核电站、辽宁红沿河核电站、浙江秦山核电站等已率先开展核能供暖，并积极拓展海水淡化等综合利用。同时小型模块化反应堆具有很高的安全性和灵活性，但相关技术标准法规体系尚不完善，应将核电建设与城市及大型工业园区供热、供汽、供冷等基础设施统一规划，积极推动核电机组实施集中供热与海水淡化；研究启动高温堆和多用途小型堆城市清洁供暖及工业园区综合利用示范，实现对燃煤供热的有序替代。我国核电未来发展路径如下。

① 技术方向更经济、更安全、兼顾防扩散。实现安全性与经济性的优化平衡是三代核电发展面临的现实挑战。

② 产业链前端与核电规模协同发展，构建完整可靠的铀资源保障战略体系，解决铀资源缺口。从资源储量看，全球近中期内（2035 年前）铀资源供给保障是有经济条件和物质基础的，但我国现有铀资源保障体系能力存在较大缺口。我国必须从战略上高度重视铀资源保障建设，增强铀资源保障体系建设的前瞻性，坚持核燃料闭式循环方针，把握后处理节奏。我国在 20 世纪就制定了核燃料闭式循环方针，未来应突破核燃料闭式循环瓶颈，掌握闭式循环技术，形成规模化后处理能力，提高铀资源利用率。

③ 核能多用途利用才能最大限度发挥核能作用。人类对和平利用核能的需求不断延伸，除了利用核能进行发电之外，在太空探索、海洋开发、供热制冷、工业用气、海水淡化、制氢等宽领域、多维度拥有广阔的应用前景。

④ 批量化规模化发展，持续提升核能竞争力。核电机型选择应以成熟堆型为主，对同一型号系列核电机型，批量化建设机组数能够大幅降低核电建造成本。

⑤ 注重沿海与内陆、东部与中西部的时空合理布局；因地制宜，合理布局核能，推动区域能源高质量发展；针对我国区域能源发展要求以及资源禀赋等因素，面向未来优化核能布局。

⑥ 创新商业模式，多方位降低核电成本。延长在运核电机组寿命，通过对核电机组基本结构、系统和部件进行特殊产权评审和评定来延长核电机组寿命至 60 年或 80 年已经成为越来越多国家的选择。此外，我国核能产业链要达到均衡发展仍有很多工作需要开展。因此，科技创新能力还需进一步提升。我国核电建设还处于积累成熟期，批量化规模效应和产业竞争力还有待提升，实现安全性与经济性的优化平衡是核电发展面临的现实挑战，还有核燃料循环产业核心竞争力不强、发展不平衡的问题。我国铀资源并不富有，并且国内天然铀储量仍然不清、产能低、成本高，大规模发展核电仍依赖进口。

思政研学

打造"华龙一号"，擦亮中国核电名片

刑继是中核集团华龙一号总设计师、中核集团首席专家、中国核电工程有限公司总工程师，曾担任岭澳二期核电工程总设计师，首次实现中国百万千瓦核电站的自主设计，为中国此后批量化自主建造百万千瓦级核电机组奠定了基础。2019 年 8 月，他被评为"最美科技工作者"；2019 年 9 月，被授予"最美奋斗者"荣誉称号；2020 年 11 月，被评为全国劳动模范；2021 年 10 月，荣获第六届"全国杰出专业技术人才"称号。

核电，是利用原子核内部蕴藏的能量产生生电能。一颗原子核，直径只有一根头发丝的一亿分之一，却蕴藏着惊人能量。1kg 的铀 235 裂变以后产生的能量，大致相当于 2700 吨标准煤充分燃烧释放的热量。

核电是战略高科技产业，是大国必争之地。发展核电是和平时期保持和拥有强大核实力的重要途径。第二次世界大战结束后，世界各国科学家都把更多注意力转向原子能和平利用。1987 年，从哈尔滨船舶工程学院（原中国人民解放军军事工程学院，现为哈尔滨工程大学）核动力装置专业毕业后，邢继被分配到北京核二院（中国核电工程公司前身）。3 年后，邢继被派去法国著名核电公司 Framatorn 设在深圳的现场技术部，担任工程师。在那里，他第一次见到当时国际上最先进的核电设计图纸，第一次接触到现代化设计管理体系。

20 世纪末，当国家提出百万千瓦级核电要实现完全自主化的方向时，邢继和团队创造性地提出了"177 堆芯""双层安全壳""能动与非能动相结合的安全设计理念"等技术方案，一点点搭出了"华龙一号"的"骨架"，最终使其成为中国核电的名片。

思考题

1. 核能的应用有哪些？核能的主要特点有哪些？
2. 核能发电的优势有哪些？
3. 简述核电能量转化利用原理。
4. 简述核反应堆的类型以及各种堆型的特点。
5. 简述高温气冷堆的特点及优势。
6. 简述压水堆铀燃料循环过程。
7. 简述核反应过程。
8. 核废料的特征有哪些？其处理方法有哪些？
9. 浅谈核能发展对智能电网构建的意义。
10. 浅谈核能发展的方向。

参考文献

[1] 张晓，宋继叶，孙璐. 神奇的核能原料——铀[J]. 世界核地质科学，2024，41(02)：418.
[2] 崔增琪. 核能在我国新型电力系统中的布局研究[J]. 产业与科技论坛，2023，22(16)：27-29.
[3] 叶奇蓁. 开创中国核能现代化发展[J]. 科技导报，2024，42(04)：1-2.
[4] 张璎. 核电站工作原理及发展趋势[J]. 装备机械，2010(04)：2-7.
[5] 李鸿鹏，孙小凯，李林蔚. 欧洲能源危机对我国发展核能带来的启示[J]. 中国能源，2022，44(09)：57-68.
[6] 张琦超，蒋以山，赵欣，等. 高放射性核废料辐射对深地质处置环境和储罐材料危害的研究进展[J]. 装备环境工程，2022，19(10)：86-93.
[7] 周祥运，孙德安，罗汀. 核废料处置库近场温度半解析研究[J]. 岩土力学，2020，41(S1)：246-254.
[8] 崔颖. H 核电厂换料大修项目质量管理研究[D]. 大连：大连理工大学，2018.
[9] 蔡鸿泰，吴宏亮. 双碳目标下核能项目开发与地方经济发展深度融合研究[J]. 中国核电，2023，16(03)：339-342.
[10] 苏宏. 核能综合利用的理论现状及发展前景探讨[J]. 东方电气评论，2024，38(01)：68-73.
[11] 汤旸. 核能发电的优势与发展前景[J]. 科技展望，2016，26(28)：113.
[12] 姜顿. 稳定非线性模型预测控制在核反应堆控制系统中的应用研究[D]. 北京：华北电力大学，2018.
[13] 田武. 重水、重水堆与核武器[J]. 国防科技，2003(04)：84.
[14] 郝卿. 核废料处理方法及管理策略研究[D]. 保定：华北电力大学，2013.
[15] 伍赛特. 高温气冷堆技术研究及展望[J]. 节能，2023，42(10)：89-93.
[16] 陈永静，葛智刚，刘丽乐. 核聚变将最终成为未来的能源吗？[J]. 科学通报，2016，61(10)：1066-1068.
[17] 康家豪. 核电机组常规岛性能诊断与供热研究[D]. 北京：华北电力大学，2022.

［18］ 郭爽. 正确认识清洁环保的核能发电［J］. 黑龙江科技信息，2014(34)：20.

［19］ 徐侃. 重水堆核电机组在当前核电市场的发展战略［D］. 上海：上海交通大学，2009.

［20］ 陆彬. 核电站堆芯温度场重构研究［D］. 南京：东南大学，2016.

［21］ 左琴，陈彬，邵之江，等. 基于 RELAP5 的沸水堆机理模型建立与仿真［J］. 控制工程，2012，19(04)：699-703.

［22］ 张凯铭. 一种基于 CFD 程序的压水堆堆芯简化建模方法及应用研究［D］. 南昌：东华理工大学，2023.

［23］ 席静，王静，梁斌. 核能的研究综述［J］. 山东化工，2019，48(21)：51-52.

［24］ 孙慧. 100MeV 以下质子诱发^{nat}Mo 反应及高能中子在^{238}U 和^{nat}Pb 中的输运实验研究［D］. 兰州：中国科学院大学(中国科学院近代物理研究所)，2023.

［25］ 冯献灵，薛广宇. 核电站工作原理及发展前景展望［J］. 产业与科技论坛，2021，20(07)：75-76.

［26］ 张晗，闫大海，刘鹏飞. 核能放射性污染研究［J］. 舰船科学技术，2018，40(19)：78-81.

［27］ 马骏彪，韩买良. 核电站废料处理技术［J］. 华电技术，2009，31(12)：70-72，80.

［28］ 王驹，陈伟明，苏锐，等. 高放废物地质处置及其若干关键科学问题［J］. 岩石力学与工程学报，2006(04)：801-812.

［29］ 潘芸芳. 氧化铀晶体生长及掺杂研究［D］. 上海：上海应用技术大学，2020.

［30］ 焦拥军. 商用压水堆核燃料研发进展与应用展望［J］. 核动力工程，2022，43(06)：1-7.

［31］ 尹文静. TRISO 包覆燃料颗粒放射性核素的产生及安全性分析［D］. 上海：中国科学院研究生院(上海应用物理研究所)，2014.

［32］ 孙晓思. 二氧化铀核燃料芯块形状优化的数值模拟［D］. 太原：太原科技大学，2012.

第11章

其他新能源材料及技术

11.1 生物质能

11.1.1 概述

生物质是指有机物中除化石燃料外所有来源于动、植物和微生物的物质，包括动物、植物、微生物以及由这些生命体排泄和代谢的所有有机物。获取生物质的途径大体上有两种情况，一是有机废弃物的回收利用，例如：农作物的秸秆、残渣和谷壳；林木的残枝、树叶、锯末、果核、果壳等。另一种是专门培植作为生物质来源的农林作物。例如：白杨等薪炭林树种、桉树等能源作物、苜蓿等草本植物；造酒精的甜高粱、产糖的甘蔗，及向日葵等油料作物。此外，海洋和湖泊也提供大量生物质。其他形式的生物质有以下几类：

（1）动物粪便

动物粪便是从植物体转化而来的，富含有机物，数量也很大。发酵释放大量温室气体；若处理不善，还会对水体造成污染。

（2）城市垃圾

城市垃圾成分比较复杂，居民生活垃圾，办公、服务业垃圾，部分建筑业垃圾和工业有机废弃物都含有大量有机物。

（3）有机废水

工业有机废水和生活污水，往往也含有丰富的有机物。此外，某些光合成微生物也可以形成有用的生物质。

11.1.2 生物质能分类

通过光合作用由太阳能转化而成的能源称为生物质能，因其来源于太阳能，所以生物质能是可再生能源，发展生物质经济，有利于促进农村经济增长、农民增收，发展潜力巨大。生物质能是一种可再生能源，以动植物和微生物为载体来储存能量，可转化为固、液、气态燃料。生物质能源的应用研究开发几经波折，在第二次世界大战前后，欧洲的木质能源应用研究达到高峰，然后随着石油化工和煤化工的发展，生物质能源的应用逐渐趋于低谷。到20世纪70年代中东战争引发的全球性能源危机以后，可再生能源包括木质能源在内的开发利用研究重新引起了人们的重视。生物质能源形式主要有三类：

（1）生物质成型燃料

生物质成型燃料以农林物质为原料制成，可根据需要加工成各种形状和规格的块体或颗粒供燃烧使用，成型燃料便于储存运输，燃烧性能优越，污染物排放较少。我国大部分生物质供热项目采用生物质成型燃料作为原料。生物质成型燃料可在热电联产项目、锅炉或炉具中燃烧使用，能满足乡镇、工厂企业区域用热及分布式居民区或分散农户的用热需求。

（2）生物质气体燃料

生物质气体燃料是禽畜粪便、秸秆废物等有机物经发酵加工得到的生物质沼气。生物质沼气可用于居民生活供气，也可利用专用锅炉进行热电联产或集中供热。目前，生物质沼气工程主要以小型项目为主。

（3）生物质液体燃料

生物质液体燃料主要包括生物质甲醇、乙醇和柴油等，可作为燃料进行使用。甲醇可通过生物质气化合成，常温下为液体，储运方便，安全环保，有较广阔的应用前景，但其生产成本较高。生物质乙醇的生产技术较为成熟，产量较高，原料多为粮食作物。燃料乙醇被广泛用于交通能源领域，供热领域应用较少。生物质柴油是以废弃油脂为原料提炼得到的。

根据来源可以将生物质分为以下几类：

① 林业生物质：该类生物质主要是由木材废料、商用木材的残余物、裁剪后的树枝、木质灌木的根部残余物、树皮、叶子等组成，其主要成分是碳水化合物和木质素。

② 草本生物质：该类生物质主要来自生长季节结束时死亡的植物以及粮食作物或者种子作物的副产品，比如玉米秸秆、花生壳、稻壳等。

③ 水生生物质：该类生物质包括大型藻类、微藻类和新兴植物。自然界中的藻类生物体虽然很简单但是能将阳光、水、二氧化碳转化，最终形成藻类生物质。因为水生生物质的单位生产生物质数量很高和不与粮食作物竞争的优点，目前该类生物质被认为是生产第三代生物柴油的理想原料。

④ 动物及人类废弃生物质：该类生物质主要包括骨头、肉粉、各种类型的动物粪便及人类粪便。在过去这些生物质会被制作成肥料用于农业用地，但是会造成环境污染的问题。

⑤ 生物质混合物：该类生物质为在某些情况下，以上述的几个不同类别基质混合形式出现。

11.1.3　生物质能的特点

生物质能，指蕴藏在生物质中的能量，是直接或间接地通过光合作用，把太阳能转化为化学能后固定和贮藏在生物体内的能量。每年生成的生物质总量达 1400 亿～1800 亿吨，所蕴含的生物质能相当于目前世界耗能总量的 10 倍左右。生物质长期以来为人类提供了最基本的燃料。在不发达地区，生物质能在能源结构中的比例较高，例如在非洲有些国家高达 60% 以上。在当今世界能源消费结构中，生物质能仅次于煤炭、石油和天然气，被称为"第四能源"。研究表明，相比于风能和太阳能发电，生物质发电具有强大的减排潜力，生物质发电项目全生命周期中温室气体（CO_2）的排放量为 42～85g/（kW·h）。因此，生物质能是一种可再生、碳中和的优质清洁能源。据统计，我国生物质能的实际利用率低于10%，如果能以高效合理的方式对生物质能进行开发利用，将其转化为高品位能源，能够显著加快能源结构的转型升级和促进环境治理体系的日益完善，故加快生物质能利用技术的革新刻不容缓。

（1）可再生性

生物质属可再生能源，生物质能由于通过植物的光合作用可以再生，与风能、太阳能等同属可再生能源，资源丰富，可保证能源的永续利用。自然界中生物质能资源来源广泛，可用性强。据估计，全球生物质能年产量潜力超1000亿吨（石油当量），是当前世界能源需求的数倍。据国际能源署预测，到2035年全球每年的一次能源供应将有10%来自生物质能，2050年则将有近30%的交通燃料由生物质能提供。

（2）低污染性

生物质的硫含量、氮含量低，燃烧过程中生成的SO_x、NO_x较少。生物质作为燃料时，由于它在生长时吸收的二氧化碳相当于它排放的二氧化碳的量，因而对大气的二氧化碳净排放量近似于零，可有效地减轻温室效应。

（3）广泛分布性

资源种类多且分布广。生物质能涵盖了农林废弃物、城市固体废弃物、养殖废弃物等诸多类型，城市乡村均有分布。此外，生物质能还具有其他可再生能源不具备的优势：可转换为多种形式的能源，既可以供电、供热、供气（沼气、生物天然气、生物氢气等），也可以提供液体燃料（生物乙醇、生物柴油、航空煤油）和固体成型燃料。

11.1.4 生物质能转换技术

通常把生物质材料能通过一定方法或手段转变为燃料物质的技术称为生物质能转换技术。生物质能材料转化为能源可根据利用方式分为两类——传统的和现代的。现代生物质能是指那些可以大规模用于代替常规能源即矿物性固体、液体和气体燃料的各种生物质能。传统生物质能包括所有小规模使用的生物质能，主要限于发展中国家。各种生物质能源在利用时均需转化，由于不同生物质资源在物理化学方面的差异，转化途径各不相同，除人畜粪便的厌氧处理以及油料与含糖作物的直接提取外，多数生物质能要经过转化过程。

（1）直接燃烧

直接燃烧技术是人们最早使用生物质能源的一种方式，可以快速地将生物质内部储存的化学能转化为热能使用，具有规模小、成本低、操作简单的特点。直接燃烧技术也可以分为单独燃烧和混合燃烧，单独燃烧主要用于农村中烹饪、供热取暖，直接燃烧的温度不高，燃烧不充分会产生大量的颗粒物有害气体和烟雾污染环境，燃烧过程中大量的热量逸散导致能源利用率也很低。混合燃烧主要用于城市供电，比如城市垃圾电厂，将各种生物质与城市垃圾进行混合燃烧，对环境污染较小并且具有一定的经济效益。

生物质直接燃烧是最普遍的生物质能转换技术，把生物质的化学能转化为热能。直接燃烧可以表示为如下反应：有机物质$+O_2 \longrightarrow CO_2 + H_2O +$能量。此过程是光合作用的逆反应过程，在燃烧过程中，将贮存的化学能转变成热能释放出来。除了碳的氧化外，此过程中还有硫、磷等微量元素的氧化。直接燃烧的主要目的是取得能量，燃烧过程中所产生的热可用于发电，也可供热给需要热量的地方。燃烧过程产生热量的多少，除因有机物质种类不同而不同外，还与氧气（空气）的供给量有关。可以进行直接燃烧的设备形式很多，有普通的炉灶，也有各种锅炉、复杂的内燃机（用于燃烧植物油）等。

生物质的燃烧过程是强烈的放热化学反应。燃烧的进行除了有燃料本身之外，还必须有足够的温度和适当的空气供应，燃烧过程可以分为预热、水分蒸发、析出挥发物和焦炭燃烧等阶段。各阶段是连续进行的，当挥发物着火燃烧后，气体便不断向上流动，边流动边反应形成扩散火焰。扩散火焰中，由于空气与可燃气体混合比例不同，形成温度不同的火焰。比例适当，燃烧好，温度高；比例不恰当的燃烧不好，温度低。进入炉膛的空气过多或过少时都会造成扩散火焰的熄灭。碳的燃烧，理论上可按下列二式进行：$C + O_2 \longrightarrow CO_2$；$2C + O_2 \longrightarrow 2CO$。而实际上在高温下，氧与炽热的焦炭表面接触时，CO 与 CO_2 同时产生，基本上按下列方式进行：$4C + 3O_2 \longrightarrow 2CO_2 + 2CO$；$3C + 2O_2 \longrightarrow CO_2 + 2CO$。$CO_2$ 与 CO 的多少由温度和空气的供给量决定。

（2）热化学转换

生物质的热化学转换是指在一定温度和条件下，使生物质气化、炭化、热解和催化液化，以生产气态燃料、液态燃料和化学物质的技术。生物质气化及热解（热化学过程）是利用空气中的氧气或水蒸气将固体燃料中的碳和氢转换成更有价值或是更方便的产品的基本热化学过程，是高温分解。在此过程中，还伴随有碳与氢的反应。分解后通常形成混合气体、油状液体和纯焦炭。这些产品的比例取决于原料、反应温度和压力、在反应区停留的时间和加热速度等。

热化学过程主要有三大类：气化、热解和液化，通过各自不同的技术手段、严格的试验条件、高效的反应器等得到不同的目标产物。气化技术是一种常规技术，它的首次商业化可追溯到 1830 年。气化是为了增加气体产量而在高温状态下进行的热解过程。生物质气化的装置称为气化器。气化器有多种形式的，常见的是底座固定型的立式气化器。

生物质气化是指固体物质在高温条件下，与气化剂反应得到小分子可燃气体的过程。气化主要反应是生物质碳与气体之间的非均相反应和气体之间的均相反应。通常所说的气化，还包括生物质的热解过程。所用气化剂不同（如空气煤气、水煤气、混合煤气以及蒸汽-氧气煤气等），得到的气体燃料组分也不同，产出的气体主要有 CO、H_2、CO_2、CH_4、N_2 以及 C_nH_m 等烷烃类碳氢化合物。根据气化类型的不同，生物质气化技术条件也有所不同，如表 11-1 所示。生物质的气化利用又可分为气化供气/供热/发电、制氢和间接合成，生物质转换得到的合成气（$CO + H_2$），经催化转化制造洁净燃料汽油和柴油以及含氧有机物如甲醇和二甲醚等。生物质气化技术已有 100 多年的历史。最初的气化反应器产生于 1883 年，它以木炭为原料，气化后的燃气驱动内燃机，推动早期的汽车或农业排灌机械。第二次世界大战期间，是生物质气化技术的鼎盛时期。

该过程根据反应温度和产物不同，可以分为干燥、热解、氧化和还原 4 个阶段，按照不同的分类方式有不同的气化种类。从产品角度来看，除了有用的气体组分以外，还有焦油、灰分、水分等，所以产品气需要净化后才能使用。水分和灰分的处理比较容易，而焦油的处理是生物质气化技术应用的一大难题。目前焦油的处理方式主要分为物理法和化学法。

表 11-1 生物质气化技术分类

序号	类型	气化条件
1	气化压力	常压气化（−0.1～0.1MPa）、加压气化（0.5～2.5MPa）
2	气化温度	低温气化（700℃以下）、高温气化（700℃以上）
3	气化剂	空气、氧气、水蒸气、复合式

液化是指通过化学方式将生物质转换成液体产品的过程。液化技术主要有直接液化和间接液化两类。直接液化是把生物质放在高压设备中，添加适宜的催化剂，在一定的工艺条件下反应，制成液化油，作为汽车用燃料或进一步分离加工成化工产品。间接液化就是把生物质气化成气体后，再进一步进行催化合成反应制成液体产品。这类技术是生物质的研究热点之一。生物质中的氧含量高，有利于合成气（$CO+H_2$）的生成，其中的 N、S 含量和等离子体气化气体中几乎无 CO_2、CH_4 等杂质存在，极大地降低了气体精制费用，为制取合成气提供了有利条件。

热解是生物质在隔绝或少量供给氧气的条件下，利用热能切断生物质大分子中碳氢化合物的化学键，使之转化为小分子物质的加热分解过程。这种热解过程所得产品主要有气体、液体、固体三类（产品比例根据不同的工艺条件而发生变化）。按照升温速率热解又分为低温慢速热解和快速热解，一般在 400℃ 以下，主要得到焦炭（30%）。国外研究开发了快速热解技术，即利用在 500℃、高加热速率（1000℃/s）、短停留时间下的瞬时裂解，制取液体燃料油。

（3）生物化学转换

生物质能的生物化学转换利用微生物发酵将生物质转化成便于利用的燃料形式，发酵一般可在接近常温常压的条件下进行。生物质在沼气池中厌氧发酵所含的有机物可以分解出 CH_4 和 CO_2，成为一种热能很高的沼气。沼气开发主要有 4 类：农业沼气、工业沼气、城市下水道污泥沼气和城市垃圾沼气。

中国是研究开发人工制取沼气技术较早的国家。在 19 世纪末我国广东沿海一带就出现了适合农村用的制取沼气简易发酵系统。早在 2000 年 3 月我国农业部启动了生态家园富民计划，通过各类成熟的可再生能源技术的优化组合，因地制宜地建设推广各类成功的能源生态模式，形成以沼气为纽带，种植、养殖、加工为一体的生态农业模式，通过沼气建设实现农村改厨、改厕、改圈、改路、改水、改庭院，改变农民落后的生产、生活方式，建设现代化农村。利用酵母将生物质中的葡萄糖、果糖和蔗糖等糖类发酵分解成乙醇很早就被用于酿酒。发酵产物经过蒸馏提高浓度后再回收的乙醇可用作燃料。此类技术原料获取方便、原材料通常包括木材、森林废弃物、农业废弃物、水生植物、油料植物、城市和工业有机废弃物等。但是此类方法也存在原材料能量密度低、分布广泛不易收集、运输成本高，以及产业未形成规模化、标准化等缺点。利用农业废弃物中的木质纤维素制取乙醇可以不消耗粮食是今后乙醇发酵技术研究的重点。丙酮、丁醇发酵就是利用某种微生物将生物质中的糖转化为丙酮和丁醇，其中丁醇是一种很好的燃料。此技术在第一次世界大战中有用过，在第二次世界大战中日本也曾用此技术生产过燃料丁醇。在生物质厌氧发酵时适当调节发酵的条件，还可以使生成物由甲烷变成氢（同时产生醋酸和丙酸等有机酸及二氧化碳）。和甲烷发酵一样在氢发酵中微生物的作用也非常重要。

11.1.5 生物质能发电

生物质能发电技术是指以生物质为燃料，通过有机物转化为可燃气体来发电的一种清洁发电技术。直燃发电、气化发电和沼气发电是生物质能发电技术常见的3种形式。直燃发电就是将生物质直接投入一种特殊的锅炉之中，在产生水蒸气的同时带动蒸汽轮机或者发电机运行从而产生电能。气化发电是指将生物质转化成可燃气体，再由可燃气体燃烧而来的热量进行发电。其基本流程是：对生物质原料进行处理后，通过给料设备输送至气化炉进行气化，然后可燃性气体再通过净化装置净化，最后输送至汽轮机系统中进行发电。沼气发电是以废渣为原料，在反应装置中加入厌氧细菌发酵处理后产生沼气，再经过气水分离、过滤、压缩和冷却等一系列处理流程后，输送到发电机组转化为电能。据统计，生物质发电的装机容量和新增装机容量呈逐年上升趋势，如表11-2所示。生物质发电的流程，大致分两个阶段：一般先把各种可利用的生物原料收集起来，通过一定程序的加工处理，转变为可以高效燃烧的燃料；再把燃料送入锅炉中燃烧，产生高温高压蒸汽，驱动汽轮发电机组发出电能。生物质能发电的发电环节与常规火力发电是一样的，所用的设备也没有本质区别。

表 11-2　2017～2021年全国生物质能发电统计数据

年份	发电量/10^8 kW·h	装机容量/10^4 kW	新增装机容量/10^4 kW
2017	795	1488	274
2018	906	1781	293
2019	1111	2254	473
2020	1326	2952	698
2021	1637	3798	846

经过近20年的发展，我国生物质发电行业已步入发展成熟期，设备基本全部实现国产化，发电和供热技术水平不断提高，发电机组发电综合效率提高到37%左右，达到世界先进水平。新时期生物质发电是能源绿色转型的重要组成部分，发展空间生物质能发电受资源约束明显，因为从可利用资源和已建项目布局来看，全国预计可新建生活垃圾发电站主要集中在内蒙古、新疆、甘肃、云南等人口分散、经济发展水平偏低的省、自治区，垃圾集中处理规模和垃圾处理费相对较低；全国预计新建的农林生物质发电站将主要建在河南、河北，剩余有较大资源潜力的地区主要分布在西北、西南等地，这部分地区资源分散、收集难度大，开发利用成本较高。生物质发电未来的发展是能够在单一向电网公司售电的基础上，创新开展绿色权益交易和电力市场化交易，还可以由单一发电向"生物质能源＋"转型发展。发电和供热环节一般采用直燃发电或热电联产技术，燃气环节采用生物天然气技术。生物天然气可利用生物质发电成熟的秸秆收储系统，以降低原料收储系统的建设成本；产生的沼渣在其滞销、堆存受限制时可作为生物质发电的原料进行掺烧，避免二次污染；生产所需热源、脱盐水均来自生物质发电环节，生物质发电所产生的灰渣，可混入有机肥中作为填充剂，实现农业废弃物能源化、肥料化。

11.1.6 我国的生物质能源及产业现状

（1）我国的生物质资源

中国拥有丰富的生物质资源，理论总量有50亿吨左右。中国是农业大国，每年以秸秆为代表的农作物剩余物产量巨大。2022 年中国粮食产量达到 6.8653×10^{11} kg，相应的粮食作物秸秆产量达到 9.77×10^{8} t，较 2021 年增加了 1.12×10^{8} t，增长了 12.9%。每年农作物秸秆产量达 7×10^{8} t，可作为能源的约有 3×10^{8} t。此外，一些大型米厂每年可收集 2×10^{7} t 左右的稻壳。林木生物质资源大多分布在我国的主要林区，其中西藏、四川、云南三省区的蕴藏量约占全国总量的一半。林木剩余物集中在中国东北林区、南方山区。禽畜粪便主要来源是大牲畜和大型畜禽养殖场，集约化养殖所产生的畜禽粪便就有 4×10^{8} t 左右，主要分布在河南省、山东省、四川省、河北省等养殖业和畜牧业较为发达的地区。工业有机废水排放量高达 20×10^{8} t（不含乡镇工业）。每年城市垃圾产量不少于 1.5×10^{8} t，有机物的含量约为 37.5%。有机生活垃圾集中在东部人口稠密地区；污水污泥集中在城市化程度较高区域，资源总量前五位的是北京市、广东省、浙江省、江苏省、山东省，占全国总量的 40%。专家估计，到 21 世纪中叶，采用新技术生产的各种生物质替代燃料将占全球总能耗的很大比重。

（2）我国的生物质能源产业现状

生物质能作为国际公认的零碳可再生能源，主要是利用城乡有机废弃物生产可再生清洁能源，具有绿色、低碳、清洁等特点，可以同时满足供应清洁能源、治理环境污染和应对气候变化的目标。当前，我国生物质能产业处境艰难，主要表现为：原有的发展动力不足，发展的市场环境恶化，产业自身竞争力减弱，产业整体发展相对滞缓，已处于一个发展的十字路口。未来是选择继续维持现状，让产业按照惯性发展，还是选择积极寻找突破口，摆脱当前面临的困境，显然已成为一个摆在面前的最大问题。生物质发电产业稳步发展，2022 年全年，生物质发电新增装机容量 334 万千瓦，累计装机达 4132 万千瓦。其中，生活垃圾焚烧发电新增装机 257 万千瓦，累计装机达到 2386 万千瓦；农林生物质发电新增装机 65 万千瓦，累计装机达到 1623 万千瓦；沼气发电新增装机 12 万千瓦，累计装机达到 122 万千瓦。2022 年全国生物质发电量达 1824 亿千瓦时，同比增长 11%。年发电量排名前五的省份是广东、山东、浙江、江苏、安徽，分别是 217 亿千瓦时、185 亿千瓦时、145 亿千瓦时、136 亿千瓦时、124 亿千瓦时。2022 年全国生活垃圾焚烧发电达到 2386 万千瓦，同比增长 11%；生活垃圾焚烧发电量达到 1268 亿千瓦时，同比增长 17%；新增装机量较多的省份及自治区为广东、广西、河南、贵州、湖南等，发电量较多的省份及自治区为广东、浙江、山东、江苏、河北。2022 年全国农林生物质发电累计装机规模 1623 万千瓦，同比增长 4%；农林生物质发电量为 517 亿千瓦时，同比增长 0.2%，其中，新增装机容量较多的省份及自治区为黑龙江、辽宁、浙江、内蒙古、山西，发电量较多的省份及自治区为黑龙江、山东、安徽、河南、广西。2022 年全国沼气发电累计装机容量 122 万千瓦，同比增长 11%；沼气发电量为 39 亿千瓦时，同比增长 5%。其中，新增装机容量较多的省份及直辖市为广东、山东、安徽、江西、上海，发电量较多的省份为广东、山东、湖南、四川、浙江。

（3）生物质能源产业发展中的问题

近年来，多种可再生能源形式得到迅速发展。常见的可再生清洁能源包括水能、风能、太阳能、生物质能等。其中，生物质能由于储量丰富，环境友好，成为可再生能源中唯一的碳源，具有碳中性排放、再生速度快等优势，得到人们的广泛研究。支持生物质能多元发展的政策体系尚需完善，生物质能尤其是非电方面的发展规划缺乏配套政策，导致项目落地难，市场化程度低、融资成本高，企业生存艰难。当前生物质能发电成本较高而上网电价较低，发展缓慢导致融资成本占比较高，发电企业生存十分依赖政策补贴。关键技术和装备国际依存度高的发达国家在生物质资源利用和产品制造领域已居于领先地位并且占领了产业主导权。为了维护其引领产业发展的战略地位和经济利益，发达国家普遍对生物质转化利用的核心技术进行封锁和垄断。而现阶段我国生物质能产业发展相对滞后，普遍存在企业规模小、研发能力弱、技术水平低等现象，很多关键技术和关键设备依赖进口，导致生物质原料规模化生产、集储效率低，产业成本高。生物质能非电利用发展缓慢受政策和补贴刺激，我国生物质能发展集中在发电方面，并逐步向热电联产方向拓展，但在非电利用方面进展缓慢，尚未建立生物质能源产品优先利用机制，缺乏对生物天然气和成型燃料的终端补贴政策支持。

（4）生物质能源产业的发展路径

① 提高发展站位：由于生物质能具有可再生、本地化、资源丰富、供应稳定、碳中性等特征，完全符合构建新型能源体系的客观需求，因此，在制定生物质能发展战略和规划中有必要提高产业发展站位。

② 选择新路线：总体上传统的生物质能产业发展路线仍然是单一的废弃物处理和单纯的替代能源的概念，所面临的许多问题如资源短缺、成本提高、市场壁垒、不受重视等问题也基本由此产生。生物质能产业要开创新发展格局，需要在发展理念上和发展思路上做出大的改变，善于发现新的发展路线，这条新路线就是产业的多元化发展。

③ 引入新机制：由于生物质能发电成本还没有像风电和太阳能光伏发电一样实现平价，因此，补贴"退坡"对生物质能发电的影响相对较大。单纯依靠电价补贴机制的发展模式，已经使生物质能产业发展陷入困境，亟须引入新的发展机制解决目前生物质能发展的高成本问题。

④ 利用新技术：要构建生物质能发展新格局，推动技术创新不可或缺。在推动生物质能实现高质量发展的众多新技术中，应重点关注生物质能碳捕集与封存技术（BECCS）、生物制氢技术、生物炭技术等。

11.2 页岩气技术

11.2.1 概述

页岩气特指赋存于页岩中的非常规天然气，是一种极具开发价值的新能源。页岩气主要赋存在暗色泥页岩、高碳泥页岩中，经由热成熟或是连续生物作用后生成并聚集在烃源岩中。页岩气是以甲烷为主要成分的非常规天然气，主要开采渠道是有机质的页岩以及夹层，是一种绿色清洁的可再生能源。一方面，页岩气有开采寿命长、开采相关技术要求高、开采周期较长等特点。据估计，全球页岩气资源约为 456 万亿立方米，主要分布在北美、中亚、中国、拉美、中东、北非等区域，埋深从 200m 到深于 3000m。世界页岩气资源量同常规天然气资源量相当，其中页岩气技术可采资源量为 187 万亿立方米。中国页岩气资源丰富，技术可采资源量为 36 万亿立方米，是常规天然气的 1.6 倍。中国主要盆地和地区页岩气资源量约为 15 万亿～30 万亿立方米，经济价值巨大。另一方面，生产周期长也是页岩气的显著特点。页岩气田开采寿命一般可达 30～50 年，甚至更长。美国联邦地质调查局最新数据显示，美国沃思堡盆地 Barnett 页岩气田开采寿命可达 80～100 年。开采寿命长，就意味着可开发利用的价值大，这也决定了它的发展潜力大。

11.2.2 页岩气及开采特点

页岩气开采可划分为五个阶段：第一是早期资源评价阶段，主要是通过地震勘探技术对页岩气区块储层潜力进行评估；第二是风险领域勘探阶段，对早期评价有储层潜力区块进行试验井钻探，并根据评价井钻探效果对目标箱体实施直改平方案，进行压裂测试，计算储量并预测产能；第三是早期开采阶段，对取得一定成果的风险勘探区块快速开发并建立相应标准；第四是成熟开采阶段，经区块生产数据的对比分析，形成开发大数据库，确立气藏模型；第五是产量递减阶段，因储层产气量衰减，压力下降，需采取复压裂和气举等措施，以减缓产量递减速度。我国的页岩气埋层较深，造成钻井及压裂等投资的增加；开发区域水资源缺乏，造成额外工作量增加、开发成本高；水资源生态管理、环保、占地补偿等涉地、涉民问题较多，提高了开发成本。地质及开发条件的差异造成技术和工程成本增加，在客观上加大了中国页岩气开发的难度，降低了中国页岩气开发的经济效益。我国页岩气大规模建产之后正值国际油气市场波动下行期。中国页岩气勘探始于 2008 年，商业开发从 2012 年开始，工业化建产自 2014 年开始，产量快速增长从 2015 年开始。

（1）页岩气特点

页岩气是以多种相态存在并富集于泥页岩（部分粉砂岩）地层中的天然气。页岩气具有如下基本特征：①岩性多为沥青质或富含有机质的暗色、黑色泥页岩（高炭泥页岩类），岩石组成一般为 30％～50％ 的黏土矿物、15％～25％ 的粉砂质（石英颗粒）和 1％～20％ 的有机质，多为暗色泥岩与浅色粉砂岩的薄互层；②页岩气可以主要来源于生物作用或热成熟作用；③页岩本身既是气源岩又是储集层，目前可采的工业性页岩气藏埋深度最浅为 182m，页岩总孔隙度一般小于 10％，而含气的有效孔隙度一般只有 1％～5％，渗透率则随裂缝发育程度的不同而有较大的变化；④页岩具有广泛的饱含气性，天然气的赋存状态多变，吸附态天然气的含量变化于 20％～85％ 之间；⑤页岩气成藏具有隐蔽性特点，不以常规圈闭的形式存在，但当页岩中裂缝发育时，有助于游离相天然气的富集和自然产能的提高，当页岩中发育的裂隙达到一定数量和规模时，就成为天然气勘探的有利目标，页岩气的资源量较大但单井产量较小；⑥在成藏机理上具有递变过渡的特点，盆地内构造较深部位是页岩气成藏的有利区，页岩气成藏和分布的最大范围与有效气源岩的面积相当；⑦原生页岩气藏以高异常压力为特征，当发生构造升降运动时，其异常压力相应升高或降低，因此页岩气藏的地层压力多变。

（2）页岩气成藏机理

陆相盆地湖沼相和三角洲相沉积产物一般是页岩气成藏的最好条件，但通常位于或接近于盆地的沉降-沉积中心处，页岩气的分布有利区主要集中于盆地中心处。从天然气的生成角度分析，生物气的产生需要厌氧环境，而热成因气的产生也需要较高的温度条件，因此，靠近盆地中心方向是页岩气成藏的有利区域。

页岩气成藏机理兼具煤层吸附气和常规圈闭气藏特征，显示复杂的多机理递变特点。页岩气成藏过程中，储存方式和成藏类型的改变，使含气丰度和富集程度逐渐增加。完整的页岩气成藏与演化可分为 3 个主要过程，构成了从吸附聚集、膨胀造隙富集到活塞式推进或置换式运移的机理序列。成藏条件和成藏机理变化、岩性特征变化和裂缝发育状况均可对页岩气藏中天然气的赋存特征和分布规律有控制作用。

页岩气藏的形成分为三个阶段。第一阶段：天然气的生成与吸附，具有与煤层气相同的富集成藏机理。第二阶段：当吸附气与溶解气量达到饱和时，富裕的天然气解吸进入基质孔隙。第三阶段：随着天然气的大量生成，页岩内压力升高，出现造隙及排出，游离状天然气进入页岩裂缝中并形成聚积。

（3）页岩气储层基本特征

储层低渗致密，纳米级孔隙发育；储气模式以游离气和吸附气为主；由于页岩气储层比表面要比常规砂岩储层大很多，其吸附气量远大于砂岩吸附气量，因此需要通过大规模压裂，增大改造体积；岩性及矿物组分复杂；储层所含的硅质矿物、碳酸盐岩矿物、黏土矿物不同，导致储层岩石的脆性程度不同，从而引起改造模式和改造效果不同；储层的脆性越强，压裂时越易实现脆性断裂形成网状裂缝，从而实现体积改造；天然裂缝系统发育，如果天然裂缝不发育或不能通过大型压裂形成复杂的多缝或网络裂缝，页岩气储层很难成为有效储层；脆性和天然裂缝发育的地层中容易实现体积改造，而塑性较强地层实现体积改造比较困难。

（4）页岩气的储集方式

气体在页岩储层中主要以两种主要的方式储集：在天然裂缝及有效的大孔隙中以游离状态存在；在有机质或矿物固体颗粒表面以吸附状态存在。页岩吸附能力的大小通常与页岩的许多特征有关，如总有机碳含量、干酪根成熟度、储层温度、压力、页岩原始含水量和天然气组分等。

（5）页岩气聚集的影响因素

影响页岩气聚集的地质因素有以下几个。一是总有机碳含量，有机质含量是生烃强度的主要影响因素，它决定着生烃的多少。页岩中的有机物质不仅是作为气体的母源，也可以将气体吸附在其表面。页岩对气的吸附能力与页岩的总有机碳含量之间存在线性关系。在相同压力下，总有机碳含量较高的页岩比其含量较低的页岩的甲烷吸附量明显要高。二是成熟度，含气页岩的热成熟度越高表明页岩生气量越大，页岩中赋存的气体也越多。研究发现，低成熟页岩的地方，产气速率就比较低，这可能是生成的天然气的量少以及残留的液态烃堵塞喉道造成的。在许多页岩高成熟的井中，产气速率比较高，这是因为干酪根和石油裂解产生的气量迅速增加。

地层压力的大小也影响页岩层中吸附气量的大小。在 Barnett 页岩岩心甲烷等温吸附关系曲线中发现，吸附气量与地层压力成正比关系，页岩中的地层压力越大，吸附能力越强。一般页岩气的工业聚集需要足够的厚度及埋深，沉积厚度是保证足够的有机质及充足的储集空间的前提条件。厚度越大，页岩的封盖能力也越强，有利于气体的保存。

构造作用对页岩气的生成和聚集有重要的影响，主要体现在以下几个方面：首先，构造作用能够直接影响泥页岩的沉积作用和成岩作用，进而对泥页岩的生烃过程和储集性能产生影响；构造作用还会造成泥页岩层的抬升和下降，从而控制页岩气的成藏过程；构造作用可以产生裂缝，也可以有效改善泥页岩的储集性能，对储层渗透率的改善尤其明显。

11.2.3　页岩气勘探开发流程

世界能源发展已经进入从化石能源向新能源转换的关键期，天然气作为一种清洁能源在推进能源转型与应对全球气候变化中扮演着重要角色。目前，常规天然气藏的勘探开发进度难以满足国内天然气日益增长的需求，页岩气等低品质油气资源的开发已经成为我国天然气储量及产量的新增长点。但是，页岩气单井产量低、递减率高，此外，页岩气开发是一项多学科集成、多部门参与的复杂系统工程，常规气开发中技术条块分割、管理接力进行的管理模式难以实现页岩气的规模效益开发。页岩气储层致密，具有低孔隙度、低渗透率的特征，因此在勘探开发作业中，除了应用常规天然气开发的相关技术外，还需依靠水平井钻井和压裂措施才能有效实现页岩气开发投产。此外，同一个"甜点区"内的单井产气量和估算的最终可采储量也会受压裂效果等影响产生较大波动。

目前，中国已在四川盆地的勘探中发现了威远、长宁、涪陵、昭通等页岩气田，探明地质储量均超千亿立方米，并成功实现了商业开发，先后建成了威远-长宁、涪陵和昭通 3 个国家级页岩气示范区。我国页岩气勘探开发技术经历了三个不同阶段。一是合作借鉴时期（2007～2009 年）：开始引进页岩气概念，确立了四川盆地上奥陶统五峰组-下志留统龙马溪组、下寒武统筇竹寺组的页岩气工作重点地位，并查明长宁、威远、昭通页岩气有利区，开始建设产业化示范区，并提出 $15 \times 10^8 \mathrm{m}^3$ 的年产量目标。二是自主探索时期（2010～2013年）：基于国家的大力支持，我国在页岩气理论、开发方面取得一定进展，进一步发现蜀南、涪陵页岩气区，实现较大突破。2010 年我国第一口页岩气井威 201 直井测试产量为 $0.3 \times 10^4 \sim 1.7 \times 10^4 \mathrm{m}^3 / \mathrm{d}$，明确我国页岩气的存在；2011 年，宁 201-H1 水平井测试产量为 $15 \times 10^4 \mathrm{m}^3 / \mathrm{d}$，具有商业开发价值；2012 年涪陵地区焦页 1HF 水平井测试产量为 $20.3 \times 10^4 \mathrm{m}^3 / \mathrm{d}$，发现涪陵页岩气田，并在 2013 年启动开发试验。三是工业化开发时期（2014 年至今）：勘探开发技术逐渐成熟，埋深 3500m 以上页岩气资源实现有效开发，四川盆地海相页岩气的勘探开发为天然气产量的增长提供重要助力。例如长宁县、威远县、昭通市以 3500m 以上的页岩气资源为主。页岩气属于非常规气藏的一种，具有自生自储、无气水界面、大面积连续成藏、低孔、低渗等特征，一般无自然产能或低产，需要进行增产改造才能进行经济开采，单井生产周期长。含气页岩通常既是源岩也是储层、圈闭和盖层。作为源岩，含气页岩显示出高的总有机碳含量，通常 1%～10%，成熟度通常在生油窗或生气窗内；作为储层，含气页岩显示出低的孔隙度（小于 10%）和低的渗透率（远小于 $0.001 \mu \mathrm{m}^2$）。页岩气的商业开采通常需通过人工激发裂缝来提高产能。根据气田生命周期，开发周期划分为勘探阶段、产能建设、生产阶段，如图 11-1 所示。根据在不同阶段应用情况，开发技术可分为地质评价技术、钻完井技术、储层改造技术和气田动态调整技术 4 类。

11.2.4　页岩气勘探开发技术

页岩气藏与常规油气藏之间存在着很大的区别，其复杂的生成环境、特殊的成藏机理、开采寿命和生产周期长以及渗透性差等特点，决定了页岩气的开采需要更多的投入。开采要根据页岩气储集机理的不同采用差异性开发技术和工艺，这样才能够实现页岩气的经济高效开发。勘探开发技术与开采成本密切相关，不同的开发工艺会对开采成本产生不同的影响。页岩气开发的核心就是充分认识页岩气层，构建气层中的三维流动体，解放流动体，将地质

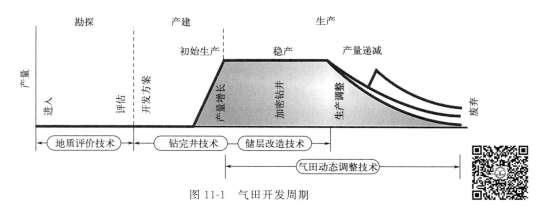

图 11-1　气田开发周期

工程一体化，由单井或多井的局部尺度拓展到整个气田开发的全局尺度，形成人造页岩气田，最大限度地提高整体采收率。

（1）地震勘探技术

页岩气储集在厚层的泥页岩中，由于泥页岩地层与上下围岩的地震传播速度不同，在泥页岩的顶底界面会产生较强的波阻抗界面，结合录井、测井等资料识别泥页岩。裂缝的存在会引起地震反射特征的改变，应用高分辨率三维地震可以依据反射特征的差异识别预测裂缝。三维地震主要是通过相干分析技术、地震属性分析、层时间切片等预测泥页岩裂缝。裂缝预测技术对井位优化也起到关键作用。

（2）钻井技术

美国页岩气井钻井主要包括直井和水平井两种方式。直井主要目的是了解页岩气藏特性，获得钻井、压裂和投产经验，并优化水平井钻井方案。水平井主要用于生产，可以获得更大的储层泄流面积，得到更高的天然气产量。在水平井钻井中采用了旋转钻井导向工具，可以形成光滑的井眼，更易获得较好的地层评价，同时采用欠平衡钻井技术，避免损害储层。随钻测井技术可以使水平井精确定位，同时作出地层评价，引导中靶地质目标。水平井形式包括单支、多分支和羽状水平井。

（3）页岩气储层评价技术

测井和取心是评价页岩气储层的两种主要手段。成像测井可以识别出裂缝和断层，并能对页岩进行分层。声波测井可以识别裂缝方向和最大主应力方向，进而为气井增产提供数据。岩心分析主要是用来确定孔隙度、储层渗透率、泥岩的组分、流体及储层的敏感性，并分析测试 TOC（总有机碳）和吸附等温曲线。页岩气井测井主要是对气层、裂缝、岩性的定性与定量识别。页岩气层测井显示出高电阻、高声波时差、低体积密度、低补偿中子、低光电效应等特征。

（4）页岩含气量录井和现场测试技术

由于页岩的孔隙度低，以裂缝和微孔隙为主，绝大多数的页岩气以游离态、吸附态存在。游离态页岩气在取心钻井过程中逸散进入井筒，主要是测定岩心的吸附气含量。页岩气在录井过程中需要在现场做页岩层气含量测定、页岩解吸及吸附等重要资料的录取。这些资料对评价页岩层的资源量具有重要意义。

（5）完井技术

页岩气井的钻井并不困难，难在完井。由于页岩气大部分以吸附态赋存于页岩中，而其储层渗透率低，因此既要通过完井技术提高其渗透率，又要避免地层损害，这是施工的关键，直接关系到页岩气的采收率，在固井、完井、储层改造方面有特殊技术。页岩气井通常采用泡沫水泥固井技术。由于泡沫水泥具有浆体稳定、密度低、渗透率低、失水小、抗拉强度高等特点，因此其有良好的防窜效果，能解决低压易漏长封固段复杂井的固井问题，而且水泥侵入距离短，可以减小储层损害。

（6）射孔优化技术

定向射孔的目的是沟通裂缝和井筒，减少井筒附近裂缝的弯曲程度，进而减少井筒附近的压力损失，为压裂时产生的流体提供通道。射孔主要射开低应力区、高孔隙度区、石英富集区和富干酪根区，采用大孔径射孔可以有效减少井筒附近流体的阻力。在对水平井射孔时，射孔垂直向上或向下。

（7）压裂增产技术

裂缝的发育程度是页岩气运移聚集、经济开采的主要控制因素之一，但统计表明仅有少数天然裂缝的页岩气井可直接投入生产，其余 90% 以上的页岩气井需要采取压裂等增产措施，提高井筒附近储集层导流能力。目前钻采技术不断更新，从 20 世纪 80 年代的 N_2 压裂一直发展到今天的清水压裂、水平井钻探技术。压裂应注意以下几点：避免采用高黏度胶体压裂液；压裂过程中的高初始压力可导致对井筒附近的伤害；避免水泥/泥浆进入裂缝；适当的酸化可减少伤害；微地震可以检测出没有被压裂改造的区域。

（8）二次压裂增产技术

二次压裂能够使老（直）井有效增产，二次压裂后井的产气速度能达到或超过原始产气速度。这种方法已成功应用到那些经济效益较差的井，这表明多次压裂对某些井来说是有经济效益的。

（9）水平井增产技术

水平井技术的应用可以使无裂缝或少裂缝通道的页岩气藏得到有效的经济开发。水平井也需要压裂，如果不压裂则不能产气。对水平井压裂时，诱导裂缝垂直于钻井方向，这样能够产生一个平行于储层的排水区域，因此扩大了总的排采面积。

对现阶段页岩气开发技术进行分析，不难发现在勘探评价阶段，需要建立低品质储层精细三维储层模型，明确沉积-成岩-构造联控机制下低品质页岩储层发育特征及机理，探索低品质页岩开发效果地质主控因素；利用过往资料，建立自上而下所有页岩地层模型和系统影响因素评价方法，圈定有利区。在储层改造阶段，针对低品质储层裂缝及关键力学特征，确立"饱和覆盖＋全域支撑"的页岩气压裂设计理念和"粉砂换陶粒＋暂堵换排量"的低成本高效压裂改造思路，以压裂缝网"渗流距离、流动阻力"双优为目标，建立三维多裂缝暂堵压裂数学模型和水击停泵压力反演解释模型，结合不同支撑剂组合条件下裂缝中流动能力及覆压导流变化，形成低品质页岩气精细暂堵压裂技术，形成整装国产化设备。在开发阶段，通过经济评价及储层动用程度，结合垂直多相流和水平多相流的注气模型，探索开发压裂井生产特征及规律，定型低品质页岩开发井型，建立低品质页岩气最优井距布设，形成与高压循环注气排水采气技术配套齐全的生产工艺。

11.2.5　我国页岩气的发展现状和趋势

在新的发展形势下，逐渐成熟的页岩气开发技术和丰富的页岩气资源，使我国走进了页岩气勘探开发快速发展的黄金时期。中国页岩气勘探始于2008年，商业开发从2012年开始。页岩气储层与常规气储层的差异很大。页岩以小粒径物质为主，一般以黏土（粒径$<$5μm）和泥质（粒径为5～63μm）为最主要组分，砂（$>$63μm）所占的组分相对较少。由于小粒径的特点，页岩气储层的渗透率极低，一般在0.0001～0.000001mD（1mD$=$9.869$\times$10^{-4}μm^2）之间，比致密砂岩储层的渗透率（0.01～0.001mD）低2～3个数量级。页岩气储层渗透率极低的特点，决定了其开发必须采用适当的增产技术，才能实现商业开发。页岩气作为中国天然气发展最重要、最现实的接替领域，目前已在中国四川盆地实现规模化、商业化开发。以四川盆地埋深3500m以浅的海相页岩为重点，2022年中国页岩气产量达到240$\times$10^{8}m^3。2023年中国页岩气总产量为250$\times$10^{8}m^3，截至2023年底，中国历年累计页岩气产量已经超过1400$\times$10^{8}m^3，并且在四川盆地及其周缘五峰组-龙马溪组累计探明页岩气地质储量2.96$\times$10^{12}m^3。

20年来，尽管中国海相页岩气理论研究和勘探开发取得了一系列重要进展，但也还存在着一些不足、面临着一些问题，如陆相、海陆过渡相页岩气富集理论尚不完善，基于动态演化过程的页岩气富集区评价方法有待攻关，低丰度常压页岩气藏开发的理论科学问题亟待攻关，新区域新领域勘探有待突破，提高储量动用程度和提高采收率技术有待提升等，需要开展有针对性的攻关研究。中国页岩气技术可采资源为19.36$\times$10^{12}m^3，深层（3500～4500m）-超深层（$>$4500m）占56.63%。中浅层页岩气能否继续稳产上产和提高采收率，是中国页岩气发展的"压舱石"；深层-超深层页岩气能否有效开发，是中国页岩气发展的主战场。中浅层海相页岩气已基本完成产能建设，要持续规模建产；深层-超深层页岩气已显示出巨大的开发潜力，要持续加强攻关，向深层-超深层进军，但机遇和挑战并存，尚需不断"砺剑"。与中浅层相比，深层-超深层特别是四川盆地及其周缘深层-超深层页岩储层多位于复杂构造区，褶皱和断裂增加，地应力复杂及水平应力差大，埋藏深、温度高、压力高、基质致密、非均质性强、岩石微观孔隙结构复杂和含气差异性大，勘探开发面临极大挑战，储层有效压裂改造是深层-超深层页岩气高效开发的关键，需要不断探索适应深层-超深层页岩气的压裂理论及技术对策。在此趋势下，在中国页岩气勘探开发领域，石油企业将发挥更大的作用。

11.3　海洋能技术

地球表面积约为5.1$\times$10^{8}km^2，其中，海洋面积达3.6$\times$10^{8}km^2，北半球海洋占60.7%，南半球海洋占80.9%。以海平面计，全部陆地的平均海拔约为840m，而海洋的平均深度却为3800m，整个海水的容积为1.37$\times$10^{9}km^3。海洋中所蕴藏的可再生的自然能源，称为海洋能（也称蓝色能源），主要包括：潮汐能、波浪能、海流能（潮流能）、海水温差能和海水盐差能。更广义的海洋能源还包括海洋上空的风能、海洋表面的太阳能以及海洋

生物质能等。潮汐能和潮流能来源于太阳和月亮对地球的引力变化，其他均源于太阳辐射。据联合国教科文组织估计，海洋能可再生总量为 766 亿千瓦。其中，温差能为 400 亿千瓦，盐差能为 300 亿千瓦，潮汐能 30 亿千瓦，波浪能 30 亿千瓦，海流能 6 亿千瓦。不是全能利用，估计技术上允许利用的约 64 亿千瓦，其中，盐差能 30 亿千瓦，温差能 20 亿千瓦，波浪能 10 亿千瓦，海流能 3 亿千瓦，潮汐能 1 亿千瓦。海洋能在海洋总水体中的蕴藏量巨大，而单位体积、单位面积、单位长度所拥有的能量较小。因此，要想得到大能量，就得从大量的海水中获得，它具有可再生性。由于海洋能来源于太阳辐射能与天体间的万有引力，只要太阳、月球等天体与地球共存，这种能源就会再生，就会取之不尽，用之不竭。海洋能具有以下特点：蕴藏量丰富，可循环再生；能流分布不均，能量密度低；稳定性较好或者变化有规律；清洁无污染。

11.3.1　潮汐能

我国古人把白天的海水涨落叫作"潮"，夜间的海水涨落叫作"汐"，合起来称为"潮汐"。太阳和月球引起的海水上涨，分别称为太阳潮和太阴潮。海面的一涨一落两个过程为一个潮汐循环。相邻的两次高潮（或低潮）间隔的平均时间，称为潮汐的平均周期。按照一个太阳日里有几个涨落周期，潮汐可分为半日潮、全日潮和混合潮三种类型。海水涨落及海水流动所产生的动能和势能称为潮汐能。很多时候，将潮水流动所具有的动能称为潮流能，而潮汐能特指海水涨落形成的势能。在各种海洋能资源中，潮汐能不是最多的，但却是目前经济技术条件下最为现实的一种。海水涨落的潮汐现象是由地球和天体运动以及它们之间的相互作用而引起的。由于月球对地球的引力方向指向月球中心，其大小因地而异。同时地表的海水又受到地球运动离心力的作用，月球引力和离心力的合力即是引起海水涨落的引潮力。

潮汐能主要是指潮涨和潮落形成的水的势能，利用的原理与水力发电的原理类似，在涨潮的过程中，汹涌而来的海水具有很大的动能，而随着海水水位的升高，就把海水的巨大动能转换为势能；在落潮的过程中，海水奔腾而去，水位逐渐降低，势能又转换为动能，如图 11-2 所示。据估计全球海洋中所蕴藏的潮汐能约为 $3 \times 10^9 \mathrm{kW}$，若能把它充分利用起来，其每年的发电量可达 $3.384 \times 10^{16} \mathrm{kW \cdot h}$。我国海岸线曲折，全长约 $1.8 \times 10^4 \mathrm{km}$，沿海还有 6000 多个大小岛屿，组成 $1.4 \times 10^4 \mathrm{km}$ 的海岸线，漫长的海岸蕴藏着十分丰富的潮汐能资源。我国潮汐能的理论蕴藏量达 $1.1 \times 10^8 \mathrm{kW}$，其中浙江、福建两省蕴藏量最大，约占全国的 80.9%。潮汐能的能量与潮量和潮差成正比。潮差也称为潮位差，是指潮起潮落所形成的水位差，即相邻高潮潮位与低潮潮位的高度差。一般认为海水的自由振动频率与受迫振动频率一致而导致的共振会使潮差显著增大。世界上潮差的较大值为 13～15m，我国的最大值（杭州湾澉浦）为 8.9m。一般来说，潮差在 3m 以上就有实际应用价值。潮汐能利用的主要方式是发电，潮汐发电分为两种形式：一种是潮流直接冲击水轮机，利用潮流动能发电；另一种是建造潮汐水库，在潮差比较大的海湾或河口处构筑拦潮蓄能大坝，形成水库，并在堤坝内装上水轮发电机组，利用涨、落潮位差，把潮汐位能转化为动能，推动水轮发电机组发电。潮汐电站按照运行方式和对设备要求的不同，分成单库单向式、单库双向式和双库双向式三种。

① 单库单向发电：先在海湾筑堤设闸，涨潮时开闸引水入库，落潮时便放水驱动水轮机组发电。这种类型的电站只能在落潮时发电，一天两次，每次最多 5h。

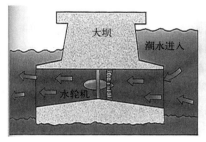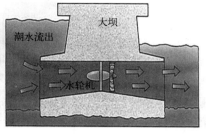

大坝　　　潮水进入　　　潮水流出　　　大坝

水轮机　　　　　　水轮机

图 11-2　潮汐能发电原理

② 单库双向发电：为在涨潮进水和落潮出水时都能发电，尽量做到在涨潮和落潮时都能发电，人们便使用了巧妙的回路设施或设置双向水轮机组，以提高潮汐的利用率。

③ 双库双向发电：配置高低两个不同的水库来进行双向发电。前两种类型都不能在平潮（没有水位差）或停潮时水库中水放完的情况下发出电压比较平稳的电力。第三种方式不仅在涨落潮全过程中都可连续不断发电，还能使电力输出比较平稳，特别适用于那些孤立海岛。

潮汐电站的水库都是利用河口或海湾来建造的，不占用耕地，也不像河川水电站或火电站那样要淹没或占用大量的良田；它既不像河川水电站那样受洪水和枯水季节的影响，也不像火电站那样污染环境，是一种既不受气候条件影响而又非常"干净"的发电站；潮汐电站的堤坝较低，建造容易，投资相对较少。潮汐能是一种相对稳定的可靠能源，因为潮汐的涨落具有规律性，可以做出准确的长期预报。目前世界上最大的潮汐发电站，是 1966 年法国的朗斯潮汐电站，装有 24 台 104kW 贯流式水轮发电机，年均发电量为 5.44×10^8 kW·h。1980 年建成的江厦潮汐电站是我国第一座双向潮汐电站，也是目前世界上较大的一座双向潮汐电站，其总装机容量为 3200kW。

我国潮汐能发电站的开发技术提升空间较大，目前我国大多采用的是筑坝式、单双库等形式，这些形式会对生态环境产生一定的不利影响，而且成本也比较高，目前世界上潮汐发电技术最先进的国家是英国。我国要推进潮汐能发电的经济效益、生态效益和社会效益，需要突破一些关键技术和核心技术。例如，要发明或更新具有防腐蚀性的潮汐电站海下原材料，采用一些与海洋植物或者与海洋生物相适应的原材料或防腐膜，这不仅可以省去定期的清理工作，节省了人力、物力，减少发电成本，而且还可以减少对海洋生物的影响。

11.3.2　波浪能

波浪能是指海洋表面波浪所具有的动能和势能。波浪是由风引起的海水起伏现象，它实质上是吸收了风能而形成的。传递的能量取决于风速、风与海水的作用时间及作用路程。波浪分为风浪、涌浪和近岸浪三种。风的直接吹拂产生水面波动。由风引起的波浪靠近其形成的区域被称为风浪。风浪传播开去，出现在距离很远的海面。这种不在有风海域的波浪称为涌浪。外海的波浪传到海岸附近，因水深和地形会改变波动性质，出现折射、波面破碎和倒卷，即近岸浪。波浪能是海洋能源中能量最不稳定的一种能源。波浪能的大小可以用海水起伏势能的变化来进行估算，根据波浪理论，波浪能量与波高的平方成比例。波浪功率，即能量产生或消耗的速率，既与波浪中的能量有关，又与波浪到达某一给定位置的速度有关。按照 Kinsman（1965 年）的公式，一个严格简单正弦波单位波峰宽度的波浪功率 P_w 为：

$$P_W = \rho g H^2 T / (32\pi) \qquad\qquad\qquad (11\text{-}1)$$

式中，H 为波高；T 为波周期；ρ 为海水密度；g 为重力加速度。

波浪能利用的关键是波浪能转换装置，通常波浪能要经过三级转换。第一级为受波体，它将大海的波浪能吸收进来。收集波浪动能一般有四种方式：①运动型，收集一定方向的机械能；②振荡型，把振动的水柱变成变化的气柱；③水流型，改变水流形状，形成压差，做推动力；④压力型，比较直观，直接用波浪来压缩空气作为动力。第二级为中间转换装置，目的是优化第一级转换，产生出足够稳定的能量。在完成波能的一次收集后进行二次转换，一次转换所得的能量，其载体具有压力大而速度低的特点，用它驱动二次转换机组不合适，因此，中间环节促使波力机械能经特殊装置处理达到稳向、稳速和加速能量传输，以推动发电机组。第三级为发电装置，与常规发电装置类似，它用空气涡轮机或水轮机等设备将机械能传递给发电机转换为电能。利用波浪能发电可分为陆基式和浮动式两大类。陆基式是将发电装置安装在陆地的固定机座上。浮动式也称海基式，发电装置整体随波浪漂浮。

在海洋能中，波浪能除可循环再生以外，还有很多优点，包括：以机械能形式存在，在各种海洋能中品位最高；在海洋能中能流密度最大；在海洋中分布最广；能够通过较小的装置实现其利用；能够提供可观的廉价能量。全世界波浪能的理论估算值为 $10^9 \mathrm{kW}$ 量级。根据中国沿海海洋观测台站资料估算，中国沿海理论波浪年平均功率约为 $1.3 \times 10^7 \mathrm{kW}$。但由于不少海洋台站的观测地点处于内湾或风浪较小的位置，故实际的沿海波浪功率要大于此值。其中浙江省、福建省、广东省和台湾省沿海为波浪能丰富的地区，其次是广东东部、长江口和山东半岛南岸中段。

波浪能发电技术由于技术成熟度及发展优势不一，且存在一定的技术壁垒，目前主要集中在研发试验阶段，研发方向包括：

① 多自由度装置和阵列化发电。多自由度装置通过释放装置自由度提高波能捕获能力，通过多个自由度耦合手段实现不同海况下波浪能的最大化。另外，还通过波浪能转换装置的模块化实现发电装置阵列化。通过多自由度选择以达到最优输出功率，根据波浪场条件来合理优化阵列布局。

② 多能互补耦合发电。波浪能开发由于成本高、不稳定、效率低使得商业使用存在一定困难。波浪能是由风把能量传递给海洋而产生的，能量传递速率与风的产生、风速有关，也和风与水的作用距离有关。海上风能发电技术更为成熟，且波浪能和风能都有各自的技术局限、难点。将波浪能和海上风能相结合，协同开发利用，降低发电成本，可一定程度上提高海上能源的利用率。风能和波浪能相辅相成，相互依托，实现风能与波浪能一体化联合发电。

11.3.3　温差能

温差能是指海洋表层海水和深层海水之间水温之差的热能。赤道附近太阳直射多，海域的表层温度可达 $25 \sim 28\,^\circ\!\mathrm{C}$，波斯湾和红海由于被炎热的陆地包围，海面水温可达 $35\,^\circ\!\mathrm{C}$，而在海洋深处 $500 \sim 1000\mathrm{m}$ 处海水温度却只有 $3 \sim 6\,^\circ\!\mathrm{C}$，这个垂直的温差就是一个可供利用的巨大能源。海洋温差发电的概念是在 1881 年由法国人提出的。1979 年美国建立了闭式循环的 Mini-OTEC 系统，额定功率 50kW，净输出功率 18.8kW，这是世界上首次从海洋温差中获得的具有实用意义的电力。海洋温差能转换主要有开放式循环、闭式循环和混合式循环三种方式。

（1）开放式循环

开放式循环海洋温差发电系统并不利用其他工质的工作流体，而是直接使用温海水。先用真空泵将循环系统内抽成真空，再用温水泵把温海水抽入蒸发器。系统内有一定的真空度，温海水在蒸发器内沸腾蒸发，变为蒸汽，推动蒸汽轮机运转，带动发电机发电。蒸汽通过汽轮机后，被冷水泵抽上来的深海冷水冷却，凝结成淡化水后排出，如图11-3所示。开放式系统优点是：不会因为工质的泄漏而对环境造成影响；如果冷凝器采用间壁式冷凝器，则可得到淡水；减小了由于二次热交换而产生的热损；结构相对比较简单。开放式循环系统的缺点是：低温低压下海水的蒸气压很低，为使汽轮发电机能在低压下运转，机组必须造得十分庞大；开放式循环的热效率很低，为减少损耗，不得不把各种装置和管道设计得很大；需要耗用巨量的温海水和冷海水，耗能严重，发电量的1/4～1/3消耗于系统本身。

（2）闭式循环

闭式循环系统是用低沸点液体（如液态氨）作为工作介质，所产生的蒸气作为工作流体。氨水的沸点33℃，明显低于水，更容易沸腾。温海水泵将温海水抽起，并将其作为热源传导给蒸发器内的工作流体，使其蒸发。蒸发后的工作流体在涡轮机内绝热膨胀，并推动涡轮机的叶片而达到发电的目的。发电后的工作流体被导入冷凝器，并将其热量传给抽自深层的冷海水，冷却后再恢复成液体，然后经循环泵打至蒸发器，形成一个循环，如图11-4所示。工作流体可以反复循环使用，其种类包括氨、丁烷、氟氯烷等密度大、蒸汽压力高的气体冷冻剂。闭式循环系统的优点是：系统处于正压，汽轮机压降较大；且由于工质在闭路中循环，海水内不凝气体对系统的影响较小，海水不需要脱气。闭式循环系统的缺点是：海水与工质之间需要二次换热，减小了可利用的温差；蒸发器和冷凝器体积较大、金属耗量大、维护困难；由于温差较小，必须有性能优良的热交换器才能降低建设费用；只可发电，不能生产淡水；工质的泄漏可能对环境造成影响。

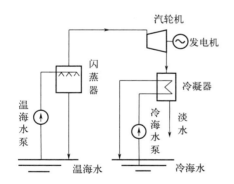
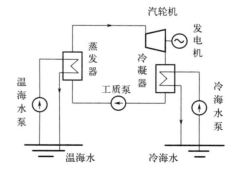

图 11-3　开放式循环海洋温差发电系统　　　图 11-4　封闭式循环海洋温差发电系统

（3）混合式循环

混合循环系统也是以低沸点的物质为工质。用温海水闪蒸出来的低压蒸汽来加热低沸点工质，既能产生新鲜淡水，又可减少蒸发器体积，节省材料，便于维护。

混合式系统与封闭式循环系统唯一不同的是蒸发器部分（图11-5）。混合式系统的温海水先经过一个闪蒸器，使其中一部分温海水转变为水蒸气，随即将水蒸气导入第二个蒸发器。水蒸气在此被冷却，并释放热能，此热能再将低沸点的工作流体蒸发。工作流体经过循环而构成一个封闭式系统。混合式海洋温差发电系统主要由动力系统、海水管路系统与厂房基础结构系统构成。动力系统分为蒸发器、太阳能集热器、冷凝器、工作流体、涡轮发电机与泵 6 个部分；海水管路系统由取水用的温水管、冷水管以及排水用的排水管 3 个组件组成；厂房基地分为陆上型、海上型。

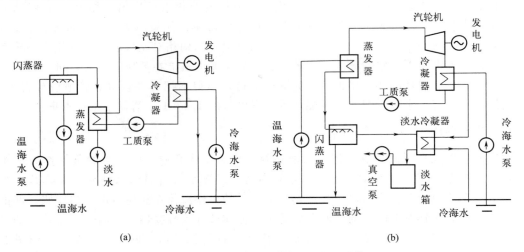

图 11-5　混合式循环海洋温差发电系统
（a）温海水先闪蒸后加热工质；（b）温海水先加热工质后闪蒸

海洋温差能系统中热力循环和温、冷换热系统以及透平、工质泵、温、冷海水泵等动力装置主要是通过改变系统热能和动能的利用率来影响系统效率。通过全面、梯级利用热能，降低单工质与冷热源间在相变换热过程中的不可逆损失、充分利用热力循环中的压力能提高海洋温差能系统效率，具体的方法如下：热力循环采用非共沸工质，减少热力循环过程中的不可逆热损失；充分利用中间抽气、贫氨溶液热能梯次回收等措施；建议采用透平充分利用循环中的动能；优化温、冷海水与工质热交换温差，使得系统净输出最大；考虑透平、工质泵和温、冷海水泵的型线和选型对效率的影响；海水管道采用有一定保温性能和摩阻较小的有机材质管道。

11.3.4　盐差能

海水中至少有 80 多种化学元素，主要以盐类化合物存在，在水里会电离成带正负电荷的两类离子。盐差能就是指海水和淡水之间或两种含盐浓度不同的海水之间的化学电位差能，是以化学能形态出现的海洋能，主要存在于河海交接处。同时，淡水丰富地区的盐湖和地下盐矿也可以利用盐差能。我国盐差能的理论功率约 1.25×10^5 MW，主要集中在各大江河的出海处。同时，我国青海省等地还有不少内陆盐湖可以利用。在淡水与海水之间有着很大的渗透压力差（相当于 240m 的水头），原理上可以通过让淡水流经一个半渗透膜后再进入一个盐水水池的方法来开发这种理论上的水头。如果在这一过程中盐度不降低的话，产生的渗透压力足以将水池水面提高 240m，然后再把水池水泄放，让它流经水轮机，从而提取能量。

海洋盐差发电的设想是 1939 年由美国人首先提出来的。第一份关于利用渗透压差发电的报告发表于 1973 年。1975 年以色列的洛布建造并试验了一套渗透法装置，证明了其利用的可行性。目前以色列已建立了一座 150kW 盐差能发电试验装置。我国于 1979 年开始这方面的研究，1985 年西安冶金建筑学院（现为西安建筑科技大学）对水压塔系统进行了试验研究，采用半渗透膜法研制了一套可利用干涸盐湖盐差发电的试验装置。在半透膜（水能通过，盐不能）隔开的有浓度差别的溶液之间，低浓度溶液透入高浓度溶液的现象，称为渗透现象。发生渗透现象时，若在浓度大的溶液上施加一个机械压强，恰好能阻止稀溶液向浓溶液发生渗透，则该机械压强就等于这两种溶液之间的渗透压。盐差能发电的方法之一是渗透压法，该方法就是利用半透膜两侧的渗透压，在不同盐浓度的海水之间形成水位差，然后利用海水从高处流向低处时提供的能量来发电，类似潮汐发电。其关键技术在于半透膜技术和膜与海水间的流体交换技术，其技术难点在于制造强度足够、性能优良、成本适宜的半透膜。常见的盐差发电有以下几种。

（1）强力渗压发电

在河水与海水之间建两座水坝，坝间挖一个低于海平面的水库。前坝内安装水轮发电机组，使河水与水库相连；后坝底部安装半透膜渗流器，使水库与海水相通。水库的水通过半透膜不断流入海水中，水库水位不断下降，这样河水就可以利用它与水库的水位差冲击水轮机旋转，并带动发电机发电，如图 11-6 所示。存在的技术难点是在低于海平面的深坑建造电站和寻找能够抵抗腐蚀的半透膜。

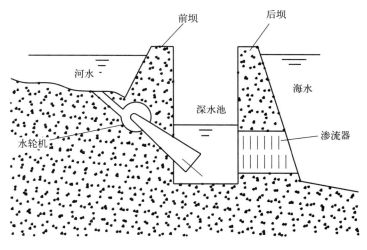

图 11-6　强力渗压发电

（2）水压塔渗压发电

水压塔与淡水间用半透膜隔开。先由海水泵向水压塔内充入海水，运行时淡水从半透膜向水压塔内渗透，使水压塔内水位不断上升，从塔顶水槽溢出，海水（经管道）冲击水轮机旋转，带动发电机发电，如图 11-7 所示。在运行过程中，为了使水压塔内的海水保持盐度，海水泵不断向塔内打入海水。发出的电能，有一部分要消耗在装置本身，如海水补充泵所消耗的能量、半透膜洗涤所消耗的能量。浓差发电要投入使用需要解决大面积的半透膜和长距离的拦水坝的问题。

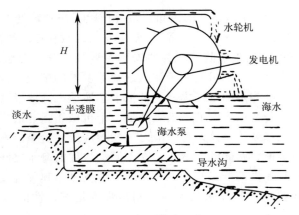

图 11-7　水压塔渗压发电

（3）压力延滞渗透发电

压力泵先把海水压缩再送入压力室。运行时淡水透过半透膜渗透到压力室同海水混合；混合后的海水和淡水与海水相比具有较高的压力，可以在流入大海的过程中推动涡轮机做功，如图 11-8 所示。

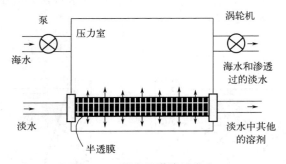

图 11-8　压力延滞渗透发电

除上述方法外，蒸汽压法也是盐差发电的一种形式，它利用同样温度下淡水比海水蒸发得快，因此海水一边的饱和蒸汽压力要比淡水一边低得多的原理，在一个空室内蒸汽会很快从淡水上方流向海水上方并不断被海水吸收，这样只要装上汽轮机就可以发电。蒸汽压发电的显著优点是不需要半透膜，因此，不存在膜的腐蚀、高成本和水的预处理等问题，但是发电过程中需要消耗大量淡水，应用受到限制。此外，浓差电池（也叫渗透式电池）也是一种盐差发电的方法，它需要两种不同的半透膜，一种只允许带正电荷的钠离子自由进出，另一种则只允许带负电荷的氯离子自由出入。该系统需要采用面积大而昂贵的交换膜，发电成本很高。不过其使用寿命长，即使膜破裂也不会给整个电池带来严重影响，并且这种电池在发电过程中电极上会产生 Cl_2 和 H_2，可以补偿装置的成本。

11.3.5　海流能

海水在海中沿水平方向或垂直方向上大规模流动称为海流。海流没有明显的边界，但总是沿一定路线稳定运动，或成线，或成圈，还有的绕流，可以在接近海面，也可以在海中某深度发生。海流的能量由热能和动能组成，可利用的首先是动能，动能的功率与流速的立方成正比，可以表示为：

$$P = 1/(2\rho Q v^3) \qquad (11-2)$$

式中，Q 为海水过流面积；ρ 为海水密度；v 为海流速度。据估计，全世界海流能拥有量约 50 亿千瓦。海流和潮汐实际上是同一潮波现象的两种不同表现形式。潮汐是潮波运动引起的海水垂直升降，潮流是潮波运动引起的海水水平流动。一般来说，开阔的外海潮差小，流速亦小，靠岸边越大，在港湾口、水道地区流速变化越显著。潮流涨落方向如果呈旋转变化，则称旋转流，一般发生在较开阔的海区；潮流涨落方向如果为正反向变化，则称往复流，一般发生在较狭窄的水域。海流能的利用方式主要是发电，其原理和风力发电相似，几乎任何一个风力发电装置都可以改造成为海流发电装置。但是由于海水的密度比较大，而且海流发电装置必须置于海水中，所以海流发电存在一些关键技术问题：安装维护、电力输送、防腐、海洋环境中的载荷与安全性能、海流装置的固定形式和透平设计等。海流发电装置主要有链式发电系统和旋转式发电系统两种方式。

（1）链式发电系统

链式发电系统主要由降落伞、驱动缆和驱动轮组成，如图 11-9 所示。一般在环状链条上装有多个降落伞，链条在降落伞的带动下会转动，同时使驱动轮转动，驱动轮与船上发电机相连。当降落伞顺着海流方向时，由于海流的作用，降落伞张开，当降落伞转到与海流相对的方向时，伞口收拢，带有降落伞的链条的运动使驱动轮转动。挂有降落伞的链条自动地向驱动轮的下游漂移，所以降落伞和链条的方向可以始终与流速较大的海流的方向保持一致。

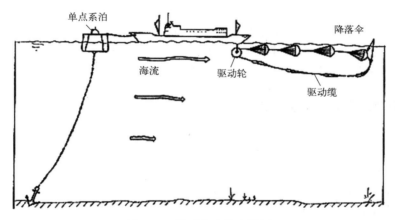

图 11-9　链式海流发电装置

（2）旋转式发电系统

旋转式海流发电装置有一台带外罩的水轮机。在喉部有一台用轮缘固定方式固定的双转式水轮机。当叶轮旋转速度加快时，可变式水轮叶片呈悬链线形，这样可最大限度地利用海流。水轮机边缘有多个动力输出装置，动力输出装置带动发电机组，从而使水轮机的旋转运动转换为电能，如图 11-10 所示。这种装置通常采用绷紧式三点系泊装置进行固定，可以减少海面船舶活动造成的影响，发出的电能通过电缆输往岸上。

海流发电有许多优点，它不必像潮汐发电那样，修筑大坝，还要担心泥沙淤积；也不像海浪发电那样，电力输出不稳。目前海流发电虽然还处在小型试验阶段，发展还不及潮汐发

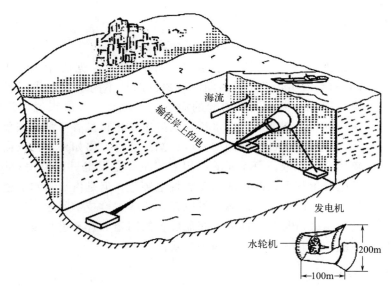

图 11-10　旋转式海流发电装置

电和海浪发电，但海流发电将以稳定可靠、装置简单的优点，在海洋能的开发利用中独树一帜。

　　海流能在开发利用中存在很多问题，如海流能具有大功率低流速特性，因此要求海流能发电装置的叶片、结构、地基（锚泊点或打桩桩基）要比风能利用装置有更大的强度；海水腐蚀和海洋生物附着问题；海水中的泥沙进入装置后，易对装置中的轴承造成一定的损坏；漂浮式装置存在抗台风问题；位于水道上的漂浮式装置对航运有一定影响。我国是世界上海流能资源密度最高的国家之一，有良好的开发前景。在建造百千瓦级的示范装置时，需要解决机组的水下安装、维护和在海洋环境中长期稳定运行的问题，进而以一定的单机容量发展标准化设备，达到工业化生产目的，降低海流能发电的成本。

11.3.6　我国海洋能的发展现状和趋势

　　海洋能对人类具有无限吸引力，人类在对海洋能开发的同时不断认识了解海洋。尽管海洋能发展的困难很大，投资也比较昂贵，但由于它在海上和沿岸进行，不占用土地资源，不消耗一次性矿物燃料，又不受能源枯竭的威胁，可作为未来技术，把能源资源、水产资源和空间利用有效地结合起来，建立能发挥海洋优势的总能源系统，实现海洋能的综合利用体系。我国是一个能源消耗大国，对于能源的需求将会越来越大。因此，我国对海洋能发电的研究利用的重视程度正在逐步提高，也取得显著的科研成果。但同时也存在着诸多需要克服的困难，如：突破潮汐能电站工程建设和新型发电机组研制等关键技术、关键工艺，解决电站建设过程中产生的环境问题，研究新型潮汐能利用技术装置；针对各地区海域特点，开展与之适应的、具有高系统转换效率和较低的维护成本、易于安装布放和回收的波浪能利用技术的研究；针对海域潮流流速特点，开展适合潮流能资源特点、具有高系统转换效率、适应近海海域开发的潮流能利用技术的研究；开展温差能技术试验样机研究，突破关键技术、关键工艺，在提高能量转换效率、提高运行可靠性方面有所突破；开展温差能技术原理试验研究，通过提高盐差转化效率，降低过程能量损耗，突破盐差能利用关键技术，为盐差能综合开发利用奠定技术基础。随着对海洋能发电优势和常规能源紧张的深入认识，在我国沿海地区因地制宜地利用海洋能发电是未来大力发展的一项可再生能源发电项目。虽然在技术和推广应用上还存在着诸多困难，但是逐步增强海洋能发电在能源结构中的战略地位是未来发展的主要方向。

11.4　地热能

11.4.1　概述

地热能是地球内部以热的形式蕴藏的能量，其主要来源是地球的熔融岩浆和内部放射性物质衰变。由于地球内部一直在不停地释放热量，因此，地热能取之不尽用之不竭，是可循环利用的清洁能源，被列为五大非碳基能源之一。地热资源种类繁多。按照不同的地质构造特征、热流体传输方式、温度范围等，我国地热资源大致可分为浅层地热资源、水热型地热资源和干热岩资源等。分布区域最浅的仅位于地表下数米，最深的则达地下数千米。与化石能源储量相对匮乏不同，我国可以算得上是地热资源"富国"。

地热能的开发利用大致可分为直接利用和地热发电两种。对于浅层地热资源，以及中低温的水热型地热资源，通常以直接利用为主，如地源热泵、地热供暖、温泉康养等。对于高温水热型地热资源，地热发电则是价值更高的利用方式。无论是直接利用还是地热发电，对于水热型地热资源，其利用技术的核心都是"取热不耗水"，即从开采井中将蕴含热量的地热水抽取出来，利用换热器吸收水中的热量，随后再将失去热量的冷水通过回灌井重新注回取水层。经过一段时间，地下热源会将冷水重新加热，等待再次开采。整个过程中，地下热源就像一台锅炉，通过不断加热地下水，实现地热能的循环利用。这种地热资源开采方式要求必须对抽取的地热水进行 100% 回灌，以实现"采灌平衡"，保证地热资源可持续利用。此外，还有部分地热发电技术直接利用地热蒸汽进行发电，对地下水的抽取量更低，近乎为零。世界地热大会的统计数据显示，截至 2020 年底，我国地热直接利用装机容量达 $40.6GW$，占全球 38%，连续多年位居世界首位。其中，地热热泵装机容量 $26.5GW$；地热供暖装机容量 $7.0GW$，相比 2015 年增长 138%，是所有直接利用方式中增长最快的。到 2021 年底，我国地热供暖（制冷）能力已达 $13.3\times10^{8}m^{2}$。

11.4.2　世界地热资源分布

地热在地球中的分布是不均匀的，无论是在纵向深度上还是在横向空间上都是如此。在深度方向上，大体是地温随深度的增加而升高。根据地壳中地热的分布，划分为变温层、常温层、增温层。增温层以"地热增温率"来表示温度随深度的变化。深度增加 100m，温度升高的数值即为地热增温率（单位：℃/100m）。在正常情况下，地热增温率为 $3℃/100m$。但在地壳 15km 以下，地热增温率逐渐减小。在横向空间上地热的分布同样是不均匀的。在一定的地质条件下，向地表方向平均放散的地热流会富集起来，成为可利用的地热资源。富集地区的地热增温率大于 $3℃/100m$，出现异常现象，这样的地方被称为地热异常区。在该区内，如果有十分好的地质构造和水文地质条件，就能形成富集大量热水或蒸汽的具有重大经济价值的地热田，在这里地热会以温泉、热泉、沸泉、喷汽孔、冒汽地面、热水湖、间歇泉等显示类型出露地表。

世界地热资源主要分布于以下 5 个地热带。①环太平洋地热带。世界最大的太平洋板块与美洲、欧亚、印度板块的碰撞边界，即从美国的阿拉斯加州、加利福尼亚州到墨西哥、智利，从新西兰、印度尼西亚、菲律宾到中国沿海和日本。世界许多地热田都位于这个地热带，如美国的盖瑟斯地热田，墨西哥的普列托、新西兰的怀腊开、日本的松川、大岳等地热田。②地中海、喜马拉雅地热带。欧亚板块与非洲、印度板块的碰撞边界，从意大利直至中国的西藏。如意大利的拉德瑞罗地热田和中国西藏的羊八井及云南的腾冲地热田均属这个地热带。③大西洋中脊地热带。大西洋板块的开裂部位，包括冰岛和亚速尔群岛的一些地热田。④红海、亚丁湾、东非大裂谷地热带。包括肯尼亚、乌干达、刚果、埃塞俄比亚、吉布提等国的地热田。⑤其他地热区。除板块边界形成的地热带外，在板块内部靠近边界的部位，在一定的地质条件下也有高热流区，可以蕴藏一些中低温地热，如中亚、东欧地区的一些地热田和中国的胶东半岛、辽东半岛及华北平原的地热田。

地热能是一种绿色低碳、可循环利用的可再生能源，具有储量大、分布广、清洁环保、稳定可靠等特点。热源是优质地热资源形成的核心要素，有效盖层是减少热散失和热量保存的必要条件。受特提斯和西太平洋两大构造域相互作用的影响，我国西部的藏南、滇西、川西地区及东部台湾中央山脉两侧地震、构造及岩浆活动强烈，有着良好的地热资源形成条件。我国西南和东南地区大地热流值较高，是我国高温地热资源发育较好的地区，地表温泉显示较多。我国北方地区的含油气盆地蕴藏着丰富的地热资源，渤海湾盆地、鄂尔多斯盆地、松辽盆地等含油气盆地大地热流值整体较高，最高可达 $80\,\mathrm{mW/m^2}$。开发利用地热能不仅对调整能源结构、节能减排、改善环境具有重要意义，而且对培育新兴产业、促进新型城镇化建设、增加就业具有显著的带动效应，是促进生态文明建设的重要举措。地热资源按温度高低可划分为高温（＞150℃）、中温（90～150℃）和低温（＜90℃），高温资源主要分布在西藏、腾冲现代火山区。中低温资源主要分布在沿海一带如广东、福建、海南等省区。低温资源按其主要利用途径可分为热水（60～90℃）、温热水（40～60℃）和温水（25～40℃），可供采暖、烘干、医疗保健、温室、灌溉、沐浴和水产养殖等利用。中高温资源可供发电、干燥和工业利用。高温地热主要用于发电。低于此温度的叫中低温地热，通常直接用于采暖、工农业加温、水产养殖及医疗和洗浴等。按照其储存形式，地热资源可分为蒸汽型、热水型、地压型、干热岩型和岩浆型 5 大类。蒸汽型资源是指地下热储中以蒸汽为主的对流水热系统，它以产生温度较高的过热蒸汽为主，掺杂有少量其他气体，所含水分很少或没有。这种干蒸汽可以直接进入汽轮机，对汽轮机腐蚀较轻，能取得满意的工作效果。但这类构造需要独特的地质条件，因而资源少，地区局限性大。热水型资源是指地下热储中以水为主的对流水热系统，它包括喷出地面时呈现的热水以及水汽混合的湿蒸汽。地压型资源是一种目前尚未被人们充分认识的资源，可能是十分重要的地热资源。它以高压水的形式储存于地表以下 2～3km 的深部沉积盆地中，并被不透水的盖层所封闭，形成长 1000km、宽数百千米的巨大热水体。干热岩型资源是比上述各种资源规模更为巨大的地热资源，是指地下普遍存在的没有水或蒸汽的热岩石。岩浆型资源是指蕴藏在熔融状和半熔融状岩浆中的巨大能量，它的温度高达 600～1500℃。

11.4.3 地热发电

（1）地热发电原理

地热发电是地热利用的最重要方式。地热发电和火力发电的原理相同，都是利用蒸汽的热能转变为机械能，最终带动发电机发电。地热发电的过程，就是把地下热能首先转变为机械能，然后再把机械能转变为电能的过程。要利用地下热能，首先需要有"载热体"把地下的热能带到地面上来。目前能够被地热电站利用的载热体，主要是地下的天然蒸汽和热水。

（2）地热发电形式

根据可利用地热资源的特点以及采用技术方案的不同，地热发电主要划分为地热蒸汽、地下热水、联合循环和地下热岩四种发电方式。

地热蒸汽发电分为：背压式汽轮机发电、凝汽式汽轮机发电。背压式汽轮机发电工作原理为把干蒸汽从蒸汽井中引出，先加以净化，经过分离器分离出所含的固体杂质，然后使蒸汽推动汽轮发电机组发电，排汽放空（或送热用户）。凝汽式汽轮机发电为了提高地热电站的机组输出功率和发电效率，做功后的蒸汽通常排入混合式凝汽器，冷却后再排出。在该系统中，蒸汽在汽轮机中能膨胀到很低的压力，所以能做出更多的功。该系统适用于高温（160℃以上）地热田的发电。

地下热水发电分为：闪蒸法地热发电、中间介质法地热发电。

① 闪蒸法地热发电工作原理：将地热井口来的地热水，先送到闪蒸器中进行降压闪蒸（或称扩容）使其产生部分蒸汽，再引到常规汽轮机作功发电。汽轮机排出的蒸汽在混合式凝汽器内冷凝成水，送往冷却塔。分离器中剩下的含盐水排入环境或打入地下，或引入作为第二级低压闪蒸分离器中，分离出低压蒸汽引入汽轮机的中部某一级膨胀做功。用这种方法产生蒸汽来发电就叫作闪蒸法地热发电。它又可以分为单级闪蒸法、两级闪蒸法和全流法等。采用闪蒸法的地热电站，热水温度低于100℃时，全热力系统处于负压状态。这种电站优点是设备简单，易于制造，可以采用混合式热交换器；缺点是设备尺寸大，容易腐蚀结垢，热效率较低。由于它是直接以地下热水蒸汽为工质，因而对于地下热水的温度、矿化度以及不凝气体含量等有较高的要求。

② 中间介质法地热发电工作原理：通过热交换器利用地下热水来加热某种低沸点的工质，使之变为蒸汽，然后以此蒸汽去推动汽轮机，并带动发电机发电。因此，这种发电系统通常采用两种流体：一种是采用地热流体作热源，它在蒸汽发生器中被冷却后排入环境或打入地下；另一种是采用低沸点工质流体作为一种工作介质（如氟利昂、异戊烷、异丁烷、正丁烷、氯丁烷等），这种工质在蒸汽发生器内由于吸收了地热水放出的热量而汽化，产生的低沸点工质蒸汽送入汽轮机发电机组发电。做完功后的蒸汽，由汽轮机排出，并在冷凝器中冷凝成液体，然后经循环泵打回蒸汽发生器再循环工作。这种发电方法的优点是利用低温位热能的热效率较高，设备紧凑，汽轮机的尺寸小，易于适应化学成分比较复杂的地下热水。其缺点是不像扩容法那样可以方便地使用混合式蒸发器和冷凝器；大部分低沸点工质传热性都比水差，采用此方式需有相当大的金属换热面积；低沸点工质价格较高，来源欠广，有些低沸点工质还有易燃、易爆、有毒、不稳定、对金属有腐蚀等特性。

联合循环地热发电系统就是把蒸汽发电和地热水发电两种系统合二为一。这种地热发电系统一个最大的优点就是适用于大于150℃的高温地热流体发电，经过一次发电后的流体，在不低于120℃的工况下，再进入双工质发电系统进行二次做功，充分利用了地热流体的热能，既提高了发电效率，又将以往经过一次发电后的排放尾水进行再利用，大大节约了资源。该机组目前已经在一些国家安装运行，经济和环境效益都很好。该系统从生产井到发电，再到最后回灌到热储，整个过程都是在全封闭系统中运行的，因此即使是矿化程度很高的热卤水也可以用来发电，不存在对环境的污染。同时，由于是全封闭的系统，在地热电站也没有刺鼻的硫化氢味道，因而是100%的环保型地热系统。这种地热发电系统进行100%的地热水回灌，从而延长了地热田的使用寿命。

地下热岩发电分为：热干岩过程法、岩浆发电。热干岩过程法将不受地理限制，可以在任何地方进行热能开采。首先将水通过压力泵压入地下4～6km深处，在此处岩石层的温度在200℃左右。水在高温岩石层被加热后通过管道加压被提取到地面并输入热交换器中。热交换器推动汽轮发电机将热能转化成电能，而推动汽轮机工作的热水冷却后再重新输入地下供循环使用。这种地热发电成本与其他再生能源的发电成本相比是有竞争力的，而且这种方法在发电过程中不产生废水、废气等污染。运用这种新方法发电的首座商用发电厂建在瑞士城市巴塞尔，该电站能为周边的5000个家庭提供3×10^4kW热能和0.3×10^4kW电能。在现在的地热发电中，地热储层中的热源是地下深部的融熔岩浆。所谓岩浆发电就是把井钻到岩浆，直接获取那里的热量。这一方式在技术上是否可行，是否能把井钻至高温岩浆，人们一直在研究中。在夏威夷进行的钻井研究，想用喷水式钻头把井钻到岩浆温度为1020～1170℃的岩浆中，并深入岩浆29m，但是这只是浅地表的个别情况，如果真正钻到地下几千米才钻到岩浆，采用现有技术很难实现。

11.4.4 地热难题及解决方案

目前，有3个重大技术难题阻碍了地热发电的发展，即地热田的回灌、腐蚀和结垢。

（1）地热回灌

地热水中含有大量的有毒矿物质，地热发电后大量的热排水直接排放会对环境产生恶劣影响。地热回灌是把经过利用的地热流体或其他水源，通过地热回灌井重新注回热储层段的方法。回灌不仅可以很好地解决地热废水问题，还可以改善或恢复热储的产热能力，保持热储的流体压力，维持地热田的开采条件。但回灌技术要求复杂，且成本高，至今未能大范围推广使用。

（2）腐蚀

地热流体中含有许多化学物质，再加上流体的温度、流速、压力等因素的影响，地热流体对各金属表面都会产生不同程度的影响，直接影响设备的使用寿命。地热电站腐蚀严重的部位多集中于负压系统，其次是气封片、冷油器、阀门等。腐蚀速度最快的是射水泵叶轮、轴套和密封圈。常见的防腐措施如下：①使用耐腐蚀的材料，采用不锈钢材质的设备及部件，但这种措施往往成本较高；②对腐蚀部件的金属表面涂敷防腐涂料，但涂层一旦划破，会加速金属材料的腐蚀；③采取相应的密封措施，防止空气中的氧进入系统；④针对不同类型的局部腐蚀采取相应的防腐措施，例如选材时应尽量避免异种金属相互接触，以避免电偶腐蚀。

（3）结垢

由于地热水资源中矿物质含量比较高，在抽到地面做功的过程中，温度和压力均会发生很大变化，进而影响到各种矿物质的溶解度，导致矿物质从水中析出产生沉淀结垢。常用的防止或清除结垢的措施有：①用HCl和HF等溶解水垢，为了防止酸液对管材的腐蚀必须加入缓蚀剂；②采用间接利用地热水的方式，在生产井的出水与机组的循环水之间加钛板换热器，可以有效防止做功部件腐蚀和结垢，但造价很高；③采用深水泵或潜水泵输送井中的流体，使其在系统中保持足够的压力，在流体上升过程和输送过程中不发生气化现象，从而防止碳酸钙沉积；④选择合适的材料涂衬在管壁内，以防止管壁上结垢。

11.4.5　地热开采对环境的影响

（1）空气污染

在开发地热能的过程中，热流体中所含的各种气体和悬浮物将排入大气中，对周围环境造成影响。对环境影响较大的气体主要有 H_2S、CO_2。H_2S 气体对人体危害较大，浓度低时能麻痹人的嗅觉神经，浓度高时可使人窒息而死亡。CO_2 也有一定的窒息作用，最主要的是其对气候的温室效应。较高的 H_2S 含量一般发生在高温地热田中。中低温热田中的 H_2S 含量较少。在利用高温蒸汽发电时，大量的 H_2S 气体逸出。H_2S 气体在通风条件较好的地方，一般不会造成事故，但在井口随意放喷会使热流体中的 H_2S 气体散布于大气中，在较长的时间段，不但对人体有害，还对电气设备及其他设施造成腐蚀。含 H_2S 的地热尾水直接排入水体，鱼类和藻类的生存也将受到影响。

（2）化学污染

地热水的形成一般为大气降水经过地下深循环，与围岩进行化学物质交换，围岩中各种化学组分进入水体使地热水中含有对环境有益和有害的常量成分、微量成分及放射性成分。通过不同地区的地热开发，人们发现在这些成分中对环境和生态造成污染的主要有：盐类的污染和有害元素的污染等。盐类的污染：地热水大多数矿物质的溶解度随温度的升高而增大，因此在地热水中，一般含有较高的总固体、氟化物、氯化物等物质。这些高盐度的地热水和有关的环境标准比较，均超过标准中所规定的含量。有害元素的污染：由于长期的水-岩作用，地热水中含有多种重金属元素和其他微量元素，含量超过饮用水水质标准或其他一些标准。这些地热水给环境和生态带来不利影响，如 F、B、As 等元素的产生。如果未经处理，进行灌溉和养殖，对粮食作物及鱼类危害很大，即使排入河流中，对水体也将造成污染。水体、鱼类、粮食作物中有毒物质的长期富集还会通过食物链直接或间接地对人体和生物造成危害。

（3）热污染

目前我国的地热资源以单一利用为主，当热能利用后，尾水温度仍然很高。这些尾水的排放，促使局部空气和水体的温度升高，改变生态平衡，影响环境和生物生长，造成热污染。

（4）噪声污染

噪声污染一般是由钻探和地热井放喷造成的。在钻探过程中，各种机械噪声高达 90dB，干热田钻井的噪声可能达 80dB（相当于喷气式飞机起飞的水平），这对居民区和钻工的身体造成影响。

（5）地面沉降

几乎从任何热储中长期抽出流体都有可能导致可以监测到的地面沉降。地热流体也是一样，当地热流体的抽出量超过天然补给量时，地面沉降发生，其实际沉降量取决于抽出的流体量和热储岩石的强度。

（6）地震活动

地热异常区多数是现代火山、近代岩浆活动地区或近代地壳构造运动活跃地区。这意味着地热资源开发一般发生在自然断裂通道和活断层上，即区域地震活动性强的地区。当抽取和注入流体时，一旦流体压力超过启动断层运动所需的临界值时，就会诱发地震。现有的资料表明，由于地热流体的抽取或回灌而诱发的明显地震比较罕见，而且即使地震发生，一般是轻微的，不会对地面设施产生影响。

（7）其他影响

相对于太阳能和风能的不稳定性，地热能是较为可靠的可再生能源，这让人们相信地热能可以作为煤炭、天然气和核能的最佳替代能源。另外，地热能确实是较为理想的清洁能源，能源蕴藏丰富并且在使用过程中不会产生温室气体，对地球环境不产生危害。和其他可再生能源起步阶段一样，地热能形成产业的过程中面临的最大问题来自于技术和资金。地热产业属于资本密集型行业，从投资到收益的过程较为漫长，一般来说较难吸引到商业投资。

11.4.6 地热能利用现状及前景

通过地质调查，我国已发现地热异常 3200 多处，其中进行地热勘查的并已对地热资源进行评价的地热田有 50 多处。全国已打成地热井 2000 多眼。发现的高温地热系统有 255 处，主要分布在西藏南部和云南、四川的西部。在西藏羊八井地热田 ZK4002 孔（孔深 2006m）已探获 329.8℃ 的高温地热流体。发现的中低温地热系统有 2900 多处，总计天然放热量约为 $1.04×10^{14}$ kJ/a，相当于每年 360 万吨标准煤当量，主要分布在东南沿海诸省区和内陆盆地区。20 世纪 70 年代初，世界面临第一次石油危机，世界各国普遍重视新能源的开发，中国也掀起了地热能开发的热潮，在全国建成了 7 个中低温地热发电厂，并先后都试验发电成功。地热能的利用可分为地热发电和直接利用两大类，而对于不同温度的地热流体可能利用的范围如下：①200～400℃ 直接发电及综合利用，将地热能直接用于采暖、供热和供热水，这种利用方式简单、经济性好，特别是对位于高寒的地区，目前我国利用地热供暖和供热水发展非常迅速，在京津地区已成为地热利用中最普遍的方式；②150～200℃ 双循环发电，工业干燥，工业热加工；③100～150℃ 双循环发电，供暖，工业干燥，脱水加工，回收盐类；④50～100℃ 供暖，温室，家庭用热水，工业干燥；⑤20～50℃ 沐浴，水产养殖，饲养牲畜，土壤加温，脱水加工。现在许多国家为了提高地热利用率而采用梯级开发和综合利用的办法，如热电联产联供、热电冷三联产、先供暖后养殖等。近些年，地热能的直接利用发展很快，尤其是地热供热、温泉疗养、游乐等发展迅速，规模不断扩大，如在北京市小汤山和河北省雄县等地均建立了温泉旅游疗养基地，在南方的湖南省汝城县热水镇建立了种植、养殖和培育良种的综合示范基地。高温地热发电进展缓慢，主要原因是：在西藏自治区、云南省的高温地热分布区，水能资源也非常丰富，当地热衷于建造 10～20MW 的径流式小水电站，而对建造地热电站，实施多能互补的认识不够。但是，无论如何当地小水电站都是季节性的，每年只在丰水期发电 3000～4000h，而枯水季节则不能满发或停发。为改变枯季缺电现状，地热专家提出地热发电与小水电联合调度、优势互补的方针。地热能的利用在技术层面上有待发展的主要是对开采点的准确勘测以及对地热蕴藏量的预测。地热产业采取引进石油、天然气等常规能源勘测设备为地热能寻找准确的开采点。现在，世界其他国家和地区也在为地热能的发展提供更多的便利和支持，全球大约40多个国家已经将地热能发展列入议程。

思政研学

（一）千里潜行　逐梦深海

韩超是中国第一位获得国际认证资质的水下机器人总监。2021年3月，南海万顷波涛之上，我国自主设计建造的亚洲第一深水导管架"海基一号"成功滑移下水并精准就位，韩超指挥两台水下机器人，配合将缆体拉起离开海床，反方向回转后成功转到正确角度。在他和团队的密切协作下，"深海一号"7根脐带缆的安装作业提前22天顺利完成，中国人的脚印稳稳扎在了1500m的大海深处。

（二）至精匠艺，让油田永远年轻

"做人要有志气，做事要有底气。事经自己手，心里更放心；自己动手干，心里底气足。"出生在东北、求学在西南的方志刚，在西部大开发的春风里，奔赴西气东输的气源地新疆，扎根吐哈油田。二十年光阴荏苒，方志刚和他的团队铸就了享誉海内外的"吐哈气举"品牌，践行着"我为祖国献石油"的铮铮誓言。

针对国内页岩气、出砂气藏等特殊气藏储层条件差、效益开发难度大的特点，方志刚和团队创新发展气举全生命周期排水采气等技术，有效提升了气举工艺灵活性和有效率，使气举技术成为国家级页岩气示范区的主体排水采气工艺。在方志刚这位"领头雁"的带领下，每名气举队员都堪当吐哈气举的尖兵，成为了闪耀在能源之路上的满天星斗。2021年，"吐哈气举"成功入选中国石油首批三个"重大科技成果规模化转化示范项目"之一，方志刚也被授予"新疆维吾尔自治区劳动模范"、中国石油集团"青年岗位能手"等称号。用一颗匠心，追求石油能源行业新发展，方志刚一直在路上。

思考题

1. 简述生物质能的特点。
2. 生物质能转换技术分为几类？
3. 简述生物质能产业发展面临的问题。
4. 简述页岩气的成因及特点。
5. 页岩气勘探开发技术有哪些？
6. 页岩气的储层性质有哪些？
7. 简述页岩气的渗流过程。
8. 简述页岩气的成藏机理。
9. 页岩气与常规油气的关联性有哪些？

10.简述油气井射孔及其分类。

11.概述页岩气开采中的水力压裂技术。

12.试分析我国页岩气开发面临的问题有哪些？

13.以我国四川为例，试分析页岩气钻井存在的难点有哪些？

14.简述海洋能的特点。

15.简述潮汐发电的基本原理。

16.波浪能收集的形式有哪些？

17.海洋温差能转换有哪些方式？

18.常见的海洋盐差能发电有哪些形式？

19.简述地热能的特点。

20.地热资源的热储形式有哪些？各有何利用技术？

21.各种地热发电方法的原理是什么？

22.地热开发过程中的技术难题有哪些？

参考文献

[1] 张海录. 基于生物质能的热电转换系统实验研究[D]. 长春：吉林大学，2023.

[2] 陶元庆，董岁具. 生物质能供热研究分析[J]. 河南科技，2023，42(19)：55-59.

[3] 薛釜，段钰锋，丁卫科. 生物质电转气技术的生命周期评价[J]. 动力工程学报，2024，44(02)：232-240.

[4] 谢鸿智，宁寻安，邱国强，等. 木屑生物质热解制备高还原性气体机理[J]. 环境工程学报，2022，16(05)：1639-1648.

[5] 任东明. 构建新型能源体系背景下我国生物质能产业发展路径研究[J]. 中国能源，2023，45(05)：5-15.

[6] 李攀，杨海平，王贤华，等. 不同酸处理条件下生物质热解产物特性分析[J]. 太阳能学报，2015，36(09)：2065-2070.

[7] 张林鹤，王春香，王丽君. 21世纪清洁能源——生物质能[J]. 农机化研究，2005(04)：8-9，12.

[8] 张国平，王永豪. 我国生物质转化技术应用现状及展望[J]. 安徽农业科学，2023，51(17)：1-5，10.

[9] 赵晓晓. 生物质能源开发新技术[J]. 能源技术，2007(06)：330-335.

[10] 张朝晖，王虎，刘玉凤，等. 户用沼气系统建设现状评析[J]. 杨凌职业技术学院学报，2003(03)：34-37.

[11] 陈俊. 新能源发电技术在电力系统中的应用[J]. 光源与照明，2023(09)：231-233.

[12] 袁卫平，付乐东. 可持续视角下生物质能发电厂供应链整合研究[J]. 自动化应用，2023，64(17)：88-91，95.

[13] 贾和峰，隋先鹏，杨迪，等. "双碳"背景下生物质能源的发展现状与建议[J]. 能源与节能，2023(12)：33-35，79.

[14] 张晓刚，陈仲伟，杨碧玉. 破解多重难题推动生物质能多元化利用[J]. 节能与环保，2022(12)：41-42.

[15] 孙永明，姚倩. 以系统全面科技创新助生物质能跃升发展[J]. 经济，2023(11)：26-29.

[16] 陈尧翼. 黄河中游省份生物质能政策的央地协同研究[D]. 太原：山西大学，2023.

[17] 黄弋华. 生物质能资源化主体决策博弈和政策仿真研究[D]. 南昌：江西农业大学，2021.

［18］ 武静. 太阳能与生物质能互补的冷热电联供系统研究［D］. 北京：华北电力大学，2019.

［19］ 苏仲培. 基于生物质能与太阳能的冷热电联供系统优化配置与调度研究［D］. 济南：山东大学，2017.

［20］ 吕指臣. 我国主要农作物生物质能开发潜力与策略研究［D］. 重庆：重庆理工大学，2016.

［21］ 王敏，艾琳，王烨. 2023 年中国生物质发电发展现状与展望［J］. 水力发电，2024，50(12)：5-7，71.

［22］ 张宝成. 引入社会资本促进我国页岩气产业发展的路径研究［D］. 北京：中国地质大学，2016.

［23］ 于文龙. 山西临-洪地区上古生界太原组页岩气储层特征及其成藏机理［D］. 徐州：中国矿业大学，2019.

［24］ 李博抒. 我国能源问题与对策——以页岩气产业发展为例［J］. 西北大学学报（自然科学版），2015，45(02)：313-317.

［25］ 李宏勋，张杨威. 全球页岩气勘探开发现状及我国页岩气产业发展对策［J］. 中外能源，2015，20(05)：22-29.

［26］ 王红岩，周尚文，赵群，等. 川南地区深层页岩气富集特征、勘探开发进展及展望［J］. 石油与天然气地质，2023，44(06)：1430-1441.

［27］ 马忠玉，肖宏伟. 能源革命视阈下我国页岩气产业发展战略研究［J］. 中国能源，2017，39(11)：14-18.

［28］ 黄明华，郑文，郑辉. 页岩气开采过程中的关键技术及应用［J］. 当代化工研究，2024(08)：83-85.

［29］ 刘邦凡，栗俊杰，王玲玉. 我国潮汐能发电的研究与发展［J］. 水电与新能源，2018，32(11)：1-6.

［30］ 刘伟民，陈凤云，葛云征，等. 海洋温差能系统效率研究综述［J］. 海岸工程. 2022，41(4)：441-450.

［31］ 刘美琴，仲颖，郑源，等. 海流能利用技术研究进展与展望［J］. 可再生能源. 2009，27(05)：78-81.

附录 思政素材（数字化内容）

第 1 章
　　思政素材一：投身戈壁，为高放射性废物寻找最终归宿
　　思政素材二："华龙一号"，腾飞赋动能

第 2 章
　　思政素材一：中国首个自主研制的超临界 600MW 火电机组
　　思政素材二：吕昭平教授团队：从"盲人摸象"到"拨云见日"

第 3 章
　　思政素材一：纪录片《能源浪潮》
　　思政素材二：榜样人物

第 4 章
　　思政素材一：张超——超级"充电宝"，让绿电"风光无限"！——纪录片《学习笔记（第三季）——向新而行》
　　思政素材二：榜样人物

第 5 章
　　思政素材一：从实验室到乡村的绿色梦想
　　思政素材二：长江上的"绿色航程"——"三峡氢舟 1 号"的诞生与航行

第 6 章
　　思政素材一：新时代国家政策导向与"十四五"规划
　　思政素材二：工匠精神、创新精神与燃料电池产业的未来

第 7 章
　　思政素材一：纪录片《畅想中国》—EP2 能源革命
　　思政素材二：榜样人物

第 8 章
　　思政素材一：求新求变的"炭"究者

第 9 章
　　思政素材一：《走遍中国》风电纪录片观看
　　思政素材二：《中国的能源转型》——国务院新闻办公室 2024 年 8 月 29 日发布《中国的能源转型》白皮书

第 10 章
　　思政素材一：中国核工业 60 年历程大型纪录片《中华之核》第一集：两弹一艇强军梦
　　思政素材二：央视纪录片《了不起的核工业》

第 11 章
　　思政素材一：央视纪录片《建设者·海天之间》
　　思政素材二：央视纪录片《中国建设者》第三集《地下宝藏》——页岩气开发全过程